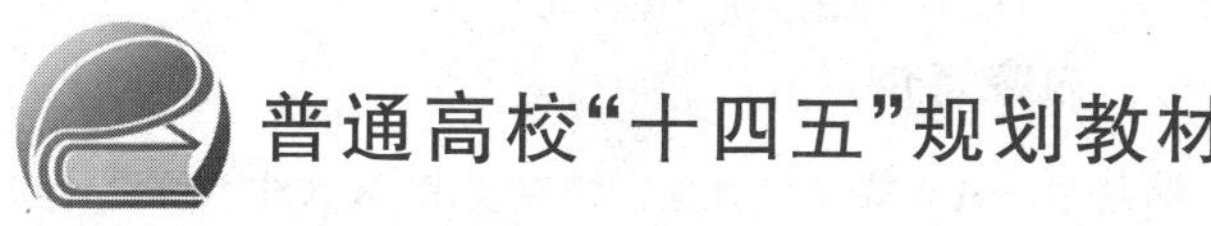

汇编语言程序设计

——基于 ARM 体系结构

(第 4 版)

文全刚　主　编

张荣高　副主编

北京航空航天大学出版社

内容简介

本书是学习嵌入式技术的入门教材，是学习嵌入式系统原理与接口技术、嵌入式系统设计与应用等知识的前导教材。

本书基于 ARM 体系结构进行汇编语言的教学，内容分成 3 个部分：第一部分主要介绍汇编语言程序设计的基础知识和 ARM 系列微处理器，包括第 1、2 章；第二部分主要介绍基于 ARM 体系结构的指令系统、汇编程序设计以及异常中断编程，包括第 3、4、5 章；第三部分主要是 MDK 集成开发环境的使用和 ARM 汇编语言程序实验，包括第 6、7 章。本书是再版书，相比旧版，修订了旧版的一些错误，并更新了部分内容。

本书配套资料包含相关章节程序源代码及其他相关资料，读者可以到北京航空航天大学出版社网站的"下载专区"免费下载。

本书可作为高等院校计算机及相关专业的汇编语言程序设计课程的教材或参考书，也可供使用汇编语言的工程技术人员参考。

图书在版编目(CIP)数据

汇编语言程序设计 ：基于 ARM 体系结构 / 文全刚主编. -- 4 版. -- 北京 ：北京航空航天大学出版社，2021.1

ISBN 978-7-5124-3386-1

Ⅰ. ①汇… Ⅱ. ①文… Ⅲ. ①汇编语言—程序设计—教材 Ⅳ. ①TP313

中国版本图书馆 CIP 数据核字(2020)第 221650 号

汇编语言程序设计

——基于 ARM 体系结构(第 4 版)

文全刚　主　编

张荣高　副主编

责任编辑　董立娟

*

北京航空航天大学出版社出版发行

北京市海淀区学院路 37 号(邮编 100191)　http://www.buaapress.com.cn

发行部电话：(010)82317024　传真：(010)82328026

读者信箱：emsbook@buaacm.com.cn　邮购电话：(010)82316936

涿州市新华印刷有限公司印装　各地书店经销

*

开本：710×1 000　1/16　印张：22.75　字数：485 千字

2021 年 1 月第 4 版　2024 年 1 月第 3 次印刷　印数：3 001～4 000 册

ISBN 978-7-5124-3386-1　定价：69.00 元

若本书有倒页、脱页、缺页等印装质量问题，请与本社发行部联系调换。联系电话：(010)82317024

前　言

使用单片机、FPGA/CPLD、DSP、ARM等实现的产品都可以称为嵌入式产品，嵌入式产品的开发不仅需要嵌入式知识，还需要行业背景知识。嵌入式知识的学习范围很广，不仅要学习软件知识，还要学习硬件知识。因此，建议读者首先选择一个主流芯片，以点带面、循序渐进地学习。目前，以ARM为核心的嵌入式技术逐渐成为我国嵌入式教学的主流，大多数嵌入式软件是使用C语言和汇编语言开发的。

在我们编写的嵌入式系列教材中，《汇编语言程序设计》是学习嵌入式技术的入门教材，利用汇编语言可以设计出效率极高的核心底层程序，如设备驱动程序。汇编语言程序能够直接有效地利用机器硬件资源，因此用汇编语言编写的程序一般比用高级语言编写的程序执行得快，且所占内存较少。在一些实时控制系统中，这点尤为重要。同时，学习汇编语言对于理解和掌握计算机硬件组成及工作原理是十分重要的，也是进行计算机应用系统设计的先决条件。

本书的具体章节安排如下：

第1章　基础知识：介绍常用的数制及各种数制之间的转换、数据编码、基本逻辑运算。

第2章　ARM微处理器基础：介绍ARM微处理器的基本知识、ARM技术的发展过程、基于ARM核的硬件结构、ARM内核的基本知识和存储器的基本知识。

第3章　ARM指令系统：介绍机器指令的基础知识、ARM指令集、Thumb指令集以及各类指令对应的寻址方式。

第4章　ARM汇编语言程序设计：介绍汇编语言程序的基本格式和汇编程序设计需要的一些伪操作、汇编语言程序的上机过程、汇编语言程序的基本结构、工作模式的切换和工作状态的转换编程，以及汇编语言程序和C语言程序的交互。

第5章　异常中断编程：介绍ARM中异常和中断的基本概念、复位处理程序、SWI异常中断处理程序、FIQ和IRQ异常中断处理程序的编写。

第6章　RealView MDK集成开发环境的使用：介绍RealView MDK集

成开发环境的使用,使读者能掌握一种嵌入式系统开发工具。

第 7 章　ARM 汇编语言程序实验:介绍 ARM 汇编语言程序设计实验过程,总共分为 10 个实验,每个实验与具体硬件平台无关,全部可以通过软件模拟来实现,使读者能掌握 ARM 汇编语言程序设计的编辑、编译、链接和调试过程。

本书有如下几个特点:

① 本书是学习 ARM 架构嵌入式知识的入门课程,适用于嵌入式方向应用型高等院校的教学,也适合读者自学。

② 本书编写中融入了作者多年的项目经验,编写时注重实践操作部分,尽量避免繁琐、高深的理论介绍,使读者能迅速掌握一个必要的知识子集,上手比较快。

③ 硬件平台耦合度低。目前大多数关于嵌入式教学的书籍都和具体的实验箱捆绑在一起,读者离开实验箱往往做不了实验,从而失去了学习的积极性。本书 95%以上的程序都可以在 MDK 开发环境中进行调试,避免了初学者对具体硬件电路结构的畏惧感。读者通过对软件的使用能够很轻松地切入到这个专业中来,为以后使用硬件平台打下良好的基础。

④ 文字表述浅显易懂。结合图表说明,绝大部分知识点采用介绍知识点的原理→案例→实验巩固的模式来介绍。

⑤ 本书中用到的源程序在配套资料包中,并配有教学课件,读者可免费索取。

本书在编写的过程中得到了北京航空航天大学何立民教授、北京航空航天大学出版社马广云博士的很多帮助和鼓励。陈守孔教授主审了本书,提出许多宝贵意见。我的同事苗雨、许友军、盛建强、孙奇、尹贺、陈卓、吕喆等也为本书做出了很大贡献,我的学生张曼舒、郑明灿、潘保成等为书稿的录入、排版、程序的调试做出了大量工作。在此一并表示诚挚的谢意。

本书成书仓促,作者水平有限,错误和不足之处在所难免,谨请读者和同行专家批评指正,我的邮箱:wen_sir_125@163.com。

文全刚
2020 年 11 月

目 录

第 1 章

基础知识

本章首先介绍常用的十进制,然后引入各种不同的进位计数制以及它们之间的转换。同时还介绍了二进制数的基本运算,以及数字、字符、汉字的编码、语音编码、差错控制编码。接下来介绍计算机中数据的 3 种表示形式:原码、反码和补码,并讨论它们的一些基本性质。最后概述与、或、非等基本逻辑运算。

1.1 数制与数制转换

1.1.1 数制的基本概念

所谓数制就是指计数的方法,日常生活中常用的计数方法是十进制。在计算机中为了便于数的存储及物理实现,采用了二进制数。为了便于人们阅读和书写,经常使用八进制和十六进制来表示二进制数。数据无论使用哪种进位制,都涉及两个基本要素:基数(radix)与各数位的"位权"(weight)。为了更好地理解这两个概念,这里借助最常用的十进制来说明这个问题。十进制数有两个主要特点:

① 用 0、1、2、…、9 这 10 个基本符号表示。

② 遵循"逢 10 进一"原则。

一般地,任意一个十进制数 N 都可以表示为:

$$N = K_{n-1} \times 10^{n-1} + K_{n-2} \times 10^{n-2} + \cdots + K_1 \times 10^1 + K_0 \times 10^0 + K_{-1} \times 10^{-1} + K_{-2} \times 10^{-2} + \cdots + K_{-m} \times 10^{-m} = \sum_{-m}^{i=n-1} K_i \times 10^i \quad (1.1)$$

在上述十进制中,每一位上允许选用 0、1、2、…、9,共 10 个不同数码中的一个,则称 10 为十进制的基数,每位计满十时向高位进一。因此,一种计数制允许选用基本数字符号(数码)的个数叫基数。常用 R 来表示,在基数为 R 的计数制中,包含 R 个不同的数字符号,每个数位计满 R 就向高位进一,即"逢 R 进一"。

一个数字符号处在不同位时,它所代表的数值是不同的。在上述十进制数中的百分位、十分位、个位、十位、百位、千位数的大小权依次是以 10^{-2}、10^{-1}、10^0、10^1、10^2、10^3 为单位计算的。每个数字符号所表示的数值等于该数字符号值乘以一个与数码所在位有关的常数 10^i,这个常数 10^i 叫"位权",简称"权"。权的大小是以基数为底,数码所在位置的序号为指数的整数次幂,常用 R^i 表示。注意,整数位是从 0 开始计算的。

式(1.1)是十进制按权的展开式。其中,10 称为十进制数的基数,i 表示数的某一位,10^i 称为该位的权,K_i 表示第 i 位的数码,它可以是 0～9 中的任意一个数,由具体的数 N 确定。m 和 n 为正整数,n 为小数点左边的位数,m 为小数点右边的位数。一个数左移一位相当于乘以 10,右移一位相当于除以 10。

1.1.2 二进制数

式(1.1)可以推广到任意进位计数制。二进制数中只有 0 和 1 两个字符,基数为 2,满足"逢二进一"。权用 2^i 表示,二进制的按权展开式为:

$$N = \sum_{-m}^{i=n-1} K_i \times 2^i \tag{1.2}$$

尽管人们习惯使用十进制数,但计算机中却采用二进制数。这是因为二进制数与其他进制数相比,有以下特点:

(1) 数制简单、容易表示

二进制数只有"0"和"1"两种表示符号,这两种状态很容易用电路来实现,如晶体管的导通和截止、电容的充电和放电。在计算机中通常采用电平的"高"、"低"或脉冲的"有"、"无"来分别表示"1"和"0"。这种状态工作可靠,抗干扰能力强。若采用十进制数表示,有 0～9 这 10 个数码,需要 10 个不同的设备状态来表示。这 10 个不同的状态用电路来表示就变得很复杂,不容易实现。

(2) 运算规则简单,可以利用逻辑代数进行分析和综合

二进制的运算规则非常简单,所以在计算机中实现二进制运算的电路也大为简化。同时还可以使用逻辑代数对计算机逻辑线路进行分析和综合,便于机器结构的简化。

尽管在计算机内部采用二进制操作,但是对于人们来说,使用二进制并不方便,如书写冗长、阅读不方便。为此,通常采用八进制或十六进制。根据式(1.1),读者可以很容易地掌握八进制和十六进制的表示方法。

对于八进制,$R=8$, K 为 0～7 中的任意一个数,"逢 8 进一"。权用 8^i 表示,八进制的按权展开式如下式所示:

$$N = \sum_{-m}^{i=n-1} K_i \times 8^i \tag{1.3}$$

对于十六进制,$R=16$, K 为 0～9、A、B、C、D、E、F 共 16 个数码中的任意一个,"逢 16 进一"。权用 16^i 表示,十六进制的按权展开式如下式所示:

$$N = \sum_{-m}^{i=n-1} K_i \times 16^i \tag{1.4}$$

综上所述,以上几种进位制有以下共同点:每种进位制都有一个确定的基数 R,

每一位的系数 K 有 R 种可能的取值；按"逢 R 进一"方式计数；在混合小数中，一个数左移一位相当于乘以 R，右移一位相当于除以 R。

在计算机中，通常用数字后面跟一个英文字母来表示该数的数制。通常，二进制数用 B(binary)、十进制数用 D(decimal)、八进制用 O(octal)、十六进制用 H(hexadecimal)表示。如果省略该字母则一般表示该数为十进制数。有些教材中为了避免"O"与"0"混淆，也用 Q 表示八进制。16 以内的各种数制的值如表 1-1 所列。

表 1-1　16 以内的各种数制对照表

十进制 D	二进制 B	八进制 O	十六进制 H
0	0	0	0
1	1	1	1
2	10	2	2
3	11	3	3
4	100	4	4
5	101	5	5
6	110	6	6
7	111	7	7
8	1000	10	8
9	1001	11	9
10	1010	12	A
11	1011	13	B
12	1100	14	C
13	1101	15	D
14	1110	16	E
15	1111	17	F
16	10000	20	10

1.1.3　十进制和二进制之间的转换

十进制数转换成二进制数时，需要把整数部分与小数部分分别转换，然后再合并起来。其中，整数部分的转换方法是除 2 取余，高位在下。小数部分的转换方法是乘 2 取整，高位在上。例如，要将十进制数 153.787 5D 转换为二进制数，则首先将该数分为整数部分和小数部分。

1. 整数部分的转换

整数部分的转换采用辗转相除法，用 2 不断去除要转换的十进制数，直到商为 0，将各次计算所得的余数，按最后的余数为最高位，第一位为最低位，从下往上取，依

次排列,即得转换结果。计算过程如下:

	余数	
153/2=76	1	低位
76/2=38	0	↑
38/2=19	0	
19/2=9	1	
9/2=4	1	
4/2=2	0	
2/2=1	0	
1/2=0	1	高位

因此,153D=(10011001)B。

2. 小数部分的转换

与整数部分转换不同,小数部分采用乘基数取整数的方法,即不断用 2 去乘需要转换的十进制小数,直到满足要求的精度或小数部分等于 0 为止,然后取每次乘积结果的整数部分,以第一次取整为最高位,从上往下依次排列,即可得到转换结果。整个转换过程如下:

	整数部分	
0.7875×2=1.575	1	高位
0.575×2=1.15	1	↑
0.15×2=0.30	0	
0.3×2=0.6	0	
0.6×2=1.2	1	低位

这里精确到小数点后 5 位,因此,0.787 5D=(0.11001)B。综上所述,十进制数 153.7875 转换为二进制数为(10011001.11001)B。

以上方法可以推广到十进制数转换为八进制、十六进制甚至是任意进制数的方法。对于整数部分,转换方法为:除基取余,高位在下。对于小数部分转换方法为:乘基取整,高位在上。有兴趣的读者可以通过一些例子去验证。

1.1.4 二进制和其他进制之间的转换

1. 二进制数转换为十进制数

二进制转换为十进制的方法是按权展开。例如:

$$(110.01)B= 1\times2^2+1\times2^1+0\times2^0+0\times2^{-1}+1\times2^{-2}=(6.25)D$$

同理,以上方法可以推广为八进制、十六进制甚至是任意进制数转换为十进制数。例如:

对于八进制数:$(175)O=1\times8^2+7\times8^1+5\times8^0=(125)D$

对于十六进制数: $(B2C)H=11\times16^2+2\times16^1+12\times16^0=(2860)D$

2. 二进制和八进制、十六进制之间数的转换

由于 $8=2^3$，$16=2^4$，因此二进制与八进制或十六进制之间的转换就很简单。将二进制数从小数点位开始，向左每 3 位产生一个八进制数字，不足 3 位的左边补零，这样得到整数部分的八进制数；向右每 3 位产生一个八进制数字，不足 3 位的右边补 0，得到小数部分的八进制数。同理，将二进制数转换成十六进制数时，只要按每 4 位分割即可。例如：

(101 101.101 001)B=(55.51)O

(0010 1101.1010 0100)B=(2D.A4)H

很明显，八进制数或十六进制数要转换成二进制数，只须将八进制数或十六进制数分别用对应的 3 位或 4 位二进制数表示即可。

1.2 二进制数的基本运算

二进制运算中基本的运算是加法和减法，利用加法和减法就可以进行乘法、除法以及其他数值运算。

1. 二进制加法

二进制加法的运算规则为：

0+0=0　　　　1+0=1

0+1=1　　　　1+1=0　进位 1

例如：若有两数 1101 和 1011 相加，则加法过程为：

```
进  位        1 1 1
被加数        1 1 0 1
加  数     +  1 0 1 1
          -----------
            1 1 0 0 0
```

可见，两个二进制数相加，每一位有 3 个数：相加的两个数以及低位的进位。用二进制的加法规则得到本位的和以及向高位的进位。

2. 二进制减法

二进制减法的运算规则为：

0−0=0　　　　1−0=1

1−1=0　　　　0−1=1　借位 1

例如：若有两数 11000100 和 01100101 相减，则减法过程为：

```
借  位          1 1 1 1 1 1
被加数        1 1 0 0 0 1 0 0
加  数     −  0 1 1 0 0 1 0 1
          -------------------
              0 1 0 1 1 1 1 1
```

与减法类似,每一位有 3 个数参加运算:本位的被减数、减数以及低位的借位。二进制的乘法和除法运算通过一系列变换,最终可以转换为加法或减法运算,这里不再赘述。

1.3 计算机中的编码

1.3.1 数字的编码

计算机内部采用的是二进制数,但是人们习惯了十进制,因此,计算机在输入和输出时通常采用十进制数,只不过它要用二进制编码来表示。这就是二进制编码的十进制数,即 BCD(二~十进制)码,这种编码法分别将每位十进制数字编成 4 位二进制代码,从而用二进制数来表示十进制数,它广泛应用于计算机中。

4 位二进制数可以有 16 种不同的组合,原则上可以任选其中的 10 种作为代码,分别表示十进制中 0~9 这 10 个数字。为了便于记忆和比较直观,最常用的 BCD 码是标准 BCD 码或称 8421 码(这是根据这种表示中各位的权值而定的,其权值与普通的二进制相同)。表 1-2 列出了标准 BCD 码与十进制数字的编码关系。为了避免格式与纯二进制码混淆,常在每 4 位二进制数之间留一空格,这种表示也适合十进制小数,如十进制小数 0.456 可以表示成 0.0100 0101 0110。

表 1-2 标准 BCD 码与十进制数字的编码关系

十进制数	标准 BCD 码	十进制数	标准 BCD 码
0	0000	8	1000
1	0001	9	1001
2	0010	10	0001 0000
3	0011	11	0001 0001
4	0100	12	0001 0010
5	0101	18	0001 1000
6	0110	62	0110 0010
7	0111	79	0111 1001

把一个十进制数变成它的 BCD 码数串,仅对十进制数的每一位单独进行即可。例如,将 1986 转换为相应的 BCD 码,结果为 0001 1001 1000 0110。反转换过程也类似,如将 BCD 数 0101 1001 0011 0111 转换为十进制数,结果应为 5 937。

BCD 码的编码值与字符 0~9 的 ASCII 码的低 4 位相同,有利于简化输入输出过程中从字符→BCD 码和从 BCD 码→字符的转换操作,是实现人机联系时比较好的中间表示。需要译码时,译码电路也比较简单。

BCD 码的主要缺点是实现加减运算的规则比较复杂，在某些情况下，需要对运算结果进行修正。

1.3.2 字符的编码

字符主要指数字字符、字母、通用符号、控制符号等，在计算机内都被变换成计算机能够识别的二进制编码形式。这些字符编码方式有很多种，国际上广泛采用的是美国国家信息交换标准代码（American Standard Code for Information Interchange），简称 ASCII 码，其规则是用 7 位来表示一个字符。一个 ASCII 码字符在机器内占用一个字节(8 位)，其第 8 位常用作奇偶校验，但在机器中表示时，该位当作 0 处理。ASCII 字符编码表如表 1－3 所列。

表 1－3 ASCII 字符编码表

位 6、5、4→ ↓3、2、1、0	000	001	010	011	100	101	110	111
0000	NUL	DEL	SP	0	@	P	‘	p
0001	SOH	DC1	!	1	A	Q	a	q
0010	STX	DC2	"	2	B	R	b	r
0011	ETX	DC3	#	3	C	S	c	s
0100	EOT	DC4	$	4	D	T	d	t
0101	ENQ	NAK	%	5	E	U	e	u
0110	ACK	SYN	&	6	F	V	f	v
0111	DEL	ETB	、	7	G	W	g	w
1000	BS	CAN	(	8	H	X	h	x
1001	HT	EM	)	9	I	Y	i	y
1010	LF	SUB	*	：	J	Z	j	z
1011	VT	ESC	+	；	K	[	k	{
1100	FF	FS	，	<	L	\	l	|
1101	CR	GS	—	=	M	]	m	}
1110	SO	RS	.	>	N	↑	n	～
1111	SI	US	/	?	O	_	o	DEL

表 1－3 中横坐标是第 6、5、4 位的二进制编码值，纵坐标是第 3、2、1、0 位的二进制编码值。查找字符的 ASCII 码时，首先从表中找到相应的字符，从该字符垂直向上查得字符的高 3 位编码值，再从该字符水平方向向左查得其低 4 位，两者合并起来，即得到该字的 ASCII 码。例如，要查字母 A 的 ASCII 码，它的高 3 位为 100B，低 4 位为 0001B，故 A 的 ASCII 码为 01000001B，即 41H。

1.3.3 汉字的编码

为了适应中文信息处理的需要,1981 年,国家标准局公布了 GB 2312—80《信息交换用汉字编码字符集——基本集》,收集了常用汉字 6 763 个,并给这些汉字分配了代码。用计算机进行汉字信息处理时,首先必须将汉字代码化,即对汉字进行编码,称为汉字输入码。汉字输入码送入计算机后还必须转换成汉字内部码,才能进行信息处理。处理完毕后再把汉字内部码转换成汉字字形码,才能在显示器或打印机输出。因此,汉字的编码有输入码、内码、字形码 3 种。

1. 汉字的输入码

目前,计算机一般是使用西文标准键盘输入的,为了能直接使用西文标准键盘输入汉字,必须给汉字设计相应的输入编码方法。其编码方案有很多种,主要的分为 3 类:数字编码、拼音码和字形编码。

(1) 数字编码

常用的是国标区位码,用数字串表示一个汉字。区位码是将国家标准局公布的 6 763 个两级汉字分为 94 个区,每个区分 94 位,实际上把汉字表示成二维数组,每个汉字在数组中的下标就是区位码。区码和位码各两位十进制数字,因此输入一个汉字须按键 4 次。例如,“中”字位于第 54 区 48 位,区位码为 5 448。数字编码输入的优点是无重码,输入码与内部编码的转换比较方便,缺点是代码难以记忆。

(2) 拼音码

拼音码是以汉语拼音为基础的输入方法。凡掌握汉语拼音的人,不须训练和记忆即可使用,但汉字同音字太多,输入重码率很高,因此按拼音输入后还必须进行同音字选择,影响了输入速度。

(3) 字形编码

字形编码是用汉字的形状来进行的编码的。汉字总数虽多,但是由一笔一划组成,全部汉字的部件是有限的。因此,把汉字的笔划部件用字母或数字进行编码,按笔划的顺序依次输入,就能表示一个汉字了。例如,五笔字型编码是最有影响的一种字形编码方法。

这么多汉字的输入成为人们研究的热点,研究输入设备从如下几个方面展开:

① 键盘输入:键盘是标准的输入设备。在输入中英文混写的文件时,输入速度很慢。

② 手写输入:是正在开发的一种输入方法。当汉字笔画很少时,速度较快;当笔画较多时,速度很慢,并且要求书写工整。

③ 语音输入:适合于联想及按惯用的修辞方式所表达的意思完整的句子。诗词、人名、地名以及单个字的输入比较困难,而且由于每个人发音的特殊性,说话的音调、速度、情绪等都会影响输入的准确性。

2. 汉字的内码

同一个汉字以不同输入方式进入计算机时，编码长度以及0、1组合顺序差别很大，这使得汉字信息进一步存取、使用、交流十分不方便，必须转换成长度一致、与汉字唯一对应的、能在各种计算机系统内通用的编码，满足这种规则的编码叫汉字内码。汉字内码是用于汉字信息的存储、交换检索等操作的机内代码，一般一个汉字采用两个字节表示。一个英文字符的机内代码是7位的ASCII码，当用一个字节表示时，最高位为“0”。为了与英文字符区别开，汉字机内代码中两个字节的最高位均规定为“1”。有些系统中字节的最高位用于奇偶校验位或采用扩展ASCII码，这种情况下用3个字节表示一个汉字内码。

内码有许多种，但以我国制定推行的GB 2312—80国家标准信息交换用汉字编码(简称国标码)为最好。国标码采用两个字节表示一个汉字，每个字节只使用后7位。这种设计虽使汉字与英文字符完全兼容，但当英文字符与汉字混合存储时，容易发生冲突。所以只能把国标码两个字节的最高位(最左端一位)置1，或者把其中一个字节的最高位置1后，作为汉字的内码使用。如此，汉字的内码既兼容英文ASCII码，又不会与ASCII码产生二义性，同时汉字与国标码具有很简单的一一对应关系。

当某一种输入码输入一个汉字到计算机之后，汉字管理模块立刻将它转换成2字节长的GB 2312—80国标码；同时，将国标码的每个字节的最高位置1，作为汉字的标识符，即将国标码转换为机器内部的代码——汉字内部码。

例如：“啊”的国标码是0011 0000 0001 0010(3012H)

生成的汉字内码为1011 0000 1001 0010(B0A1H)

除此之外，使用较多的内码，还有HZ码(国标码的变形)和大五码(Big5)等。

无论用哪一种输入码输入汉字，在计算机内部储存时都采用机内码，这也就是用一种汉字输入法输入的文档、也可以用另一种输入法对其进行修改的原因。

3. 汉字字形码

存储在计算机内的汉字需要在屏幕上显示或在打印机上输出时，就必须知道汉字的字形信息。汉字内码并不能直接反映汉字的字形，而要采用专门的字形码。目前的汉字处理系统中，字形信息的表示大体上有两类形式：一类是用活字或文字版的母体字形形式，另一类是点阵表示法、矢量表示法等形式，其中，最基本也是大多数字形库采用的是以点阵的形式存储汉字字形编码的方法。

点阵字形是将字符的字形分解成若干点组成的点阵，将此点阵置于网格上，每一小方格是点阵中的一个点，点阵中的每一个点可以有黑白两种颜色，有字形笔画的点用黑色，反之用白色，这样就能描写出汉字字形了。图1-1是汉字“次”的点阵，如果用二进制的“1”表示黑色点，用“0”表示没有笔画的白色点，每一行16个点用2字节表示，则需32个字节描述一个汉字的字形，即一个字形码占32个字节。

一个计算机汉字处理系统常配有宋体、仿宋、黑体和楷体等多种字体。同一个汉

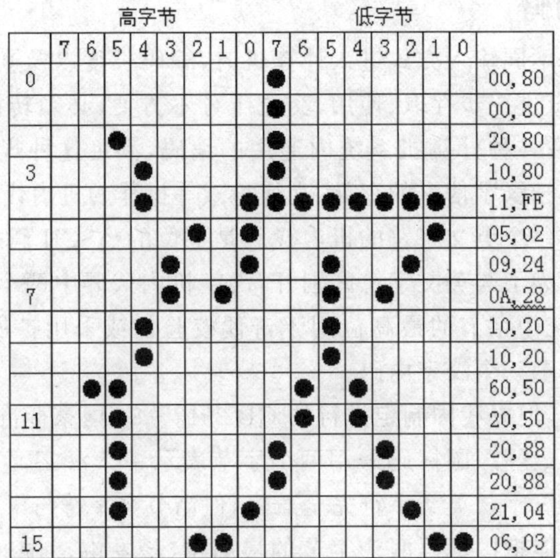

图 1-1　汉字点阵

字不同字体的字形编码是不相同的。根据汉字输出的要求不同,点阵的多少也不同。简易型汉字为 16×16 点阵,提高型汉字为 24×24 点阵、32×32 点阵,甚至更高。点阵越大,描述的字形越细致美观,质量越高,所占存储空间也越大。汉字点阵的信息量是很大的,以 16×16 点阵为例,每个汉字要占用 32 个字节,国标两级汉字要占用 256 KB。因此,字模点阵只能用来构成汉字库,而不能用于机内存储。

通常,计算机中所有汉字的字形码集合起来组成汉字库(或称为字模库)存放在计算机里,当汉字输出时,由专门的字形检索程序根据这个汉字的内码从汉字库里检索出对应的字形码,再由字形码控制输出设备输出汉字。汉字点阵字形的汉字库结构简单,但是当需要对汉字进行放大、缩小、平移、倾斜、旋转、投影等变换时,汉字的字形效果不好;若使用矢量汉字库、曲线字库的汉字,其字形用直线或曲线表示,则能产生高质量的输出字形。

综上所述,汉字从送入计算机到输出显示,汉字信息编码形式不尽相同。汉字的输入编码、汉字内码和字形码是计算机中用于输入、内部处理和输出 3 种不同用途的编码,不要混为一谈。

1.3.4　统一代码

现今人类使用接近 6 800 种不同的语言,所以即使是扩展 ASCII 码这样的 8 位代码也不能满足需要。解决问题的最佳方案是设计一种全新的编码方法,这种方法必须有足够的能力来表示 6 800 种语言中任意一种语言里使用的所有符号,这就是统一代码(Unicode)。

Unicode 的基本方法是使用一个 16 位的数来表示 Unicode 中的每个符号，这意味着允许表示 65 536 个不同的字符或符号。这种符号集被称为基本多语言平面(BMP)。这个空间已经非常大了，但设计者考虑到将来某一天它可能会不够用，所以采用了一种可使这种表示法使用得更远的方法。当用两个字节来表示 Unicode 字符时，使用的是UCS－2 编码，但尽管如此，也允许在 UCS－2 文本中插入一些 UCS－4 字符。为此，在 BMP 中保留了两个大小为 1 024 的块，这两个块中任何位置都不能用来表示任何符号。USC－4 的两个 16 位字每个表示一个数，这个数是 UCS－2 BMP 中的 1 024 个数值中的一个。这两个数的组合可以表示 100 多万个自定义的 UCS－4 字符。图 1－2 给出了在 PC 机中扩展 ASCII、Unicode(UCS－2)和 Unicode(UCS－4)表示方法的差异。

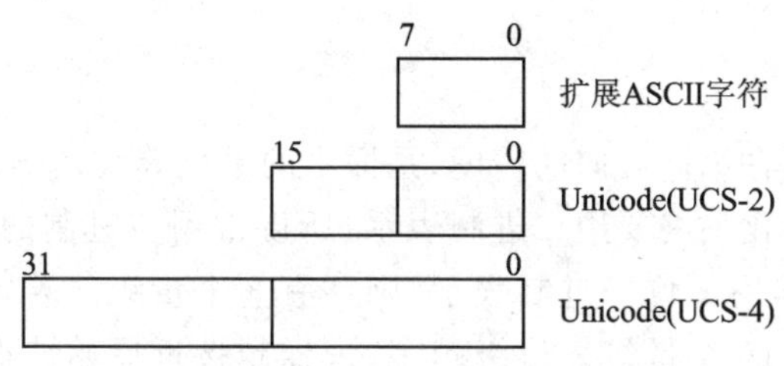

图 1－2　3 种字符表示方法

随着计算机储存量的不断加大，国内计算机今后将逐步走向大字符级集团国际标准 ISO/IEC10646。ISO10646 的 BMP 与 Unicode 字符集内容相同。

1.3.5　语音编码

语音信号是模拟信号，而计算机中的信息是用二进制表示的。语音的编解码就是将语音的模拟信号转换为二进制数字信号在计算机中处理、传输，到了接收端再将数字信号还原为模拟语音。在语音编码方面，需要了解和解决的问题有：

1. 音调、音强和音色

声音是通过声波改变空气的疏密度，引起鼓膜振动而作用于人的听觉的。从听觉的角度，音调、音强和音色称为声音的三要素。

音调决定于声波的频率，声波的频率高，声音的音调就高；声波的频率低，声音的音调就低。正常人能听到的声波频率为 20 Hz～20 kHz。

音强又称响度，决定于声波的振幅。声波的振幅大，则声音强；声波的振幅小，则声音弱。

音色决定于声波的形状。混入音波基波中的泛音不同，得到不同的音色。

2. 波形采样量化

任何用符号表示的数字都是不连续的。波形的数字化过程是将连续的波形用离散的(不连续的)点近似代替的过程。在原波形上取点，称为采样。用一定的标尺确定各采样点的值(样本),称为量化。量化之后,很容易就将它们转换为二进制码。

3. 采用量化的技术参数

一个数字声音的质量,决定于以下技术参数:

(1) 采样频率

采样频率,即 1 s 内的采样次数,反映了采样点之间的间隔大小。间隔越小,丢失的信息越少,数字声音就越逼真细腻,要求的储存量也就越大。由于计算机的工作速度和储存容量有限,而且人耳的听觉上限为 20 kHz,所以采样频率不可能也不需要太高。根据奈奎斯特采样定律,只要采样频率高于信号中最高频率的两倍,就可以从采样中恢复原始的波形。因此,40 kHz 以上的采样频率足以使人满意。目前,多媒体计算机的采样频率有 3 种:44.1 kHz、22.05 kHz 和 11.025 kHz。CD 唱片采用的是 44.1 kHz。

(2) 测量精度

测量精度是样本在纵向方向的精度,是样本的量化等级,它通过对波形纵向的等分而实现。由于数字化最终要用二进制表示,所以常用二进制的位数表示样本的量化等级。若每个样本用 8 位二进制表示,则共有 8 个量级。若每个样本用 16 位二进制数表示,则共有 16 个量级。量级越多,采样越接近原始波形;数字声音质量越高,要求的存储容量也越大。目前,多媒体计算机的标准采样量级有 8 位和 16 位两种。

(3) 声道数

声音记录只产生一个波形,称为单声道。声音记录只产生两个波形,称为立体声双道。立体声比单声道丰满、空间感强,但需两倍的存储空间。

1.3.6 差错控制编码

在数据通信方面,要求信息传输具有高度的可靠性,即要求误码率足够低。然而,不管是模拟通信系统还是数字通信系统,都存在干扰和信道传输特性不好对信号造成的不良影响,致使数据信号在传输过程中不可避免地发生差错。为满足通信要求,尽可能减少和避免误码出现,一方面要提高硬件的质量,另一方面可以采用抗干扰编码(或差错控制编码)。

差错控制编码的基本思想是:在发送端被传送的信息码序列的基础上,按照一定的规则加入若干监督码元后进行传输,这些加入的码元与原来的信息码序列之间存在着某种确定的约束关系。在接收数据时,检验信息码元与监督码元之间既定的约束关系,如果该关系遭到破坏,则在接收端可以发现传输中的错误,乃至纠正错误。当然,用纠(检)错来控制差错的方法来提高数据通信的可靠性是以信息量的冗余和降低系统的效率为代价换取的。

根据码组的功能,差错控制编码可将其分为检错码和纠错码两类。一般地说,检错码是指能自动发现差错的码,纠错码是指不仅能发现差错而且能自动纠正差错的码。按照信息码元与监督码元的约束关系，差错控制编码又可分为分组码和卷积码两类；按码组中监督码元之间的关系分为线性码和非线性码两类。

下面介绍几种常用的差错控制编码，它们都属于分组码一类，而且是行之有效的。

1. 奇偶校验码

这是一种简单的检错码，其编码规则是先将所要传输的数据码元分组，并在分组数据后面附加一位监督位，使该组码连同监督位在内的码组中的“1”的个数为偶数（称为偶校验）或奇数（称为奇校验），在接收端按同样的规律检查，如发现不符就说明产生了差错，但是不能确定差错的具体位置，即不能纠错。

奇偶校验码的这种监督关系可以用公式表示。设码组长度为 n，表示为 a_{n-1}，a_{n-2}，a_{n-3}，…，a_0。其中，$n-1$ 位为信息码元，第 n 位为监督位 a_0。

在偶校验时有：

$$a_0 \oplus a_1 \oplus \cdots \oplus a_{n-1} = 0$$

其中，⊕表示“异或”；监督位 a_0 可由式“$a_0 = a_1 \oplus a_2 \oplus \cdots \oplus a_{n-1}$”产生。

在奇校验时有：

$$a_0 \oplus a_1 \oplus \cdots \oplus a_{n-1} = 1$$

监督位 a_0 可由式“$a_0 = a_1 \oplus a_2 \oplus \cdots \oplus a_{n-1} \oplus 1$”产生。

这种奇偶检验只能发现单个或奇数个错误，而不能检测出偶数个错误，因而它的检错能力不强。

例如：信息码 1110011000 按照偶监督规则插入监督位应为：

$$a_0 = 1 \oplus 1 \oplus 1 \oplus 0 \oplus 0 \oplus 1 \oplus 1 \oplus 0 \oplus 0 \oplus 0 = 1$$

信息位	监督位
1110011000	1

2. 海明码

海明码是由美国贝尔实验室 1950 年提出来的，是一种多重（复式）奇偶检错系统。它将信息用逻辑形式编码，以便能够检错和纠错。用在海明码中的全部传输码字是由原来的信息和附加的奇偶校验位组成的。

(1) 检验位的位数

在前面讨论奇偶检验时，如按偶校验，由于使用了一位监督位 a_0，故它能和信息位（a_{n-1}，a_{n-2}，a_{n-3}，…，a_1）一起构成一个代数式，$a_0 \oplus a_1 \oplus \cdots \oplus a_{n-1} = 0$。在接收端解码时，实际上就是在计算

$$S = a_0 \oplus a_1 \oplus \cdots \oplus a_{n-1} \tag{1.1}$$

若 $S=0$，则认为无错；若 $S=1$，则认为有错。式(1.1)称为监督关系式，S 称为

校正子。由于校正子 S 的取值只有这两种,它就只能代表有错和无错这两种信息,而不能指出错误的位置。可以推出,如果监督位增加一位,即变成两位,则能增加类似式(1.1)的监督关系式。两个校正子有 4 种可能的组合:00、01、10、11,能表示 4 种不同的信息。若用一种表示无错,则其余 3 种就有可能表示一位错码的 3 种不同位置。同理,r 个监督关系式能指示一位错码的(2^r-1)个可能位置。

一般来说,若信息长为 n,信息位数为 k,则监督位数 $r=n-k$。如果希望用 r 个监督位构造出 r 个监督关系式来指示一位错码的 n 种可能位置,则要求:

$$2^r-1 \geqslant n \text{ 或 } 2^r \geqslant k+r+1$$

推导并使用信息长度为 k 位码字的海明码,所需步骤如下:

① 确定最小的校验位数 r,将它们记成 P1、P2、…、Pr,每个校验位符合不同的奇偶测试规定。

② 原有信息和 r 个校验位一起编为 $k+r$ 位的新码字。选择 r 校验位(0 或 1)以满足必要的奇偶条件。

③ 对所接收的信息做所需的 r 个奇偶检查。

④ 如果发现所有的奇偶校验结果均正确,则认为信息无错误。如果发现有一个或多个错误,则错误的位由这些检查的结果来唯一地确定。

(2) 码字格式

从理论上讲,校验位可放在任何位置,但习惯上校验位被安排在 1、2、4、8…的位置上。当 $k=4$,$r=3$ 时,信息位和校验位的分布情况如表 1-4 所列(其中,P1、P2、P3 为校验位,D1、…、D4 为信息位)。

表 1-4 海明码中校验位和信息位的定位

码字位置	B1	B2	B3	B4	B5	B6	B7
校验位	x	x		x			
信息位			x		x	x	x
复合码字	P1	P2	D1	P3	D2	D3	D4

(3) 校验位的确定

r 个校验位是通过对 $k+r$ 位复合字进行奇偶校验而确定的,其中:

- P1 负责校验海明码的第 1、3、5、7…(P1、D1、D2、D4…)位,包括 P1 本身。
- P2 负责校验海明码的第 2、3、6、7…(P2、D1、D3、D4…)位,包括 P2 本身。
- P3 负责校验海明码的第 4、5、6、7…(P3、D2、D3、D4…)位,包括 P3 本身。

若对 $k=4$,$r=3$ 的码字进行海明码编码,校验码采用偶校验,则需 $r=3$ 次偶检查。这里 3 次检查(分别以 R1、R2、R3 表示)在表 1-5 所列各位的位置上进行。

表 1-5 校验位测试

测试条件	码字位置						
	1	2	3	4	5	6	7
R1	x		x		x		x
R2		x	x			x	x
R3				x	x	x	x

可得到 3 个校验方程及确定校验位的 3 个公式(B1、B2、…、B7 表示码字)：

$$R1=B1 \oplus B3 \oplus B5 \oplus B7 =0 \text{ 得 } P1 =D1 \oplus D2 \oplus D4$$

$$R2=B2 \oplus B3 \oplus B6 \oplus B7 =0 \text{ 得 } P2=D1 \oplus D3 \oplus D4$$

$$R3=B4 \oplus B5 \oplus B6 \oplus B7 =0 \text{ 得 } P3 =D2 \oplus D3 \oplus D4$$

若有 4 位信息码 1011,求 3 个校验位 P1、P2、P3 的值并生成海明码编码,则可用上面 3 个公式解出(如表 1-6 所列)。

表 1-6 4 位信息码的海明编码

码字位置	B1	B2	B3	B4	B5	B6	B7
码位类型	P1	P2	D1	P3	D2	D3	D4
信息码	—	—	1	—	0	1	1
校验位	0	1	—	0	—	—	—
编码后的海明码	0	1	1	0	0	1	1

以上是发送方的处理过程,在接收方,也可根据这 3 个校验方程对接收的信息进行同样的奇偶测试：

$$A=B1 \oplus B3 \oplus B5 \oplus B7 =0$$

$$B=B2 \oplus B3 \oplus B6 \oplus B7 =0$$

$$C=B4 \oplus B5 \oplus B6 \oplus B7 =0$$

若 3 个校验方程都成立,即方程式右边都等于 0,则说明没有错。若不成立(即方程式右边不等于 0),则说明有错。从 3 个方程式右边的值,可以判断哪一位出错。例如,如果第 3 位数字反了,则 C=0(此方程没有 B3),A=B=1(这两个方程都有 B3)。可构成二进制数 CBA,以 A 为最低有效位,则错误位置就可简单地用二进制数 CBA=011 指出。

同理,若 3 个方程式右边的值为 001,说明第一位出错。若 3 个方程式右边的值为 100,说明第 4 位出错。

3. 循环冗余校验码

循环冗余校验码(Cyclic Redundancy Check,CRC)是一种能力非常强的检错、纠错码,并且实现编码和检码的电路比较简单,常用于串行传送的辅助存储器与主机的数据通信和计算机网络中。

CRC 的基本原理是：在 k 位信息码后再拼接 r 位的校验码，整个编码长度为 n 位，因此，这种编码又叫 (n,k) 码。对于一个给定的 (n,k) 码，可以证明存在一个最高次幂为 $n-k=r$ 的多项式 $g(x)$，根据 $g(x)$ 可以生成 k 位信息的校验码，而 $g(x)$ 叫这个 CRC 码的生成多项式。

(1) 几个基本概念

1) 多项式与二进制数码

为了便于用代数理论来研究 CRC 码，把长为 n 的码组（二进制数）与 $n-1$ 次多项式建立一一对应的关系，即把二进制数的各位当作是一个多项式的系数，二进制数的最高位对应 x 的最高幂次，以下各位对应多项式的各幂次，有此幂次对应 1，无此幂次对应 0。

多项式包括生成多项式 $g(x)$ 和信息多项式 $C(x)$。

如多项式为 $A(x)=x^5+x^4+x^2+1$，可转换为二进制码组 110101。

2) 生成多项式

生成多项式 $g(x)$ 是接收端和发送端的一个约定，也对应一个二进制数，在整个传输过程中，这个数始终保持不变。生成多项式应满足以下条件：

- 生成多项式的最高位和最低位必须为 1。
- 当被传送信息（CRC 码）任何一位发生错误时，被生成多项式做模 2 除后应该使余数不为 0。
- 不同位发生错误时，应该使余数不同。
- 对余数继续做模 2 除，应使余数循环。

常用的生成多项式：

CRC(12 位) $=x^{12}+x^{11}+x^3+x+1$

CRC(16 位) $=x^{16}+x^{15}+x^2+1$

CRC(CCITT) $=x^{16}+x^{12}+x^5+1$

3) 模 2 除

模 2 除与算术除法类似，但每一位除（减）的结果不影响其他位，即不向上一位借位。所以实际上就是“异或”，然后再移位做下一位的模 2 减。步骤如下：

首先，用除数对被除数最高几位做模 2 减，没有借位。然后，除数右移一位，若余数最高位为 1，商为 1，并对余数做模 2 减。若余数最高位为 0，商为 0，除数继续右移一位。一直做到余数的倍数小于除数时，该余数就是最终余数。

(2) FCS 帧检验列

将信息位后添加的 r 位检验码，称为信息的 FCS 帧检验列（Frame Check Sequence）。FCS 帧检验列可由下列方法求得：假如发送信息用信息多项式 $C(x)$ 表示，将 $C(x)$ 左移 r 位，则可表示 $C(x)\times 2^r$，这样 $C(x)$ 的右边就会空出 r 位，这就是校验码的位置。通过 $C(x)\times 2^r$ 除以生成多项式 $g(x)$ 得到的余数就是校验码。

【例 1.1】 已知信息码为 11100110，采用 CRC 进行差错检测，如用的生成多项式为 11001，求 FCS 的产生过程。

分析：此题生成多项式 11001 有 5 位($r+1$)，因此要把原始报文 $C(x)$ 即 11100110 左移 4(r)位变成 111001100000，加 4 个 0 于信息尾，就等于信息码乘以 2^4，然后被生成多项式模 2 除。

```
               1011  0110
        ---------------------
11001 ) 11100110  0000
        11001
        ---------------------
          10111
          11001
        ---------------------
           11100
           11001
        ---------------------
             101  00
             110  01
        ---------------------
               11  010
               11  001
        ---------------------
                   0110  ——→ FCS
```

所以，4 位余数 0110 即为所求的 FCS。

(3) CRC 码的编码方法

编码是在已知信息位的条件下求得循环码的码组，码组前 k 位为信息位，后 $r=n-k$ 位是监督位。因此，要首先根据给定的(n,k)值选定生成多项式 $g(x)$，即选定一个 $r(n-k)$ 次多项式作为 $g(x)$。因为 CRC 的理论很复杂，本书主要介绍已有生成多项式后计算校验码的方法。结合前面 FCS 帧检验列的产生过程，可得 CRC 码的生成步骤如下：

① 将 x 的最高幂次为 r 的生成多项式 $g(x)$ 转换成对应的 $r+1$ 位二进制数。

② 将信息码左移 r 位，相当于对应的信息多项式 $C(x)\times 2^r$。

③ 用生成多项式(二进制数)对信息码做模 2 除，得到 r 位的余数——FCS 帧校验列。

④ 将余数拼到信息码左移后空出的位置，得到完整的 CRC 码。

例如上题所举例的，信息 11100110 的 CRC 码为 11001100110。

(4) CRC 码的解码方法

在发送方，CRC 码对应的发送码组多项式 $A(x)$ 应能被生成多项式 $g(x)$ 整除，所在接收端可以将接收到的编码多项式 $R(x)$ 用原生成多项式 $g(x)$ 去做模 2 除。当传输中未发生错误时，接收码组与发送码组相同，即 $R(x)=A(x)$，故接收码组 $R(x)$ 必定能被 $g(x)$ 整除；若码组在传输中发生错误，则 $R(x)\neq A(x)$，$R(x)$ 被 $g(x)$ 除时可能除不尽而有余项。因此，就以余项是否为 0 来判别组中有无错码。

(5) CRC 码的检错纠错原理

如果有一位出错，则余数不为 0，而且不同位出错，其余数也不同。如果循环码有一位出错，用 $G(x)$ 做模 2 除将得到一个不为 0 的余数。如果对余数补 0 继续除下去,将发现一个有趣的结果:各次余数按表 1-7 顺序循环。例如第一位出错,余数将为 001,补 0 后再除(补 0 后若最高位为 1,则用除数做模 2 减取余;若最高位为 0,则其最低 3 位就是余数),得到第二次余数为 010。以后继续做模 2 减取余,依次得到余数为 100,011…,反复循环,这就是"循环码"名称的由来。这是一个有价值的特点。如果求出余数后不为 0,则一边对余数补 0 继续做模 2 除,同时让被检测的检验码字循环左移。表 1-7 说明,当出现余数(101)时,出错位也移到 A7 位置。可通过异或门将其纠正后在下一次移位时送回 A1。

表 1-7　(7, 4) CRC 码的出错模式 ($G(x)=1011$)

	收到的 CRC 码字							余 数	出错位
码位	A7	A6	A5	A4	A3	A2	A1		
正确	1	0	1	0	0	1	1	000	无
错误	1	0	1	0	0	1	0	001	1
	1	0	1	0	0	0	1	010	2
	1	0	1	0	1	1	1	100	3
	1	0	1	1	0	1	1	011	4
	1	0	0	0	0	1	1	110	5
	1	1	1	0	0	1	1	111	6
	0	0	1	0	0	1	1	101	7

例如,CRC 码($g(x)=1011$),若接收端收到的码字为 1010111,用 $g(x)=1011$ 做模 2 除得到一个不为 0 的余数 100,说明传输有错。将此余数继续补 0 用 $g(x)=1011$ 做模 2 除,同时让码字循环左移 1010111。做了 4 次后得到余数为 101,这时码字也循环左移 4 位,变成 1111010。说明出错位已移到最高位 A7,将最高位 1 取反后变成 0111010。再将它循环左移 3 位,补足 7 次,出错位回到 A3,就成为一个正确的码字 1010011。

1.4　计算机中有符号数的表示

1.4.1　机器数与真值

二进制数与十进制数一样有正负之分。在计算机中,如何表示符号呢?通常将一个数的最高位作为符号位,最高位为 0,表示符号位为正;最高位为 1,表示符号位为负。这样就把符号数值化了,我们称这种数为机器数或机器码。机器数是一个数在计算机中的表示形式,一个机器数所表示的数值称为真值。常用的机器数编码有原码、反码、补码等。

1.4.2 原码、反码与补码

1. 原码

原码表示法是一种比较直观的表示方法，其符号位表示该数的符号，正用“0”表示，负用“1”表示；而数值部分仍保留着其真值的特征。原码在机器中的表示形式如图 1-3 所示。

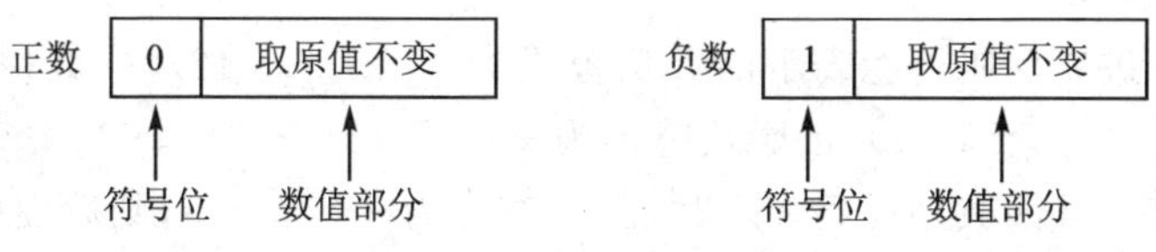

图 1-3 原码的表示形式

原码有如下几个特点：

① 数值部分即为该带符号数的二进制值。

② “0”有+0 和-0 之分，若字长为 8 位，则：$[+0]_{原}=0\ 0000000$，$[-0]_{原}=1\ 0000000$。

③ 8 位二进制原码能表示的数值范围为 01111111～11111111，即+127～-127。

那么，对于 n 位字长的计算机来说，其原码表示的数值范围为 $2^{n-1}-1$～$-2^{n-1}+1$。

原码表示法的优点是比较直观、简单易懂，但它的最大缺点是加法运算复杂。这是因为，当两数相加时，如果是同号则数值相加；如果是异号，则要进行减法。而在进行减法时，还要比较绝对值的大小，然后减去比较小的数，最后还要给结果选择恰当的符号。显然，利用原码作加减法运算是不太方便的。为了解决这些矛盾，在计算机中引入了反码和补码。

2. 反码

对于正数而言，其反码形式与其原码相同：最高位为符号位，用 0 表示正数，其余位为数值位不变。对于负数，其反码表示为：最高位符号位为 1，其余数值位在原码的基础上按位取反。反码在机器中的表示形式如图 1-4 所示。

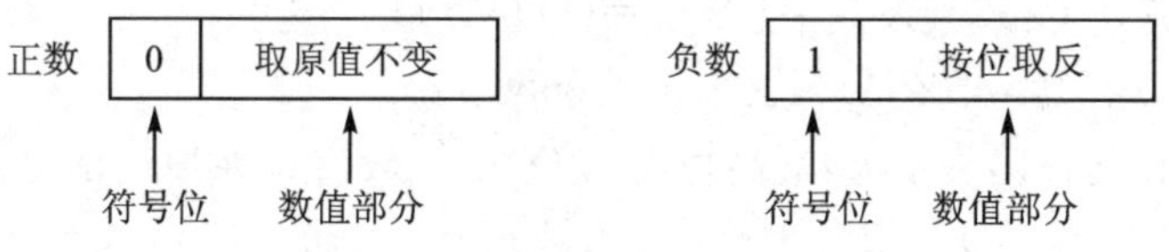

图 1-4 反码的表示形式

对于正数而言，其反码与原码相同，最高位 0 表示正数，其余位为数值位。例如：

$X=+6$，$[X]_{原}=[X]_{反}=0\ 0000110$

$X=+127$，$[X]_{原}=[X]_{反}=0\ 1111111$

对于负数,其反码表示形式为:最高位符号位为 1,其余各数值位在原码的基础上按位取反。例如:

$X=-5,[X]_{原}=1\ 0000101,[X]_{反}=11111010$

$X=-127,[X]_{原}=1\ 1111111,[X]_{反}=10000000$

反码具有如下几个特点:

① “0”有+0 和−0 之分,若字长为 8 位,则:$[+0]_{反}=0\ 0000000$,$[-0]_{反}=1\ 1111111$。

② 8 位二进制反码所能表示的数值范围为+127～−127,一般地,对于 n 位字长的计算机来说,其反码表示的数值范围为 $+2^{n-1}-1\sim-2^{n-1}+1$。

③ 8 位带符号的数用反码表示时,若最高位为“0”(正数),则后面的 7 位即为数值;若最高位为“1”(负数),则后面 7 位表示的不是此负数的数值,必须把它们按位取反才是该负数的二进制值。例如:$[X]_{反}=10101010$,它是一个负数,其中,后 7 位为 0101010,取反得 1010101,所以负数:$X=-(1\times2^6+1\times2^4+1\times2^2+1\times2^0)=-85$。

将以上反码的表示规则用表达式形式定义,则有:

$$[X]_{反}=\begin{cases}X & (X>0\text{ 或 }X\text{ 为 }+0\text{ 的})\\(2^n-1)-|X| & (X<0\text{ 或 }X\text{ 为 }-0\text{ 的})\end{cases}$$

其中,n 为包括符号位在内的二进制的位数。2^n-1 称为 n 位二进制反码的模。

3. 补　码

对于正数而言,其补码形式与原码相同:最高位为符号位,用 0 表示正数,其余位为数值位不变。对于负数而言,其补码表示为:最高位符号位为 1,其余数值位在原码的基础上按位取反并加 1,在机器中的表示形式如图 1-5 所示。

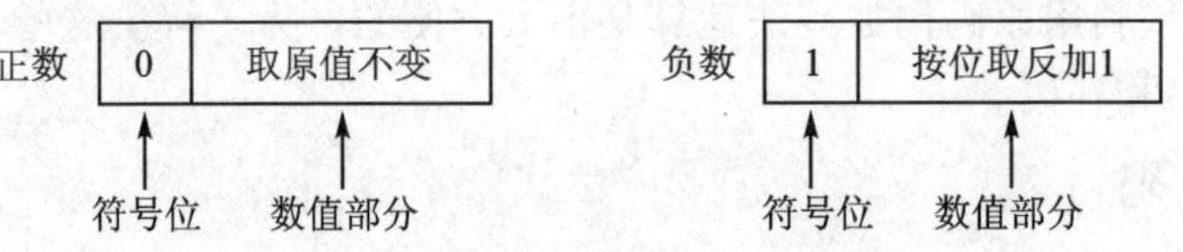

图 1-5　补码的表示形式

对于正数而言,其补码与原码相同,最高位 0 表示正数,其余位为数值位。例如:

$X=+127,[X]_{原}=[X]_{反}=[X]_{补}=0\ 1111111$

$X=+0,[X]_{原}=[X]_{反}=[X]_{补}=0\ 0000000$

对于负数,其补码表示为:最高位符号位为 1,数值位在原码的基础上按位取反并加 1。例如:

$X=-5,[X]_{原}=1\ 0000101,[X]_{反}=1\ 1111010,[X]_{补}=1\ 1111011$

$X=-0,[X]_{原}=1\ 0000000,[X]_{反}=1\ 1111111,[X]_{补}=0\ 0000000$

$X=-128,[X]_{补}=1\ 0000000$

从以上几例,可归纳出二进制补码的几个特点:

① $[+0]_补=[-0]_补=00000000$,无+0 和−0 之分。

② 正因为补码中没有+0 和−0 之分,所以 8 位二进制补码所能表示的数值范围为+127～−128;同理可知,n 位二进制补码表示的范围为$+2^{n-1}-1\sim-2^{n-1}$。在原码、反码和补码三者中,只有补码可以表示-2^{n-1}。

③ 一个用补码表示的二进制数,当为正数时,最高位(符号位)为 0,其余位即为此数的二进制值;当为负数时,最高位(符号位)为 1,其余位不是此数的二进制值,必须把它们按位取反,且在最低位加 1 才是它的二进制值。

4. 原码、反码、补码之间的互相转换

原码、反码、补码之间互相转换的规则为:如果一个数为正数,那么它的原码、反码、补码的表示形式是相同的。

例如:$X=+125$,$[X]_原=[X]_反=[X]_补=0\ 1111101$

如果一个数为负数,其最高位(符号位)为 1,反码的数值位是在原码的基础上按位取反,补码的数值位是在反码的基础上加 1。

例如:$X=-43$, $[X]_原=1\ 101011$

$[X]_反=1\ 010100$

$[X]_补=1\ 010101$

1.4.3 补码的加法运算

在计算机中,凡是有符号数一律用补码形式存放和运算,其运算结果也用补码表示。采用补码运算可以将减法变成补码加法运算,在微处理器中只需加法的电路就可以实现加法、减法运算。其运算特点是:符号位与数值部分一起参加运算,并且自动获得结果(包括符号和数值部分)。

设 X、Y 是两个任意的二进制数,定点补码的运算满足下面的规则:

$$[X+Y]_补=[X]_补+[Y]_补$$

$$[X-Y]_补=[X]_补+[-Y]_补$$

由于计算机的字长有一定限制,所以一个带符号数是有一定范围的。以字长为 8 位的二进制数为例,当它们用补码表示带符号数时,它们表示的数的范围是−128～+127。当运算结果超过这个表达范围时,便产生溢出。一般来说,两个符号相异的数相加是不会产生溢出的,只有两个符号相同的数相加时才有可能产生溢出。那么如何判断溢出呢?下面通过几个例子说明如何判断溢出。

【例 1.2】 已知 $X=+0001101$,$Y=+1110001$,要求进行补码的加法运算。

	00	(C_fC_0)
$[X]_补$	0 0001101	(+13 的补码)
+) $[Y]_补$	0 1110001	(+113 的补码)
	0 1111110	+126

令 C_f 为符号位向高位产生的进位,C_0 为数值部分向符号位产生的进位,此例

中,结果在 8 位二进制补码表示范围内,没有溢出,结果是正确的。此时 $C_f=C_0=0$。

【例 1.3】 已知 $X=+0000111$,$Y=-0010011$,求两数的补码之和。

$$
\begin{array}{rlrl}
 & & 00 & (C_fC_0) \\
 & [X]_{补} & 0\ 0000111 & (+7 \text{ 的补码}) \\
+) & [Y]_{补} & 1\ 1101101 & (-19 \text{ 的补码}) \\
\hline
 & & 1\ 1110100 & -12
\end{array}
$$

此例中,两数和为负数,将负数的补码还原为原码,即:

$[X+Y]_{原}=[(X+Y)_{补}]_{补}=1\ 0001100$

其真值为 -12,又因为 $+7+(-19)=-12$,结果在 8 位二进制补码表示范围内,没有溢出,结果是正确的。此时 $C_f=C_0=0$。

【例 1.4】 已知 $X=+1000000$,$Y=+1000001$,要求进行补码的加法运算。

$$
\begin{array}{rlrl}
 & & 01 & (C_fC_0) \\
 & [X]_{补} & 0\ 1000000 & (+64 \text{ 的补码}) \\
+) & [Y]_{补} & 0\ 1000001 & (+65 \text{ 的补码}) \\
\hline
 & & 1\ 0000001 & +129
\end{array}
$$

两个正数相加,结果却为负数("和"的最高位为 1),显然这个结果是错误的。其原因是两数之和是 $+129$,超过了正数 8 位二进制补码的最大值 $+127$ 的范围,即产生了溢出现象。此时 $C_f=0$,$C_0=1$。

【例 1.5】 已知 $X=-1111111$,$Y=-0000010$,要求进行补码的加法运算。

$$
\begin{array}{rlrl}
 & & 10 & (C_fC_0) \\
 & [X]_{补} & 1\ 0000001 & (-127 \text{ 的补码}) \\
+) & [Y]_{补} & 1\ 1111110 & (-2 \text{ 的补码}) \\
\hline
 & & 0\ 0111111 & -129
\end{array}
$$

两个负数相加得到的是正数,这显然是错误的。本例中的正确答案应该是 -129,它超出了负数 8 位二进制补码的最小值 -128 的表示范围,因而产生溢出,导致符号位遭到破坏,得到上面的错误结果。此时 $C_f=1$,$C_0=0$。

通过以上例子可以看出,运算结果在 8 位二进制数的范围内,没有溢出,结果正确,它们的共同规律是 $C_f=C_0$;运算结果都超出了 8 位二进制数的表示范围,分别产生了正溢出和负溢出,因此产生了错误的结果,它们的共同点是 $C_f \neq C_0$。

综合以上 4 例的情况(读者还可以举出其他一些例子进行充分归纳),可用下述逻辑表达式进行溢出判断:

$$\mathrm{OF}=C_f \oplus C_0$$

其中,OF 为 1 时表示运算结果有溢出,为 0 时表示结果没有溢出;$\oplus$表示异或,用一个异或电路即可实现。

1.4.4 定点数与浮点数

在一般书写中,小数点是用记号"."表示的,但在计算机中表示的任何信息只能用 0 或 1 两种数码，如果计算机中的小数点用数码表示，则与二进制位又不易区分，所以在计算机中小数点就不能用数值 0 或 1 来表示，那么在计算机中小数点的位置又是如何确定的呢？

在计算机中涉及小数点位置时有定点和浮点两种表示方法。所谓定点表示就是小数点在数中的位置是固定不变的，而浮点表示则是小数点的位置是浮动的。

1. 定点表示

任何一个二进制数都可以表示成一个纯整数或纯小数与一个 2 的正整数次幂的乘积的形式：

$$N = 2^p \times S$$

其中，S 表示全部有效数字，称之为 N 的尾数；P 称为 N 的阶码，它指明了小数点的位置；2 称为阶码的底。P 和 S 均为用二进制表示的数。

(1) 定点整数

当 $P=0$，且尾数为纯整数时，定点数只能表示整数。约定小数点位置固定在最低位数值之后。其形式如图 1－6 所示。

通常符号位用 0 表示正数，1 表示负数，尾数常用原码表示。如果字长$=n+1$位，则定点整数的表示范围为：$2^n-1 \sim -(2^n-1)$。

(2) 定点小数

当 $P=0$，且尾数为纯小数时，定点数只能表示纯小数。约定小数点位置固定在符号位之后。其形式如图 1－7 所示。

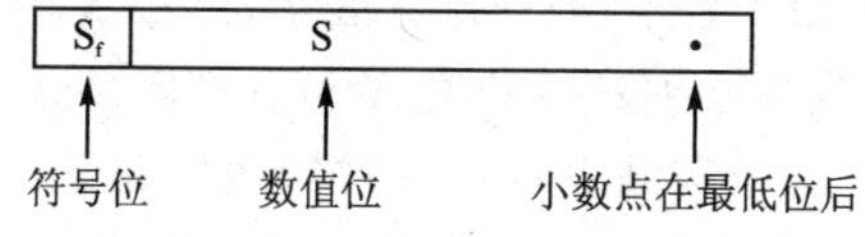

图 1－6　定点数的表示形式

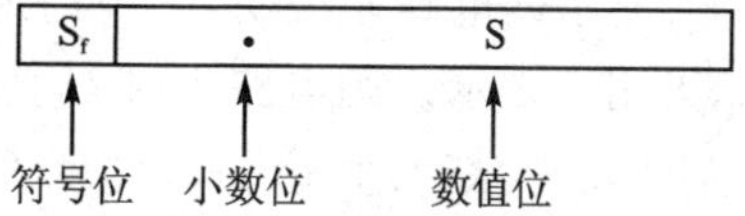

图 1－7　定点小数的表示形式

假设字长$=n+1$位时，定点整数的表示范围为：$1-2^n \sim -(1-2^n)$。

显然，定点数表示法使计算机只能处理纯整数或纯小数，限制了程序处理数据的范围。为了使程序能够处理任意数，计算机中还引入了浮点数。

2. 浮点表示

如果阶码 P 不为 0，且可以在一定范围内取值，这样的数称为浮点数。浮点数中小数点的位置是浮动的。为了使小数点可以自由浮动，把浮点数分成两部分，即尾数部分与阶码部分，其形式如图 1－8 所示。

其中，尾数部分表示该浮点数的全部有效数字，它是一个有符号位的纯小数；阶码部分指明了浮点数实际小数点的位置与尾数(定点小数点数)约定的小数点之间的位移量 P，该位移量 P(阶码)是一个有符号位的纯整数。

当阶数为$+$P 时，则表示小数点向右移动 P 位；当阶数为$-$P 时，则表示小数点

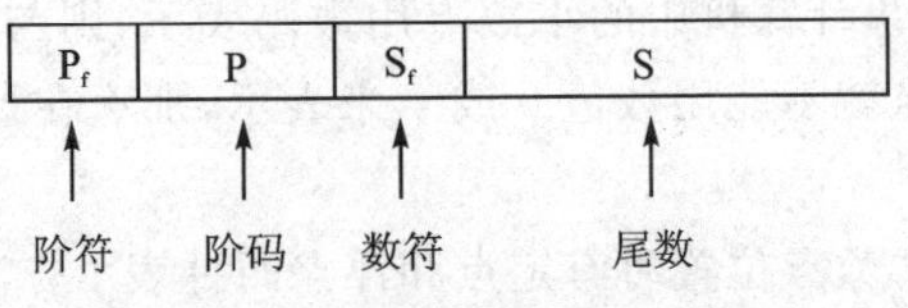

图 1-8　浮点数的表示形式

向左移动 P 位。因此,浮点数的小数点随着 P 的符号和大小而自由浮动。显然,浮点数表示的数值范围比定点数表示的数值范围要大得多。但是相对于定点数,浮点数运算较为复杂,因而其控制部件相应地复杂化了,故浮点机的设备增多,成本较高。在计算机中,究竟采用浮点制还是定点制,必须根据使用要求设计。

1.5　基本逻辑运算

逻辑是指条件与结论之间的因果关系,因此逻辑运算是指对因果关系进行分析的一种运算。逻辑运算的结果并不表示数值大小,而是表示一种逻辑概念,成立用真或 1 表示,不成立用假或 0 表示。常用的逻辑运算包括逻辑“与”、逻辑“或”、逻辑“非”、逻辑“异或”。

1.5.1　“与”运算

“与”运算又称逻辑乘,可用符号“·”或“∧”来表示。逻辑“与”的含义可以通过图 1-9 所示的电路来说明:图中约定开关合上用 1 表示,断开用 0 表示,灯 L 亮用 1 表示,灭用 0 表示。则电路中灯 L 亮这一事件发生必须具备开关 A 和 B 都闭合这样两个条件,否则灯 L 亮这一事件就不会发生。这个实例表示了这样的逻辑关系:决定某一事件发生的所有条件全部具备时,这一事件才会且一定会发生,这种逻辑关系称为与逻辑,与逻辑关系的逻辑函数表达式为:L=A·B 。

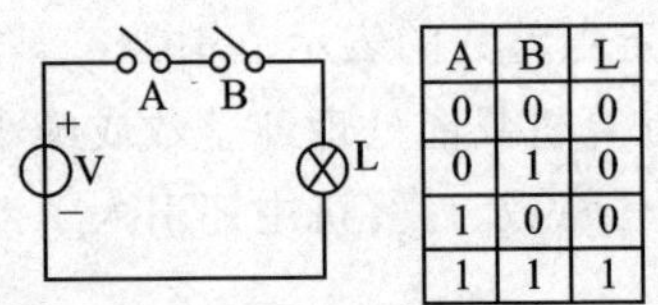

A	B	L
0	0	0
0	1	0
1	0	0
1	1	1

图 1-9　“与”电路示意图

“与”逻辑运算的基本公式如下:

$$0 \wedge 0=0 \qquad 0 \wedge 1=0$$

$$1 \wedge 0=0 \qquad 1 \wedge 1=1$$

1.5.2　“或”运算

“或”运算又称逻辑加,可用符号“+”或“∨”表示。“或”运算的含义可用图 1-

10 说明。在电路中 L 亮这一事件要发生，开关 A、B 至少有一个闭合就行。这个实例表明这样一种逻辑关系：决定事件发生的条件至少有一个具备，这一事件就会且一定会发生。这种逻辑关系叫“或”逻辑，逻辑函数表达式为：L＝A+B 。

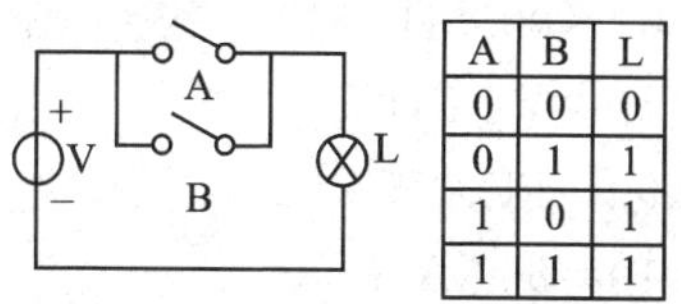

A	B	L
0	0	0
0	1	1
1	0	1
1	1	1

图 1－10 “或”电路示意图

“或”逻辑运算的基本公式如下：

$$0+0=0 \qquad 0+1=1$$
$$1+0=1 \qquad 1+1=1$$

1.5.3 “非”运算

如图 1－11 所示，电路中灯 L 亮这一事件发生时，开关 A 不闭合，而开关 A 闭合时，灯 L 反而不亮，把这种事件的发生和条件的具备总是相反的逻辑关系叫“非”逻辑，记作：$L=\overline{A}$。

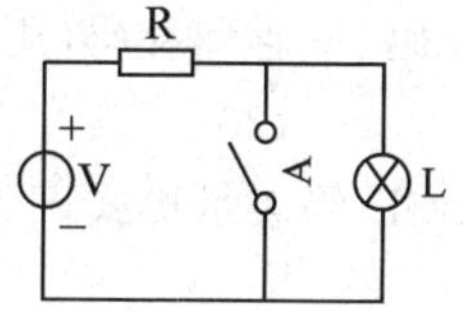

图 1－11 “非”电路示意图

逻辑“非”的基本公式如下：

$$\overline{0}=1$$
$$\overline{1}=0$$

1.5.4 “异或”运算

“异或”运算可以用符号“⊕”来表示。“异或”表示两个变量的取值相异时，它们的“异或”运算结果为 1；当两个变量的取值相同时，它们的“异或”运算结果为 0。其运算规则如下：

$$0 \oplus 0=0 \qquad 1 \oplus 0=1$$
$$0 \oplus 1=1 \qquad 1 \oplus 1=0$$

所有的逻辑运算都是按位操作的，由这些基本的逻辑运算可以组成更复杂的逻辑运算。下面通过一些例子说明。

【例 1.6】 如果两个变量的取值 $X=00FFH$，$Y=5555H$，求 $Z_1=X \wedge Y$，$Z_2=X$

$\vee Y$，$Z_3=\overline{X}$，$Z_4=X\oplus Y$ 的值。

X=0000 0000 1111 1111

Y=0101 0101 0101 0101

Z_1=0000 0000 0101 0101=0055H

Z_2=0101 0101 1111 1111=55FFH

Z_3=1111 1111 0000 0000=FF00H

Z_4=0101 0101 1010 1010=55AAH

习题一

1. 将下列十进制数分别转换为二进制数、八进制数和十六进制数。

128　　1000　　0.47　　4095　　67.544

2. 将下列二进制数分别转换成十进制数。

101101　　10110.001　　11000.0101

3. 将下列二进制数分别转换为八进制数、十六进制数。

1100010　　101110.1001　　0.1011101

4. 写出下列用补码表示的各个二进制数的真值。

01110011　　00011101　　10010101　　11111110　　10000001

5. 写出下列各十进制数的原码、反码和补码(用 8 位二进制表示)。

+56　　−67　　+126　　−120

6. 写出下列各十进制数的 BCD 码表示形式。

476　　894　　123

7. 写出下列字符串中各字符的 ASCII 值。

Hello, I love you!

8. 写出 1100、1101、1110、1111 对应的海明码。

9. 有一个(7,4)码,其生成多项式 $G(x)=x^3+x+1$,写出代码 1001 的循环冗余校验码。

10. 如果两个变量 X=0F0FH,Y=5050H,求 $Z_1=X\wedge Y$,$Z_2=X\vee Y$,$Z_3=\overline{X}$，$Z_4=X\oplus Y$ 的值。

第2章

ARM 微处理器基础

本章主要介绍 ARM 微处理器的基本知识，这些都是学习汇编语言程序设计所必须掌握的基本概念。本章首先介绍嵌入式系统的基本概念和相关知识，接下来介绍 ARM 技术的发展过程和基于 ARM 核的硬件结构，然后介绍 ARM 核的数据流模型以及 ARM 处理器模式和工作状态，最后对 ARM 处理器中的寄存器、存储器以及存储器的存储格式进行说明。

2.1 嵌入式系统概述

2.1.1 嵌入式系统的基本概念

嵌入式系统已经渗透到人们生活中的每个角落：工业、服务业、消费电子等，那么什么是嵌入式系统呢？

根据 IEEE 的定义，嵌入式系统是“控制、监视或者辅助操作机器和设备的装置”（原文为 devices used to control, monitor, or assist the operation of equipment, machinery or plants）。这主要是从应用上加以定义的，从中可以看出，嵌入式系统是软件和硬件的综合体，还可以涵盖机械等附属装置。

不过上述定义并不能充分体现出嵌入式系统的精髓，目前国内一个普遍被认同的定义是：以应用为中心、以计算机技术为基础、软件硬件可裁减、适应应用系统对功能、可靠性、成本、体积、功耗严格要求的专用计算机系统。

根据这个定义，可从 3 个方面来理解嵌入式系统：

嵌入式系统是面向用户、面向产品、面向应用的，它必须与具体应用相结合才会具有生命力、才更具有优势。因此，嵌入式系统是与应用紧密结合的，它具有很强的专用性，必须结合实际系统需求进行合理的裁减利用。

嵌入式系统是将先进的计算机技术、半导体技术、电子技术和各个行业的具体应用相结合后的产物，这一点就决定了它必然是一个技术密集、资金密集、高度分散、不断创新的知识集成系统。所以，介入嵌入式系统行业必须有一个正确的定位。例如，Palm 之所以在 PDA 领域占有 70%以上的市场，就是因为其立足于个人电子消费品，着重发展图形界面和多任务管理；而风河的 VxWorks 之所以在火星车上得以应用,则是因为其高实时性和高可靠性。

嵌入式系统必须根据应用需求对软硬件进行裁减,以满足应用系统的功能、可靠性、成本、体积等要求。所以,如果能建立相对通用的软硬件基础,然后在其上开发出适应各种需要的系统,是一个比较好的发展模式。目前的嵌入式系统的核心往往是一个只有几 KB 到几十 KB 大小的微内核,需要根据实际应用进行功能扩展或者裁减,由于微内核的存在,这种扩展能够非常顺利地进行。

实际上,嵌入式系统本身是一个外延极广的名词,凡是与产品结合在一起的具有嵌入式特点的控制系统都可以叫嵌入式系统。从上面的定义可以看出嵌入式系统的几个重要特征:

(1) 系统内核小

由于嵌入式系统一般是应用于小型电子装置的,系统资源相对有限,所以内核较之传统的操作系统要小得多。比如 Enea 公司的 OSE 分布式系统,内核只有 5 KB。

(2) 专用性强

嵌入式系统的个性化很强,其中的软件系统和硬件结合得非常紧密,一般要针对硬件进行系统移植,即使在同一品牌、同一系列的产品中也需要根据系统硬件的变化和增减不断进行修改。同时针对不同任务,往往需要对系统进行较大更改,程序的编译下载要和系统相结合,这种修改和通用软件的"升级"完全是两个概念。

(3) 系统精简

嵌入式系统一般没有系统软件和应用软件的明显区分,不要求其功能设计及实现上过于复杂,这样一方面利于控制系统成本,同时也利于实现系统安全。

(4) 高实时性的系统软件

高实时性的系统软件(OS)是嵌入式软件的基本要求,而且软件要求固态存储,以提高速度;软件代码要求高质量和高可靠性。

(5) 多任务的操作系统

嵌入式软件开发要标准化,就必须使用多任务的操作系统。嵌入式系统的应用程序可以没有操作系统而直接在芯片上运行,但是为了合理地调度多任务及利用系统资源、系统函数、专家库函数接口,用户必须自行选配 RTOS(Real - Time Operating System)开发平台,这样才能保证程序执行的实时性、可靠性,并减少开发时间,保障软件质量。

(6) 需要专用的开发工具和环境

嵌入式系统开发需要专用的开发工具和环境。由于其本身不具备自主开发能力,即使设计完成以后用户通常也不能对其中的程序功能进行修改,必须有一套开发工具和环境才能进行开发,这些工具和环境一般是基于通用计算机上的软硬件设备以及各种逻辑分析仪、混合信号示波器等。开发时往往有主机和目标机的概念,主机用于程序的开发,目标机作为最后的执行机,开发时需要交替结合进行。

2.1.2 嵌入式系统的发展

1. 嵌入式系统的发展历史

虽然嵌入式系统是近几年才流行起来的，但是这个概念并非最近才出现的。从20世纪70年代单片机的出现到今天各式各样的嵌入式微处理器、微控制器的大规模应用，嵌入式系统已经有了近50年的发展历史。作为一个系统，往往是在硬件和软件交替发展的双螺旋的支撑下逐渐趋于稳定和成熟的，嵌入式系统也不例外。

嵌入式系统的出现最初是基于单片机的。20世纪70年代，单片机的出现使得汽车、家电、工业机器、通信装置以及成千上万种产品可以通过内嵌电子装置来获得更佳的使用性能：更容易使用、更快、更便宜。这些装置已经初步具备了嵌入式的应用特点，但是这时的应用只是使用8位芯片执行一些单线程的程序，还谈不上“系统”的概念。

最早的单片机是Intel公司的8048，它出现在1976年。Motorola公司同时推出了68HC05，Zilog公司推出了Z80系列，这些早期的单片机含有256字节的RAM、4 KB的ROM、4个8位并口、一个全双工串行口、两个16位定时器。之后在20世纪80年代初，Intel又进一步完善了8048，在它的基础上研制成功了8051，这在单片机的历史上是值得纪念的一页，迄今为止，51系列的单片机仍然是最为成功的单片机芯片，在各种产品中都有着非常广泛的应用。

从20世纪80年代早期开始，嵌入式系统的程序员开始用商业级的“操作系统”编写嵌入式应用软件，这使得可以获得更短的开发周期、更少的开发资金和更高的开发效率，“嵌入式系统”真正出现了。确切点说，这个时候的操作系统是一个实时核，这个实时核包含了许多传统操作系统的特征，包括任务管理、任务间通信、同步与互斥、中断支持、内存管理等功能。其中，比较著名的有Ready System公司的VRTX、Integrated System Incorporation (ISI)的PSOS和IMG的VxWorks、QNX公司的QNX等。这些嵌入式操作系统都具有嵌入式的典型特点：它们均采用抢先式的调度，响应的时间很短，任务执行的时间可以确定；系统内核很小，具有可裁减、可扩充和可移植性，可以移植到各种处理器上；较强的实时和可靠性，适合嵌入式应用。这些嵌入式实时多任务操作系统的出现，使得应用开发人员得以从小范围的开发解放出来，同时也促使嵌入式系统有了更为广阔的应用空间。

20世纪90年代以后，随着对实时性要求的提高，软件规模不断上升，实时核逐渐发展为实时多任务操作系统(RTOS)，并作为一种软件平台逐步成为目前国际嵌入式系统的主流。这时候更多的公司看到了嵌入式系统的广阔发展前景，开始大力发展自己的嵌入式操作系统。除了上面的几家老牌公司的嵌入式操作系统以外，还出现了Palm OS、Windows CE、嵌入式Linux，以及国内的Hopen、Delta OS等嵌入式操作系统。随着嵌入式技术的发展前景日益广阔，相信会有更多的嵌入式操作系统软件出现。

2. 嵌入式系统的发展趋势

随着信息化、智能化、网络化的发展,嵌入式系统技术也将获得广阔的发展空间。美国著名未来学家尼葛洛庞帝 1999 年 1 月访华时预言,4～5 年后嵌入式智能(电脑)工具将是 PC 和因特网之后最伟大的发明。1999 年世界电子产品产值已超过 12 000 亿美元,2000 年达到 13 000 亿美元,2005 年的销售额达 18 000 亿美元。1997 年来自美国嵌入式系统大会(Embedded System Conference)的报告指出,未来 5 年,仅基于嵌入式计算机系统的全数字电视产品,将在美国产生一个每年 1 500 亿美元的新市场。今天嵌入式系统带来的工业年产值已超过了 1 万亿美元。美国汽车大王福特公司的高级经理也曾宣称,"福特出售的'计算能力'已超过了 IBM",由此可见嵌入式计算机工业的规模和广度。1998 年 11 月在美国加州举行的嵌入式系统大会上,基于 RTOS 的 Embedded Internet 成为一个技术新热点。在国内,"维纳斯计划"和"女娲计划"一度闹得沸沸扬扬,机顶盒、信息家电这两年更成了 IT 热点,而实际上这些都是嵌入式系统在特定环境下的应用。据调查,目前国际上已有两百多种嵌入式操作系统,而各种各样的开发工具、应用于嵌入式开发的仪器设备更是不可胜数。在国内,虽然嵌入式应用、开发很广,但该领域需要的专业人员比较少。由此可见,嵌入式系统技术发展的空间是无比广大的。

进入 20 世纪 90 年代,嵌入式技术全面展开,目前已成为通信和消费类产品的共同发展方向。在通信领域,数字技术正在全面取代模拟技术。在广播电视领域,美国已开始由模拟电视向数字电视转变,欧洲的 DVB(数字电视广播)技术已在全球大多数国家推广。数字音频广播(DAB)也已进入商品化试播阶段。而软件、集成电路和新型元器件在产业发展中的作用日益重要。所有上述产品都离不开嵌入式系统技术。例如,维纳斯计划生产的机顶盒核心技术就是采用 32 位以上芯片级的嵌入式技术。在个人领域中,嵌入式产品将主要是个人商用,作为个人移动的数据处理和通信软件。由于嵌入式设备具有自然的人机交互界面,GUI 屏幕为中心的多媒体界面给人很大的亲和力。手写文字输入、语音拨号上网、收发电子邮件以及彩色图形、图像已取得初步成效。

目前一些先进的 PDA 在显示屏幕上已实现汉字写入、短消息语音发布,应用范围也将日益广阔。对于企业专用解决方案,如物流管理、条码扫描、移动信息采集等,这种小型手持嵌入式系统将发挥巨大的作用。自动控制领域,不论是用于 ATM 机、自动售货机、工业控制等专用设备,还是和移动通信设备、GPS、娱乐相结合,嵌入式系统同样可以发挥巨大的作用。

信息时代、数字时代使得嵌入式产品获得了巨大的发展契机,为嵌入式市场展现了美好的前景,同时也对嵌入式生产厂商提出了新的挑战,从中我们可以看出未来嵌入式系统的几大发展趋势:

① 嵌入式开发是一项系统工程,因此要求嵌入式系统厂商不仅要提供嵌入式软硬件系统本身,同时还需要提供强大的硬件开发工具和软件包支持。

目前很多厂商已经充分考虑到这一点，在主推系统的同时将开发环境也作为重点推广。比如三星在推广 ARM7 和 ARM9 芯片的同时还提供开发板及支持包(BSP)，而 Windows CE 在主推系统时也提供 Embedded VC＋＋作为开发工具，还有 VxWorks 的 Tonado 开发环境、DeltaOS 的 Limda 编译环境等都是这一趋势的典型体现。当然，这也是市场竞争的结果。

② 网络化、信息化的要求随着因特网技术的成熟、带宽的日益提高，使得以往单一功能的设备(如电话、手机、冰箱、微波炉等)功能不再单一，结构更加复杂。这就要求芯片设计厂商在芯片上集成更多的功能，为了满足应用功能的升级，设计师们一方面采用更强大的嵌入式处理器如 32 位、64 位 RISC 芯片或信号处理器(DSP)增强处理能力，同时增加功能接口，如 USB；扩展总线类型，如 CAN BUS；加强对多媒体、图形等的处理，逐步实施片上系统(SOC)的概念。软件方面采用实时多任务编程技术和交叉开发工具技术来控制功能复杂性、简化应用程序设计、保障软件质量和缩短开发周期。

③ 网络互联成为必然趋势。未来的嵌入式设备为了适应网络发展的要求，必然要求硬件上提供各种网络通信接口。传统的单片机对于网络支持不足，而新一代的嵌入式处理器已经开始内嵌网络接口，除了支持 TCP/IP 协议，还有的支持 IEEE1394、USB、CAN、Bluetooth 或 IrDA 通信接口中的一种或者几种，同时也需要提供相应的通信组网协议软件和物理层驱动软件。软件方面系统内核支持网络模块，甚至可以在设备上嵌入 Web 浏览器，真正实现随时随地用各种设备上网。

④ 精简系统内核、算法，降低功耗和软硬件成本。未来的嵌入式产品是软硬件紧密结合的设备，为了降低功耗和成本，需要设计者尽量精简系统内核，只保留和系统功能紧密相关的软硬件，利用最低的资源实现最适当的功能，这就要求设计者选用最佳的编程模型和不断改进算法，优化编译器性能。因此，既要求软件人员有丰富的硬件知识，又需要发展先进嵌入式软件技术，如 Java、Web 和 WAP 等。

⑤ 提供友好的多媒体人机界面。嵌入式设备能与用户亲密接触，最重要的因素就是它能提供非常友好的用户界面。图像界面、灵活的控制方式，使得人们感觉嵌入式设备就像是一个熟悉的老朋友。这方面的要求使得嵌入式软件设计者要在图形界面、多媒体技术上痛下苦功。手写文字输入、语音拨号上网、收发电子邮件以及彩色图形、图像都会使使用者获得自由的感受。目前，一些先进的 PDA 在显示屏幕上已实现汉字写入、短消息语音发布，但一般的嵌入式设备距离这个要求还有很长的路要走。

2.1.3 嵌入式系统的组成结构

嵌入式系统是软件硬件结合紧密的系统，一般而言，嵌入式系统的构架可以分成 4 个部分：处理器、存储器、输入输出(I/O)和软件，如图 2-1 所示。

硬件架构如图 2-1 下半部分所示，是以嵌入式处理器为中心，由存储器、I/O 设备、通信模块以及电源等必要辅助接口组成。嵌入式系统不同于普通计算机组成,是量身定做的专用计算机应用系统,在实际应用中的嵌入式系统硬件配置非常精简,除了微处理器和基本的处围电路以外,其余的电路都可根据需求和成本进行裁减、定制,非常经济、可靠。

嵌入式系统的硬件核心是嵌入式微处理器,有时为了提高系统的信息处理能力,常外接DSP和DSP协处理器(也可内部集成),以完成高性能信号处理。

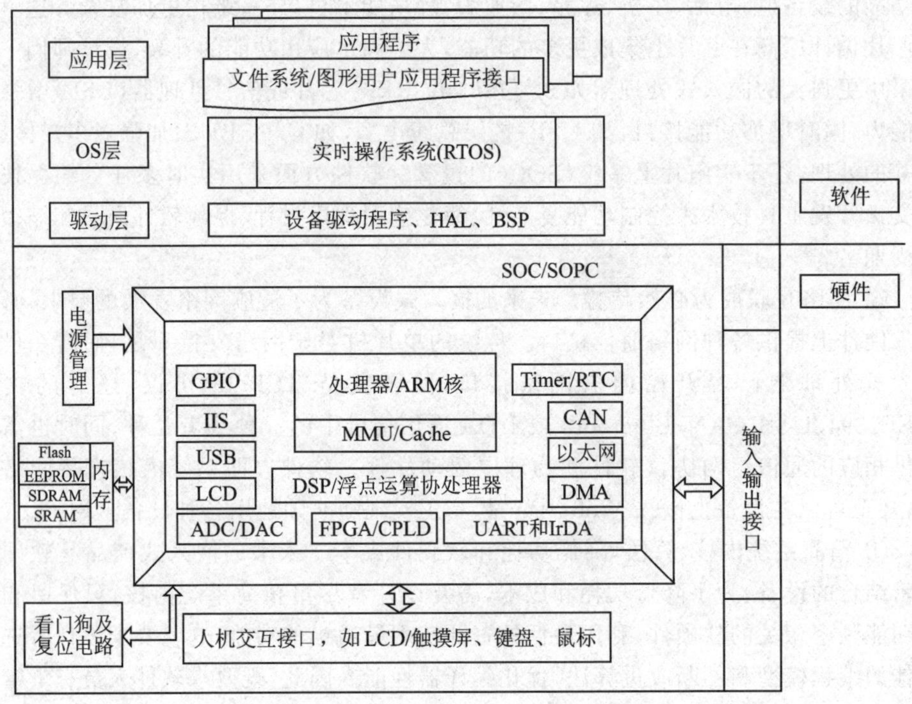

图2-1 典型的嵌入式系统组成

随着计算机技术、微电子技术、应用技术及纳米芯片加工工艺技术的不断发展,以微处理器为核心,集成多功能的SOC系统芯片已成为嵌入式系统的核心。在嵌入式系统设计中,要尽可能地选择满足系统功能接口的SOC芯片。这些SOC集成了大量的外围USB、UART、以太网、AD/DA等功能模块。

可编程片上系统(System On Pragrammable Chip,简称SOPC)结合了SOC和PLD、FPGA各自的技术特点,使得系统具有可编程的功能,是可编程逻辑器件在嵌入式应用中的完美体现,极大地提高了系统在线升级、换代能力。以SOC/SOPC为核心,用最少的外围部件和连接部件构成一个应用系统,满足系统的功能需求,这也是嵌入式系统发展的一个方向。

嵌入式系统软件结构一般包含4个方面:设备驱动层、实时操作系统(RTOS)、应用程序接口API层、实际应用程序层,如图2-1上半部分所示。在设计一个简单的应用程序时，可以不使用操作系统，但在设计较复杂的程序时，可能就需要一个操作系统(OS)来管理和控制内存、多任务、周边资源等。依据系统所提供的程序界面来编写应用程序，可大大减少应用程序员的负担。有些书籍将应用程序接口 API 归属于 OS 层，由于硬件电路的可裁减性和嵌入式系统本身的特点，其软件部分也是可裁减的。

1. 设备驱动层

设备驱动层是嵌入式系统中必不可少的重要部分，使用任何外部设备都需要有相应驱动程序的支持，它为上层软件提供了设备的操作接口。上层软件不用理会设备的具体内部操作，只须调用驱动层程序提供的接口即可。驱动层一般包括硬件抽象层 HAL、板级支持包 BSP 和设备驱动程序。

(1) 硬件抽象层

硬件抽象层(Hardware Abstraction Layer，简称 HAL)是位于操作系统内核与硬件电路之间的接口层，其目的在于将硬件抽象化。也就是说，可通过程序来控制所有硬件电路如 CPU、I/O、Memory 等的操作，这样就使得系统的设备驱动程序与硬件设备无关，从而大大提高了系统的可移植性。从软硬件测试的角度来看，软硬件的测试工作都可分别基于硬件抽象层来完成，使得软硬件测试工作的并行进行成为可能。在定义抽象层时，需要规定统一的软硬件接口标准，其设计工作需要基于系统需求来做，代码工作可由对硬件比较熟悉的人员来完成。抽象层一般应包含相关硬件的初始化、数据的输入/输出操作、硬件设备的配置操作等功能。

硬件抽象层接口的定义和代码设计应具有以下特点：

- 硬件抽象层具有与硬件的密切相关性。
- 硬件抽象层具有与操作系统的无关性。
- 接口定义的功能应包含硬件或系统所需要硬件支持的所有功能。
- 接口定义简单明了，太多接口函数会增加软件模拟的复杂性。
- 具有可测性的接口设计有利于系统的软硬件测试和集成。

(2) 板级支持包

板级支持包(Board Support Package，简称 BSP)是介于主板硬件和操作系统中驱动层程序之间的一层，一般认为它属于操作系统的一部分，主要是实现对操作系统的支持，为上层的驱动程序提供访问硬件设备寄存器的函数包，使之能够更好地运行于硬件主板。BSP 是相对于操作系统而言的，不同的操作系统都有不同形式定义的 BSP。例如，VxWorks 的 BSP 和 Linux 的 BSP 相对于某一 CPU 来说，尽管实现的功能可能完全一样，但写法和接口定义却完全不同。因此，BSP 一定要按照该系统 BSP 的定义形式来写(BSP 的编程过程大多数是在某一个成型的 BSP 模板上进行修改)，这样才能与上层 OS 保持正确的接口，良好地支持上层 OS。

板级支持包实现的功能大体有以下两个方面：

系统启动时，完成对硬件的初始化。例如，对系统内存、寄存器以及设备的中断进行设置。这是比较系统化的工作,它要根据嵌入式开发所选用的 CPU 类型、硬件以及嵌入式操作系统的初始化等多方面决定 BSP 应实现什么功能。

为驱动程序提供访问硬件的手段。驱动程序经常要访问设备的寄存器,对设备的寄存器进行操作。如果整个系统为统一编址,则开发人员可直接在驱动程序中用 C 语言的函数访问设备寄存器。但是,如果系统为单独编址,则 C 语言就不能直接访问设备中的寄存器,只有用汇编语言编写的函数才能进行对外围设备寄存器的访问。BSP 就是为上层的驱动程序提供访问硬件设备寄存器的函数包。

(3) 设备驱动程序

系统安装设备后,只有在安装相应的驱动程序之后才能使用,驱动程序为上层软件提供设备的操作接口。上层软件只须调用驱动程序提供的接口,而不用理会设备的具体内部操作。驱动程序的好坏直接影响着系统的性能。驱动程序不仅要实现设备的基本功能函数,如初始化、中断响应、发送、接收等,使设备的基本功能能够实现,而且因为设备在使用过程中还会出现各种各样的差错,所以好的驱动程序还应该有完备的错误处理函数。

2. 实时操作系统 RTOS

对于使用操作系统的嵌入式系统而言,操作系统一般以内核映像的形式下载到目标系统中。以 μCLinux 为例,在系统开发完成之后,将整个操作系统部分做成内核映像文件,与文件系统一起传送到目标系统中;然后通过 BootLoader 指定地址运行 μCLinux 内核,启动已经下载好的嵌入式 Linux 系统;再通过操作系统解开文件系统,运行应用程序。整个嵌入式系统与通用操作系统类似,功能比不带有操作系统的嵌入式系统强大了很多。

嵌入式操作系统的种类繁多,但大体上可分为两种:商用型和免费型。目前,商用型的操作系统主要有 VxWorks、Windows CE、PSOS、Palm OS、OS-9、LynxOS、QNX、LYNX 等。它们的优点是功能稳定、可靠,有完美的技术支持和售后服务,而且提供了图形用户界面和网络支持等高端嵌入式系统要求的许多高级的功能;缺点是价格昂贵且源代码封闭,这就大大地影响了开发者的积极性。目前,免费型的操作系统有 Linux 和 μC/OS-Ⅱ,它们在价格方面具有很大的优势。比如嵌入式 Linux 操作系统以价格低廉、功能强大、易于移植而且程序源码完全公开等优点正在被广泛采用。下面简单介绍几种常用的嵌入式操作系统。

(1) μC/OS-Ⅱ嵌入式操作系统内核

μC/OS-Ⅱ是一个可裁减、源码开放、结构小巧、抢先式的实时多任务内核,主要面向中小型嵌入式系统,具有执行效率高、占用空间小、可移植性强、实时性能优良和可扩展性强等特点。μC/OS-Ⅱ中最多可支持 64 个任务,分别对应优先级 0~63,其中 0 为最高优先级。实时内核在任何时候都是运行就绪了的最高优先级的任务,是真正的实时操作系统。μC/OS-Ⅱ最大限度地使用 ANSI C 语言开发,现已成功移植到 40 多种处理器体系上。

(2) VxWorks 嵌入式实时操作系统

VxWorks 是 WindRiver Systems 公司推出的一个实时操作系统，是目前嵌入式系统领域中使用最广泛、市场占有率最高的系统。它支持多种处理器，例如 x86、i960、Sun Sparc、Freescale MC68xxx、MIPS RX000、PowerPC 等。VxWorks 实时操作系统基于微内核结构，由 400 多个相对独立、短小精悍的目标模块组成，用户可根据需要增加或删减适当模块来裁减和配置系统。VxWorks 的链接器可按应用的需要动态链接目标模块。VxWorks 因其良好的可靠性和卓越的实时性，已广泛应用在通信、军事、航空、航天等高端技术及实时要求极高的领域中。

(3) Windows CE 操作系统

Microsoft Windows CE 是针对有限资源的平台而设计的多线程、完整优先权、多任务的操作系统，但它不是一个硬实时操作系统。高度模块化是 Windows CE 的一个鲜为人知的特性，这一特性有利于它对从掌上电脑到专用的工业控制器的用户电子设备进行定制。WinCE 操作系统的基本内核至少需要 200 KB 的 ROM。它支持 Win32 API 子集、多种用户界面硬件、多种串行和网络通信技术、COM/OLE 和其他进程间通信的先进方法。Microsoft 公司为 Windows CE 提供了 Platform Builder 和 Embedded Visual Studio 开发工具。

Windows CE 有 5 个主要的模块。

- 内核模块：支持进程和线程处理及内存管理等基本服务。
- 内核系统调用接口模块：允许应用软件访问操作系统提供的服务。
- 文件系统模块：支持 DOS 等格式的文件系统。
- 图形窗口和事件子系统模块：控制图形显示，并提供 Windows GUI 界面。
- 通信模块：允许与其他设备进行信息包交换。

Windows CE 嵌入式操作系统最大的特点是能提供与 PC 机类似的图形用户界面和主要的应用程序。Windows CE 嵌入式操作系统的界面显示大多是在 Windows 里出现的标准部件，包括桌面、任务栏、窗口、图标和控件等。这样，只要是对 PC 机上的 Windows 比较熟悉的用户，就可以很快地使用基于 Windows CE 嵌入式操作系统的嵌入式设备。

(4) Linux 操作系统

Linux 类似于 UNIX，是一种免费的、源代码完全开放的、符合 POSIX 标准规范的操作系统。Linux 的系统界面和编程接口与 UNIX 很相似，所以 UNIX 程序员可以很容易地从 UNIX 环境下转移到 Linux 环境中来。Linux 拥有现代操作系统所具有的内容：真正的抢先式多任务处理，支持多用户、内存保护、虚拟内存，支持对称多处理机 SMP(Symmetric Multi Processing)，符合 POSIX 标准，支持 TCP/IP，支持绝大多数的 32 位和 64 位 CPU。嵌入式 Linux 版本众多，如支持硬实时的 Linux——RT－Linux/RTAI、Embedix、Blue Cat Linux 和 Hard Hat Linux 等。这里只简要介绍应用广泛的 μCLinux。

μCLinux 是针对无 MMU 微处理器开发的，已被广泛使用在 ColdFire、ARM、MIPS、SPARC、SuperH 等没有 MMU 的微处理器上。虽然 μCLinux 的内核比原 Linux 2.0 内核小得多，但它保留了 Linux 操作系统稳定性好、网络能力优异以及对文件系统的支持等主要优点。

μCLinux 与标准 Linux 的最大区别在于内存管理。标准 Linux 是针对有 MMU 的处理器设计的，在这种处理器上，虚拟地址被送到 MMU，把虚拟地址映射为物理地址。通过赋予每个任务不同的虚拟/物理地址转换映射，支持不同任务之间的保护。

对于 μCLinux 来说，其设计针对没有 MMU 的处理器，不能使用虚拟内存管理技术。μCLinux 对内存的访问是直接的，即它对地址的访问不需要经过 MMU，而是直接送到地址线上输出；所有程序中访问的地址都是实际的物理地址；μCLinux 对内存空间不提供保护，各个进程实际上共享一个运行空间。在实现上，μCLinux 仍采用存储器的分页管理，系统启动时把实际存储器进行分页，在加载应用程序时，程序分页加载。但是由于没有 MMU 管理，所以 μCLinux 采用实存储器管理策略(Real Memeory Management)。

嵌入式系统要求是一套高度简练、界面友好、质量可靠、应用广泛、易开发、多任务并且价格低廉的操作系统，当前国家对自主操作系统是大力支持的。

3. 操作系统的应用程序接口 API

API(Application Programming Interface，应用程序接口)，是一系列复杂的函数、消息和结构的集合体。嵌入式操作系统下的 API 和一般操作系统下的 API 在功能、含义及知识体系上完全一致。可以这样理解 API：在计算机系统中有很多可通过硬件或外部设备去执行的功能，这些功能的执行可通过计算机操作系统或硬件预留的标准指令调用，而软件人员在编制应用程序时，就不需要为每种可通过硬件或外设执行的功能重新编制程序，只须按系统或某些硬件事先提供的 API 调用即可完成功能的执行。因此，在操作系统中提供标准的 API 函数可加快用户应用程序的开发，统一的应用程序的开发标准也为操作系统版本的升级带来了方便。API 函数中提供了大量的常用模块，可大大简化用户应用程序的编写。

4. 应用程序

实际的嵌入式系统应用软件建立在系统的主任务(Main Task)基础之上。用户应用程序主要通过调用系统的 API 函数对系统进行操作，完成用户应用功能开发。在用户的应用程序中，也可创建用户自己的任务。任务之间的协调主要依赖于系统的消息队列。

2.1.4 嵌入式处理器

嵌入式系统由硬件和软件两大部分组成，从硬件方面来讲，各式各样的嵌入式处理器是嵌入式系统硬件中最核心的部分，而目前世界上具有嵌入式功能特点的处理器已经超过 1 000 种,流行体系结构包括 MCU、MPU 等 30 多个系列。鉴于嵌入式系统广阔的发展前景,很多半导体制造商都大规模生产嵌入式处理器,并且公司自主设计处理器也已经成为了未来嵌入式领域的一大趋势,其中从单片机、DSP 到 FPGA 有着各式各样的品种,速度越来越快,性能越来越强,价格也越来越低。目前,嵌入式处理器的寻址空间可以从 64 KB～16 MB,处理速度最快可以达到 2 000 MIPS,封装从 8～144 个引脚不等。

根据其现状,嵌入式处理器可以分成下面几类:

(1) 嵌入式微处理器(Micro Processor Unit,MPU)

嵌入式微处理器是由通用计算机中的 CPU 演变而来的,它具有 32 位以上的处理器,具有较高的性能,当然其价格也相应较高。但与计算机处理器不同的是,在实际嵌入式应用中,只保留和嵌入式应用紧密相关的功能硬件,去除其他的冗余功能部分,这样就以最低的功耗和资源实现嵌入式应用的特殊要求。和工业控制计算机相比,嵌入式微处理器具有体积小、重量轻、成本低、可靠性高的优点。目前,主要的嵌入式处理器类型有 Am186/88、386EX、SC - 400、Power PC、68000、MIPS、ARM/StrongARM 系列等。其中,ARM/StrongARM 是专为手持设备开发的嵌入式微处理器,属于中档价位。

(2) 嵌入式微控制器(Microcontroller Unit, MCU)

嵌入式微控制器的典型代表是单片机,从 20 世纪 70 年代末单片机出现到今天,虽然已经经过了五十多年的历史,但这种 8 位电子器件目前在嵌入式设备中仍然有着极其广泛的应用。单片机芯片内部集成了 ROM/EPROM、RAM、总线、总线逻辑、定时/计数器、看门狗、I/O、串行口、脉宽调制输出、A/D、D/A、Flash RAM、EEPROM 等各种必要功能和外设。和嵌入式微处理器相比,微控制器的最大特点是单片化,体积大大减小,从而使功耗和成本下降、可靠性提高。微控制器是目前嵌入式系统工业的主流。微控制器的片上外设资源一般比较丰富,适合于控制,因此称微控制器。

由于 MCU 低廉的价格、优良的功能,所以拥有的品种和数量最多,比较有代表性的包括 8051、MCS - 251、MCS - 96/196/296、P51XA、C166/167、68K 系列以及 MCU 8XC930/931、C540、C541,并且有支持 I^2C、CAN - Bus、LCD 及众多专用 MCU 和兼容系列。目前,MCU 占嵌入式系统约 70%的市场份额。Atmel 出产的 AVR 单片机由于其集成了 FPGA 等器件,所以具有很高的性价比,势必将推动单片机获得更高的发展。

(3) 嵌入式 DSP 处理器(Embedded Digital Signal Processor, EDSP)

DSP 处理器是专门用于信号处理方面的处理器,其在系统结构和指令算法方面进行了特殊设计,具有很高的编译效率和指令的执行速度。在数字滤波、FFT、谱分析等各种仪器上 DSP 获得了大规模的应用。

DSP 的理论算法在 20 世纪 70 年代就已经出现,但是由于专门的 DSP 处理器还未出现,所以这种理论算法只能通过 MPU 等由分立元件实现。MPU 较低的处理速度无法满足 DSP 的算法要求,其应用领域仅仅局限于一些尖端的高科技领域。随着大规模集成电路技术发展,1982 年世界上诞生了首枚 DSP 芯片。其运算速度比 MPU 快了几十倍,在语音合成和编码解码器中得到了广泛应用。至 20 世纪 80 年代中期,随着 CMOS 技术的进步与发展,第二代基于 CMOS 工艺的 DSP 芯片应运而生,其存储容量和运算速度都得到成倍提高,成为语音处理、图像硬件处理技术的基础。到 20 世纪 80 年代后期,DSP 的运算速度进一步提高,应用领域也从上述范围扩大到了通信和计算机方面。20 世纪 90 年代后,DSP 发展到了第五代产品,集成度更高,使用范围也更加广阔。

目前,最为广泛应用的是 TI 的 TMS320C2000/C5000 系列,另外,如 Intel 公司的 MCS-296 和 Siemens 公司的 TriCore 也有各自的应用范围。

(4) 嵌入式片上系统(System On Chip)

SOC 追求产品系统最大包容的集成器件,是目前嵌入式应用领域的热门话题之一。SOC 最大的特点是成功实现了软硬件无缝结合,直接在处理器片内嵌入操作系统的代码模块。而且 SOC 具有极高的综合性,在一个硅片内部运用 VHDL 等硬件描述语言,从而实现一个复杂的系统。用户不需要再像传统的系统设计一样,绘制庞大复杂的电路板,一点点地连接焊制,只需要使用精确的语言,综合时序设计直接在器件库中调用各种通用处理器的标准,仿真之后就可以直接交付芯片厂商进行生产。由于绝大部分系统构件都是在系统内部,整个系统就特别简洁,不仅减小了系统的体积和功耗,而且提高了系统的可靠性,提高了设计生产效率。

由于 SOC 往往是专用的,所以大部分都不为用户所知,比较典型的 SOC 产品是 Philips 公司的 Smart XA。少数通用系列,如 Siemens 公司的 TriCore、Motorola 公司的 M-Core、某些 ARM 系列器件、Echelon 公司和 Motorola 公司联合研制的 Neuron 芯片等。

预计不久的将来,一些大的芯片公司将通过推出成熟的、能占领多数市场的 SOC 芯片,一举击退竞争者。SOC 芯片也将在声音、图像、影视、网络及系统逻辑等应用领域中发挥重要作用。

2.1.5 典型嵌入式处理器介绍

目前,比较有影响的嵌入式 RISC 处理器产品主要有 IBM 公司的 Power PC、MIPS 公司的 MIPS、SUN 公司的 Sparc 和 ARM 公司的 ARM 系列,下面将分别介绍。

1. MIPS 处理器

MIPS 的意思是"无内部互锁流水级的处理器"(Microprocessor without Interlocked Piped Stages),最早是在 20 世纪 80 年代初期由美国斯坦福大学 Hennessy 教授领导的研究小组研制出来的。MIPS 技术公司是一家设计制造高性能、高档次及嵌入式 32 位和 64 位处理器的厂商，在 RISC 处理器方面占有重要地位。

1986 年 MIPS 公司推出 R2000 处理器，1988 年推出 R3000 处理器，1991 年推出第一款 64 位商用微处理器 R4000。之后，又陆续推出 R8000（1994 年）、R10000（1996 年）和 R12000（1997 年）等型号。后来 MIPS 公司的战略发生变化，把重点放在嵌入式系统。1999 年，MIPS 公司发布 MIPS32 和 MIPS64 架构标准，为未来 MIPS 处理器的开发奠定了基础。新的架构集成了所有原来 MIPS 指令集，并且增加了许多更强大的功能。MIPS 公司陆续开发了高性能、低功耗的 32 位处理器内核（Core）MIPS32 4Kc 与高性能 64 位处理器内核 MIPS 64 5Kc 处理器内核。2000 年，MIPS 公司发布了针对 MIPS 32 4Kc 版本以及 64 位处理器内核 MIPS 20Kc 处理器内核。MIPS 公司陆续开发了高性能、低功耗的 32 和 64 位处理器内核，适合新一代嵌入式产品的设计。

在嵌入式方面，MIPS 系列微处理器使用量目前仅次于 ARM 处理器（1999 年以前，MIPS 是世界上用得最多的处理器），其应用领域覆盖游戏机、路由器、激光打印机、掌上电脑等各个方面。MIPS 的系统结构及设计理念比较先进，在设计理念上 MIPS 强调软硬件协同来提高性能，同时简化硬件设计。

2. Power PC 处理器

Power PC 架构的特点是可伸缩性好，方便灵活。Power PC 处理器品种很多，既有通用的处理器，又有嵌入式控制器和内核，应用范围非常广泛，从高端的工作站、服务器到桌面计算机系统，从消费类电子产品到大型通信设备，无所不包。

处理器芯片主要型号是 Power PC 750，它于 1997 年研制成功，其最高工作频率可达 500 MHz，采用先进的铜线技术。该处理器有许多品种，以适合各种不同的系统，包括 IBM 小型机、苹果电脑和其他系统。

嵌入式的 Power PC 405（主频最高为 266 MHz）和 Power PC 440（主频最高为 550 MHz）处理器内核可用于各种 SOC 设计上，在电信、金融和其他许多行业具有广泛的应用。

3. Sparc 处理器

SUN 公司以其性能优秀的工作站闻名，这些工作站的心脏全部采用 SUN 公司自己研发的芯片。根据 SUN 公司未来的发展规则，在 64 位 UltraSparc 处理器方面主要有 3 个系列。首先是可扩展式 s 系列，主要用于高性能、易扩展的多处理器系统。目前 UltraSparcⅢs 的频率已达到 750 MHz，随后将推出 UltraSparc Ⅳs 和 UltraSparc Ⅴs 等型号，其中，UltraSparc Ⅳs 的频率已达 1 GHz，UltraSparc Ⅴs 则为 1.5 GHz。其次是集成 i 系列，它将多种系统功能集成在一个处理器上，为单处理器系统提供了更高的效益。已经推出的 UltraSparc Ⅲi 的频率达到 700 MHz，未来的 UltraSparc Ⅳi 的频率将达到 1 GHz。最后是嵌入式 e 系列，它为用户提供理想的性能价格比，嵌入式应用包括电缆调制解调器和网络接口等。SUN 公司还将推出主频

300 MHz、400 MHz、500 MHz 等版本的处理器。

4. ARM 处理器

ARM 系列处理器是英国先进 RISC 机器公司(Advanced RISC Machines,ARM)的产品。ARM 公司是业界领先的知识产权供应商。与一般的公司不同,ARM 公司只采用 IP 授权的方式允许半导体公司生产基于 ARM 的处理器产品,提供基于 ARM 处理器内核的系统芯片解决方案和技术授权,不提供具体的芯片。关于 ARM 系列处理器将在接下来的小节专门介绍。

2.2 ARM 概述

2.2.1 计算机体系结构的分类

1. 冯·诺依曼体系结构

我们将数据和指令都存储在一个存储器中的计算机称为冯·诺依曼机。这种结构的计算机系统由一个中央处理器单元(CPU)和一个存储器组成。存储器拥有数据和指令,并且可以根据所给的地址对它进行读/写。图 2-2 为冯·诺依曼结构的计算机。

CPU 有几个可以存放内部使用值的内部寄存器。其中,存放指令在存储器中地址的寄存器是程序计数器(PC)。CPU 先从存储器中取出指令,然后对指令进行译码,最后执行。程序计数器并不直接决定机器下一步要做什么,它只是间接地指向了存储器中的指令。只要改变指令,就能改变 CPU 所做的事情。

2. 哈佛体系结构

另一种体系结构是哈佛体系结构,它与冯·诺依曼结构很相似。如图 2-3 所示,哈佛结构为数据和程序提供了各自独立的存储器,程序计数器只指向程序存储器而不指向数据存储器,这样做的结果是很难在哈佛机上编写一个自修改的程序(写入数据值然后使用这些值作为指令的程序)。

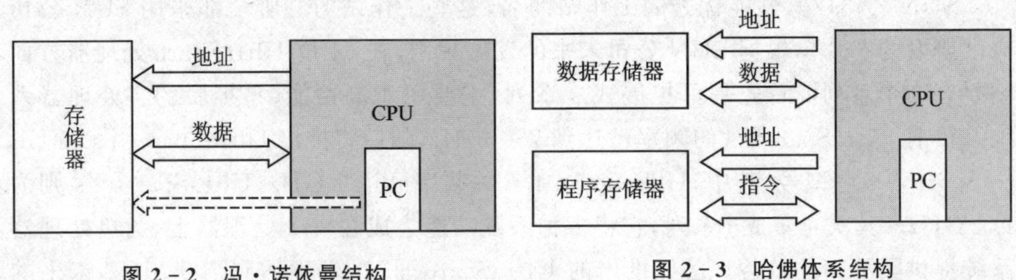

图 2-2 冯·诺依曼结构　　图 2-3 哈佛体系结构

哈佛体系结构现今仍被广泛使用的原因很简单，即独立的程序存储器和数据存储器为数字信号处理提供了较高的性能。实时处理信号会对数据存取系统带来两方面的压力：一方面是大量的数据流通过 CPU；另一方面，数据必须在一个精确的时间间隔内被处理，而不是恰巧轮到 CPU 时进行处理。连续的、定期到达的数据集合叫做流数据。让两个存储器有不同的端口就相当于提供了较大存储器带宽，这样一来，数据和程序就不必再竞争同一个端口，这使得数据适时地移动更容易。

不同的 ARM 体系结构由数字来标识。ARM7 是一款冯·诺依曼结构，而 ARM9 使用的是哈佛结构。这些差异除了性能方面的差异之外对汇编语言程序员是不可见的。

2.2.2 ARM 技术的发展过程

目前，在嵌入式领域中广泛应用的是 ARM(Advanced RISC Machines)系列微处理器。ARM 公司成立于 1991 年，其专门从事基于 RISC 技术芯片的设计与开发。作为世界第一大 IP 知识产权厂商，ARM 公司本身不直接从事芯片生产，而是靠转让设计许可，由合作公司生产各具特色的芯片。

可以说，ARM 公司引发了嵌入式领域的一场革命，在低功耗、低成本的嵌入式应用领域确立了市场领导地位，成为高性能、低功耗的嵌入式微处理器开发方面的后起之秀，开发了系列产品，是目前 32 位市场中使用最广泛的微处理器。早在 1999 年，ARM 核就已突破 1.5 亿个，市场份额超过了 75%；而最新的市场调查表明，在 2001 年，ARM 占据了整个 32 位、64 位嵌入式微处理器市场的 75%；在 2002 年，占据了整个 32 位、64 位嵌入式微处理器市场的 79.5%。ARM 从 1991 年大批量推出商业 RISC 内核到现在为止，已授权交付了超过 20 亿个 ARM 内核的处理器核。全球已有将近 200 多个半导体公司购买了 ARM 核，生产自己的处理器。目前，80%以上的 GSM 手机、99%的 CDMA 手机以及将来的 WCDMA、TD-SCDMA 手机都采用基于 ARM 核心的处理器。

ARM 进入中国以来，已经与中兴、华虹、东南大学、上海集成电路设计中心及中芯国际签定了芯片核心技术授权协议。大唐是第 6 个购买 ARM 核的中国公司，已购买 ARM946E 微处理器内核授权，正用于开发基于 ARM946E 微处理器内核的 SCDMA 基带信号处理器芯片。该芯片将是国内首片拥有自主知识产权的无线基带信号处理器芯片，用于 SCDMA 无线网络应用中。

ARM 32 位体系结构目前被公认为嵌入式应用领域领先的 32 位嵌入式 RISC 微处理器结构。到目前为止，ARM 体系结构发展并定义了 8 种不同的版本。从版本 1～版本 8，ARM 体系的指令集功能不断扩大。对于 ARM 处理器系列中的各种处理器，虽然在实现技术、应用场合和性能方面都不相同，但只要是支持相同的 ARM 体系版本，基于它们的应用软件就是兼容的。每个核使用的 ARM 体系结构的版本如表 2-1 所列。

表 2-1 ARM 版本

核	体系结构
ARM1	V1
ARM2	V2
ARM2aS、ARM3	V2a
ARM6、ARM600、ARM610	V3
ARM7、ARM700、ARM710	V3
ARM7TDMI、ARM710T、ARM720T、ARM740T	V4T
Strong ARM、ARM8、ARM810	V4
ARM9TDMI、ARM920T、ARM940T、SC100	V4T
ARM9E-S	V5TE
ARM10TDMI、ARM1020E	V5TE
ARM11、ARM1156T2-S、ARM1156T2F-S、ARM1176JZ-S、ARM11JZF-S	V6
Cortex-R4、Cortex-A5、Cortex-M3、Cortex-M4、SC300	V7
Cortex-A15、MPCore	V8

ARM 体系结构的演变如图 2-4 所示，结构体系的变化对程序员而言最直接的影响就是指令集的变化。结构体系的演变意味着指令集的不断扩展，值得庆幸的是 ARM 结构体系的发展一直保持了向上兼容，不会造成老版本程序在新结构体系上的不兼容。在图 2-4 中的纵坐标上，显示了每一个体系结构上都含有众多的处理器型号，这是在同一体系结构下根据硬件配置和存储器系统的不同而做的进一步细分。注意，通常我们用来区分 ARM 处理器家族的 ARM7、ARM9 或 ARM10 可能跨越不同的体系结构。

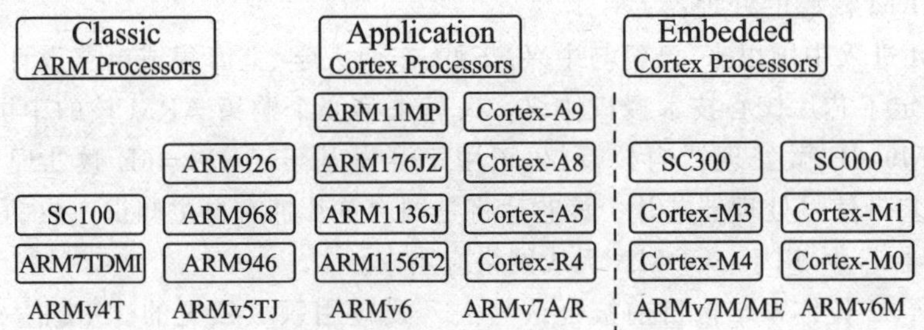

图 2-4 ARM 结构体系和处理器家族的演变发展

下面简单介绍这几个系列处理器的特点和应用领域。

ARM 体系结构版本 1 对第一个 ARM 处理器进行描述，其地址空间是 26 位，仅支持 26 位寻址空间，不支持乘法或协处理器指令。以 ARM2 为核的 Acorn 公司的

Archimedes(阿基米德)和 A3000 批量销售,它仍然是 26 位地址的机器,但包含了对 32 位结果的乘法指令和协处理器的支持。ARM2 使用了 ARM 公司现在称为 ARM 体系结构版本 2 的体系结构。

ARM 作为独立的公司,在 1990 年设计的第一个微处理器采用的是版本 3 的体系结构 ARM6。它作为 IP 核、独立的处理器(ARM60),由于具有片上高速缓存、MMU 和写缓冲的集成 CPU(用于 Apple Newton 的 ARM600、ARM610)所采纳的体系结构而被大量销售。

(1) ARMv4

体系结构版本 4 增加了有符号、无符号半字和有符号字节的 Load 和 Store 指令,并为结构定义的操作预留了一些 SWI 空间;引入了系统模式(使用用户寄存器的特权模式),几个未使用指令空间的角落作为未定义指令使用。ARMv4 版本主要有 ARM7 微处理器系列、ARM9 微处理器系列、StrongARM 微处理器系列。

ARM7 系列处理器为低功耗的 32 位 RISC 处理器,最适合用于对价位和功耗要求较高的消费类应用。ARM7 系列微处理器的主要应用领域为工业控制、Internet 设备、网络和调制解调器设备、移动电话等多种多媒体和嵌入式应用。ARM7 系列微处理器包括如下几种类型的核:ARM7TDMI、ARM7TDMI - S、ARM720T、ARM7EJ,以适用于不同的应用场合。

ARM9 系列微处理器在高性能和低功耗特性方面提供了最佳的性能,主要应用于无线设备、仪器仪表、安全系统、机顶盒、高端打印机、数字照相机和数字摄像机等。ARM9 系列微处理器包含 ARM920T、ARM922T 和 ARM940T 这 3 种类型,以适用于不同的应用场合。

Intel StrongARM SA - 1100 处理器采用了 ARM 体系结构高度集成的 32 位 RISC 微处理器,融合了 Intel 公司的设计、处理技术以及 ARM 体系结构的电源效率,在软件上兼容 ARMv4 体系结构,同时采用具有 Intel 技术优点的体系结构。Intel StrongARM 处理器是便携式通信产品和消费类电子产品的理想选择,已成功应用于多家公司的掌上电脑系列产品。

(2) ARMv5

版本 5 主要由两个变种版本 5T、5TE 组成。ARM10 处理器是最早支持版本 5T 的处理器。版本 5T 是体系结构版本 4T 的扩展集,加入了 BLX、CLZ 和 BRK 指令。版本 5TE 在体系结构版本 5T 的基础上增加了信号处理指令集。体系结构 V5TE 定义的信号处理扩展指令集首先在 ARM9E - S 可综合核中实现。ARMv5 版本主要有 ARM9E、ARM10 系列处理器、XScale 处理器。

ARM9E 系列微处理器为可综合处理器,使用单一的处理器内核,提供了微控制器、DSP、Java 应用系统的解决方案,极大降低了芯片的面积和系统的复杂程度。ARM9E 系列微处理器提供了增强的 DSP 处理能力,很适合于那些需要同时使用 DSP 和微控制器的应用场合。ARM9 系列微处理器主要应用于下一代无线设备、数字消费品、成像设备、工业控制、存储设备和网络设备等领域。ARM9E 系列微处理器包含 ARM926EJ-S、ARM946E-S 和 ARM966E-S 这 3 种类型,以适用于不同的应用场合。

ARM10E 系列微处理器具有高性能、低功耗的特点,由于采用了新的体系结构,与同等的 ARM9 器件相比较,在同样的时钟频率下,性能提高了近 50%,同时,ARM10E 系列微处理器采用了先进的节能方式,使其功耗极低。ARM10E 系列微处理器主要应用于下一代无线设备、数字消费品、成像设备、工业控制、通信和信息系统等领域。ARM10E 系列微处理器包含 ARM1020E、ARM1022E 和 ARM1026EJ-S 这 3 种类型,以适用于不同的应用场合。

Xscale 处理器是基于 ARMv5TE 体系结构的解决方案,是一款全性能、高性价比、低功耗的处理器。它支持 16 位的 Thumb 指令和 DSP 指令集,已使用在数字移动电话、个人数字助理和网络产品等场合。Xscale 处理器是 Intel 目前主要推广的一款 ARM 微处理器。

(3) ARMv6

ARM 体系版本 6 是 2001 年发布的,在降低耗电量的同时,还强化了图形处理性能;通过追加进行有效多媒体处理的 SIMD 功能,将语音及图像的处理功能提高到了原机型的 4 倍。ARM 体系版本 6 首先在 2002 年春季发布的 ARM11 处理器中使用。除此之外,V6 还支持多微处理器内核。

(4) ARMv7

ARMv7 架构是在 ARMv6 架构的基础上诞生的,采用了 Thumb-2 技术,是在 ARM 的 Thumb 代码压缩技术的基础上发展起来的,并且保持了对已存 ARM 解决方案的完整的代码兼容性。Thumb-2 技术比纯 32 位代码少使用 31%的内存,降低了系统开销,同时却能够提供比已有的基于 Thumb 技术的解决方案高出 38%的性能表现。ARMv7 架构还采用了 NEON 技术,将 DSP 和媒体处理能力提高了近 4 倍,并支持改良的浮点运算,满足下一代 3D 图形、游戏物理应用以及传统的嵌入式控制应用的需求。此外,ARMv7 还支持改良的运行环境,从而迎合不断增加的 JIT 和 DAC 技术的使用。

ARMv7 架构定义了三大分工明确的系列:A 系列,面向尖端的基于虚拟内存的操作系统和用户应用;R 系列,针对实时系统;M 系列,对微控制器和低成本应用提供优化。新的 ARM Cortex 处理器系列包括了 ARMv7 架构的所有系列,含有面向复杂操作系统、实时的和微控制器应用的多种处理器。ARM Cortex-A 系列是针对日益增长的、运行包括 Linux、Windows CE 和 Symbian 在内的操作系统的消费者娱乐和无线产品设计的;ARM Cortex-R 系列针对的是需要实时操作系统来进行控制应用的系统,包括有汽车电子、网络和影像系统;ARM Cortex-M 系列则是为那些对开发费用非常敏感、同时对性能要求不断增加的嵌入式应用所设计的,如微控制器、汽车车身控制系统和各种大型家电。ARM Cortex-M 系列中的第一个成员

ARM Cortex－M3 处理器已于 2004 年 10 月在 ARM 开发者大会上正式发布。

(5) SecurCore 微处理器系列

SecurCore 系列微处理器专为安全需要而设计，提供了完善的 32 位 RISC 技术的安全解决方案，因此，SecurCore 系列微处理器除了具有 ARM 体系结构的低功耗、高性能的特点外，还具有其独特的优势，即提供了对安全解决方案的支持。SecurCore 系列微处理器主要应用于一些对安全性要求较高的应用产品及应用系统，如电子商务、电子政务、电子银行业务、网络和认证系统等领域。SecurCore 系列微处理器包含 SecurCore SC100、SecurCore SC110、SecurCore SC200 和 SecurCoreSC210 这 4 种类型，以适用于不同的应用场合。

(6) ARMv8

2011 年，ARM 公司为满足新需求而重新设计的一个架构——ARMv8，该版本是近 20 年来 ARM 架构变动最大的一次。ARMv8 拓展了现有的 32 位 ARMv7 架构，引入了 64 位处理技术，并扩展了虚拟寻址。ARM 几个版本之间的技术变迁如图 2－5 所示。

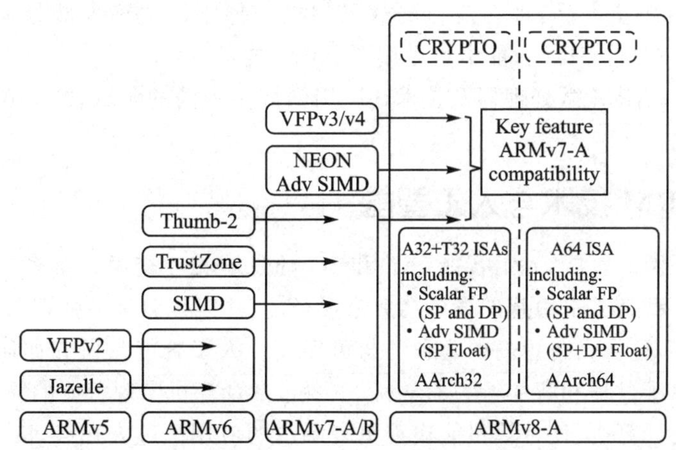

图 2－5 ARM 版本的技术变迁

当前，该版本只有 ARMv8－A 系列，该系列将推动基于 ARM AArch64 64 位指令集的发展，同时为下一代移动变革提供全面支持。ARMv8－A 架构的主要特性包括：

① 新增一套 64 bit 的指令集，称作 A64。

② 由于需要向前兼容 ARMv7，所以同时支持现存的 32 位指令集，称作 A32 和 T32，也就是以前版本的 ARM 和 Thumb 指令集。

③ 定义 AArch64 和 AArch32 两套运行环境，分别执行 64 位和 32 位指令集。软件可以在需要的时候进行切换。

④ 在 ARMv7 安全扩展的基础上，新增了安全模型，支持安全相关的应用需求。

⑤ 在 ARMv7 虚拟化扩展的基础上提供了完整的虚拟化框架,从硬件上支持虚拟化。

综上所述,ARM 微处理器在如下领域得到了广泛的应用:

① 工业控制领域:作为32位的 RISC 架构,基于 ARM 核的微控制器芯片不但占据了高端微控制器市场的大部分市场份额,同时也逐渐向低端微控制器应用领域扩展。ARM 微控制器的低功耗、高性价比,向传统的8位或16位微控制器提出了挑战。

② 无线通信领域:目前已有超过85%的无线通信设备采用了 ARM 技术,ARM 以其高性能和低成本在该领域的地位日益巩固。

③ 网络应用:随着宽带技术的推广,采用 ARM 技术的 ADSL 芯片正逐步获得竞争优势。此外,ARM 在语音及视频处理上进行了优化,并获得广泛支持,也对 DSP 的应用领域提出了挑战。

④ 消费类电子产品:ARM 技术在目前流行的数字音频播放器、数字机顶盒和游戏机中得到广泛采用。

⑤ 成像和安全产品:现在流行的数码相机和打印机中绝大部分采用 ARM 技术。手机中的32位 SIM 智能卡也采用了 ARM 技术。

除此以外,ARM 微处理器及技术还应用到许多不同的领域,并会在将来取得更加广泛的应用。

2.2.3 ARM 技术与人工智能

随着物联网的发展,人工智能(AI)和5G 的发展相互交织。众多的终端智能应用意味着更小型且成本敏感的设备会愈来愈智能、功能也愈来愈强,而且对云端与网络的依赖较小,这将具备更高的隐私性与可靠度。人工智能是研究如何使计算机模拟人的某些思维过程和智能行为的学科,主要包括计算机实现智能的原理、制造类似于人脑智能的计算机、使计算机能实现更高层次的应用。过去几年,由于 GPU 的广泛应用,无限拓展的存储能力和骤然爆发的数据洪流使得人工智能开始大爆发。

ARM 通过新的设计为微处理器带来安全的智能,这将有效提升终端数字信号处理(DSP)与机器学习能力(ML)产品的制造,降低芯片的开发成本,同时加快产品的上市速度。ARM 对人工智能平台的支持包括 ARM Cortex-M55 处理器和 ARM Ethos U55 神经网络处理器(NPU),前者能够支持全新的机器学习功能,后者是针对 Cortex-M 平台推出的微神经网络处理器(microNPU)。Cortex-M55 是 ARM 中 AI 能力最为强大的 Cortex-M 处理器,也是首款基于 ARMv8.1-M 架构、内建 ARM Helium 向量处理技术的处理器,可以大幅提升 DSP 与 ML 的性能,同时更省电。与前几代的 Cortex-M 处理器相比,Cortex-M55 的 ML 性能最高可提升15倍,而 DSP 性能也可提升5倍,且具备更佳的能耗比。针对需求更高的 ML 系统,可将 Cortex-M55 与 Ethos U55 搭配,可使产品 ML 性能提升480倍。Ethos

U55 具有高度的可配置性，旨在加速空间受限的嵌入式与物联网设备的 ML 推理能力；它先进的压缩技术可以显著节省电力并缩小 ML 模型尺寸，以便运行之前只能在较大型系统上执行的神经网络运算。

这些产品的推出能够让 AI 硬件与软件开发人员以更多的方式进行创新，从而为数十亿个小型、低功耗的物联网与嵌入式设备带来前所未有的终端机器学习处理能力。

2.3 ARM 内核的特点

2.3.1 RISC 技术

在介绍 ARM 内核的特点之前，对 CISC 和 RISC 体系结构做一个简单的比较。传统的 CISC(Complex Instruction Set Computer，复杂指令集计算机)结构有其固有的缺点，即随着计算机技术的发展而不断引入新的复杂的指令集，为支持这些新增的指令，计算机的体系结构会越来越复杂。然而，在 CISC 指令集的各种指令中，其使用频率却相差悬殊，大约有 20%的指令会被反复使用，占整个程序代码的 80%，而其余 80%的指令却不经常使用，在程序设计中只占 20%，显然，这种结构是不合理的。

基于以上的不合理性，1979 年美国加州大学伯克利分校提出了 RISC(Reduced Instruction Set Computer，精简指令集计算机)的概念，RISC 并非只是简单地去减少指令，而是把着眼点放在了如何使计算机的结构更加简单合理地提高运算速度上。RISC 结构优先选取使用频率最高的简单指令，避免复杂指令；将指令长度固定，指令格式和寻址方式种类减少；以控制逻辑为主，不用或少用微码控制等措施来达到上述目的。

ARM 既继承了 RISC 体系结构的若干特征，同时也根据实际设计的需要采用了一些特别的技术。目前，ARM 体系的处理器拥有最好的性价比(处理速度与价格的比值)和性能比(处理速度与功耗的比值)，具有最小的芯片面积、必要的处理能力。

2.3.2 流水线技术

虽然在近几年开发了 7 级流水线的 ARM 处理器核，但目前使用最广泛的还是基于 3 级(ARM7)、5 级(ARM9)流水线体系结构的 ARM 处理器核。ARM 内核采用相对简单的流水线，这使得芯片结构变得简单。另外，ARM 内核还革命性地采用了 16 位 Thumb 指令集。这种指令集大大提高了系统的运行效率，使得在相同的内存和缓存中可以存放更多的指令，从而简化了指令解码系统。为了进一步简化系统结构，ARM 处理器把浮点运算单元 FPU、内存管理单元 MMU 的配置作为 ARM 内核的选项而不是标准配置。这些措施最终使得 ARM 内核拥有简单的结构，从而减少了 ARM 芯片的面积，减少了开发、升级、优化内核的成本。当然，芯片面积的减少也直接导致了功耗和价格的降低。简单的 3 级流水线如下：

- 取指级：取指级完成程序存储器中指令的读取，并放入指令流水线中。
- 译码级：对指令进行译码，为下一周期准备数据路径需要的控制信号。这一级指令“占有”译码逻辑，而不“占有”数据路径。
- 执行级：指令“占有”数据路径，寄存器堆栈被读取，操作数在桶形移位器中被移位，ALU 产生相应的运算结果并写回到目的寄存器中，ALU 结果根据指令需求更改状态寄存器的条件位。

在任意时刻，可能有 3 种不同的指令占用这 3 级中的一级，因此流水线正常的条件是在任意时刻，每一级中的硬件必须能够独立操作，而不能两级或多级占用同一硬件资源。

当处理器执行简单的数据处理指令时，流水线使得每个时钟周期能完成一条指令。一条指令用 3 个时钟周期来完成，因此有 3 周期的执行时间(Latency)，但吞吐率(Throughput)是每个周期一条指令。图 2-6 所示为 ARM 单周期指令的 3 级流水线操作。ARM9 使用 5 级流水线的 ARM 处理器包含取指、译码、缓冲/数据、回写。

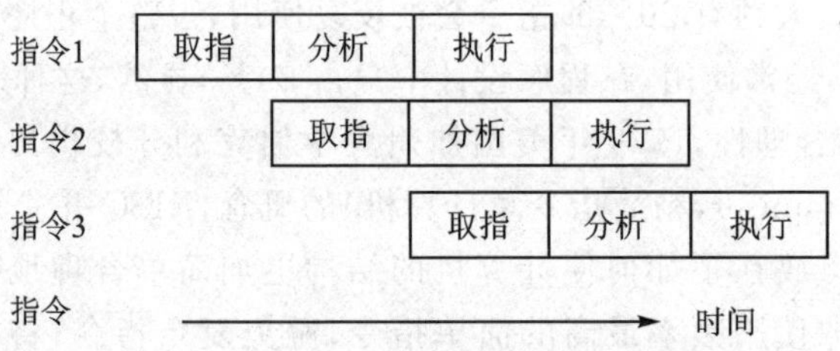

图 2-6 ARM 单周期指令的 3 级流水线操作

在 3 级流水线的执行过程中，当通过 R15 寄存器直接访问 PC 时，必须考虑此时流水线执行过程的真实情况。程序计数器 R15(PC)总是指向取指的指令，而不是指向正在执行的指令或正在译码的指令。一般情况下，人们总是习惯把正在执行的指令作为参考点，称为当前第一条指令，因此，PC 总是指向第 3 条指令。

对于 ARM 指令，有“PC 值＝当前程序执行位置＋8”；对于 Thumb 指令，则有“PC 值＝当前程序执行位置＋4”。

2.3.3 超标量技术

超标量技术就是通过重复设置多套指令执行部件，同时处理并完成多条指令，实现并行操作来达到提高处理速度的目的。目前，所有的 ARM 内核，包括流行的 ARM7、ARM9 和 ARM11 等，都是单周期指令机。ARM 公司的下一代处理器将是每周期能处理多重指令的超标量机。超标量机能在一个时钟周期内同时执行多条指令，因而 CPU 的效率得到大大地提高。

2.4 基于 ARM 核的微处理器

2.4.1 基于 ARM 核的硬件结构

各大半导体生产商从 ARM 公司购买其设计的 ARM 微处理器核，根据各自不同的应用领域，加入适当的外围电路，从而形成自己的 ARM 微处理器芯片。一个典型的使用 ARM 内核的微处理器硬件结构如图 2-7 所示。每一个方框表示了一个功能或特性。方框之间的连线是传送数据的总线。

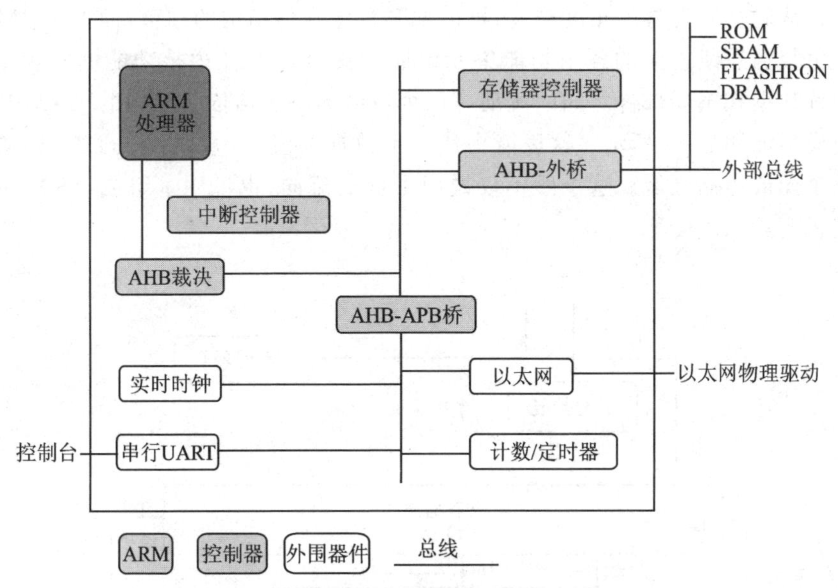

图 2-7 典型 ARM 内核微处理器硬件结构

可以把这个器件分为以下 4 个主要的硬件部分。

ARM 处理器：控制整个器件。有多种版本的 ARM 处理器，以满足不同的处理特性。一个 ARM 处理器包含了一个内核以及一些外围部件，它们之间由总线连接。这些部件可能包括存储器管理和 Cache。

控制器：协调系统的重要功能模块。两个最常见的控制器是中断控制器和存储器控制器。

外设接口部件：提供芯片与外部的所有输入/输出功能，器件之间的一些独有特性就是靠不同的外设接口功能来体现的。

总线：用于在器件不同部件之间进行通信。有两种不同类型的设备连接到总线：ARM 处理器是总线主设备——拥有对总线的仲裁权，通过同一总线，该逻辑设备可主动发起数据传输请求；外围器件是总线从设备——在总线上是被动的，这类逻辑设备只能对主设备发出的一个传输请求做出反应。ARM 处理器中广泛使用的总线结构称为高级微控制总线结构(AMBA)。最初的 AMBA 总线包含 ARM 系统总线(ASB)和 ARM 外设总线(APB)。之后又提出一种称为 ARM 高性能总线(AHB)。图 2-6 所示的器件中有 3 条总线:一条 AHB 总线连接高性能的片内外设接口;一条 APB 总线连接较慢的片内外设接口;第 3 条总线用于连接片外外设,这条外部总线需要一个特殊的桥,用于和 AHB 总线连接。

2.4.2 ARM 核的数据流模型

不同版本的 ARM 内核其硬件特性是有所区别的,但是其数据流模型基本上是一致的。从软件开发者的角度来看,可以抛开具体硬件结构的细节,而把 ARM 内核看作是由数据总线连接的各个功能单元组成的集合,ARM 内核功能的实现最终体现为各种数据在不同部件之间的流动。一个典型的冯·诺依曼结构的 ARM 内核的数据流模型如图 2-8 所示。这里箭头代表了数据的流向,直线代表了总线,方框表示操作单元或存储区域。这个图不仅说明了数据流向,也说明了组成 ARM 内核的各个逻辑要素。

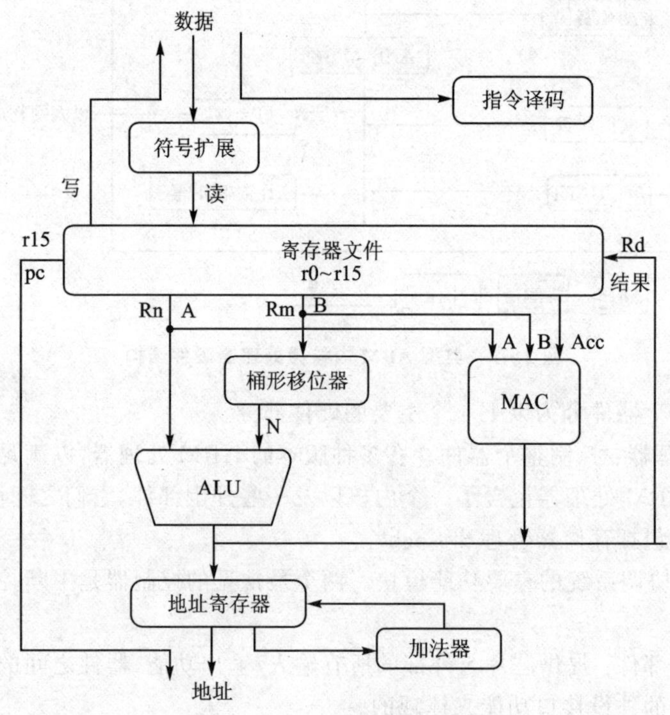

图 2-8　ARM 内核的数据流模型

数据通过数据总线进入处理器核,这里所指的数据可能是一条要执行的指令或一个数据项。指令译码器在指令执行前先将它们翻译。每一条可执行指令都属于一个特定的指令集。与所有的 RISC 处理器一样，ARM 处理器采用 Load-store 体系结构。这就意味着它只有两种类型的指令用于把数据移入/移出处理器：load 指令从存储器复制数据到内核的寄存器；反过来，store 指令从寄存器里复制数据到存储器。没有直接操作存储器的数据处理指令，因此数据处理只能在寄存器里进行。由于 ARM 内核是 32 位处理器，大部分指令认为寄存器中保存的是 32 位有符号或无符号数。当从存储器读取数据至一个寄存器时，符号扩展硬件会把 8 位和 16 位的有符号数转换成 32 位。

典型的 ARM 指令通常有 2 个源寄存器 Rn 和 Rm、一个结果或目的寄存器 Rd。源操作数分别通过内部总线 A 和 B 从寄存器文件中读出。

ALU(运算器)或 MAC (乘累加单元)通过总线 A 和 B 得到寄存器值 Rn 和 Rm，并计算出一个结果。数据处理指令直接把 Rd 中的计算结果写到寄存器文件。Load-store 指令使用 ALU 来产生一个地址，这个地址将被保存到地址寄存器并发送到地址总线上。

ARM 的一个重要特征是，寄存器 Rm 可以选择在进入 ALU 前是否先经过桶形移位器预处理。桶形移位器和 ALU 协作可以计算较大范围的表达式和地址。

在经过有关功能单元后，Rd 寄存器里的结果通过总线写回到寄存器文件。对于 load-store 指令，在内核从下一个连续的存储器单元装载数据到下一个寄存器，或写下一个寄存器的值到下一个连续的存储器单元之前，地址加法器会自动更新地址寄存器。处理器连续执行指令，直到发生异常或中断才改变正常的执行流。

2.4.3 ARM 处理器工作模式和工作状态

1. 处理器工作模式

ARM 微处理器支持 7 种工作模式，分别为：

- 用户模式(usr)：ARM 处理器正常的程序执行状态。
- 快速中断模式(fiq)：用于高速数据传输或通道处理。
- 外部中断模式(irq)：用于通用的中断处理。
- 管理模式(svc)：操作系统使用的保护模式。
- 中止模式(abt)：当数据或指令预取终止时进入该模式，用于虚拟存储及存储保护。
- 未定义指令模式(und)：当未定义的指令执行时进入该模式，用于支持硬件协处理器的软件仿真。
- 系统模式(sys)：运行具有特权的操作系统任务。

除用户模式以外，其余的所有 6 种模式称为非用户模式，或特权模式(Privileged Modes)；其中，除去用户模式和系统模式以外的 5 种又称为异常模式(Exception Modes)，常用于处理中断或异常，以及需要访问受保护的系统资源等情况。

ARM 微处理器的工作模式可以通过软件改变，也可以通过外部中断或异常处理改变。大多数应用程序运行在用户模式下,当处理器运行在用户模式下时,某些被保护的系统资源是不能被访问的。

2. 处理器工作状态

自从 ARM7 TDMI 核产生后,体系结构中具有 T 变种的 ARM 处理器核可工作在两种状态,并可在两种状态之间切换:

- ARM 状态:ARM 微处理器执行 32 位的 ARM 指令集。
- Thumb 状态:ARM 微处理器执行 16 位的 Thumb 指令集。

ARM 处理器在开始执行代码时,只能处于 ARM 状态;在程序的执行过程中,微处理器可以随时在两种工作状态之间切换。处理器工作状态的转变并不影响处理器的工作模式和相应寄存器中的内容。

2.5 ARM 寄存器

ARM 寄存器可以分为通用寄存器和状态寄存器两类。通用寄存器可用于保存数据和地址。状态寄存器用来标识或设置处理器的工作模式或工作状态等功能。ARM 微处理器共有 37 个 32 位寄存器,其中,31 个为通用寄存器,6 个为状态寄存器。但是这些寄存器不能被同时访问,最多可有 18 个活动寄存器:16 个数据寄存器和 2 个处理器状态寄存器。具体哪些寄存器是可编程访问的,取决于微处理器的工作状态及具体的工作模式。寄存器的结构如图 2-9 所示,其中每个小方格代表一个比特位。

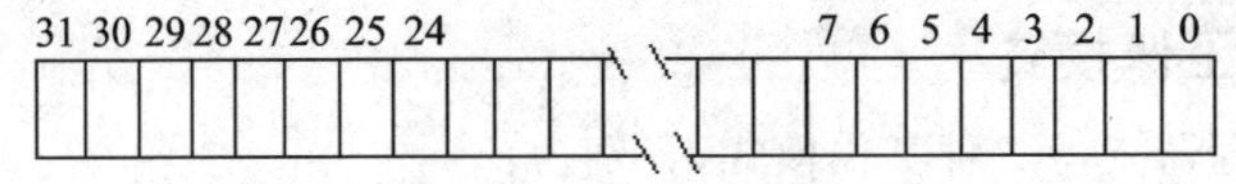

图 2-9 寄存器结构图

2.5.1 通用寄存器

通用寄存器可用于保存数据和地址。这些寄存器都是 32 位的,它们用字母 R 为前缀加该寄存器的序号来标识。例如,寄存器 0 可以表示成 R0。通用寄存器包括 R0~R15,可以分为 3 类,即未分组寄存器、分组寄存器及程序计数器。

1. 未分组寄存器

未分组寄存器包括 R0~R7,在所有工作模式下,未分组寄存器都指向同一个物理寄存器,它们未被系统用作特殊的用途。因此,在中断或异常处理进行工作模式转换时,由于不同的处理器工作模式均使用相同的物理寄存器,可能造成寄存器中数据的破坏,这一点在进行程序设计时应引起注意。

2. 分组寄存器

分组寄存器包括 R8～R14，对于分组寄存器，它们每一次所访问的物理寄存器与处理器当前的工作模式有关，如图 2-10 所示。对于 R8～R12 来说，每个寄存器对应两个不同的物理寄存器，当使用 fiq 模式时，访问寄存器 R8_fiq～R12_fiq；当使用除 fiq 模式以外的其他模式时，访问寄存器 R8_usr～R12_usr。

ARM状态下的通用寄存器与程序计数器

System & User	FIQ	Supervisor	Abort	IRQ	Undefined
R0	R0	R0	R0	R0	R0
R1	R1	R1	R1	R1	R1
R2	R2	R2	R2	R2	R2
R3	R3	R3	R3	R3	R3
R4	R4	R4	R4	R4	R4
R5	R5	R5	R5	R5	R5
R6	R6	R6	R6	R6	R6
R7	R7	R7	R7	R7	R7
R8	R8_fiq	R8	R8	R8	R8
R9	R9_fiq	R9	R9	R9	R9
R10	R10_fiq	R10	R10	R10	R10
R11	R11_fiq	R11	R11	R11	R11
R12	R12_fiq	R12	R12	R12	R12
R13	R13_fiq	R13_svc	R13_abt	R13_irq	R13_und
R14	R14_fiq	R14_svc	R14_abt	R14_irq	R14_und
R15(PC)	R15(PC)	R15(PC)	R15(PC)	R15(PC)	R15(PC)

ARM状态下的程序状态寄存器

System & User	FIQ	Supervisor	Abort	IRQ	Undefined
CPSR	CPSR	CPSR	CPSR	CPSR	CPSR
	SPSR_fiq	SPSR_svc	SPSR_abt	SPSR_irq	SPSR_und

◣ =分组寄存器

图 2-10 ARM 状态下的寄存器组织

对于 R13、R14 来说，每个寄存器对应 6 个不同的物理寄存器，其中的一个是用户模式与系统模式共用，另外 5 个物理寄存器对应于其他 5 种不同的工作模式。采用以下的记号来区分不同的物理寄存器：

R13_<mode>

R14_<mode>

其中，mode 为以下几种模式之一：usr、fiq、irq、svc、abt、und。

寄存器 R13 在 ARM 指令中常用作堆栈指针，但这只是一种习惯用法，用户也可使用其他的寄存器作为堆栈指针。而在 Thumb 指令集中，某些指令强制性的要求使用 R13 作为堆栈指针。

由于处理器的每种工作模式均有自己独立的物理寄存器 R13,在用户应用程序的初始化部分,一般都要初始化每种模式下的 R13,使其指向该工作模式的栈空间。这样,当程序的运行进入异常模式时,可以将需要保护的寄存器放入 R13 所指向的堆栈。而当程序从异常模式返回时,则从对应的堆栈中恢复,采用这种方式可以保证异常发生后程序的正常执行。

R14 也称作子程序连接寄存器(Subroutine Link Register)或连接寄存器 LR。当执行 BL 子程序调用指令时,R14 中得到 R15(程序计数器 PC)的备份。其他情况下,R14 用作通用寄存器。与之类似,当发生中断或异常时,对应的分组寄存器 R14_svc、R14_irq、R14_fiq、R14_abt 和 R14_und 用来保存 R15 的返回值。

3. 程序计数器

寄存器 R15 用作程序计数器(PC),用于控制程序中指令的执行顺序。正常运行时,PC 指向 CPU 运行的下一条指令。每次取指后 PC 的值会自动修改以指向下一条指令,从而保证了指令按一定的顺序执行。当程序的执行顺序发生改变(如转移)时,需要修改 PC 的值。R15 虽然也可用作通用寄存器,但一般不这么使用,因为对 R15 的使用有一些特殊的限制,当违反了这些限制时,程序的执行结果是未知的。

在 ARM 状态下,任一时刻可以访问以上所讨论的 16 个通用寄存器和 1～2 个状态寄存器。在非用户模式(特权模式)下,则可访问到特定模式下的分组寄存器,图 2-9 说明在每一种工作模式下,哪一些寄存器是可以访问的。

2.5.2 状态寄存器

ARM 体系结构包含一个当前程序状态寄存器 CPSR(R16)和 5 个备份的程序状态寄存器(SPSRs)。CPSR 可在任何工作模式下被访问,用来保存 ALU 中的当前操作信息、控制允许和禁止中断、设置处理器的工作模式等。备份的程序状态寄存器用来进行异常处理。程序状态寄存器的基本格式如图 2-11 所示。

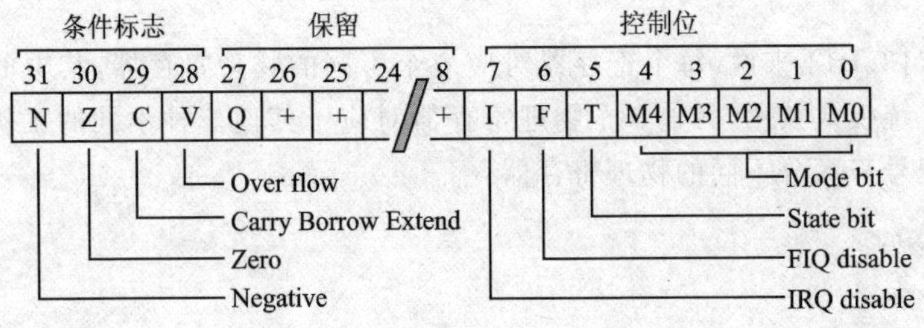

图 2-11 程序状态寄存器格式

1. 条件码标志

N、Z、C、V 均为条件码标志位。它们的内容可被算术或逻辑运算的结果所改变，并且可以决定某条指令是否被执行。条件码标志各位的具体含义如表 2-2 所列。

表 2-2 条件码标志的含义

标志位	含 义
N	正、负标志，N=1 表示运算的结果为负数；N=0 表示运算的结果为正数或零
Z	零标志，Z=1 表示运算的结果为零；Z=0 表示运算的结果为非零
C	进位标志：加法运算（包括比较指令 CMN）的结果产生了进位时则 C=1，否则 C=0 借位标志：减法运算（包括 CMP）的结果产生了借位则 C=0，否则 C=1
V	溢出标志，V=1 表示有溢出，V=0 表示无溢出
Q	在 ARMv5 及以上版本的 E 系列处理器中，用 Q 标志位指示增强的 DSP 运算指令是否发生了溢出。在其他版本的处理器中，Q 标志位无定义

2. 控制位

CPSR 的低 8 位（包括 I、F、T 和 M[4：0]）称为控制位，当发生异常时这些位可以被改变。如果处理器运行特权模式，这些位也可以由程序修改。

(1) 中断禁止位

中断禁止位包括 I、F，用来禁止或允许 IRQ 和 FIQ 两类中断，当 I=1 时，表示禁止 IRQ 中断，I=0 时，表示允许 IRQ 中断；当 F=1 时，表示禁止 FIQ 中断，F=0 时，表示允许 FIQ 中断。

(2) T 标志位

T 标志位用来标识/设置处理器的工作状态。对于 ARM 体系结构 v4 及以上的版本的 T 系列处理器，当该位为 1 时，程序运行于 Thumb 状态；当该位为 0 时，表示运行于 ARM 状态。ARM 指令集和 Thumb 指令集均有切换处理器状态的指令。这些指令通过修改 T 位的值为 1 或 0 来实现在两种工作状态之间切换，但 ARM 微处理器在开始执行代码时，应该处于 ARM 状态。

(3) 工作模式位

工作模式位（M[4：0]）用来标识或设置处理器的工作模式。M4、M3、M2、M1、M0 决定了处理器的工作模式，具体含义如表 2-3 所列。

表 2-3 处理器工作模式

M[4:0]	处理器模式	可访问的寄存器
10000	用户模式	PC,CPSR,R0～R14
10001	FIQ 模式	PC,CPSR, SPSR_fiq,R14_fiq-R8_fiq, R7～R0
10010	IRQ 模式	PC,CPSR, SPSR_irq,R14_irq,R13_irq,R12～R0
10011	管理模式	PC,CPSR, SPSR_svc,R14_svc,R13_svc,R12～R0
10111	中止模式	PC,CPSR, SPSR_abt,R14_abt,R13_abt,R12～R0
11011	未定义模式	PC,CPSR, SPSR_und,R14_und,R13_und,R12～R0
11111	系统模式	PC,CPSR, R14～R0

由表 2-3 可知,并不是所有的工作模式位的组合都是有效的,其他的组合结果会导致处理器进入一个不可恢复的状态。

3. 保留位

CPSR 中的其余位为保留位,当改变 CPSR 中的条件码标志位或者控制位时,保留位不要被改变,在程序中也不要使用保留位来存储数据。保留位将用于 ARM 版本的扩展。

每一种工作模式下又都有一个专用的物理状态寄存器,称为 SPSR(Saved Program Status Register,备份的程序状态寄存器)。当异常发生时,SPSR 用于保存 CPSR 的当前值,从异常退出时则可由 SPSR 来恢复 CPSR。由于用户模式和系统模式不属于异常模式,它们没有 SPSR,当在这两种模式下访问 SPSR 时,结果是未知的。CPSR 和 SPSR 通过特殊指令进行访问,这些指令将在第 3 章介绍。

【例 2.1】 假设某一刻,寄存器 CPSR 的值如图 2-12 所示,试说明处理器的条件标志、中断允许情况、工作状态以及工作模式。

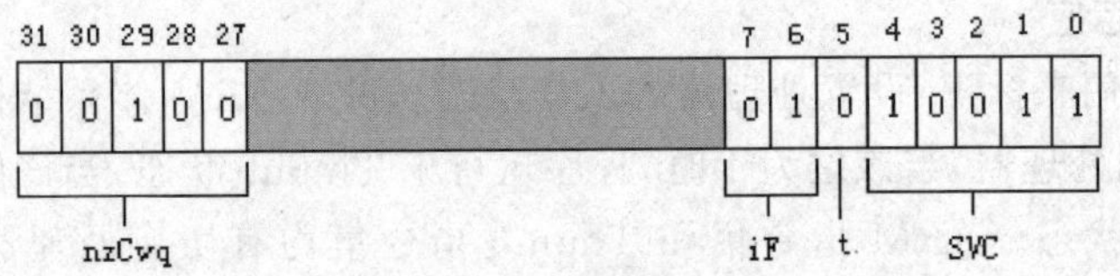

图 2-12 CPSR 的值

分析:CPSR 的 bit[31～27]表示条件标志 NZCVQ,其值分别为 00100。为了便于阅读,常常用字母表示其值,如图 2-12 所示;某一位为 0 则用小写字母表示,某一位为 1 则用大写字母表示。上述条件标志可表示为 nzCvq,即 C 标志位置位为 1,其他标志位为 0,每一位的具体含义可参考表 2-2。因为 bit[7～6]为 iF,所以 IRQ 中断被使能,即允许 CPU 响应 IRQ 中断,FIQ 中断被禁止。因为 bit[5]为 t,所以处理器工作在 ARM 状态。因为 Bit[4～0]为 10011,由表 2-3 可知系统工作于管理模式(SVC)。

2.5.3 Thumb 寄存器

Thumb 状态下的寄存器集是 ARM 状态下寄存器集的一个子集，程序可以直接访问 8 个通用寄存器（R7～R0）、程序计数器（PC）、堆栈指针（SP）、连接寄存器（LR）和 CPSR。同时，在每一种特权模式下都有一组 SP、LR 和 SPSR。图 2－13 表明 Thumb 状态下的寄存器组织。

Thumb状态下的通用寄存器与程序计数器

System & User	FIQ	Supervisor	Abort	IRQ	Undefined
R0	R0	R0	R0	R0	R0
R1	R1	R1	R1	R1	R1
R2	R2	R2	R2	R2	R2
R3	R3	R3	R3	R3	R3
R4	R4	R4	R4	R4	R4
R5	R5	R5	R5	R5	R5
R6	R6	R6	R6	R6	R6
R7	R7	R7	R7	R7	R7
SP	SP_fiq	SP_svc	SP_abt	SP_irq	SP_und
R14	LR_fiq	LR_svc	LR_abt	LR_irq	LR_und
PC	PC	PC	PC	PC	PC

Thumb状态下的程序状态寄存器

System & User	FIQ	Supervisor	Abort	IRQ	Undefined
CPSR	CPSR	CPSR	CPSR	CPSR	CPSR
	SPSR_fiq	SPSR_svc	SPSR_abt	SPSR_irq	SPSR_und

◣ =分组寄存器

图 2－13 Thumb 状态下的寄存器组织

Thumb 状态下的寄存器组织与 ARM 状态下的寄存器组织的关系：

- Thumb 状态和 ARM 状态下的 R0～R7 是相同的。
- Thumb 状态和 ARM 状态下的 CPSR 与所有的 SPSR 是相同的。
- Thumb 状态下的 SP 对应于 ARM 状态下的 R13。
- Thumb 状态下的 LR 对应于 ARM 状态下的 R14。
- Thumb 状态下的程序计数器对应于 ARM 状态下的 R15。

以上的对应关系如图 2－14 所示。

访问 Thumb 状态下的高位寄存器（Hi－registers）：在 Thumb 状态下，高位寄存器 R8～R15 并不是标准寄存器集的一部分，但可使用汇编语言程序受限制地访问这些寄存器，将其用作快速的暂存器。使用带特殊变量的 MOV 指令，可以使数据在低位寄存器和高位寄存器之间进行传送；高位寄存器的值可以使用 CMP 和 ADD 指令进行比较或加上低位寄存器中的值得到。

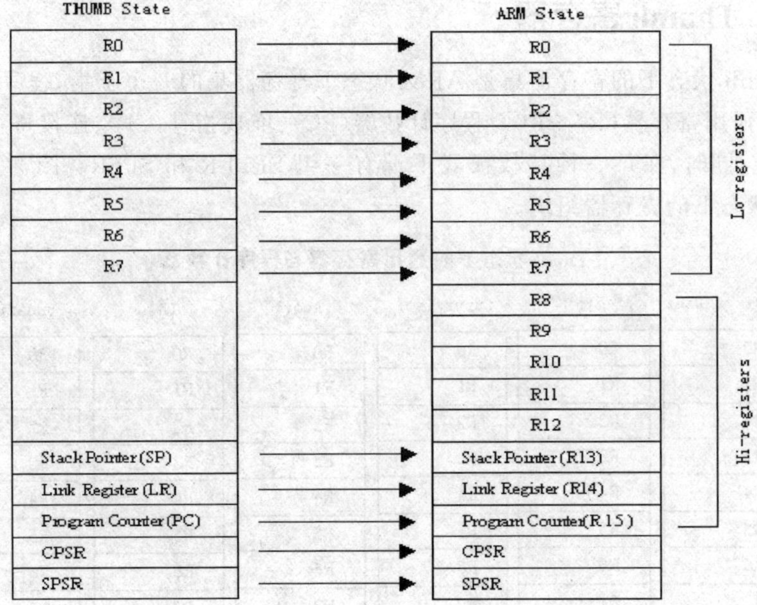

图 2-14　Thumb 状态下的寄存器组织

2.6 ARM 的存储系统简介

2.6.1 存储器的层次结构

存储器(Memory)是计算机的重要组成部件,用来存放由二进制数表示的程序和数据,有了它,计算机才能"记住"信息,并按程序的规定自动运行。

存储器是具有记忆功能的部件,它是由大量的记忆单元(或称基本存储电路)组成,而记忆单元是用一种具有两种稳定状态的物理器件来表示二进制数的 0 和 1,这种物理器件可以是磁芯、半导体器件等。位(bit)是二进制数最小的单位,一个记忆单元能存储二进制数的一位。

按照存取方式不同,半导体存储器可以分为随机存取存储器 RAM(Ramdom Access Memory)和只读存储器 ROM(Read Only Memory)两大类。RAM 可分为 SRAM(静态随机存储器)、DRAM(动态随机存储器)、DDRAM(双倍速率随机存储器)。ROM 可分为掩膜 ROM、PROM、EPROM、EEPROM、Flash Memory(闪速存储器),其中,Flash Memory 又可分为 NOR Flash、NAND Flash,前者主要用来存放代码,后者主要用来存放数据。

按在计算机系统中的作用不同,存储器又可分为主存储器、辅助存储器、远程二级存储器。综上所述,存储器的分类如图 2-15 所示。

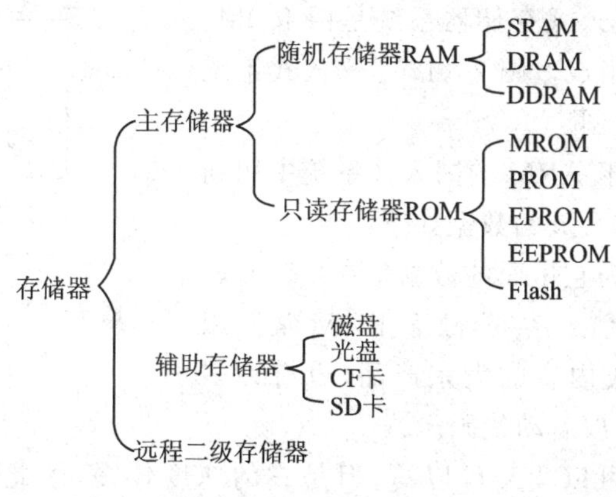

图 2-15 存储器分类

随着 CPU 速度的不断提高和软件规模的不断扩大,人们当然希望存储器能同时满足速度快、容量大、价格低的要求。但实际上这一点很难办到,解决这一问题的较好方法是设计一个快慢搭配、具有层次结构的存储系统。图 2-16 显示了新型微机系统中的存储器组织。它呈现金字塔形结构,越往上存储器件的速度越快,CPU 的访问频度越高;同时,每位存储容量的价格也越高,系统的拥有量也越小。图中可以看到,CPU 中的寄存器位于该塔的顶端,它有最快的存取速度,但数量极为有限;向下依次是 CPU 内的 Cache(高速缓冲存储器)、片外 Cache、主存储器、外部辅助存储器和远程二级存储器;位于塔底的存储设备,容量最大,每位存储容量的价格最低,但速度可能也是较慢或最慢的。

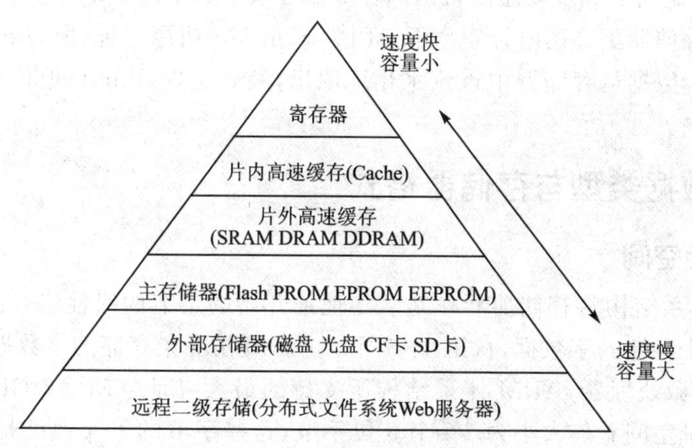

图 2-16 存储器的层次结构

嵌入式系统属于专用的系统,受体积、功耗和成本等各方面因素的影响,因此,它的存储器与通用系统的存储器有所不同。嵌入式存储器一般采用存储密度较大的存储芯片,存储容量与应用的软件大小相匹配,有时为了设计的需要还要求能够扩展存储器系统。典型的嵌入式存储器系统是由 ROM、RAM、EEPROM 等组成。图 2-17 是嵌入式系统的存储空间分配示意图。

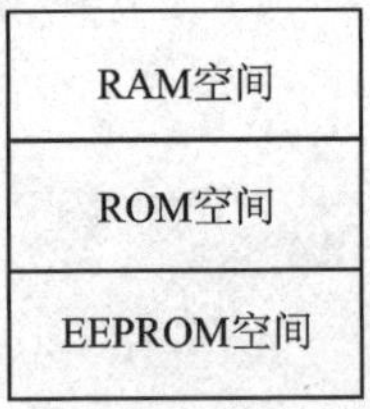

RAM空间
ROM空间
EEPROM空间

图 2-17 嵌入式系统存储空间分配示意图

一般情况下,基于 ARM 的嵌入式系统中用到的各种存储器芯片和存放的数据如下:

ROM 芯片:因为它里面的数据是在生产时就固定的,不可再次编程来改变,故而 ROM 常应用于不需要更新和修改内容的大宗产品,也有许多设备使用 ROM 来存放启动代码。

Flash 芯片:既可以读又可以写,但是它的速度较慢,因此不适合存放动态数据。它主要用于存放断电后需要长期保存的数据,对 Flash 的擦除和改写是完全由软件实现的,不需要任何额外硬件电路,这样降低了制造成本。Flash 芯片已经成为当前最流行的只读存储器,用于满足对存储器的大容量需求或用于构建辅助存储器。

DRAM 芯片:动态随机访问存储器是设备中最常用的 RAM。和其他 RAM 相比,它每兆字节的价格最低。不过 DRAM 需要动态地刷新,因此使用前要先设置好 DRAM 控制器。

SRAM 芯片:静态随机访问存储器比传统的 DRAM 要快,但它需要更大的硅片面积。SRAM 是静态的,所以不需要刷新,其存取时间比 DRAM 要短得多。但是价格高,因此通常用于容量小、速度快的情况,如高速存储器和 Cache。

SDRAM 芯片:同步动态随机访问存储器是众多的 DRAM 中的一种,它能够工作在比普通存储器更高的时钟频率下。因为 SDRAM 使用时钟,所以它和处理器总线是同步的。数据从存储器中被流水化地取出,最后突发(Burst)地传输到总线,因而传输效率高。

2.6.2 数据类型与存储器格式

1. 地址空间

ARM 体系结构将存储器看作是从零地址开始的字节的线性组合。从 0~3 字节放置第一个存储的字数据,从第 4~7 个字节放置第 2 个存储的字数据,依次排列。作为 32 位的微处理器,ARM 体系结构所支持的最大寻址空间为 4 GB(2^{32} 字节)。可以将该地址空间看作大小为 2^{32} 个 8 位字节,这些字节的单元地址是一个无符号的 32 位数值,其取值范围为 $0\sim2^{32}-1$。ARM 地址空间也可以看作是 2^{30} 个 32 位的字单元。这些字单元的地址可以被 4 整除,也就是说该地址低两位为 00。地址为 A 的字数据包括地址为 A、A+1、A+2、A+3 这 4 个字节单元的内容。程序正常执行时,每执行一条 ARM 指令,当前指令计数器加 4 个字节;每执行一条 Thumb 指令,当前指令计数器加 2 个字节。但是,当地址上发生溢出时,执行结果将是不可预知的。

2. 数据类型

ARM 微处理器的指令长度可以是 32 位(在 ARM 状态下),也可以为 16 位(在 Thumb 状态下)。ARM 微处理器中支持字节(8 位)、半字(16 位)、字(32 位)3 种数据类型,其中,字需要 4 字节对齐(地址的低两位为 0)、半字需要 2 字节对齐(地址的最低位为 0)。

3. 存储格式

ARM 体系结构可以用两种方法存储字数据,称之为大端格式和小端格式。

(1) 大端格式

在这种格式中,字数据的高字节存储在低地址中,而字数据的低字节则存放在高地址中,如图 2-18 所示。

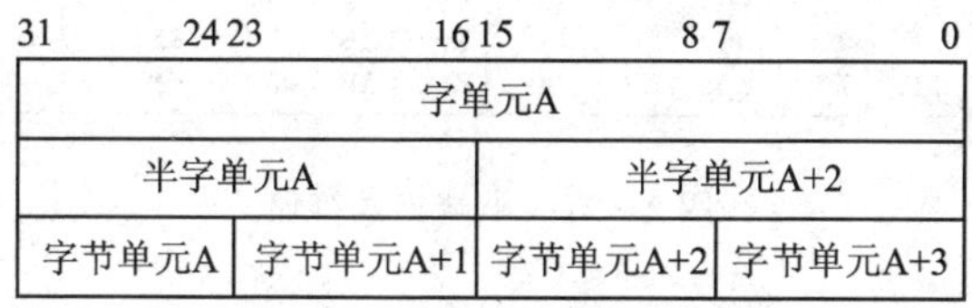

图 2-18　大端格式存储模式

(2) 小端格式

与大端存储格式相反,在小端存储格式中,低地址中存放的是字数据的低字节,高地址存放的是字数据的高字节,如图 2-19 所示。

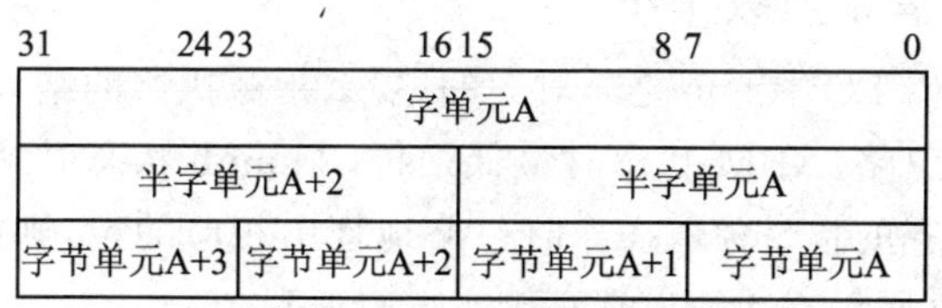

图 2-19　小端格式存储模式

ARM 处理器能方便地配置为其中任何一种存储格式,但其默认设置为小端格式。在本书中如没有特别说明则表示采用小端格式。

假设有一个 32 位数 0x12345678 存放于地址 0x00800100 处,分别采用大端格式和小端格式存放,然后在 AXD 调试器下观察数据在内存中的分布情况。图 2-20 说明了采用大端格式存放时该数在内存中的分布情况。图 2-21 说明了采用小端格式存放时该数在内存中的分布情况。

ARM920T - Memory Start addre 0x800100

Tab1 - Hex - No prefix | Tab2 - Hex - No prefix | Tab3 - Hex - No prefix | Tab4 - Hex - No prefix

Address	0	1	2	3	4	5	6	7	8	9	a	b	c	d	e	f
0x00800100	12	34	56	78	E8	00	E8	00	E7	FF	00	10	E8	00	E8	00
0x00800110	E7	FF	00	10	E8	00	E8	00	E7	FF	00	10	E8	00	E8	00
0x00800120	E7	FF	00	10	E8	00	E8	00	E7	FF	00	10	E8	00	E8	00
0x00800130	E7	FF	00	10	E8	00	E8	00	E7	FF	00	10	E8	00	E8	00

图 2-20　大端格式存储

ARM920T - Memory Start addre 0x800100

Tab1 - Hex - No prefix | Tab2 - Hex - No prefix | Tab3 - Hex - No prefix | Tab4 - Hex - No prefix

Address	0	1	2	3	4	5	6	7	8	9	a	b	c	d	e	f
0x00800100	78	56	34	12	00	E8	00	E8	10	00	FF	E7	00	E8	00	E8
0x00800110	10	00	FF	E7	00	E8	00	E8	10	00	FF	E7	00	E8	00	E8
0x00800120	10	00	FF	E7	00	E8	00	E8	10	00	FF	E7	00	E8	00	E8
0x00800130	10	00	FF	E7	00	E8	00	E8	10	00	FF	E7	00	E8	00	E8

图 2-21　小端格式存储

2.6.3　非对齐的存储器访问

所谓非对齐的存储访问操作是指:位于 ARM 状态期间,访问地址的低两位不为 00;位于 Thumb 状态期间,访问地址的最低位不为 0。非对齐的指令预取和数据访问操作的约定如下:

1. 非对齐的指令预取操作

如果写入寄存器 PC 中的值是非对齐的,要么指令执行的结果不可预知,要么地址值中的相应位被忽略(ARM 状态时最低两位,Thumb 状态时最低位)。如果系统中指定当发生非对齐的指令预取操作时忽略地址中相应的位,则由存储系统实现这种忽略,即该地址值原封不动地送到存储系统来处理。

2. 非对齐的数据访问操作

对于 LOAD/STORE 操作,如果出现非对齐的数据访问操作,系统定义了 3 种可能的结果:

- 执行结果不可预知。
- 忽略字单元地址低两位的值,即访问地址为字单元;忽略半字单元最低位的值,即访问地址为半字单元。
- 由存储系统忽略字单元地址中低两位的值,半字单元地址最低位的值。

发生非对齐数据访问时到底采用上述哪一种方法取决于具体的指令。

习题二

1. 哈佛体系结构和冯·诺依曼体系结构有什么区别?

2. ARM 处理器有哪些应用领域?

3. ARM 处理器中一般有哪几种总线,它们分别用来连接什么部件?

4. ARM 处理器有几种处理模式,处理器通过什么方法来标志各种不同的工作模式?

5. 寄存器 PC、CPSR、SPSR 分别有什么作用?

6. CPSR 中的 C 标志位表示什么?

7. ARM 处理器中有哪几种工作状态,其区别是什么?处理器如何标志不同的工作状态?

8. 在不同的处理模式中,哪些寄存器是公用的,哪些是私有的?这样做有什么好处?

9. 32 位立即数 0xFF19E468 分别采用大端格式和小端格式存放在地址 0x900100 处,则其在内存中的分布情况如何?

第3章

ARM 指令系统

本章介绍 ARM 指令集、Thumb 指令集以及各类指令对应的寻址方式，通过对本章的学习，读者能了解 ARM 微处理器所支持的指令集及具体的使用方法。本章首先介绍汇编指令以及机器指令的基础知识，然后介绍 ARM 汇编指令格式和寻址方式，接下来详细介绍各类常用 ARM 汇编指令的使用方法，最后通过类比 ARM 指令的形式简单介绍 Thumb 汇编指令集。

3.1 指令基础

3.1.1 程序设计语言的层次结构

计算机程序设计语言的层次结构如图 3-1 所示，分为机器语言级、汇编语言级和高级语言级。机器语言是与计算机硬件最为密切的一种语言，它由微程序解释机器指令系统。这一级也是硬件级，是软件系统和硬件系统之间的纽带。硬件系统的操作由此级控制，软件系统的各种程序必须转换成此级的形式才能执行。因此，对于机器来说，机器语言设计的程序执行效率是最高的。但是由于机器语言是由一串串二进制代码组成的，对于不熟悉机器语言的人来说，如果采用机器语言来编写程序，那么其设计效率极其低下，而且编写出来代码的正确性也很难保证。

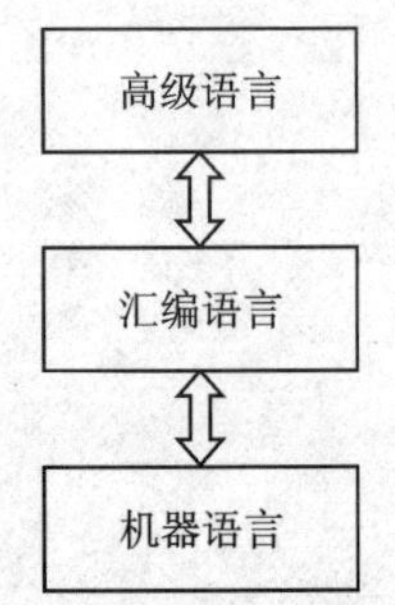

图 3-1 程序设计语言的层次结构

为了提高程序设计的效率，人们提出了汇编语言的概念。将机器码用指令助记符表示，这样就比机器语言方便很多。不过，在使用汇编语言后，虽然编程的效率和程序的可读性都有所提高，但汇编语言同机器语言非常接近，它的书写风格在很大程度上取决于特定计算机的机器指令，所以它仍然是一种面向机器的语言。

为了更好地进行程序设计，提高程序设计的效率，人们又提出了高级语言程序设计的概念，如 C、JAVA 等。这类高级语言对问题的描述十分接近人们的习惯，并且还具有较强的通用性，这就给程序员带来极大的方便。当然，这类高级语言在执行前必须转换为汇编语言或其他中间语言，最终转换为机器语言。通常有两种方法实现这个转换：编译或解释。

由于嵌入式系统自身的特点，不是所有的编程语言都适合于嵌入式软件的开发。汇编语言与硬件关系非常密切，效率最高，但是使用起来不太方便，程序开发和维护的效率比较低。而C语言是一种“高级语言中的低级语言”，它既具有高级语言的特点，又比较接近于硬件，而且效率比较高。《嵌入式系统编程》(Embedded Systems Programming)这份期刊在1998年刊登了一次调查：你在嵌入式系统开发中使用哪些编程语言，调查结果如表3－1所列。

表3－1　嵌入式软件编程语言使用统计

嵌入式编程语言	使用人数
C语言	81%
汇编语言	70%
C＋＋语言	39%
Visual Basic	16%
Java语言	7%

由此可见，选择C语言和汇编语言的人占绝大多数，一般认为将汇编语言和C语言结合起来进行嵌入式系统软件设计是最佳的选择。与硬件关系密切的程序或对性能有特殊要求的程序往往使用汇编语言设计，嵌入式应用软件则往往使用C语言来设计。当然，这个调查是1998年之前进行的，随着各种嵌入式软件开发工具不断涌现，越来越多的编程语言被应用到嵌入式系统的开发中。

3.1.2　指令周期和时序

计算机中指令和数据都是以二进制的格式存放在存储器中。从形式上看，很难区分出这些代码是指令还是数据。然而微处理器却能识别这些二进制代码：它能准确地判别出哪些是指令字、哪些是数据字，指令字送往指令寄存器，数据字送往数据缓冲寄存器。

微处理器执行一条指令是由取指令、译码和执行等操作组成的。为了使微处理器的各种操作协调同步进行，微处理器必须在时钟信号CLK的控制下工作。时钟信号是一个周期性的脉冲信号，一个时钟脉冲的时间长度称为一个时钟周期(Clock Cycle)。时钟周期是计算机系统中的时间基准，是计算机的一个重要性能指标，也是时序分析的刻度。时钟周期是时钟频率(主频)的倒数，时钟频率在很大程度上决定了微处理器的处理能力。例如，ARM7系列微处理器的典型处理速度为0.9 MIPS/MHz，常见的ARM7芯片主频为20～133 MHz，ARM9系列微处理器的典型处理速度为1.1 MIPS/MHz，常见的ARM9芯片主频为100～233 MHz，ARM10最高可以达到 700 MHz。不同芯片对时钟的处理不同,有的芯片只需要一个主时钟频率,有的芯片内部时钟控制器可以分别为 ARM 核和 USB、UART、DSP、音频等功能部件提供不同频率的时钟。

微处理器执行一条指令所需要的时间称为指令周期(Instruction Cycle),不同指令的指令周期不是等长的。如果要处理的数据在微处理器的寄存器中,则需要的时间短;如果要处理的数据在存储器或 I/O 设备中则需要的时间更长,一般情况下,以访问存储器所需最长的时间来衡量指令周期。对于 ARM7 微处理器而言,所有存储器的传输周期都可以被归结到以下 4 种类型之一:

① 不连续周期:ARM 请求传输到某个地址或者从某个地址传输,但这个地址跟前一个周期用到的地址没有联系,这种情况所需的时间称为访问一个非顺序的内存位置的周期,简称为 N 周期。

② 连续周期:ARM 请求传输到某个地址或者从某个地址传输,此地址或者同上一个周期的地址相同或者是上一个周期的地址之后一个字。这种情况所需的时间称为访问一个顺序的内存位置的周期,简称为 S 周期。

③ 内部周期:ARM 不请求一个传输,因为它执行一个内部功能,同时不执行有效的预取。这种情况所需的时间称为内部周期,简称为 I 周期。

④ 协处理器寄存器传输周期:ARM 希望通过数据总线同协处理器通信,ARM 与一个协处理器之间在数据总线(对于无缓存的 ARM)或协处理器总线(对于有缓存的 ARM)上传送一个字的周期,简称 C 周期。

ARM 指令在时序上是 S、N、I 和 C 周期的混合。各种类型的周期都至少与 ARM 的时钟周期一样长。对于典型的 SRAM 系统,所有类型的周期是最小长度,内存系统也可以伸展它们,如典型的 DRAM 系统伸展如下:

- N 周期伸展为最小长度的两倍:这是因为 DRAM 在内存访问是非顺序时要求更长的时间。
- S 周期通常是最小长度,但有时也会被伸展成 N 周期的长度,如从一个内存“行”的最后一个字移动到下一行的第一个字的时候。
- I 周期和 C 周期总是最小长度。

例如:在 8 MHz 的 ARM 微处理器中,一个 S 周期是 125 ns,而一个 N 周期是 250 ns。应当注意到这些时序不是 ARM 的属性,而是内存系统的属性。例如,一个 8 MHz 的 ARM 微处理器可以与一个给出 125 ns 的 N 周期的 RAM 系统相连接。处理器的速率是 8 MHz,这意味着如果使任何类型的周期在长度上小于 125 ns,则它不保证能够工作。图 3-2 显示了一种 ARM 存储器周期时序。

其中,N-cycle 比其他的周期长,这考虑了对 DRAM 的访问时间。当一个 S 周期跟着一个 N 周期,地址将是 N 周期的地址加上一个字。处理器的时钟必须是可以伸展的,以适应所有的访问。当一个 S 周期紧跟着一个 I 或 C 周期,其地址将和 I 或 C 周期地址一样。这种情况用于在前一个周期启动了 DRAM 访问的时候。

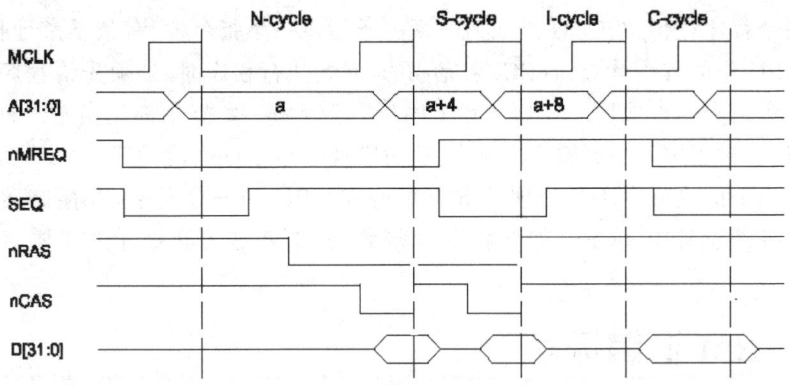

图 3-2 存储器周期时序

3.1.3 程序的执行过程

典型的微型计算机硬件逻辑结构如图 3-3 所示。CPU 通过数据总线、地址总线、控制总线和存储器、外部 I/O 设备联系起来。计算机采取“存储程序与程序控制”的工作方式,即事先把程序加载到计算机的存储器中,当启动运行后,计算机会自动按照存储程序的要求进行工作,这称为程序控制。

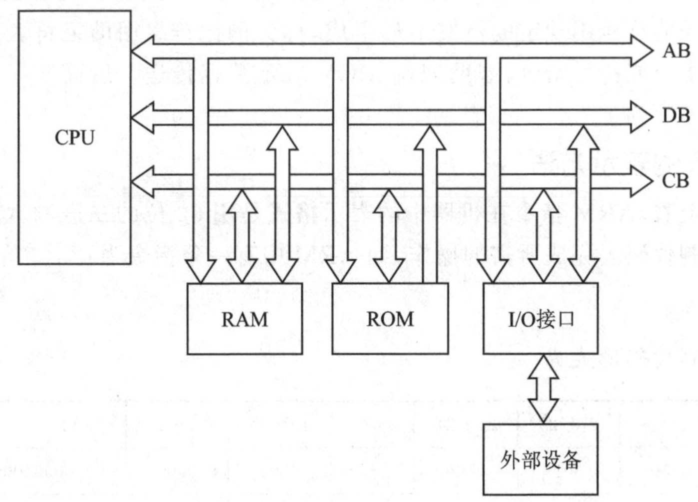

图 3-3 计算机程序的执行过程

计算机执行程序是一条指令一条指令地执行。执行一条指令的过程可分为取指、译码和执行等阶段。首先,CPU 进入取指阶段,通过控制总线(CB)发出读命令,并在地址总线上(AB)给出所取指令的地址,从存储器中取出的指令代码经过数据总线(DB)送到 CPU 的指令寄存器中,然后对该指令译码,再转入执行阶段。在这期间,CPU 执行指令指定的操作。

在整个程序执行中,CPU 是如何实现一条指令一条指令地、有条不紊地执行呢?这是由 CPU 中的程序计数器(PC)来完成的,开始执行程序时,必须先给程序计数器赋以第一条指令的首地址。在这之后 CPU 要运行哪一条指令都是由 PC 的值来决定,程序运行过程中不断调整 PC 的值,从而实现了指令序列的顺序、分支、循环执行过程。在指令的执行中所要处理的数据可能在 CPU 的寄存器中,内存储器中还有可能是在外部设备中。CPU 如何找到这些数据,这就是数据寻址方式要解决的问题了。

3.2 ARM 汇编语言

3.2.1 指令和指令格式

1. 指令和指令系统

计算机通过执行程序来完成指定的任务,而程序是由一系列有序指令组成的,指令是指示计算机进行某种操作的命令,指令的集合称为指令系统。指令系统的功能强弱在很大程度上决定了这类计算机智能的高低,它集中地反映了微处理器的硬件功能和属性。不同系列的微处理器,由于其内部结构各不相同,因此它们的指令系统也不同。指令的符号用规定的英文字母组成,称为助记符。用助记符表示的指令称为汇编语言指令或符号指令,如助记符 MOV 表示数据传送。后面介绍的指令全都是用助记符书写的。

2. 指令的表示方法

从形式上看,ARM 指令在机器中的表示格式是用 32 位的二进制数表示。计算机根据二进制代码去完成所需的操作,如 ARM 中有一条指令为:

```
ADDEQS R0,R1,#8;
```

其二进制代码形式为:

31～28	27～25	24～21	20	19～16	15～12	11～0
0000	001	0100	1	0001	0000	000000001000
cond	opcode			Rn	Rd	Op2

ARM 指令代码一般可以分为 5 个域:第一个域是 4 位[31:28]的条件码域,4 位条件码共有 16 种组合;第 2 个域是指令代码域[27:20],除了指令编码外,还包含几个很重要的指令特征和可选后缀的编码;第 3 个域是地址基址 Rn,是 4 位[19:16],为 R0～R15 共 16 个寄存器编码;第 4 个域是目标或源寄存器 Rd,是 4 位[15:

12]，为 R0～R15 共 16 个寄存器编码；第 5 个域是地址偏移或操作寄存器、操作数区[11：0]。

上述指令 5 个域为 0000 0010 1001 0001 0000 0000 0000 1000，十六进制代码为 0291008H，指令功能是将 R1 和 8 相加，结果放入 R0 中。由于二进制代码不易理解，也不便于记忆和书写，故常常用字母和其他一些符号组成的助记符"与"操作数来表示指令。这样用助记符和操作数来表示的指令直观、方便，又好理解。

3. 汇编指令格式

用助记符表示的 ARM 指令一般格式如下：

<opcode>{<cond>}{S}<Rd>,<Rn>{,<OP2>}

格式中<>的内容必不可少，{}中的内容可省略。如<opcode>是指令助记符，是必须的。而{<cond>}为指令的执行条件，是可选的，默认的情况下表示使用默认条件 AL(无条件执行，参看表 3-1)。

<opcode>表示操作码，如 ADD 表示算术加法。

{<cond>}表示指令执行的条件域，如 EQ、NE 等。

{S}决定指令的执行结果是否影响 CPSR 的值，使用该后缀则指令执行的结果影响 CPSR 的值，否则不影响。

<Rd>表示目的寄存器。

<Rn>表示第一个操作数，为寄存器。

<OP2>表示第二个操作数，可以是立即数、寄存器或寄存器移位操作数。

例如，上述指令"ADDEQS R0，R1，#8;"，其中，操作码为 ADD，条件域 cond 为 EQ，S 表示该指令的执行影响 CPSR 寄存器的值，目的寄存器 Rd 为 R0，第一个操作数寄存器 Rn 为 R1，第二个操作数 OP2 为立即数#8。

【例 3.1】 指令格式举例：

```
LDR R0,[R1];读取 R1 地址上的存储单元的数据到寄存器 R0
BEQ ENDDATA;条件分支执行指令，执行条件 EQ，即相等则跳转到 ENDDATA 处
ADDS R2,R1,#1;寄存器 R1 中的内容加 1 存入寄存器 R2，并影响 CPSR 寄存器的值
```

3.2.2 指令的可选后缀

ARM 指令集中大多数指令都可以选加后缀，这些后缀使得 ARM 指令使用十分灵活。常见的可选后缀有"S"后缀和"!"后缀。

1. "S"后缀

指令中使用"S"后缀时，指令执行后程序状态寄存器的条件标志位将被刷新；不使用"S"后缀时，指令执行后程序状态寄存器的条件标志将不会发生变化。"S"后缀通常用于对条件进行测试，例如，是否有溢出、是否进位等，根据这些变化就可以进行

一些判断,如是否大于、是否相等,从而可能影响指令执行的顺序。

【例 3.2】 假设 R0＝0x1,R3＝0x3,指令执行之前 CPSR＝nzcvqIFt_SVC,分别执行如下指令 CPSR 的值有什么变化?

```
SUB R1,R0,R3          ;R0 的值减去 R3 的值,结果存入 R1
SUBS R1,R0,R3         ;R0 的值减去 R3 的值,结果存入 R1,影响标志位
```

分析:执行第一条指令对于标志寄存器的值没有任何影响,因此 CPSR 的值不变。执行第 2 条指令后 CPSR＝NzcvqIFt_SVC,因为 R0 的值减去 R3 的值,结果变成了一个负数,故而 N 被置位了。

2. “!”后缀

如果指令地址表达式中不含“!”后缀,则基址寄存器中的地址值不会发生变化。指令中的地址表达式中含有“!”后缀时,指令执行后,基址寄存器中的地址值将发生变化,变化的结果如下:

基址寄存器中的值(指令执行后)＝指令执行前的值＋地址偏移量

【例 3.3】 分别执行下面两条指令有什么区别?

```
LDR R3,[R0,#4]
LDR R3,[R0,#4]!
```

分析:在上述指令中,第一条指令没有后缀“!”,指令的结果是把 R0 加 4 作为地址指针,把这个指针所指向的地址单元所存储的数据读入 R3,R0 的值不变。第 2 条指令除了实现以上操作外,还把 R0＋4 的结果送到 R0 中。

使用“!”后缀需要注意如下事项:

① “!”后缀必须紧跟在地址表达式后面,而地址表达式要有明确的地址偏移量。

② “!”后缀不能用于 R15(PC)的后面。

③ 当用在单个地址寄存器后面时,必须确信这个寄存器有隐性的偏移量,例如,“STMDB R1! {R3,R5,R7}”,此时地址基址寄存器 R1 的隐性偏移量是 4。

3.2.3 指令的条件执行

程序要执行的指令都保存在存储器中。当计算机需要执行一条指令时,首先产生这条指令的地址,并根据地址号打开相应的存储单元,取出指令代码,CPU 根据指令代码的要求以及指令中的操作数去执行相应的操作。

当处理器工作在 ARM 状态时,几乎所有的指令都根据 CPSR 中条件码的状态和指令的条件域有条件地执行。当指令的执行条件满足时,指令被执行,否则指令被忽略。

每一条 ARM 指令包含 4 位条件码,位于指令编码的最高 4 位[31:28]。条件码共有 16 种,每种条件码可用两个字符表示,这两个字符可以添加在指令助记符的

后面和指令同时使用。在 16 种条件标志码中，只有 15 种可以使用，如表 3-2 所列。第 16 种(1111)为系统保留，暂时不能使用。

表 3-2　指令的条件码

条件码	助记符后缀	标　志	含　义
0000	EQ	Z 置位	相等
0001	NE	Z 清零	不相等
0010	CS	C 置位	无符号数大于或等于
0011	CC	C 清零	无符号数小于
0100	MI	N 置位	负数
0101	PL	N 清零	正数或零
0110	VS	V 置位	溢出
0111	VC	V 清零	未溢出
1000	HI	C 置位 Z 清零	无符号数大于
1001	LS	C 清零 Z 置位	无符号数小于或等于
1010	GE	N 等于 V	带符号数大于或等于
1011	LT	N 不等于 V	带符号数小于
1100	GT	Z 清零且(N 等于 V)	带符号数大于
1101	LE	Z 置位或(N 不等于 V)	带符号数小于或等于
1110	AL	忽略	无条件执行

【例 3.4】　下面 3 条指令有何区别？

```
ADD R4,R3,#1
ADDEQ R4,R3,#1
ADDS R4,R3,#1
```

分析：第一条指令不带条件标志(无条件 AL)，指令的执行不受条件标志位的影响，完成加法运算：将 R3 的值加 1 存入寄存器 R4。第 2 条 ADD 指令加上后缀 EQ 变为 ADDEQ 表示“相等则相加”，即当 CPSR 中的 Z 标志置位时该指令执行，否则不执行。第 3 条指令的执行也不受条件标志的影响，但是由于附带了后缀“S”，这条指令执行的结果将影响 CPSR 中条件标志位的值。

条件后缀只是影响指令是否执行，不影响指令的内容，如上述 ADDEQ 指令，可选后缀 EQ 并不影响本指令的内容，它执行时仍然是一条加法指令。

条件后缀和“S”后缀的关系如下：

① 如果既有条件后缀又有“S”后缀，则书写时“S”排在后面，如“ADDEQS R1,R0,R2”，该指令在 Z=1 时执行，将 R0+R2 的值放入 R1，同时刷新条件标志位。

② 条件后缀是要测试条件标志位，而“S”后缀是要刷新条件标志位。

③ 条件后缀要测试的是执行前的标志位，而“S”后缀是依据指令的结果改变条件标志。

3.2.4 ARM 指令分类

ARM 微处理器的指令集是加载/存储型的,即指令集中的大部分指令仅能处理寄存器中的数据,而且处理结果都要放回寄存器,而对系统存储器的访问则需要通过专门的加载/存储指令来完成。ARM 微处理器的指令集可以分为数据处理指令、数据加载与存储指令、分支指令、程序状态寄存器(PSR)处理指令、协处理器指令和异常产生指令 6 大类。常用的指令及功能如表 3-3 所列(表中指令为基本 ARM 指令,不包括派生的 ARM 指令)。

表 3-3 ARM 指令及功能描述

助记符	指令功能描述	助记符	指令功能描述
ADC	带进位加法指令	MRC	从协处理器寄存器到 ARM 寄存器的数据传输指令
ADD	加法指令	MRS	传送 CPSR 或 SPSR 的内容到通用寄存器指令
AND	逻辑与指令	MSR	传送通用寄存器到 CPSR 或 SPSR 的指令
B	分支指令	MUL	32 位乘法指令
BIC	位清零指令	MLA	32 位乘加指令
BL	带返回的分支指令	MVN	数据取反传送指令
BLX	带返回和状态切换的分支指令	ORR	逻辑或指令
BX	带状态切换的分支指令	RSB	逆向减法指令
CDP	协处理器数据操作指令	RSC	带借位的逆向减法指令
CMN	比较反值指令	SBC	带借位减法指令
CMP	比较指令	STC	协处理器寄存器写入存储器指令
EOR	异或指令	STM	批量内存字写入指令
LDC	存储器到协处理器的数据传输指令	STR	寄存器到存储器的数据存储指令
LDM	加载多个寄存器指令	SUB	减法指令
LDR	存储器到寄存器的数据加载指令	SWI	软件中断指令
MCR	从 ARM 寄存器到协处理器寄存器的数据传输指令	SWP	交换指令
		TEQ	相等测试指令
MOV	数据传送指令	TST	位测试指令

3.3 ARM 指令的寻址方式

所谓寻址方式就是根据指令中操作数的信息来寻找操作数实际物理地址的方式。依据指令中给出操作数的不同格式,ARM 指令系统支持以下几种常见的寻址方式:立即数寻址、寄存器寻址、寄存器间接寻址、寄存器移位寻址、基址变址寻址、多寄存器寻址、相对寻址、堆栈寻址。

3.3.1 立即数寻址

立即数寻址也叫立即寻址，操作数本身就在指令中给出，取出指令也就取到了操作数。这个操作数被称为立即数，对应的寻址方式也就叫做立即寻址。

【例 3.5】 MOV R0,#15

分析：指令中第二个操作数#15 即为立即数，立即数要求以"#"为前缀。对于以十六进制表示的立即数，还要求在"#"后加上"0x"或"&"；对于以二进制表示的立即数，要求在"#"后加上"0b"；对于以十进制表示的立即数，要求在"#"后加上"0d"或缺省。此指令是将立即数 15 传送到 R0 中，该指令的机器编码为 E3A0000FH，由指令编码中 0x00F 即可得到一个 32 位的立即数 0x0000000FH，这个数再送入 R0，其执行过程如图 3-4 所示。

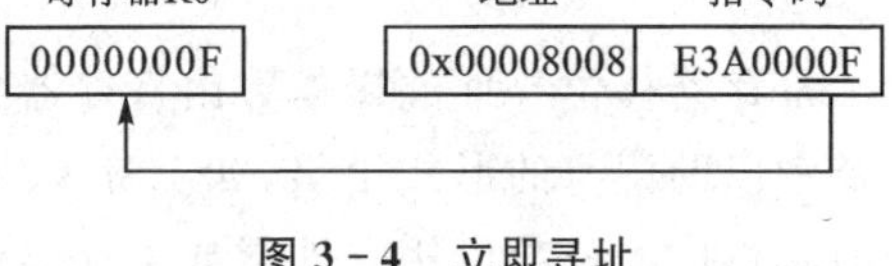

图 3-4 立即寻址

3.3.2 寄存器寻址

寄存器寻址就是利用寄存器中的数值作为操作数，这种寻址方式是各类微处理器经常采用的一种方式，也是一种执行效率较高的寻址方式。寄存器寻址举例如下：

【例 3.6】 ADD R0,R1,R2 ;R0←R1+R2

分析：该指令表示将寄存器 R1 和 R2 的内容相加，其结果存放在寄存器 R0 中。假设 R1=0x00000007、R2=0x00000008，则指令的操作过程如图 3-5 所示。

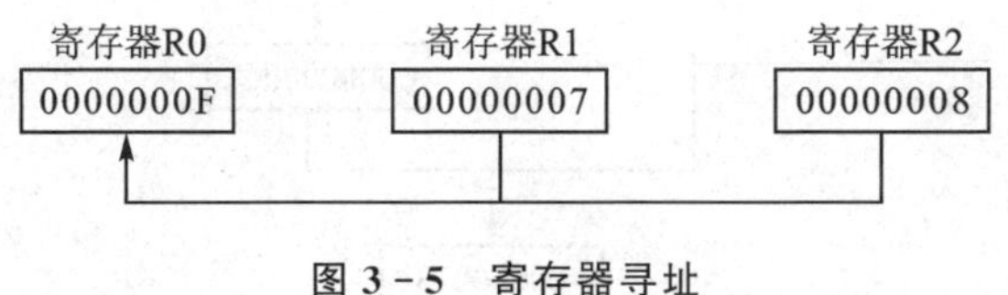

图 3-5 寄存器寻址

3.3.3 寄存器间接寻址

寄存器间接寻址就是以寄存器中的值作为操作数的地址，而操作数本身存放在存储器中。

【例 3.7】 LDR R0,[R4]; R0←[R4]

分析：指令中以寄存器 R4 的值作为操作数的地址，在存储器中取得一个操作数存入寄存器 R0 中。假设 R4=0x00090014H，该地址指向的存储器中存储的字为 0x00000002H，则 R0 中的结果为 0x00000002H，如图 3-6 所示。

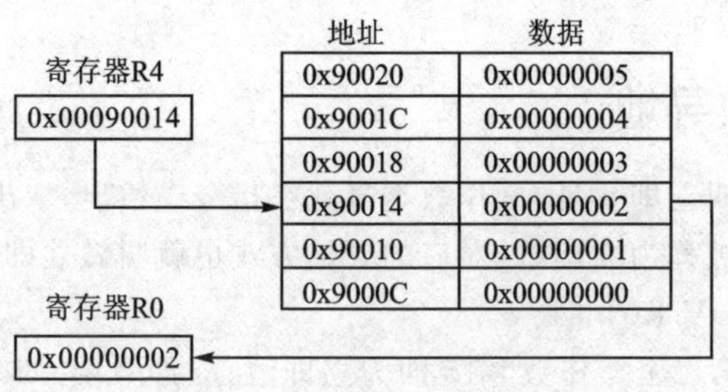

图 3-6　寄存器间接寻址

3.3.4　寄存器移位寻址

寄存器移位寻址的操作数由寄存器中的数值做相应移位而得到,移位的方式在指令中以助记符的形式给出,如 LSL 表示逻辑左移,关于移位操作将在 3.4 节详细介绍。移位的位数可用立即数或寄存器寻址方式表示。

【例 3.8】　ADD　R0,R1,R2,LSL ＃1

　　　　　　MOV　R0,R1,LSL R3

分析:第一条指令表示将 R2 中的值向左移一位,所得值与 R1 中的值相加,结果存入 R0 中。假设 R1＝0x00000007、R2＝0x00000006(R1、R2 为十六进制数)则指令的执行过程如图 3-7 所示。第二条指令表示将 R1 中的值向左移位,移位的次数由 R3 中的值决定,移位后的结果存入到 R0 中。

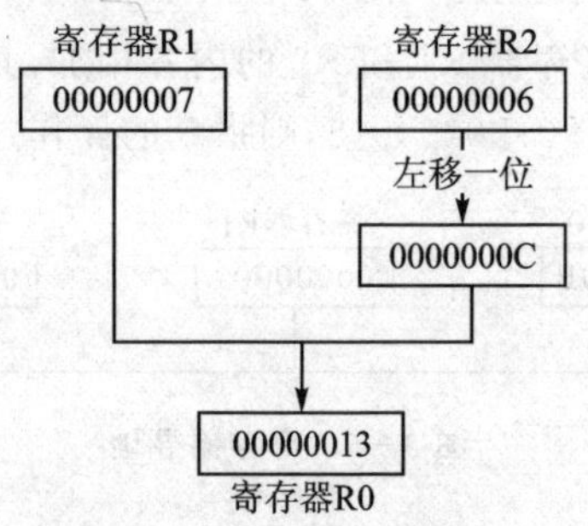

图 3-7　寄存器移位寻址

3.3.5　基址变址寻址

基址变址寻址就是将寄存器(该寄存器一般称作基址寄存器)的内容与指令中给出的地址偏移量相加,从而得到一个操作数的有效地址。基址变址寻址方式常用于访问某基地址附近的地址单元。采用基址变址寻址方式的指令常见的形式如例 3.9 所示。

【例 3.9】　LDR　R0,[R1,＃4]　　;R0←[R1＋4]

```
LDR R0,[R1,#4]!        ;R0←[R1+4]、R1←R1+4
LDR R0,[R1],#4         ;R0←[R1]、R1←R1+4
LDR R0,[R1,R2]         ;R0←[R1+R2]
```

分析：在第一条指令中，以寄存器 R1 的值加上一个偏移量作为操作数的地址，在存储器中取得一个操作数存入寄存器 R0 中。假设 R1＝0x00090014H，则寻址的地址为 0x00090018，该地址指向的存储器中存储的字为 0x00000003H，则 R0 中的结果为 0x00000003H，此时 R1 中的值仍然为 0x00090014，如图 3－8 所示。

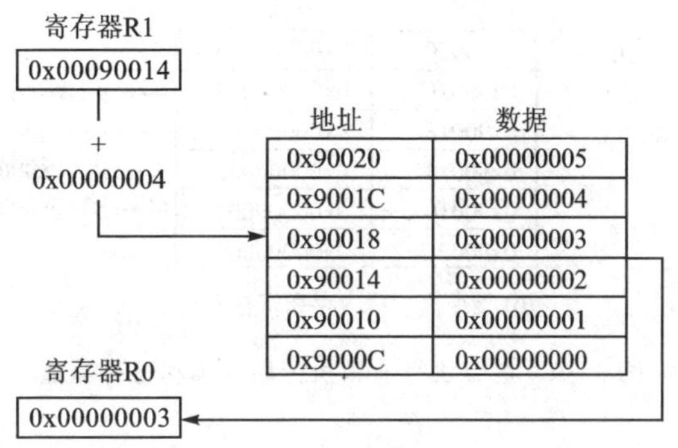

图 3－8　基址变址寻址

在第二条指令中，将寄存器 R1 的内容加上 4 形成操作数的有效地址，从而取得操作数存入寄存器 R0 中，然后，R1 的内容自增 4。在第三条指令中，以寄存器 R1 的内容作为操作数的有效地址，从而取得操作数存入寄存器 R0 中，然后，R1 的内容自增 4。

在第四条指令中，将寄存器 R1 的内容加上寄存器 R2 的内容形成操作数的有效地址，从而取得操作数存入寄存器 R0 中。

3.3.6　多寄存器寻址

采用多寄存器寻址方式，一条指令可以完成多个寄存器值的传送。这种寻址方式中用一条指令最多可传送 16 个通用寄存器的值。连续的寄存器间用“－”连接，否则用“，”分隔。多寄存器寻址如例 3.10 所示。

【例 3.10】

```
LDMIA   R0!,{R1-R4}        ;R1←[R0]
                           ;R2←[R0+4]
                           ;R3←[R0+8]
                           ;R4←[R0+12]
```

分析：该指令的后缀 IA 表示在每次执行完加载/存储操作后，R0 按字长度增加，因此，指令可将连续存储单元的值传送到 R1～R4。假设指令执行之前 R0 的值以及相关内存的值如图 3－9(a)所示，则指令的执行过程如图 3－9(b)所示。

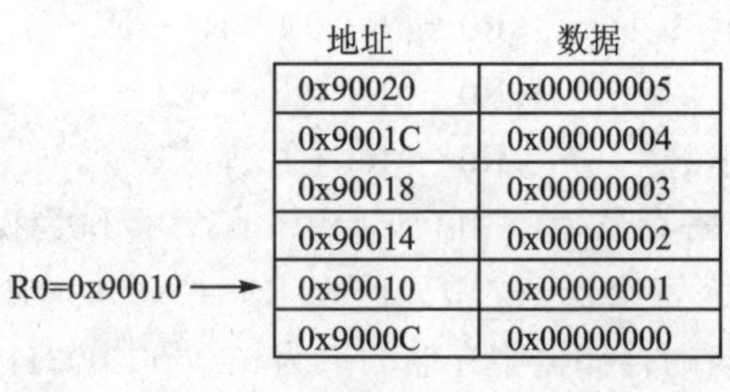

地址	数据
0x90020	0x00000005
0x9001C	0x00000004
0x90018	0x00000003
0x90014	0x00000002
0x90010	0x00000001
0x9000C	0x00000000

(a) 指令执行前内存和寄存器值

地址	数据
0x90020	0x00000005
0x9001C	0x00000004
0x90018	0x00000003
0x90014	0x00000002
0x90010	0x00000001
0x9000C	0x00000000

(b) 指令执行后内存和寄存器值

图 3-9 指令执行前和执行后内存和寄存器值

3.3.7 相对寻址

与基址变址寻址方式相类似,相对寻址以程序计数器 PC 的当前值为基地址,指令中的地址标号作为偏移量,将两者相加之后得到操作数的有效地址。以下程序段完成子程序的调用,分支指令 BL 采用了相对寻址方式:

```
        BL    proc            ;跳转到子程序 proc 处执行
        ⋮
proc    MOV   R0,#1
        ⋮
```

3.3.8 堆栈寻址

堆栈是一种数据结构,按后进先出(Last In First Out, LIFO)的方式工作,使用一个称作堆栈指针的专用寄存器指示当前的操作位置,堆栈指针总是指向栈顶。ARM 中分别采用 LDMFD 和 STMFD 指令来支持 POP 操作(出栈)和 PUSH 操作(进栈),R13 作为堆栈指针。堆栈寻址的例子如下:

【例 3.11】 STMFD R13!,{R0-R4};

LDMFD R13!,{R0-R4};

分析:第一条指令将 R0-R4 中的数据压入堆栈,R13 为堆栈指针;第二条指令将数据出栈,恢复 R0-R4 原先的值。关于堆栈的详细操作过程将在 3.5 节介绍。

3.4 数据处理指令

数据处理指令对存放在寄存器中的数据进行操作，分为数据传送指令、算术指令、逻辑运算指令、比较指令和乘法指令。算术逻辑运算指令完成常用的算术与逻辑运算，这两类指令不但将运算结果保存在目的寄存器中，同时更新 CPSR 中的相应条件标志位。比较指令不保存运算结果，只更新 CPSR 中相应的条件标志位。ARM 数据处理指令如表 3－4 所列。

表 3－4 ARM 数据处理指令

助记符	说 明	操 作
MOV{＜cond＞}{S} Rd,operand2	数据传送	Rd←operand2
MVN{＜cond＞}{S} Rd,operand2	数据非传送	Rd←(～operand2)
ADD{＜cond＞}{S} Rd,Rn,operand2	加法运算指令	Rd←Rn＋operand2
SUB{＜cond＞}{S} Rd,Rn,operand2	减法运算指令	Rd←Rn－operand2
RSB{＜cond＞}{S}Rd,Rn,operand2	逆向减法指令	Rd←operand2－Rn
ADC{＜cond＞}{S} Rd,Rn,operand2	带进位加法	Rd←Rn＋operand2＋Carry
SBC{＜cond＞}{S} Rd,Rn,operand2	带进位减法指令	Rd←Rn－operand2－(NOT)Carry
RSC{＜cond＞}{S} Rd,Rn,operand2	带进位逆向减法指令	R←operand2－Rn-(NOT)Carry
AND{＜cond＞}{S} Rd,Rn,operand2	逻辑"与"指令	Rd←Rn & operand2
ORR{＜cond＞}{S} Rd,Rn,operand2	逻辑"或"指令	Rd←Rn | operand2
EOR{＜cond＞}{S} Rd,Rn,operand2	逻辑"异或"指令	Rd←Rn ^ operand2
BIC{＜cond＞}{S} Rd,Rn,operand2	位清除指令	Rd←Rn & (～operand2)
CMP{＜cond＞} Rn,operand2	比较指令	标志 N、Z、C、V←Rn－operand2
CMN{＜cond＞} Rn,operand2	负数比较指令	标志 N、Z、C、V←Rn＋operand2
TST{＜cond＞} Rn,operand2	位测试指令	标志 N、Z、C、V←Rn & operand2
TEQ{＜cond＞} Rn,operand2	相等测试指令	标志 N、Z、C、V←Rn ^ operand2

ARM 数据处理指令机器编码格式如图 3－10 所示。

31　28	27 26	25	24　21	20	19　16	15　12	11　0
cond	0 0	I	opcode	S	Rn	Rd	operand2

图 3－10 数据处理指令机器编码格式

图中各部分含义如下：

cond　　指令执行的条件码。

I　　用于区别第二操作数是立即数(I=1)还是寄存器移位(I=0)。

opcode　　数据处理指令操作码。

S　　　　用于设置条件码,S=0,条件码不改变, S=1,条件码根据具体指令的结果修改。

Rn　　　第一操作数寄存器。

Rd　　　目标寄存器。

Operand2　第二操作数,该数可以是立即数或寄存器移位数。

3.4.1 数据传送指令

数据传送指令主要用于将一个寄存器中的数据传送到另一个寄存器,或者将一个立即数传送到寄存器,这类指令通常用来设置寄存器的初始值。数据传送指令包括:

- MOV 数据传送指令。
- MVN 数据取反传送指令。

1. MOV 指令

汇编格式:MOV {<cond>}{S} Rd,operand2

功　　能:MOV 指令将源操作数 operand2 传送到目的寄存器 Rd 中。通常 operand2 是一个立即数、寄存器 Rm 或被移位的寄存器。S 选项决定指令的操作是否影响 CPSR 中条件标志位的值,有 S 时指令执行后的结果影响 CPSR 中条件标志位 N 和 Z 值,在计算第 2 操作数时更新标志 C,不影响 V 标志。

【例 3.12】 MOV 指令示例。

```
MOV  R1,R0            ;将寄存器 R0 的值传送到寄存器 R1
MOV  PC,R14           ;将寄存器 R14 的值传送到 PC,常用于子程序返回
MOV  R1,R0,LSL＃3     ;将寄存器 R0 的值左移 3 位后传送到 R1
MOV  R0,＃5           ;将立即数 5 传送到寄存器 R0
```

2. MVN 指令

汇编格式:MVN{<cond>}{S} Rd,operand2

功　　能:MVN 指令将一个寄存器、被移位的寄存器或将一个立即数传送到目的寄存器 Rd。与 MOV 指令不同之处是:数据在传送之前被按位取反了,即把一个被取反的值传送到目的寄存器中。S 选项决定指令的操作是否影响 CPSR 中条件标志位的值,有 S 时指令执行后的结果影响 CPSR 中条件标志位 N 和 Z 值,在计算第 2 操作数时更新标志 C,不影响 V 标志。

【例 3.13】 MVN 指令示例。

```
MVN R0,＃0            ;将立即数 0 取反传送到寄存器 R0 中,完成后 R0 = -1
MVN R1,R2             ;将 R2 取反,结果存到 R1 中
```

3.4.2 移位操作

ARM 微处理器一个显著的特征是:在操作数进入 ALU 之前,对操作数进行预

处理。如指定位数的左移或右移，这种功能明显增强了数据处理操作的灵活性。这种预处理是通过ARM微处理器内嵌的桶形移位器(Barrel Shifter)来实现的，桶形移位器和ALU的关系如图3-11所示。桶形移位器支持数据的各种移位操作，移位操作在ARM指令集中不作为单独的指令使用，它只能作为指令格式中的一个字段，在汇编语言中作为指令中的选项。例如，数据处理指令的第二个操作数为寄存器时，就可以加入移位操作选项对它进行各种移位操作。

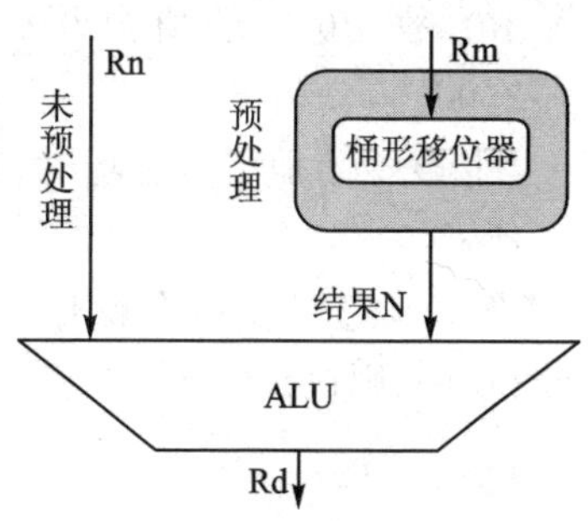

图3-11　桶形移位器和ALU

移位操作包括如下5种类型：

- LSL　逻辑左移。
- LSR　逻辑右移。
- ASR　算术右移。
- ROR　循环右移。
- RRX　带扩展的循环右移。

1. LSL 逻辑左移

汇编格式：Rm,LSL<op1>

功　　能：LSL指令可完成对通用寄存器Rm中的内容进行逻辑左移操作，按操作数op1所指定的数量向左移位，低位用零来填充。逻辑左移一次相当于将无符号数据做乘2操作。逻辑左移如图3-12所示。

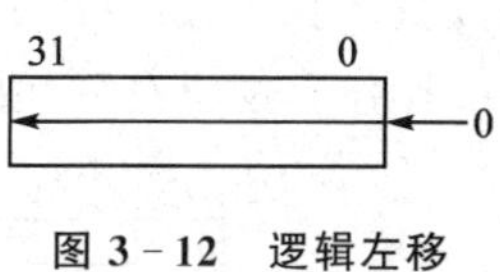

图3-12　逻辑左移

指令格式中的操作数op1用来控制左移的次数，op1有如下两种表示方式：

① 立即数控制方式，就是寄存器Rm移位的位数由一个数值常量来控制，例如，"Rm,LSL ＃2"。在这个表达式中，对Rm中的数据逻辑左移2位。使用立即数控制方式时必须满足：0≤立即数≤31。

② 寄存器控制方式，就是寄存器Rm移位的位数由另一个寄存器Rs来控制。Rs是通用寄存器，但不可使用R15(程序计数器)。例如，"Rm,LSL Rs"。假设Rs的值为3，则在这个表达式中表示对Rm中的数据逻辑左移3位。同样使用寄存器控制方式也必须满足：0≤Rs≤31。

【例3.14】 设指令操作之前R0＝0x00000000，R1＝0x80000004，则执行如下指令后R0，R1的值有什么变化？

```
MOV  R0, R1, LSL＃1
```

分析：该指令的作用是将R1中的内容左移一位后传送到R0中。指令执行时首先在桶形移位器中实现"R1,LSL＃1"，即将R1的内容左移一位得到8。然后该值送入 R0,故 R0 中的值为 0x00000008,R0 中原来的值被覆盖掉,R1 中的值还为 0x80000004。

当指令中附加了 S 选项时,移位指令操作的结果还将影响 CPSR 中的值,如例 3.15 所示。

【例 3.15】 设指令操作之前 CPSR＝nzcvqiFt_USER,R0＝0x00000000,R1＝0x80000004,则执行如下指令后 R0、R1、CPSR 中的值有什么变化?

```
MOVS R0, R1, LSL#1
```

分析:该指令的作用是将 R1 中的内容左移一位后传送到 R0 中,并影响 CPSR 寄存器中的值。指令执行时,首先在桶形移位器中实现“R1,LSL#1”,即将 R1 的内容左移一位,其最高位 1 将移入 CPSR 寄存器中的 C 位。左移一位得到 0x00000008,然后该值送入 R0,故 R0＝0x00000008,R0 中原来的值被覆盖掉,R1＝0x80000004, CPSR＝nzCvqiFt_USER。此例中,与执行之前比较 CPSR 中的 C 标志位发生了变化。图 3-13 说明了其对 C 位的影响过程,位 0 移入位 1,C 标志位被移出寄存器的那一位替换掉。

2. LSR 逻辑右移

汇编格式:Rm,LSR <op1>

功　　能:LSR 指令可完成对通用寄存器 Rm 中的数据,按操作数 op1 所指定的数量向右移位,空出的最高位用零来填充。逻辑右移一次相当于将无符号数据做除 2 操作。逻辑右移如图 3-14 所示。

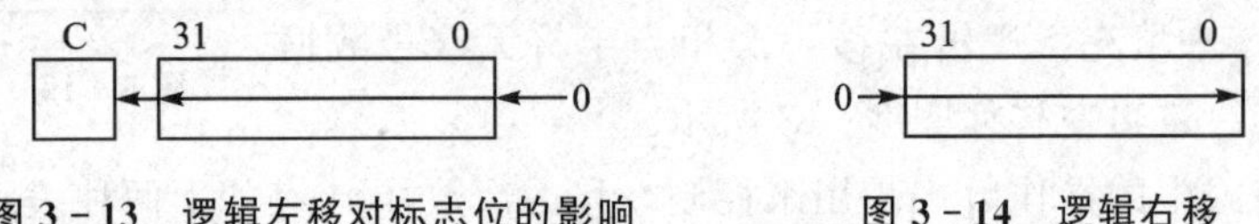

图 3-13　逻辑左移对标志位的影响　　**图 3-14　逻辑右移**

指令格式中的操作数 op1 用来控制右移的次数,关于操作数 op1 的要求如 LSL 指令所述,唯一区别是取值范围要求:1≤立即数或 Rs≤32。同样地,当指令中附加了 S 选项时,移位指令操作的结果还将影响 CPSR 中的标志位。

【例 3.16】 设指令操作之前 CPSR＝nzcvqiFt_USER,R0＝0xFFFFFFFF,R1＝0x00000001,则执行如下指令后 R0,R1,CPSR 中的值有什么变化?

```
MOVS R0, R1, LSR#1
```

分析:该指令的作用是将 R1 中的内容右移一位后传送到 R0 中,并影响 CPSR 寄存器中的值。指令执行时首先在桶形移位器中实现“R1,LSR#1”,即将 R1 的内容右移一位,其最低位 1 将移入 CPSR 寄存器中的 C 位。右移一位得到 0x00000000,然后该值送入 R0,故该指令执行完后 R0＝0x00000000,R0 中原来的值被覆盖掉,由于结果为 0,所以还将影响 CPSR 寄存器中的 Z 位。R1＝0x00000001,CPSR＝

nZCvqiFt_USER。此例中,与执行之前比较 CPSR 中的 Z 和 C 标志位发生了变化。

3. ASR 算术右移

汇编格式:Rm,ASR <op1>

功　　能:ASR 可完成对通用寄存器中的内容,按操作数所指定的数量向右移位,左端用第 31 位的值来填充。算术右移如图 3-15 所示。

指令格式中的操作数 op1 用来控制右移的次数,关于操作数 op1 的要求如 LSL 指令所述,唯一区别是取值范围要求:1≤立即数或 Rs≤32。同样地,当指令中附加了 S 选项时,移位指令操作的结果还将影响 CPSR 中的标志位。

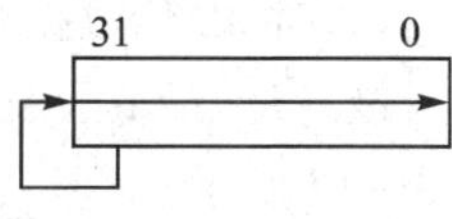

图 3-15　算术右移

【例 3.17】　设指令操作之前 CPSR=nzcvqiFt_USER,R0=0x00000000,R1=0x80000001,则执行如下指令后 R0、R1、CPSR 中的值有什么变化?

```
MOVS R0, R1, ASR＃1
```

分析:该指令的作用是将 R1 中的内容右移一位后传送到 R0 中,并影响 CPSR 寄存器中的值。指令执行时首先在桶形移位器中实现"R1,ASR＃1",即将 R1 的内容右移一位,此例中,空出的最高位用 1 填充,其最低位 1 将移入 CPSR 寄存器中的 C 位。右移一位得到 0xC00000000,然后该值送入 R0,故该指令执行完后 R0=0xC0000000,R0 中原来的值被覆盖掉。此例中由于最高位为 1,所以还将影响 CPSR 寄存器中的 N 标志位。R1=0x80000001,CPSR=NzCvqiFt_USER。与执行之前比较 CPSR 中的 N 和 C 标志位发生了变化。

4. ROR 循环右移

汇编格式:Rm,ROR <op1>

功　　能:ROR 可完成对通用寄存器中的内容,按操作数所指定的数量向右循环移位,左端用右端移出的位来填充。循环右移如图 3-16 所示。

指令格式中的操作数 op1 用来控制右移的次数,关于操作数 op1 的要求如 LSL 指令所述,取值范围要求:1≤立即数或 Rs≤31。同样的,当指令中附加了 S 选项时,移位指令操作的结果还将影响 CPSR 中的标志位。

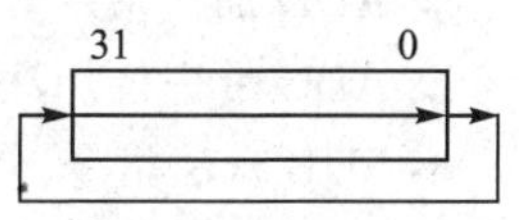

图 3-16　循环右移

【例 3.18】　设指令操作之前 R0=0x00000000,R1=0x40000001,则执行如下指令后 R0,R1 的值有什么变化?

```
MOV  R0, R1, ROR ＃1
```

分析:该指令的作用是将 R1 中的内容循环右移一位后传送到 R0 中。指令执行时首先在桶形移位器中实现"R1,ROR＃1",即将 R1 的内容循环右移一位,得到

0xA0000000。然后该值送入 R0,故 R0 中的值为 0xA0000000,R0 中原来的值被覆盖掉,R1 中的值还为 0x40000001。

5. RRX 带扩展的循环右移

汇编格式：Rm,RRX

功　　能：RRX 可完成对通用寄存器中的内容进行带扩展的循环右移一位的操作,右移时 32 位数据和 C 标志位共 33 位数据组成一个循环往右移一次。C 标志位移入最高位,最低位移入 C 位。带扩展的循环右移如图 3－17 所示。

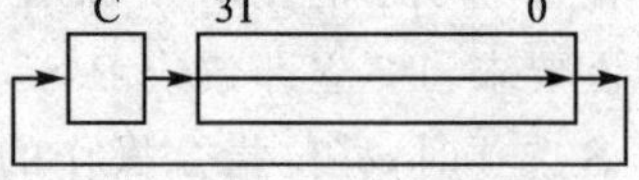

图 3－17　带扩展的循环右移

【例 3.19】　设指令操作之前 CPSR＝nzcvqiFt_USER,R0＝0x00000000,R1＝0x80000001,则执行如下指令后 R0、R1、CPSR 中的值有什么变化?

```
MOVS  R0, R1, RRX
```

分析：该将 R1 中的内容进行带扩展的循环右移一位后传送到 R0 中。指令执行时首先在桶形移位器中实现"R1,RRX",即将 R1 的内容循环右移一位,CPSR 的 C 标志位 0 移到最高位,最低位 1 移至 CPSR 的 C 标志位,得到 0x40000000。然后该值送入 R0,故 R0 中的值为 0x40000000,R0 中原来的值被覆盖掉,R1 中的值还为 0x80000001。

3.4.3　算术指令

ARM 中的算术指令主要指加法和减法,这些指令主要实现两个 32 位数据的加减操作,该类指令常常和桶形移位器结合起来,获得许多灵活的功能。算术指令主要包括：

- ADD 加法指令。
- ADC 带进位加法指令。
- SUB 减法指令。
- SBC 带借位减法指令。
- RSB 逆向减法指令。
- RSC 带借位的逆向减法指令。

1. ADD 加法指令

汇编格式：ADD{<cond>}{S} Rd,Rn,operand2

功　　能：ADD 指令用于把寄存器 Rn 的值和操作数 operand2 相加,并将结果存放到 Rd 寄存器中,即 Rd＝Rn＋operand2。其中,Rd 为目的寄存器;Rn 为操作数 1,要求是一个寄存器;operand2 是操作数 2,可以是一个寄存器,被移位的寄存器或一个立即数。S 选项决定指令的操作是否影响 CPSR 中条件标志位的值,有 S 时指令执行后的结果影响 CPSR 中条件标志位 N、Z、C、V 标志。

【例 3.20】 ADD 指令示例。

```
ADD  R0,R1,R2             ;R0 = R1 + R2
ADD  R0,R1,#5             ;R0 = R1 + 5
ADD  R0,R1,R2,LSL#2       ;R0 = R1 + (R2 左移 2 位)
```

第二操作数 operand2 有如下表示形式(数据处理指令中对第二操作数的要求相同,以后的数据处理指令中不再对此特别说明):

(1) 立即数控制的寄存器移位表达式

立即数控制方式就是寄存器 Rm 移位的位数由一个数值常量来控制,例如:

```
ADD R0,R1,R2,LSL#2     ;R0 = R1 + (R2 左移 2 位)
```

在这个表达式中,对 R2 中的数据逻辑左移 2 位,然后和 R1 相加,其结果放入寄存器 R0 中。

(2) 寄存器控制的寄存器移位方式

寄存器控制方式就是寄存器 Rm 移位的位数由另一个寄存器 Rs 来控制,Rs 是通用寄存器,但不可使用 R15(程序计数器)。例如:

```
ADD R0,R1,R2,LSL R3
```

假设 R3 的值为 3,则在这个表达式中表示对 R2 中的数据逻辑左移 3 位,然后和 R1 相加,其结果放入寄存器 R0 中。

(3) 数字常量表达式

数字常量表达式可以简单到一个立即数,还可以使用单目操作符、双目操作符、逻辑操作符和算术操作符等。各种操作符将在第 4 章介绍,这里仅举例说明:

```
#0x88                          ;立即数
#0x40 + 0x20                   ;使用加法
#0x40 + 0x20 * 4               ;使用加减乘除算术运算
#0x80:ROR:02                   ;使用移位操作,循环右移 2 位
#2_11010010                    ;使用二进制
#0xFF:MOD:08                   ;取模操作
#0xFF0000:AND:660000           ;逻辑操作,两数相与
```

以上都是第二操作数的有效表示形式,但第二操作数不是一个任意的数,以上各种表达式必须符合第二操作数的规范,否则是一个无效的操作数,在程序设计编译时会出现错误报告。第二操作数是一个无符号的 32 位数值,其规范是:一个 8 位的无符号数值常量,其余位用 0 填充到 32 位后,循环右移偶数次后得到的 32 位数值。对于组成这个数字常量的 8 位数无任何要求,例如,下面的常数都是符合规范的第二操作数:

```
0xff                           ;由 0xff 循环右移 0 次得到
0xff0                          ;由 0ff 循环右移 28 次得到
```

```
0xF00000001                    ;由 0x1f 循环右移 4 次得到
0x3f400                        ;由 0xFD 循环右移 22 次得到
0x8800                         ;由 0x88 循环右移 24 次得到
0x104                          ;由 0x41 循环右移 30 次得到
```

而下面的数则是不符合规范的第二操作数：

```
0x101、0x102、0xFF1、0xFF000001
```

它们不能通过将一个 8 位数循环右移偶数次后得到，有如下指令：

```
ADD R1,R2,#0x8800
ADD R1,R2,#0x8801
```

第一条指令正确，第二条错误，因为第二操作数不符合规范，此指令在程序编译中会出现出错提示。

2. ADC 带进位加法指令

汇编格式：ADC{<cond>}{S} Rd,Rn, operand2

功　　能：ADC 指令用于把寄存器 Rn 的值和操作数 operand2 相加，再加上 CPSR 中的 C 条件标志位的值，并将结果存放到目的寄存器 Rd 中，即 Rd=Rn+operand2+C。其中，Rn 为操作数 1，必须是一个寄存器；operand2 为操作数 2，可以是一个寄存器，被移位的寄存器或一个立即数。S 选项决定指令的操作是否影响 CPSR 中条件标志位的值，有 S 时指令执行后的结果影响 CPSR 中条件标志位 N、Z、C、V 标志。该指令使用一个进位标志位，这样就可以做比 32 位大的数的加法，注意不要忘记设置“S”后缀来更改进位标志。该指令用于实现超过 32 位的加法。

【例 3.21】 用 ADC 指令完成 64 位加法，设第一个 64 位操作数放在 R2、R3 中，第二个 64 位操作数放在 R4、R5 中。64 位结果放在 R0、R1 中。

分析：首先将两个 64 位数中的低 32 位相加，相加的结果影响 C 标志位。然后将 64 位中的高 32 位以及低 32 位产生的进位相加。实现该功能的指令序列如下：

```
ADDS R0,R2,R4             ;加低 32 位,S 表示结果影响条件标志位的值
ADC R1,R3,R5              ;加高 32 位,带进位
```

3. SUB 减法指令

汇编格式：SUB{<cond>}{S} Rd,Rn,operand2

功　　能：SUB 指令用于把寄存器 Rn 的值减去操作数 operand2，并将结果存放到目的寄存器 Rd 中，即 Rd=Rn−operand2。其中，Rd 为目的寄存器；Rn 为操作数 1，必须是一个寄存器；operand2 是操作数 2，可以是一个寄存器，被移位的寄存器或一个立即数。该指令可用于有符号数或无符号数的减法运算。S 选项决定指令操作的结果是否影响 CPSR 中条件标志位的值，有 S 时指令执行后的结果影响 CPSR 中条件标志位 N、Z、C、V 标志。

【例 3.22】 SUB 指令示例。

```
SUB R0,R1,R2            ;R0 = R1 - R2
SUB R0,R1,#6            ;R0 = R1 - 6
SUB R0,R2,R3,LSL#1      ;R0 = R2 -(R3 左移一位)
```

4. SBC 带借位减法指令

汇编格式：SBC{<cond>}{S} Rd,Rn,operand2

功　　能：SBC 指令用于把寄存器 Rn 的值减去操作数 operand2，再减去 CPSR 中的 C 条件标志位的反码，并将结果存放到目的寄存器 Rd 中，即 Rd＝Rn－operand2－!C。其中，Rd 为目的寄存器；Rn 为操作数 1，必须是一个寄存器；operand2 是操作数 2，可以是一个寄存器，被移位的寄存器或一个立即数。S 选项决定指令的操作是否影响 CPSR 中条件标志位的值，有 S 时指令执行后的结果影响 CPSR 中条件标志位 N、Z、C、V 标志。SUB 和 SBC 生成进位标志的方式不同于常规，如果需要借位则清除进位标志，所以指令要对进位标志进行一个非操作，在指令执行期间自动地反转此位。该指令使用进位标志来表示借位，这样就可以做大于 32 位的减法，注意不要忘记设置 S 后缀来更改进位标志。

【例 3.23】 用 SBC 指令完成 64 位减法，设第一个 64 位操作数 0x2000000050000000 放在 R2、R3 中，第二个 64 位操作数 0x3000000040000000 放在 R4、R5 中。64 位结果放在 R0、R1 中。

分析：首先将两个 64 位数的低 32 位相减，其相减的结果影响 C 标志位。此例中低 32 位相减必然产生借位，即影响 CPSR 中的 C 值，使得 C＝0，表示有借位。然后将 64 位高 32 位以及 C 位的取反的值相减。实现该功能的指令序列如下：

```
SUBS   R0,R2,R4         ;低 32 位相减,S 表示结果影响条件标志位的值
SBC    R1,R3,R5         ;高 32 位相减
```

5. RSB 逆向减法指令

汇编格式：RSB{<cond>}{S} Rd,Rn,operand2

功　　能：RSB 指令称为逆向减法指令，指令表示把操作数 2 减去操作数 1，并将结果存放到目的寄存器中，即 Rd＝operand2－Rn。其中，Rn 为操作数 1，应是一个寄存器；operand2 为操作数 2，可以是一个寄存器，被移位的寄存器或一个立即数。S 选项决定指令的操作是否影响 CPSR 中条件标志位的值，有 S 时指令执行后的结果影响 CPSR 中条件标志位 N、Z、C、V 标志。该指令可用于有符号数或无符号数的减法运算。

【例 3.24】 RSB 指令示例。

```
RSB R0,R1,R2            ;R0 = R2 - R1
RSB R0,R1,#6            ;R0 = 6 - R1
RSB R0,R2,R3,LSL#1      ;R0 = (R3 左移一位) - R2
```

6. RSC 带借位的逆向减法指令

汇编格式:RSC{<cond>}{S} Rd,Rn,operand2

功　　能:RSC 指令表示把操作数 operand2 减去寄存器 Rn 的值,再减去 CPSR 中的 C 条件标志位的反码,并将结果存放到目的寄存器 Rd 中,即 Rd＝operand2－Rn－!C。其中,Rd 为目的寄存器;Rn 为操作数 1,必须是一个寄存器;operand2 是操作数 2,可以是一个寄存器,被移位的寄存器或一个立即数。S 选项决定指令的操作是否影响 CPSR 中条件标志位的值,有 S 时指令执行后的结果影响 CPSR 中条件标志位 N、Z、C、V 标志。该指令使用进位标志来表示借位,这样就可以做大于 32 位的减法,注意不要忘记设置 S 后缀来更改进位标志。该指令可用于有符号数或无符号数的减法运算。

【例 3.25】 RSC 指令示例。

```
RSC R0,R1,R2              ;R0 = R2 - R1 - !C
```

3.4.4 逻辑运算指令

逻辑运算是对操作数按位进行操作的,位与位之间无进位或借位,没有数的正负与数的大小之分,这种运算的操作数称为逻辑数或逻辑值。逻辑运算指令主要包括:

- AND　逻辑与指令。
- ORR　逻辑或指令。
- EOR　逻辑异或指令。
- BIC　位清除指令。

1. AND 逻辑与指令

汇编格式:AND{<cond>}{S} Rd,Rn,operand2

功　　能:AND 指令将两个操作数按位进行逻辑"与"运算,结果放置到目的寄存器 Rd 中,即 Rd＝Rn AND operand2。其中,Rn 为操作数 1,是一个寄存器;operand2 为操作数 2,可以是一个寄存器,被移位的寄存器或一个立即数。S 选项决定指令的操作是否影响 CPSR 中条件标志位的值,有 S 时指令执行后的结果影响 CPSR 中条件标志位 N 和 Z 值,在计算第 2 操作数时更新标志 C,不影响 V 标志。该指令常用于将操作数 1 的特定位清零的操作,所谓将某位清零就是将该位置 0。

【例 3.26】 设 R0＝0xFFFFFFFF,则执行下列指令后 R0 的值是多少?

```
ANDR0,R0,#0xF
```

分析:该指令保持 R0 的低 4 位,其余位清零,故指令执行后 R0＝0x0000000F。

2. ORR 逻辑或指令

汇编格式:ORR{<cond>}{S} Rd,Rn,operand2

功　　能:ORR 指令将两个操作数按位进行逻辑"或"运算,结果放置到目的寄存器 Rd 中，即 Rd＝Rn OR N。其中，Rn 为操作数 1，是一个寄存器；operand2 为操作数 2，可以是一个寄存器，被移位的寄存器或一个立即数。S 选项决定指令的操作是否影响 CPSR 中条件标志位的值，有 S 时指令执行后的结果影响 CPSR 中条件标志位 N 和 Z 值，在计算第 2 操作数时更新标志 C，不影响 V 标志。该指令常用于将操作数 1 的特定位置位的操作，所谓将特定位置位就是将该位置 1。

【例 3.27】 若要将 R0 的第 0 位和第 3 位设置为 1，其余位不变则应执行什么指令？

分析：要将 R0 的第 0 位和第 3 位设置为 1，其余位不变，因此只要执行如下指令即可：

```
ORR R0,R0,#5
```

3. EOR 逻辑异或指令

汇编格式：EOR{<cond>}{S} Rd，Rn，operand2

功　　能：EOR 指令将两个操作数按位进行逻辑"异或"运算，并把结果放置到目的寄存器 Rd 中，即 Rd＝Rn EOR operand2。其中，Rn 为操作数 1，是一个寄存器；operand2 为操作数 2，可以是一个寄存器，被移位的寄存器或一个立即数。S 选项决定指令的操作是否影响 CPSR 中条件标志位的值，有 S 时指令执行后的结果影响 CPSR 中条件标志位 N 和 Z 值，在计算第 2 操作数时更新标志 C，不影响 V 标志。该指令常用于反转操作数 1 的某些位。

【例 3.28】 若要将 R0 的低 4 位取反，其余位不变则应执行什么指令？

分析：要将 R0 的低 4 位取反，其余位不变，只需将低 4 位和 1"异或"，其余位和 0"异或"即可，因此只要执行的指令如下：

```
EORR0,R0,#0xF
```

4. BIC 位清除指令

汇编格式：BIC{<cond>}{S} Rd，Rn，operand2

功　　能：BIC 指令用于清除操作数 Rn 的某些位，并把结果放置到目的寄存器 Rd 中，即 Rd＝Rn AND（! operand2）。其中，Rn 为操作数 1，是一个寄存器；operand2 为操作数 2，可以是一个寄存器，被移位的寄存器或一个立即数。这里 operand2 可以看作一个 32 位的掩码，如果在掩码中设置了某一位，则清除 Rn 中相应的位。未设置掩码位的则 Rn 中相应位保持不变。S 选项决定指令的操作是否影响 CPSR 中条件标志位的值，有 S 时指令执行后的结果影响 CPSR 中条件标志位 N 和 Z 值，在计算第 2 操作数时更新标志 C，不影响 V 标志。

【例 3.29】 若要将 R0 的第 0 位和第 3 位清零，其余位不变则应执行什么指令？

分析：要将 R0 的第 0 位和第 3 位清零，其余位不变，因此只要执行如下指令

即可:

```
BIC R0,R0,#9
```

3.4.5 比较指令

比较指令通常用于把一个寄存器与一个 32 位的值进行比较或测试。比较指令根据结果更新 CPSR 中的标志位,但不影响其他的寄存器。在设置标志位后,其他指令可以通过条件执行来改变程序的执行顺序。对于比较指令,不需要使用 S 后缀就可以改变标志位的值。比较指令包括:

- CMP 比较指令。
- CMN 反值比较指令。
- TST 位测试指令。
- TEQ 相等测试指令。

1. CMP 比较指令

汇编格式:CMP{<cond>} Rn,operand2

功　　能:CMP 指令将寄存器 Rn 的内容和另一个操作数 operand2 进行比较,同时更新 CPSR 中条件标志位的值。该指令实质上是进行一次减法运算,但不存储结果,只更改条件标志位。后面的指令就可以根据条件标志位来决定是否执行。例如,当操作数 Rn 大于操作数 operand2 时,执行 CMP 指令后,则此后带有 GT 后缀的指令将可以执行。

【例 3.30】 CMP 指令示例。

```
CMP     R1,#10          ;将寄存器 R1 的值与 10 相减,并设置 CPSR 的标志位
ADDGT   R0,R0,#5        ;如果 R1>10,则执行 ADDGT 指令,将 R0 加 5
```

2. CMN 反值比较指令

汇编格式:CMN{<cond>} Rn,operand2

功　　能:CMN 指令用于把一个寄存器 Rn 的内容和另一个操作数 operand2 取反后进行比较,同时更新 CPSR 中条件标志位的值。该指令实际上是将操作数 Rn 和操作数 operand2 相加,并根据结果更改条件标志位。同样,后面的指令就可以根据条件标志位来决定是否执行。

【例 3.31】 CMN 指令示例。

```
CMN  R0,R1      ;将寄存器 R0 的值与寄存器 R1 的值相加,并根据结果设置 CPSR 的标志位
CMN  R0,#10     ;将寄存器 R0 的值与立即数 10 相加,并根据结果设置 CPSR 的标志位
```

3. TST 位测试指令

汇编格式:TST{<cond>} Rn,operand2

功　　能：TST 指令用于把一个寄存器 Rn 的内容和另一个操作数 operand2 按位进行“与”运算，并根据运算结果更新 CPSR 中条件标志位的值。该指令通常用来检查是否设置了特定的位。其中，操作数 Rn 是要测试的数据，这里操作数 operand2 可以看作一个 32 位的掩码，如果在掩码中设置了某一位，表示检查该位。未设置的掩码位则表示不检查。

【例 3.32】 如要检查 R0 中的第 0 位和第一位是否为 1，则应执行什么指令？

分析：检查 R0 中的第 0 位和第一位是否为 1，若是，则不应改变 R0 的值，因此执行如下指令：

```
TSTR1,＃3
```

4. TEQ 相等测试指令

汇编格式：TEQ{<cond>} Rn，operand2

功　　能：TEQ 指令用于把一个寄存器 Rn 的内容和另一个操作数 operand2 按位进行“异或”运算，并根据运算结果更新 CPSR 中条件标志位的值。该指令通常用于比较操作数 Rn 和操作数 operand2 是否相等。

【例 3.33】 TEQ 指令示例。

```
TEQ  R1,R2      ;将寄存器 R1 的值与寄存器 R2 的值按位“异或”，并根据结果设置 CPSR 的
                ;标志位
```

3.4.6 乘法指令

乘法指令把一对寄存器的内容相乘，然后根据指令类型把结果累加到其他的寄存器。ARM 微处理器支持的乘法指令与乘加指令共有 6 条，根据运算结果可分为 32 位运算和 64 位运算两类。64 位乘法又称为长整型乘法指令，由于结果太大，不能再放在一个 32 位的寄存器中，所以把结果存放在 2 个 32 位的寄存器 Rdlo 和 Rdhi 中。Rdlo 存放低 32 位，Rdhi 存放高 32 位。与前面的数据处理指令不同，指令中的所有源操作数、目的寄存器都必须为通用寄存器，不能对操作数使用立即数或被移位的寄存器。同时，目的寄存器 Rd 和操作数 Rm 必须是不同的寄存器。乘法指令与乘加指令共有以下 6 条：

- MUL　32 位乘法指令。
- MLA　32 位乘加指令。
- SMULL　64 位有符号数乘法指令。
- SMLAL　64 位有符号数乘加指令。
- UMULL　64 位无符号数乘法指令。
- UMLAL　64 位无符号数乘加指令。

1. MUL 32 位乘法指令

汇编格式：MUL{<cond>}{S} Rd，Rm，Rs

功　　能：MUL 指令完成将操作数 Rm 与操作数 Rs 的乘法运算,并把结果放置到目的寄存器 Rd 中,即 Rd＝Rm×Rs。S 选项决定指令的操作是否影响 CPSR 中条件标志位的值,有 S 时指令执行后的结果影响 CPSR 中条件标志位 N 和 Z 值;在 ARMv4 及以前版本中,标志 C 和 V 不可靠,在 ARMv5 及以后版本中不影响 C 和 V 标志(以下几个乘法指令对于 S 的规定与此相同)。

【例 3.34】 MUL 指令示例。

```
MUL  R0,R1,R2                ;R0 = R1× R2
MULS R0,R1,R2                ;R0 = R1×R2,同时设置 CPSR 中的相关条件标志位
```

2. MLA 32 位乘加指令

汇编格式：MLA{<cond>}{S} Rd,Rm,Rs,Rn

功　　能：MLA 指令完成将操作数 Rm 与操作数 Rs 的乘法运算,再将乘积加上 Rn,并把结果放置到目的寄存器 Rd 中,即 Rd＝(Rm×Rs)＋Rn。如果书写了 S,同时根据运算结果设置 CPSR 中相应的条件标志位。

【例 3.35】 MLA 指令示例。

```
MLA  R0,R1,R2,R3             ;R0 = R1× R2 + R3
MLAS  R0,R1,R2,R3            ;R0 = R1×R2 + R3,同时设置 CPSR 中的相关条件标志位
```

3. SMULL 64 位有符号数乘法指令

汇编格式：SMULL{<cond>}{S} Rdlo,Rdhi,Rm,Rs

功　　能：SMULL 指令实现 32 位有符号数相乘,得到 64 位结果。32 位操作数 Rm 与 32 位操作数 Rs 作乘法运算,并把结果的低 32 位放置到目的寄存器 Rdlo 中,结果的高 32 位放置到目的寄存器 Rdhi 中,即[Rdhi Rdlo]＝Rm×Rs。如果书写了 S,同时根据运算结果设置 CPSR 中相应的条件标志位。其中,操作数 Rm 和操作数 Rs 均为 32 位的有符号数。

【例 3.36】 SMULL 指令示例。

```
SMULL  R0,R1,R2,R3           ;R0 = (R2×R3)的低 32 位 Rdlo
                             ;R1 = (R2×R3)的高 32 位 Rdhi
```

4. SMLAL 64 位有符号数乘加指令

汇编格式：SMLAL{<cond>}{S} Rdlo,Rdhi,Rm,Rs

功　　能：SMLAL 指令实现 32 位有符号数相乘并累加,得到 64 位结果。32 位操作数 Rm 与 32 位操作数 Rs 作乘法运算,并把结果的低 32 位同目的寄存器 Rdlo 中的值相加后又放置到目的寄存器 Rdlo 中,结果的高 32 位同目的寄存器 Rdhi 中的值相加后又放置到目的寄存器 Rdhi 中,即[Rdhi Rdlo]＝[Rdhi Rdlo]＋Rm×Rs。如果书写了 S,同时根据运算结果设置 CPSR 中相应的条件标志位。其中,操作数 Rm 和操作数 Rs 均为 32 位的有符号数。对于目的寄存器 Rdlo,在指令

执行前存放 64 位加数的低 32 位，指令执行后存放结果的低 32 位。对于目的寄存器 Rdhi，在指令执行前存放 64 位加数的高 32 位，指令执行后存放结果的高 32 位。

【例 3.37】 SMLAL 指令示例指令示例。

```
SMLAL  R0,R1,R2,R3          ;R0 = (R2×R3)的低 32 位 + R0   Rdlo
                            ;R1 = (R2×R3)的高 32 位 + R1   Rdhi
```

5. UMULL 64 位无符号数乘法指令

汇编格式：UMULL{<cond>}{S} Rdlo,Rdhi,Rm,Rs

功　　能：UMULL 指令实现 32 位无符号数相乘，得到 64 位结果。32 位操作数 Rm 与 32 位操作数 Rs 作乘法运算，并把结果的低 32 位放置到目的寄存器 Rdlo 中，结果的高 32 位放置到目的寄存器 Rdhi 中，即[Rdhi Rdlo]＝Rm×Rs。如果书写了 S，同时根据运算结果设置 CPSR 中相应的条件标志位。其中，操作数 Rm 和操作数 Rs 均为 32 位的无符号数。

【例 3.38】 UMULL 指令示例：

```
UMULL  R0,R1,R2,R3          ;R0 = (R2×R3)的低 32 位   Rdlo
                            ;R1 = (R2× R3)的高 32 位   Rdhi
```

6. UMLAL 64 位无符号数乘加指令

汇编格式：UMLAL{<cond>}{S} Rdlo,Rdhi,Rm,Rs

功　　能：UMLAL 指令实现 32 位无符号数相乘并累加，得到 64 位结果。32 位操作数 Rm 与 32 位操作数 Rs 作乘法运算，并把结果的低 32 位同目的寄存器 Rdlo 中的值相加后又放置到目的寄存器 Rdlo 中，结果的高 32 位同目的寄存器 Rdhi 中的值相加后又放置到目的寄存器 Rdhi 中，即[Rdhi Rdlo]＝[Rdhi Rdlo]＋Rm×Rs。如果书写了 S，同时根据运算结果设置 CPSR 中相应的条件标志位。其中，操作数 Rm 和操作数 Rs 均为 32 位的无符号数。对于目的寄存器 Rdlo，在指令执行前存放 64 位加数的低 32 位，指令执行后存放结果的低 32 位。对于目的寄存器 Rdhi，在指令执行前存放 64 位加数的高 32 位，指令执行后存放结果的高 32 位。

【例 3.39】 UMLAL 指令示例指令示例：

```
UMLAL  R0,R1,R2,R3          ;R0 = (R2×R3)的低 32 位 + R0   Rdlo
                            ;R1 = (R2×R3)的高 32 位 + R1   Rdhi
```

使用乘法指令应该注意如下事项：

① 在操作中使用寄存器，但 R15 不可用。

② 在寄存器的使用中，注意 Rd 不能同时作为 Rm，其他无限制。

③ 有符号运算和无符号运算的低 32 位是没有区别的。

④ Rdlo、Rdhi 和 Rm 必须使用不同的寄存器。

⑤ 对于 UMULL 和 UMLAL，即使操作数的最高位为 1，也解释为无符号数。

【例 3.40】 下列指令都是错误的:

```
MUL R1,R1,R6            ;错误,目标寄存器 R1 不能同时作第 1 操作数
MUL R1,R6,[R5]          ;错误,不能使用[]
MLA R4,R5,R6            ;错误,少一个操作数
MULSNE R6,R3,R0         ;错误,应该书写成 MULNES
UMLAL R6,R4,R4,R1       ;错误,R4 不能同时作 Rdlo、Rdhi
SMULL R5,R3,R0          ;错误,少一个操作数
MUL R2,R5,#0x20         ;错误,不可用立即数
```

3.5 数据加载与存储指令

ARM 处理器是加载/存储体系结构的处理器,对存储器的访问只能通过加载和存储指令实现。对于冯·诺依曼存储结构的 ARM 处理器,其程序空间、RAM 空间及 I/O 映射空间统一编址,除了对 RAM 操作以外,对外围 I/O、程序数据的访问都要通过加载/存储指令进行。ARM 数据加载与存储指令如表 3-5 所列。

表 3-5 ARM 数据加载与存储指令

助记符	说 明	操 作
LDR{<cond>}Rd,addr	加载字数据	Rd←[addr]
LDRB{<cond>}Rd,addr	加载无符号字节数据	Rd←[addr]
LDRT{<cond>}Rd,addr	以用户模式加载字数据	Rd←[addr]
LDRBT{<cond>}Rd,addr	以用户模式加载无符号字节数据	Rd←[addr]
LDRH{<cond>}Rd,addr	加载无符号半字数据	Rd←[addr]
LDRSB{<cond>}Rd,addr	加载有符号字节数据	Rd←[addr]
LDRSH{<cond>}Rd,addr	加载有符号半字数据	Rd←[addr]
STR{<cond>}Rd,addr	存储字数据	[addr]←Rd
STRB{<cond>}Rd,addr	存储字节数据	[addr]←Rd
STRT{<cond>}Rd,addr	以用户模式存储字数据	[addr]←Rd
STRBT{<cond>}Rd,addr	以用户模式存储字节据	[addr]←Rd
STRH{<cond>}Rd,addr	存储半字数据	[addr]←Rd
LDM{<cond>}{ type }Rn{!},regs	多寄存器加载	reglist←[Rn…]
STM{<cond>}{ type } Rn{!},regs	多寄存器存储	[Rn…]←reglist
SWP{<cond>} Rd,Rm,[Rn]	寄存器和存储器字数据交换	Rd←[Rn],[Rn]←Rm (Rn≠Rd 或 Rm)
SWP{<cond>}B Rd,Rm,[Rn]	寄存器和存储器字节数据交换	Rd←[Rn],[Rn]←Rm (Rn≠Rd 或 Rm)

3.5.1 数据加载与存储指令概述

1. 数据加载与存储的方向问题

数据加载与存储(Load-store)指令用于在存储器和处理器的寄存器之间传送数据。如图 3-18 所示,Load 用于把内存中的数据装载到寄存器中,而 Store 则用于把寄存器中的数据存入内存。这类指令使用频繁,是一类比较重要的指令,因为其他指令只能操作寄存器,当数据存放在内存中时,必须先把数据从内存装载到寄存器,执行完后再把寄存器中的数据存储到内存中。数据加载与存储指令共有 3 种类型:单寄存器加载与存储指令、多寄存器加载与存储指令和交换指令。

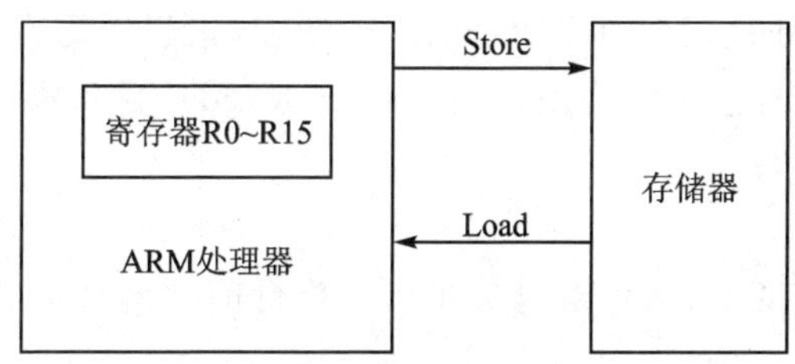

图 3-18　ARM 处理器数据加载与存储方向

2. 数据加载与存储指令的寻址

数据加载与存储类指令的基本格式为 opcode{<cond>} Rd,addr。格式中 opcode 为指令代码,如 LDR 表示将存储器中的数据加载到寄存器中。addr 为存储器的地址表达式,也称为第二操作数,可表示为[Rn,offset],其中,Rn 表示基址寄存器,offset 表示偏移量。Addr 有如下几种表示形式:

(1) 立即数

立即数可以是一个无符号的数值,这个数值可以加到基址寄存器,也可以从基址寄存器中减去这个数值。例如:

```
LDR R5,[R6,#0x08]
STR R6,[R7],# - 0x08
```

(2) 寄存器

寄存器中的数值可以加到基址寄存器,也可以从基址寄存器中减去这个数值。例如:

```
LDR R5,[R6,R3]
STR R6,[R7],- R8
```

(3) 寄存器移位

这种格式由一个通用寄存器和一个立即数组成,寄存器中的数值可以根据指令中的移位标志以及移位常数做一定的移位操作,生成一个地址偏移量。这个地址偏

移量可以加到基址寄存器,也可以从基址寄存器中减去这个数值。例如:

```
LDR R3,[R2,R4,LSL#2]
LDR R3,[R2],-R4,LSR#3
```

(4) 标　号

这是一种简单的寻址方法。在这种方法中,程序计数器 PC 是隐含的基址寄存器,偏移量是语句标号所在的地址和 PC(当前正在执行的指令)之间的差值。例如:

```
LDR R4,START
```

3. 地址索引

ARM 指令中的地址索引也是指令的一个功能,索引作为指令的一部分,它影响指令的执行结果。地址索引分为前索引(Pre-indexed)、自动索引(Auto-indexed)和后索引(Post-indexed)。

(1) 前索引

前索引也称为前变址,这种索引是在指令执行前把偏移量和基址相加/减,得到的值作为寻址的地址。例如:

```
LDR R5,[R6,#0x04]
STR R0,[R5,-R8]
```

在上述第一条指令中,在寻址前先把 R6 加上偏移量 4,作为寻址的地址值;在第二条指令中,在寻址前先把基址 R5 和偏移量 R8 相减,以计算的结果作为地址值。在这两条指令中,指令完成后,基址寄存器的地址值和指令执行前相同,并不发生变化。

(2) 自动索引

自动索引也称为自动变址,有时为了修改基址寄存器的内容,使之指向数据传送地址,可使用这种方法自动修改基址寄存器。例如:

```
LDR R5,[R6,#0x04]!
```

这条指令在寻址前先把 R6 加上偏移量 4,作为寻址的地址值,通过可选后缀"!"完成基址寄存器的更新,本例中执行完操作后 R6(基址寄存器)的内容加 4。在 ARM 中自动变址并不花费额外的时间,因为这个过程是在数据从存储器中取出的同时在处理器的数据路径中完成的。它严格地等效于先执行一条简单的寄存器间接取数据指令,再执行一条数据处理指令向基址寄存器加一个偏移量,但避免了额外的指令时间和代码空间的开销。

(3) 后索引

后索引也称为后变址,就是用基址寄存器的地址值寻址,找出操作数进行操作,操作完成后,再把地址偏移量和基址相加/减,结果送到基址寄存器,作为下一次寻址的基址。例如:

```
LDR R5,[R6],#0x04
STR R6,[R7],# -0x08
```

在上述指令中,先把 R6 指向的地址单元的数据赋给 R5,再把偏移量 4 加到基址寄存器 R6 中去;在第 2 条指令中,先把 R6 的值存储到 R7 指向的地址单元中去,再把偏移量−8 加到 R7 上。在后索引中,基址在指令的执行前后是不相同的。

(4) 不同索引方式的区别

前索引和自动索引的区别:前索引方式利用对基址寄存器的改变值进行寻址,但是基址寄存器在操作之后仍然保持原值。自动索引在计算出新的地址后要用新的地址更新基址寄存器的内容,然后再利用新的基址寄存器进行寻址。

前索引和后索引的区别:前索引在指令执行完成后并没有改变基址寄存器的值,后索引在指令执行完成后改变了基址寄存器的地址值。

后索引和自动索引的区别:后索引和自动索引类似,也要更新基址寄存器的内容,但是变址方式先利用基址寄存器的原值进行寻址操作,然后再更新基址寄存器。这两种方式在遍历数组时是很有用的。

无论是前索引、自动索引还是后索引,程序计数器 R15 都不能作为基址寄存器使用,因为在指令执行过程中基址寄存器的地址值是发生变化的。如果用 R15 做基址寄存器使用,结果是不可预知的。比较以下 3 条指令的区别:

```
LDR  R5,[R6,#0x04]          ;前索引
LDR  R5,[R6,#0x04]!         ;自动索引
LDR  R5,[R6],#0x04          ;后索引
```

第一条指令表示将 R6 加 4 所指地址中的数据读入 R5、R6 的值不变;第二条指令表示将 R6 加 4 所指地址中的数据读入 R5、R6 的值发生了变化(R6=R6+4);第三条指令表示将 R6 所指地址中的数据读入 R5,然后再修改 R6 的值(R6=R6+4)。

3.5.2 单寄存器加载与存储指令

这种指令用于把单一的数据传入或者传出一个寄存器。支持的数据类型有字(32 位)、半字(16 位)和字节。常用的单寄存器加载与存储指令包括:

- LDR/STR　　字数据加载/存储指令。
- LDRB/STRB　　字节数据加载/存储指令。
- LDRH/STRH　　半字数据加载/存储指令。
- LDRSB/LDRSH　　有符号数字节/半字加载指令。

1. LDR/STR 字数据加载/存储指令

LDR/STR 指令的格式和功能如下:

机器编码格式:LDR/STR 指令的机器编码格式如图 3-19 所示。

31　　28	27 26	25	24	23	22	21	20	19　　16	15　　12	11　　　　0
cond	0 1	I	P	U	B	W	L	Rn	Rd	addr_mode

图 3-19　LDR/STR 指令的机器编码格式

图中各个位的含义如下：

cond　　　指令执行的条件编码。

I、P、U、W　用于区别不同的地址模式(偏移量)。I 为 0 时，偏移量为 12 位立即数。I 为 1 时，偏移量为寄存器移位。P 表示前/后索引，U 表示加/减，W 表示回写。

L　　　　L 为 1 表示加载，L 为 0 表示存储。

B　　　　B 为 1 表示字节访问，B 为 0 表示字访问。

Rd　　　　源/目标寄存器。

Rn　　　　基址寄存器。

addr_mode　表示偏移量，是一个 12 位的无符号二进制数，与 Rn 一起构成地址 addr。

汇编格式：LDR{<cond>}{T} Rd，addr

功　　能：LDR 指令用于从存储器中将一个 32 位的字数据加载到目的寄存器 Rd 中。该指令通常用于从存储器中读取 32 位的字数据到通用寄存器，然后对数据进行处理。当程序计数器 PC 作为目的寄存器时，指令从存储器中读取的字数据被当作目的地址，从而可以实现程序流程的跳转。

STR 指令用于从源寄存器中将一个 32 位的字数据存储到存储器中。该指令在程序设计中比较常用，且寻址方式灵活多样，使用方式和指令 LDR 类似，区别在于数据的传送方向不一样。

后缀 T 为可选后缀，若指令中有 T，那么即使处理器是在特权模式下，存储系统也将访问看成处理器是在用户模式下。T 在用户模式下无效，不能与前索引一起使用。

关于 LDR/STR 指令中的地址 addr，可以用语句标号、立即数、寄存器、寄存器移位来表达一个地址，在表示时又有前索引、自动索引和后索引 3 种方式，这使得语句中的地址表达式灵活多变。例 3.41 详细说明了数据加载与存储指令的各种表示形式。

【例 3.41】 LDR 指令示例：

```
                        ;使用标号
LDR R4,START            ;将存储地址为 START 的字数据读入 R4
STR R5,DATA1            ;将 R5 存入存储地址为 DATA1 中
                        ;前索引
LDR R0,[R1]             ;将存储器地址为 R1 的字数据读入寄存器 R0
```

```
LDR R0,[R1,R2]            ;将存储器地址为 R1 + R2 的字数据读入寄存器 R0
LDR R0,[R1,#8]            ;将存储器地址为 R1 + 8 的字数据读入寄存器 R0
LDR R0,[R1,R2,LSL#2]      ;将存储器地址为 R1 + R2 × 4 的字数据读入寄存器 R0
                          ;自动索引
STR R0,[R1,R2]!           ;将 R0 字数据存入存储器地址为 R1 + R2 的存储单元中,并将新地址
                          ;R1 + R2 写入 R1
STR R0,[R1,#8]!           ;将 R0 字数据存入存储器地址为 R1 + 8 的存储单元中,并将新地址
                          ;R1 + 8 写入 R1
STR R0,[R1,R2,LSL#2]!     ;将 R0 字数据存入地址为 R1 + R2 × 4 的存储单元中,并将新地址
                          ;R1 + R2 × 4 写入 R1
                          ;后索引
LDR R0,[R1],#8            ;将存储器地址为 R1 的字数据读入寄存器 R0,并将新地址 R1 + 8 写入 R1
LDR R0,[R1],R2            ;将存储器地址为 R1 的字数据读入寄存器 R0,并将新地址 R1 + R2 写入 R1
LDR R0,[R1],R2,LSL#2
                      ;将存储器地址为 R1 的字数据读入寄存器 R0,并将新地址 R1 + R2 × 4 写入 R1
```

通过以上例子可以看出,数据加载与存储指令中的地址表达式是非常灵活多变的,但是使用时有如下注意事项:

(1) 立即数的规定

立即数绝对值不大于 4 095 的数值,可使用带符号数,即在 -4 095～+4 095。

(2) 标号使用的限制

要注意语句标号不能指向程序存储器的程序存储区,而是指向程序存储器的数据存储区或数据存储器的数据存储区。另外指向的区域是可修改的,例如,在用户模式下,有些存储区是不能访问的或是只读的。

(3) 地址对齐

字传送时,偏移量必须保证偏移的结果能够使地址对齐。

(4) 使用移位时需注意

使用寄存器移位的方法计算偏移量时,移位的位数不能超过规定的数值。各类移位指令的移位位数规定如下:

ASR #n:算术右移($1 \leq n \leq 32$)

LSL #n:逻辑左移($0 \leq n \leq 31$)

LSR #n:逻辑右移($1 \leq n \leq 32$)

ROR #n:循环右移($1 \leq n \leq 31$)

(5) 注意程序计数器 R15

R15 作为基址寄存器 Rn 时,不可以使用回写功能,即使用后缀"!"。另外,R15 不可作为偏移寄存器使用。

针对以上注意事项,在书写汇编指令时要注意指令的正误问题,如例 3.42 所示。

【例 3.42】 指令的正误。

```
LDR R1,[R2,R5]!                   ;正确
STR R2,[R3],#0xFFFF8              ;错误,超出了立即数的范围
STREQ R4,[R0,R4,LSL R5]           ;错误,不能用寄存器表示移位的位数
LDR R4,[R0,R1,LSL #32]            ;错误,超出了移位的范围
STREQ R3,[R6],# - 0x08            ;正确
LDR R0,[R2]!, - R6                ;错误,后索引不用"!"后缀
LDR R4,START                      ;正确
LDR R1,[SP,# - 0x04]              ;正确
STR R1,START                      ;格式正确,但必须保证标号处可以存储数据
LDR PC,R6                         ;错误,R6 不表示一个存储地址
LDR PC,[R6]                       ;正确
LDR R1,[R3,R15]                   ;错误,R15 不可作为偏移寄存器
```

说明:"STR R1,START"指令是把 R1 中的数据存入到语句标号为 START 处的地址单元中去。要实现这条语句,就必须保证这个地址单元是可以存储数据的,这就满足:这个地址单元没有存储指令代码,或者这个语句指向的存储区是可以写入的。

2. LDRB/STRB 字节数据加载/存储指令

机器编码格式:LDRB/STRB 指令的机器编码格式如图 3-19 所示。

汇编格式:LDRB/STRB {<cond>}{T} Rd,addr

功　　能:LDRB 指令用于从存储器中将一个 8 位的字节数据加载到目的寄存器中,同时将寄存器的高 24 位清零。该指令通常用于从存储器中读取 8 位的字节数据到通用寄存器,然后对数据进行处理。当程序计数器 PC 作为目的寄存器时,指令从存储器中读取的字数据被当作目的地址,从而可以实现程序流程的跳转。

STRB 指令用于从源寄存器中将一个 8 位的字节数据存储到存储器中。该字节数据为源寄存器中的低 8 位。STRB 指令和 LDRB 指令的区别在于数据的传送方向。

后缀"T"为可选后缀,若指令中有"T",那么即使处理器是在特权模式下,存储系统也将访问看成处理器是在用户模式下。"T"在用户模式下无效,不能与前索引一起使用。

必须明确的是:即使传送的是 8 位数据,地址总线仍然以 32 位的宽度工作,而数据总线也是以 32 位的宽度工作,传送 16 位的半字数据,地址总线和数据总线也是以 32 位的宽度工作的,字节传送过程和字传送过程相差很大,下面详细说明。

(1) 从寄存器存储到存储器的过程

由于寄存器中的数据是 32 位结构,在向存储器存储 8 位数据时,怎样去选择寄存器中 4 个字节中的一个字节呢?在 ARM 指令中,从寄存器到存储器的一字节数据存储只能传送最低 8 位,即最低字节[7:0]。如果想要存储其他字节,可以采用移位的方法把要存储的字节移至最低字节。从寄存器到存储器的 8 位数据传送如

图 3－20 所示。

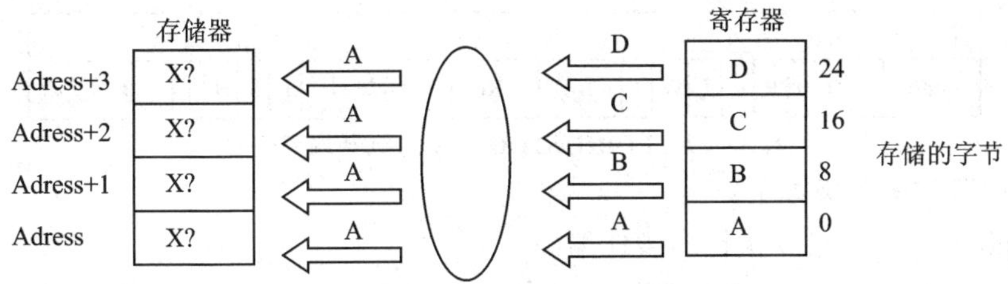

图 3－20　字节存储

从图中可以看出，寄存器中所能传送的字节只有最低字节[7：0]，但是由于寄存器是 32 位结构，所以实际有 32 位数据进入总线。在执行过程中，ARM 处理器把总线最低字节复制 4 次，使得总线到达存储器时，总线包含的 4 字节都是相同的。至于存储器把传送过来的字节存储到哪一个地址单元，这要看指令指定的地址和存储器的结构。因此，在进行字节传送时，要弄清楚存储器是否有单字节接收的能力。在图中，寄存器传送的是 A、B、C、D 这 4 个字节，到达存储器时，总线上只有 4 个 A 字节。

(2) 从存储器到寄存器的加载过程

和上述不同的是，在实现从存储器到寄存器的加载过程时，可以选择任何一个存储器的地址单元，这时是不要求地址对齐的。也就是说，可以不加限制地选择任何存储器中的字节加载。从存储器到寄存器的 8 位数据传送如图 3－21 所示。在从存储器读数据时，也是 32 位数据。ARM 处理器在执行指令时，把所选择的传送字节放置在最低 8 位[7：0]，而其余的位用[31：8]用 0 填充。在图中，所传送的是存储器中的 B 字节，结果加载在寄存器的低 8 位处。

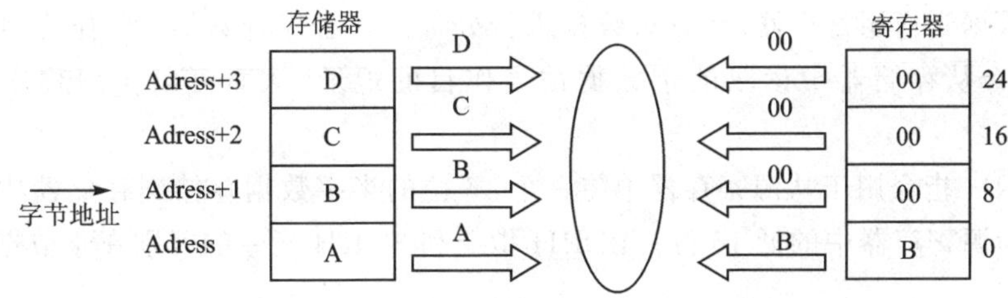

图 3－21　字节加载

【例 3.43】 LDRB/STRB 指令示例：

```
LDRB R0,[R1]      ;将存储器地址为 R1 的字节数据读入寄存器 R0,并将 R0 的高 24 位清零
LDRB R0,[R1,#8];将存储器地址为 R1 + 8 的字节数据读入寄存器 R0,并将 R0 的高 24 位清零
STRB R0,[R1]      ;将寄存器 R0 中的字节数据写入以 R1 为地址的存储器中
STRB R0,[R1,#8];将寄存器 R0 中的字节数据写入以 R1 + 8 为地址的存储器中
```

3. LDRH/STRH 半字数据加载/存储指令

机器编码格式：LDRH/STRH 半字数据加载/存储指令的机器编码格式如

图 3－22 所示。

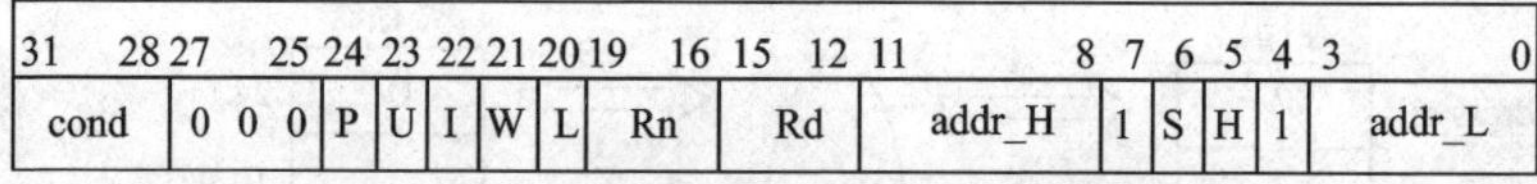

31–28	27–25	24	23	22	21	20	19–16	15–12	11–8	7	6	5	4	3–0
cond	0 0 0	P	U	I	W	L	Rn	Rd	addr_H	1	S	H	1	addr_L

图 3－22　LDRH/STRH 指令的机器编码格式

图中各位的含义如下：

cond　　指令执行的条件编码。

I、P、U、W　　用于区别不同的地址模式(偏移量)。I 为 0 时，偏移量为 8 位立即数；I 为 1 时，偏移量为寄存器移位。P 表示前/后变址，U 表示加/减，W 表示回写。

L　　L 为 1 表示加载，L 为 0 表示存储。

S　　用于区别有符号访问(S 为 1)和无符号访问(S 为 0)。

H　　用于区别半字访问(H 为 1)或字节访问(H 为 0)。

Rd　　源/目标寄存器。

Rn　　基址寄存器。

addr_H

addr_L　　表示偏移量，I 为 0 时，偏移量为 8 位立即数由 addr_H 和 addr_L 组成；I 为 1 时，偏移量为寄存器移位 addr_H 为 0，addr_L 表示寄存器编号。

汇编格式：LDRH/STRH{＜cond＞} Rd，addr

功　　能：LDRH 指令用于从存储器中将一个 16 位的半字数据加载到目的寄存器 Rd 中，同时将寄存器的高 16 位清零。该指令通常用于从存储器中读取 16 位的半字数据到通用寄存器，然后对数据进行处理。当程序计数器 PC 作为目的寄存器时，指令从存储器中读取的字数据被当作目的地址，从而可以实现程序流程的跳转。

STRH 指令用于从源寄存器中将一个 16 位的半字数据存储到存储器中。该半字数据为源寄存器中的低 16 位。LDRH 指令和 STRH 指令的区别在于数据的传送方向。

【例 3.44】 LDRH/STRH 指令示例：

```
LDRH R0,[R1]       ;将存储器地址为 R1 的半字数据读入寄存器 R0 并将 R0 的高 16 位清零
LDRH R0,[R1,#8]    ;将存储器地址为 R1 + 8 的半字数据读入寄存器 R0 并将 R0 的高 16 位清零
LDRH R0,[R1,R2]    ;将存储器地址为 R1 + R2 的半字数据读入寄存器 R0 并将 R0 的高 16 位清零
STRH R0,[R1]       ;将寄存器 R0 中的半字数据写入以 R1 为地址的存储器中
```

使用半字加载/存储指令需要注意如下事项：

① 必须半字地址对齐。

② 对于 R15 的使用需要慎重，R15 作为基址寄存器 Rn 时，不可以使用回写功

能,不可使用 R15 作为目的寄存器。

③ 立即数偏移使用的是 8 位无符号数。

④ 不能使用寄存器移位寻址。

下面是一些错误的指令:

```
STRH R0,[R15,# - 0x20]!          ;错误,使用 R15 作为基址不可写回
LDRSB R0,[R1,#256]               ;错误,偏移量超出了 8 位数值
STRH R0,[R1,R2,LSL#2]            ;错误,不可使用寄存器移位寻址
```

4. LDRSB/LDRSH 有符号数字节/半字加载指令

机器编码格式:LDRSB/STRSH 指令的机器编码格式如图 3-22 所示。

汇编格式:LDRSB/LDRSH{<cond>} Rd,addr

功　　能:LDRSB 指令用于从存储器中将一个 8 位的字节数据加载到目的寄存器中,同时将寄存器的高 24 位设置为该字节数据的符号位的值,即将该 8 位字节数据进行符号位扩展,生成 32 位数据。

LDRSH 指令用于从存储器中将一个 16 位的半字数据加载到目的寄存器 Rd 中,同时将寄存器的高 16 位设置为该字数据的符号位的值,即将该 16 位字数据进行符号位扩展,生成 32 位数据。

【例 3.45】 LDRSB/LDRSH 指令示例:

```
LDRSB R0,[R1,#4]     ;将存储地址为 R1 + 4 的有符号字节数据读入 R0,R0 中的高 24 位设置
                     ;成该字节数据的符号位
LDRSH R6,[R2],#2     ;将存储地址为 R2 + 2 的有符号半字数据读入 R6,R6 中的高 16 位设置
                     ;成该字节数据的符号位,R2 = R2 + 2
```

3.5.3 多寄存器加载与存储指令

多寄存器加载与存储指令也称为批量数据加载/存储指令,ARM 微处理器支持的批量数据加载/存储指令可以一次在一片连续的存储器单元和多个寄存器之间传送数据,批量加载指令用于将一片连续的存储器中的数据加载到多个寄存器,批量数据存储指令则是完成相反的操作。多寄存器加载与存储指令在数据块操作、上下文切换、堆栈操作等方面比单寄存器加载与存储指令会有更高的执行效率。常用的加载存储指令有 LDM 和 STM 指令。

1. LDM/STM 批量数据加载/存储指令

机器编码格式:LDM/STM 指令的机器编码格式如图 3-23 所示。

31　　28	27 26 25	24	23	22	21	20	19　　16	15　　0
cond	1 0 0	P	U	S	W	L	Rn	regs

图 3-23　LDM/STM 指令的编码格式

图中各位的含义如下：

cond　　　指令执行的条件编码。

P、U、W　　用于区别不同的地址模式(偏移量)。P 表示前/后变址，U 表示加/减，W 表示回写。

S　　　　用于区别有符号访问(S 为 1)和无符号访问(S 为 0)。

L　　　　L 为 1 表示加载，L 为 0 表示存储。

Rn　　　　基址寄存器。

regs　　　表示寄存器列表。

汇编格式：LDM/STM{<cond>}{<type>} Rn{!},<regs>{^}

功　　能：LDM 指令用于从基址寄存器所指示的一片连续存储器中读取数据到寄存器列表所指示的多个寄存器中，内存单元的起始地址为基址寄存器 Rn 的值，各个寄存器由寄存器列表 regs 表示。该指令一般用于多个寄存器数据的出栈操作。

STM 指令用于将寄存器列表所指示的多个寄存器中的值存入到由基址寄存器所指示的一片连续存储器中，内存单元的起始地址为基址寄存器 Rn 的值，各个寄存器由寄存器列表 regs 表示。指令的其他参数的用法和 LDM 指令是相同的。该指令一般用于多个寄存器数据的进栈操作。

指令中，type 表示类型，用于数据的存储与读取有以下几种情况：

- IA 每次传送后地址值加。
- IB 每次传送前地址值加。
- DA 每次传送后地址值减。
- DB 每次传送前地址值减。

用于堆栈操作时有如下几种情况：

- FD 满递减堆栈。
- ED 空递减堆栈。
- FA 满递增堆栈。
- EA 空递增堆栈。

{!}为可选后缀，若选用该后缀，则当数据加载与存储完毕之后，将最后的地址写入基址寄存器，否则基址寄存器的内容不改变。基址寄存器不允许为 R15，寄存器列表可以为 R0～R15 的任意组合。

{^}为可选后缀，当指令为 LDM 且寄存器列表中包含 R15，选用该后缀时表示除了正常的数据加载与存储之外，还将 SPSR 复制到 CPSR。同时，该后缀还表示传入或传出的是用户模式下的寄存器，而不是当前模式下的寄存器。

LDM/STM 指令依据其后缀名(如 IA、IB)的不同，其寻址的方式也有很大不同。具体如表 3-6 所列。

表 3-6 LDM/STM 的寻址对照关系

		递增		递减	
		满	空	满	空
增值	先增	STMIB STMFA			LDMIB LDMED
	后增		STMIA STMEA	LDMIA LDMFD	
减值	先减		LDMDB LDMEA	STMDB STMFD	
	后减	LDMDA LDMFA			STMDA STMED

从表中可以看出，指令分为两组：一组用于数据的存储与读取，对应于 IA、IB、DA、DB；一组用于堆栈操作，即进行入栈与出栈的操作，对应于 FD、ED、FA、EA。两组中对应的指令含义是相同的，例如，LDMIA 与指令 LDMFD 含义是相同的，只是 LDMFD 是针对堆栈的操作。关于堆栈的操作将在后面介绍，下面以图的形式说明 LDM/STM 指令寻址的区别。图 3-24 给出了数据块操作的用法，可以看出，每条指令是如何将 4 个寄存器的数据存入存储器的，以及在使用自动变址的情况下基址寄存器是如何变化的。执行指令之前基址寄存器为 R0，自动变址之后为 R0′。需要注意的是，在递增方式下（即图中的 IA、IB 方式），寄存器存储的顺序是 R1、R2、R3、

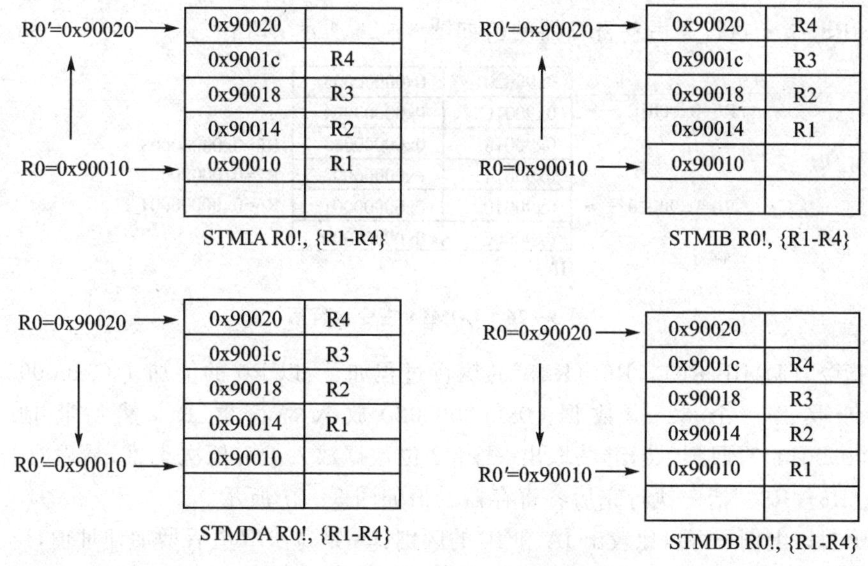

图 3-24 STM 各种寻址后缀的区别

R4;而在递减方式下(即图中的 DA、DB 方式),寄存器存储的顺序是 R4、R3、R2、R1。在这里有一个约定：编号低的寄存器在存储数据或加载数据时对应于存储器的低地址。也就是说,编号最低的寄存器保存到存储器的最低地址或从最低地址取数据;其次是其他的寄存器按照寄存器编号的次序保存到第一个地址后面的相邻地址或从中取数。

【例 3.46】 设执行前 R0＝0x00090010、R6＝R7＝R8＝0x00000000,存储器地址为 0x00090010,存储的内容如图 3－25 所示。

	地址	内容
	0x90020	0x00000005
	0x9001C	0x00000004
	0x90018	0x00000003
	0x90014	0x00000002
R0=0x90010 →	0x90010	0x00000001
	0x9000C	0x00000000

图 3－25 指令执行前

则分别执行指令：

```
LDMIA  R0!,{R6 - R8}
LDMIB  R0!,{R6 - R8}
```

各相关寄存器值的分别如何变化?

分析：指令“LDMIA R0!,{R6－R8}”的执行过程如下：以 R0 的值(0x00090010)为基址取出一个 32 位数据(0x00000001)放入寄存器 R6,然后 R0 的值加 4 写回到 R0,继续取出一个 32 位数据放入 R7,依次类推,最后 LDMIA R0!,{R6－R8}指令执行完后各寄存器的值如图 3－26 所示。

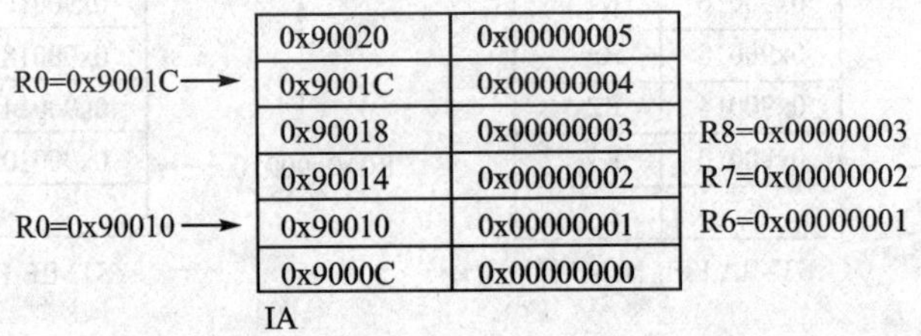

图 3－26 LDMIA 指令执行后

指令“LDMIB R0!,{R6－R8}”的执行过程如下：以 R0 的值加 4 (0x00090014)为基址取出一个 32 位数据(0x00000002)放入寄存器 R6,然后将地址值(0x00090014)写回到 R0,继续取出一个 32 位数据放入 R7,依次类推,最后“LDMIB R0!,{R6－R8}”指令执行完后各寄存器的值如图 3－27 所示。

通过以上例子可以比较出 IA 和 IB 的区别:IA 是每次取值后增加地址值,IB 是每次地址值增加后再取值。同理可以得出 DA 和 DB 的区别,只不过此时地址值不是做加法,是做减法而已。

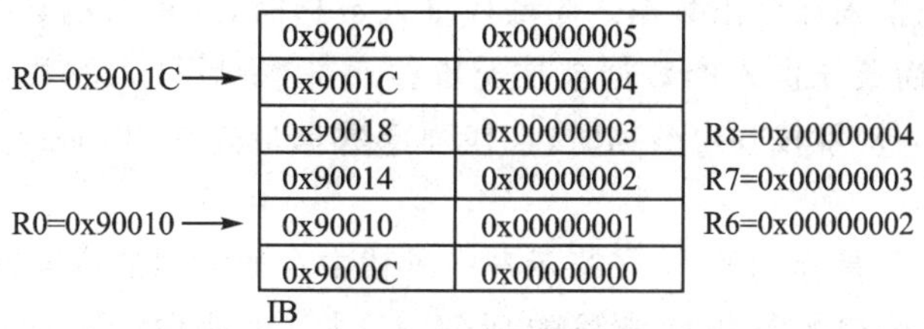

图 3－27　LDMIB 指令执行后

递增或递减的多寄存器传送指令常用来进行正向或反向访问数组，或用于堆栈的压入和退出操作。在实际中常常将 LDM 和 STM 指令组合起来实现数据块的操作。

3.5.4　堆栈操作

1. 堆　栈

堆栈就是在 RAM 存储器中开辟(指定)的一个特定的存储区域，在这个区域中，信息的存入(此时称为推入)与取出(此时称为弹出)的原则不再是“随机存取”，而是按照“后进先出”的原则进行存取。我们称该“存储区”为堆栈。

在子程序调用时要保存返回地址，在中断处理过程中要保存断点地址，进入子程序和中断处理后还要保留通用寄存器的值。子程序执行完毕和中断处理完毕返回时，又要恢复通用寄存器的值，并分别将返回地址或断点地址恢复到指令指针寄存器中。这些功能都要通过堆栈来实现。按照上述定义，我们可以把堆栈想象成一个开口朝下的容器。堆栈的构造如图 3－28 所示。

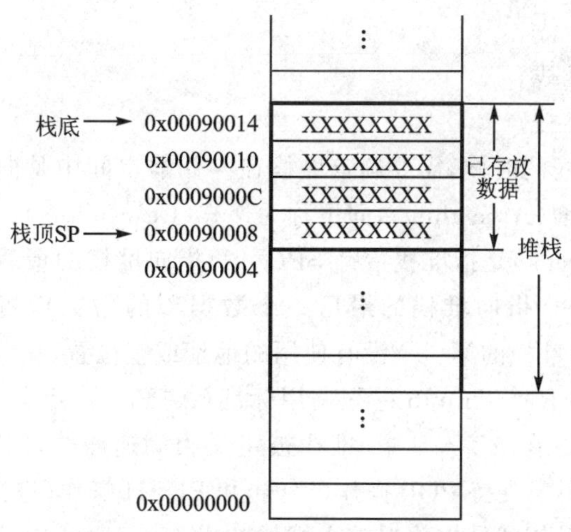

图 3－28　堆栈结构示意图

堆栈的一端是固定的，另一端是浮动的。堆栈固定端是堆栈的底部，称为栈底。

堆栈浮动端可以推入或弹出数据。向堆栈推入数据时,新推入的数据堆放在以前推入数据的上面,而最先推入的数据被推至堆栈底部,最后推入的数据堆放在堆栈顶部,这称为栈顶。从堆栈弹出数据时,堆栈顶部数据最先弹出,而最先推入的数据则是最后弹出。

由于堆栈顶部是浮动的,为了指示现在堆栈中存放数据的位置,通常设置一个堆栈指针 SP(R13),它始终指向堆栈的顶部。这样,堆栈中数据的进出都由 SP 来"指挥"。

当一个数据(32 位)推入堆栈时,SP(R13 的值减 4)向下浮动指向下一个地址,即新的栈顶。当数据从堆栈中弹出时,SP(R13 的值加 4)向上浮动指向新的栈顶。

2. 堆栈操作

堆栈的操作包括建栈、进栈、出栈 3 种基本操作。

(1) 建 栈

建栈就是规定堆栈底部在 RAM 存储器中的位置,例如,用户可以通过 LDR 命令设置 SP 的值来建立堆栈。

```
LDR  R13, = 0x90010
LDR  SP, =  0x90010
```

这时,SP 指向地址 0x90010,栈中无数据,堆栈的底部与顶部重叠,是一个空栈。

(2) 进 栈

ARM 体系结构中使用多寄存器指令来完成堆栈操作。出栈使用 LDM 指令,进栈使用 STM 指令。LDM 和 STM 指令往往结合下面一些参数实现堆栈的操作:

- FD 满递减堆栈。
- ED 空递减堆栈。
- FA 满递增堆栈。
- EA 空递增堆栈。

在使用一个堆栈的时候,需要确定堆栈在存储器空间中是向上生长还是向下生长的。向上称为递增(Ascending),向下称为递减(Descending)。

满堆栈(Full stack)是指堆栈指针 SP(R13)指向堆栈的最后一个已使用的地址或满位置(也就是 SP 指向堆栈的最后一个数据项的位置),相反,空堆栈(Empty stack)是指 SP 指向堆栈的第一个没有使用的地址或空位置。

ARM 制定了 ARM-Thumb 过程调用标准(ATPCS),定义了例程如何被调用、寄存器如何被分配。在 ATPCS 中,堆栈被定义为满递减式堆栈,因此,LDMFD 和 STMFD 指令分别用来支持 POP 操作(出栈)和 PUSH 操作(进栈)。

进栈(PUSH)操作就是把数据推入堆栈的操作。ARM 中进栈或出栈操作都是以字(32 位)为单位的。

(3) 出　栈

出栈(POP)操作就是把数据从堆栈中读出的操作,ARM 中使用 LDMFD 实现出栈的操作,例 3.47 说明了一个进栈的过程。

【例 3. 47】 下列指令说明了进栈和出栈的过程,设指令执行之前 SP＝0x00090010(R13),R4＝0x00000003, R3＝0x00000002, R2＝0x00000001,将 R2～R4 入栈,然后出栈,注意进栈和出栈后 SP 的值。

```
STMFD SP!,{R2 - R4}
LDMFD SP!,{R6 - R8}
```

分析:第一条指令将 R2～R4 的数据入栈,指令执行前 SP 的值为 0x00090010,指令执行时 SP 指向下一个地址(SP－4)存放 R4,然后依次存放 R3、R2,数据入栈后 SP 的值为 0x00090004,指向堆栈的满位置,如果有数据继续入栈则下一地址为 0x90000。其过程如图 3－29 所示,注意入栈的顺序。

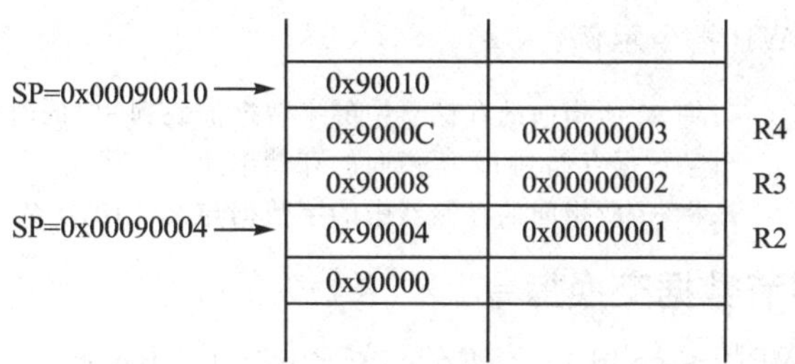

图 3－29　进栈操作

第二条指令实现退栈操作,在第一条指令的基础上,表示将刚才入栈的数据分别退栈到 R6～R8,退栈后 SP 指向 0x00090010。实际上 STMFD 指令相当于 STMDB 指令,LDMFD 指令相当于 LDMIA 指令。

3.5.5　交换指令

ARM 微处理器所支持数据交换指令能在存储器和寄存器之间交换数据。数据交换指令是数据加载与存储指令的一种特例,交换指令是一个原子操作,在操作期间阻止其他任何指令对该存储单元的读/写。数据交换指令有如下两条:

- SWP 字数据交换指令。
- SWPB 字节数据交换指令。

机器编码格式:交换指令的机器编码格式如图 3－30 所示。

图中各位的含义如下:

cond　指令执行的条件编码;

B　表示字交换(B＝0)或字节交换(B＝1);

Rn　基址寄存器;

31–28	27–23	22	21	20	19–16	15–12	11–4	3–0
cond	0 0 0 1 0	B	0	0	Rn	Rd	0 0 0 0 1 0 0 1	Rm

图 3-30　交换指令的机器编码格式

Rd　　目的寄存器;

Rm　　源寄存器。

1. SWP 字数据交换指令

汇编格式:SWP{<cond>} <Rd>,<Rm>,[<Rn>]

功　　能:SWP 指令用于将寄存器 Rn 所指向的存储器中的字数据加载到目的寄存器 Rd 中,同时将源寄存器 Rm 中的字数据存储到寄存器 Rn 所指向的存储器中,即 Rd=[Rn],[Rn]=Rm。显然,当源寄存器 Rm 和目的寄存器 Rd 为同一个寄存器时(两者应与 Rn 不同),指令交换该寄存器和存储器的内容。

【例 3.48】　SWP 指令示例:

```
SWP R0,R1,[R2]        ;将 R2 所指向的存储器中的字数据加载到 R0,同时将 R1 中的
                      ;字数据存储到 R2 所指向的存储单元
SWP R0,R0,[R1]        ;将 R1 所指向的存储器中的字数据与 R0 中的字数据交换
```

2. SWPB 字节数据交换指令

汇编格式:SWPB{<cond>} <Rd>,<Rm>,[<Rn>]

功　　能:SWPB 指令用于将寄存器 Rn 所指向的存储器中的字节数据加载到目的寄存器 Rd 中,目的寄存器的高 24 清零,同时将源寄存器 Rm 中的字数据存储到寄存器 Rn 所指向的存储器中。显然,当寄存器 Rm 和目的寄存器 Rd 为同一个寄存器时(两者应与 Rn 不同),指令交换该寄存器和存储器的内容。

【例 3.49】　SWPB 指令示例:

```
SWPB R0,R1,[R2]          ;将 R2 所指向的存储器中的字节数据加载到 R0,R0 的高 24 位清零
                         ;同时将 R1 中的低 8 位数据存储到 R2 所指向的存储单元
SWPB R0,R0,[R1]          ;将 R1 所指向的存储器中的字节数据与 R0 中的低 8 位数据交换
```

使用 SWP 和 SWPB 指令时需要注意:

① PC 不能用作指令中的任何寄存器。

② 基址寄存器 Rn 不应与源寄存器 Rm 或目的寄存器 Rd 相同,但是 Rm 和 Rd 可以相同。

③ 寄存器位置不可为空,必须满足 3 个寄存器。

3.6　分支指令

分支指令是一种很重要的指令,用于实现程序流程的跳转,这类指令可用来改变

程序的执行流程或者调用子程序。在 ARM 程序中有两种方法可以实现程序流程的跳转：一种是使用分支指令，另一种是直接向程序计数器 PC(R15)写入目标地址值。通过向程序计数器 PC 写入跳转地址值，可以实现在 4 GB 的地址空间中的任意跳转，而使用分支指令时跳转空间受到限制。ARMv5E 架构指令集中的分支指令如表 3-7 所列，分支指令可以完成从当前指令向前或向后的 32 MB 的地址空间的跳转。

表 3-7 分支指令

助记符	说 明	操 作
B{cond} label	分支指令	PC←label
BL{cond} label	带返回的分支指令	PC←label LR=BL 后面的第一条指令地址
BX{cond} Rm	带状态切换的分支指令	PC=Rm & 0xfffffffe, T=Rm[0] & 1
BLX{cond} label|Rm	带返回和状态切换的分支指令	PC=label,T=1 PC=Rm[0] & 0xfffffffe,T=Rm [0]& 1 LR=BLX 后面的第一条指令地址

3.6.1 分支指令 B

机器编码格式：B 分支指令的机器编码格式，如图 3-31 所示。

31 28	27	26	25	24	23 0
cond	1	0	1	L	label

图 3-31 B 和 BL 指令的机器编码格式

图中各位的含义如下：

cond　表示指令执行的条件。

L　用来区分分支(L=0)和带返回的分支(L=1)指令。

Label　表示偏移量，是一个 24 位有符号立即数。

汇编格式：B{＜cond＞} label

功　能：B 指令是最简单的分支指令。一旦遇到 B 指令，ARM 处理器将立即跳转到给定的目标地址 label，即 PC=label，从那里继续执行。这里 label 表示一个符号地址，它的实际值是相对当前 PC 值的一个偏移量，而不是一个绝对地址，它的值由汇编器来计算。它是 24 位有符号数，左移两位后有符号扩展为 32 位，然后与 PC 值相加，即得到跳转的目的地址。跳转的范围为－32M～＋32M。

【例 3.50】 B 指令示例：

```
backword   SUB  R1,R1,#1
           CMP  R1,#0              ;比较 R1 和 0
           BEQ  forward            ;如果 R1 = 0 则跳转到 forward 处执行
           SUB  R1,R2,#3
           SUB  R1,R1,#1
forward    ADD  R1,R2,#4
           ADD  R2,R3,#2
           B    backword           ;程序无条件跳转到标号 backword 处执行
```

分析：该程序片段说明了带条件的 B 指令和不带条件的 B 指令，第二行语句 CMP 将 R1 和 0 做一个比较，如果 R1 的值为 0，则该指令执行的结果将影响 CPSR 中的 Z 标志位。第三行语句 BEQ 根据 CPSR 中 Z 的值决定是否执行，这两个语句合起来相当于实现了一个 if(R1==0) then 的程序结构。如果 R1=0，则程序直接跳转到了 forward 标号处的语句执行；否则，顺序执行 BEQ 后续的两个语句。程序执行到 B backword 时将无条件跳转到 backword 标号处执行，该程序片段实质上构成了一个无限循环。

3.6.2 带返回的分支指令 BL

机器编码格式：机器编码格式如图 3-31 所示。

汇编格式：BL{<cond>} label

功　　能：BL 指令是另一个跳转指令，与 B 指令不同的是：在跳转之前，将 PC 的当前内容保存在寄存器 R14(LR)中。因此，可以通过将 R14 的内容重新加载到 PC 中，返回到跳转指令之后的那个指令处执行。该指令用于实现子程序的调用，程序的返回可通过把 LR 寄存器的值复制到 PC 寄存器中来实现。一个常用的子程序调用的结构如例 3.51 所示。

【例 3.51】 BL 指令示例：

```
⋮
BL func                    ;跳转到子程序
ADD R1,R2,#2               ;子程序调用完返回后执行的语句,返回地址
⋮
func                       ;子程序
⋮                          ;子程序代码
MOV R15,R14                ;复制返回地址到 PC,实现子程序的返回
```

分析：该例说明了子程序调用和返回的结构，程序执行到 BL 语句时，PC 指向下一个要执行的语句，此时 PC(R15)中的值为下一个语句 ADD 指令所在的地址。由于 BL 是一个分支指令，这个指令将改变 PC 的值使它指向子程序所在的地址，从而调用子程序。子程序调用完后就涉及程序返回到断点地址重新执行的问题。BL 指令不但修改 PC 的值使它指向子程序，而且还将断点地址保存在 LR(R14)寄存器中，

此例中即 ADD 指令所在的地址。子程序的功能实现完后，常常用一个 MOV 指令将 LR(14)中的值复制到 PC(R15)中，从而实现子程序调用的返回功能，其调用关系如图 3－32 所示。

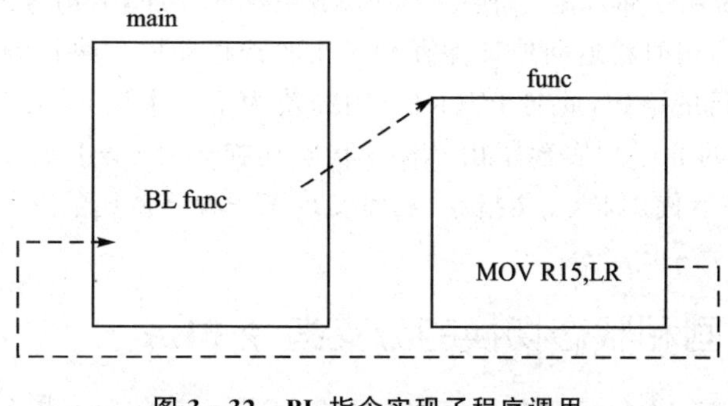

图 3－32　BL 指令实现子程序调用

3.6.3　带状态切换的分支指令 BX

机器编码格式：机器编码格式如图 3－33 所示。

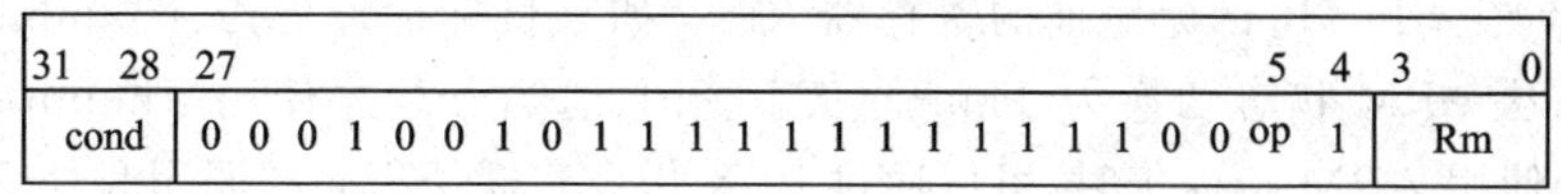

图 3－33　BX 和 BLX 指令的机器编码格式

图中各位的含义如下：

cond　指令执行的条件。

op　用来区别 BX 指令(op＝0)和 BLX 指令(op＝1)。

汇编格式：BX{<cond>} Rm

功　能：BX 指令跳转到指令中所指定的目标地址，并实现状态的切换。Rm 是一个表达目标地址的寄存器。当 Rm 中的最低位 Rm[0]为 1 时，强制程序从 ARM 指令状态跳到 Thumb 指令状态；当 Rm 中的最低位 Rm[0]为 0 时，强制程序从 Thumb 指令状态跳到 ARM 指令状态。

【例 3.52】 BX 指令示例：

```
        CODE32              ;ARM 程序段,32 位编码
arm1    ADR R0,thumb1 + 1   ;伪指令,把语句标号 thumb1 所在的地址赋
                            ;给 R0,末位 R0[0]置 1,要跳转到 Thumb 指令集
        MOV LR,PC           ;设置返回地址
        BX R0               ;跳转
        ADD R1,R2,#2        ;返回地址处,第 4 条指令
        CODE16              ;Thumb 程序段,16 位编码
```

```
thumb1    ADD R1,R3,#1          ;Thumb 程序
          ⋮
          BX LR                 ;跳转到返回地址处,执行第 4 条指令
```

分析:该例说明了带状态切换的子程序调用和返回的结构,ARM 程序段执行“MOV LR,PC”语句时将返回地址保存到了 LR 寄存器中。执行到 BX 语句时,PC 指向下一个要执行的语句,此时 PC(R15)中的值为下一个语句 ADD 指令所在的地址,并根据 R0 中的 bit[0]实现了由 ARM 状态切换到 Thumb 状态。调用 Thumb 子程序,调用成完后使用 BX LR 指令,从而实现了子程序调用的返回并切换到 ARM 状态。

3.6.4 带返回和状态切换的分支指令 BLX

BLX 指令是在 ARMv5 架构(如 ARM1020E)下支持的分支指令。

机器编码格式:机器编码格式如图 3-33 所示。

汇编格式:BLX{<cond>} label|Rm

功　　能:BLX 指令跳转到指令中所指定的目标地址,并实现状态的切换,同时将 PC(R15)的值保存到 LR 寄存器(R14)中。其目标地址可以是一个符号地址(label),或者是一个表达目标地址的寄存器 Rm。如果目标地址处为 Thumb 指令,则程序状态从 ARM 状态切换为 Thumb 状态。因此,当子程序使用 Thumb 指令集,而调用者使用 ARM 指令集时,可以通过 BLX 指令实现子程序的调用和处理器工作状态的切换。同时,子程序的返回可以通过将寄存器 R14 值复制到 PC 中来完成。

【例 3.53】 BLX 指令示例:

```
          CODE32                ;ARM 程序段,32 位编码
arm1      ADR R0,thumb1 + 1     ;伪指令,把语句标号 thumb1 所在的地址赋
                                ;给 R0,末位 R0[0]置 1,要跳转到 Thumb 指令集
          ;MOV LR,PC            ;该指令注销,比较 BL 指令
          BLX R0                ;跳转,同时设置返回地址即 PC←LR
          ADD R1,R2,#2          ;返回地址处,第 4 条指令

          CODE16                ;Thumb 程序段,16 位编码
thumb1    ADD R1,R3,#1          ;Thumb 程序
          ⋮
          BX LR                 ;跳转到返回地址处,执行第 4 条指令
```

分析:使用 BLX 指令代替 BX 指令简化了 Thumb 例程的调用,因为 BLX 指令在连接寄存器 LR 中自动设置了返回地址。比较上例,该例中不需要使用 MOV LR,PC 指令来保存 PC 的值了。

3.7 程序状态寄存器访问指令

ARM 微处理器中的程序状态寄存器不属于通用寄存器，为了使用方便，ARM 专门为程序状态寄存器设立了 2 条访问指令，用于在程序状态寄存器和通用寄存器之间传送数据。程序状态寄存器访问指令如表 3-8 所列。

表 3-8 程序状态寄存器访问指令

助记符	说 明	操 作
MRS {cond} Rd,psr	读状态寄存器指令	Rd←psr
MSR{cond}psr_fields,Rd|#immed	写状态寄存器指令	psr-fields←Rd|#immed

说明：psr 为 CPSR 或 SPSR，#immed 为立即数。

1. MRS 程序状态寄存器到通用寄存器的数据传送指令

机器编码格式：机器编码格式如图 3-34 所示。

31 28	27 23	22	21	20	19 16	15 12	11 0
cond	0 0 0 1 0	R	0	0	1 1 1 1	Rd	0 0 0 0 0 0 0 0 0 0 0 0

图 3-34 MRS 指令的机器编码格式

图中各位的含义如下：

cond 指令执行的条件。

R 用来区别 CPSR(R=0)和 SPSR(R=1)。

Rd 表示目标寄存器，Rd 不允许为 R15。

汇编格式：MRS{<cond>}<Rd>,<CPSR|SPSR>

功 能：MRS 指令用于将程序状态寄存器的内容传送到通用寄存器中。该指令一般用在以下情况：当在异常处理或进程切换时，需要保存程序状态寄存器的值，可先用该指令读出程序状态寄存器的值，然后保存。当需要改变程序状态寄存器的内容时，可用 MRS 将程序状态寄存器的内容读入通用寄存器，修改后再写回程序状态寄存器。

【例 3.54】 MRS 指令示例：

```
MRS R0,CPSR                ;传送 CPSR 的内容到 R0
MRS R0,SPSR                ;传送 SPSR 的内容到 R0
```

2. MSR 通用寄存器到程序状态寄存器的数据传送指令

机器编码格式：机器编码格式如图 3-35 所示。

31 28	27 23	22	21	20	19 16	15 12	11 8	7 0
cond	0 0 1 1 0	R	0	0	field_mask	1 1 1 1	rotate	immed

操作数为立即数

31 28	27 23	22	21	20	19 16	15 12	11 8 7 4	3 0
cond	0 0 0 1 0	R	1	0	field_mask	1 1 1 1	0 0 0 0 0 0 0 0	Rm

操作数为寄存器

图 3－35 MSR 指令的机器编码格式

图中各位的含义如下：

cond　　　　　指令执行的条件。

R　　　　　　用来区别 CPSR(R＝0)和 SPSR(R＝1)。

Field_mask　　域屏蔽。

immed　　　　8 位立即数。

Rm　　　　　操作数寄存器。

汇编格式：MSR{＜cond＞}＜CPSR|SPSR＞_＜fields＞,＜Rm|＃immed＞

功　　能：MSR 指令用于将操作数的内容传送到程序状态寄存器的特定域中。其中,状态寄存器是指 CPSR 或 SPSR,一般指当前工作模式下的状态寄存器。操作数可以为通用寄存器 Rm 或立即数＃immed。域＜fields＞用于设置程序状态寄存器中需要操作的位,32 位的程序状态寄存器可分为 4 个域,如图 3－36 所示。

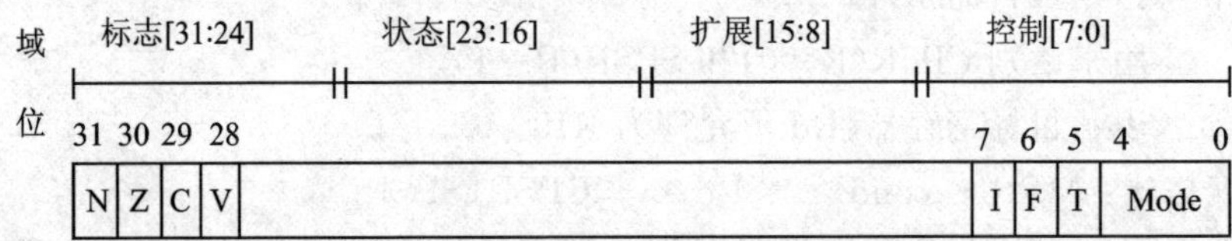

图 3－36 CPSR 的域

图中 4 个域的含义如下：

位[31：24]为条件标志位域,用 f 表示；

位[23：16]为状态位域,用 s 表示；

位[15：8]为扩展位域,用 x 表示；

位[7：0]为控制位域,用 c 表示。

位域的表示方法：在 CPSR 或 SPSR 后面使用下划线,然后是位域。上述位域可以任意组合,之间不用隔点,必须小写才有效。例如,CPSR_c 和 CPSR_cxsf 都是正确的表达式。该指令通常用于恢复或改变程序状态寄存器的内容,在使用时,一般要在 MSR 指令中指明将要操作的域。

使用注意：

① 只有在特权模式下才可以改变处理器模式和设置中断。

② 程序状态寄存器中的 T 位用于指示 ARM 状态和 Thumb 状态的转换，但程序不能通过修改 T 位实现 ARM 和 Thumb 之间的转换。任何情况下不得修改 T 位。

③ 不可以使用 R15 做目标寄存器。

【例 3.55】 MSR 指令示例：

```
MSR CPSR,R0          ;传送 R0 的内容到 CPSR
MSR SPSR,R0          ;传送 R0 的内容到 SPSR
MSR CPSR_c,R0        ;传送 R0 的内容到 CPSR,仅修改 CPSR 中的控制位域
```

将 MRS 和 MSR 指令结合起来可以对程序状态寄存器进行修改，从而可以实现处理器模式转换，设置异常中断的开和关。正确的修改方法是对状态寄存器进行读，然后修改，再写入状态寄存器。例如，下列指令序列说明了使能 IRQ 中断的过程：

```
MRS R1,CPSR
BIC R1,R1,#0x80
MSR CPSR_c,R1
```

MRS 指令先把 CPSR 的值复制到 R1，然后使用 BIC 清除 R1 的位 7；再使用 MSR 把 R1 的值复制到 CPSR，从而实现了使能 IRQ 中断的功能。这个例子中只是修改了控制域的 I 位，而没有修改其他位。该例是在 SVC 模式下执行。在用户模式下可以读取 CPSR，但是只能更改条件标志域 f。

3.8 协处理器指令

ARM 微处理器可支持 16 个协处理器，用于各种协处理操作。在程序执行的过程中，每个协处理器只执行针对自身的协处理指令，忽略 ARM 处理器和其他协处理器的指令。

协处理器指令用于扩展指令集，既可用于提供附加的计算能力，又可用于控制包括 Cache 和内存管理的存储子系统。协处理器指令包括数据处理、寄存器传输及内存传输指令。这里只对协处理器指令进行简要说明，因为协处理器指令和具体的协处理器相关。

这里介绍的协处理器指令主要用于 ARM 处理器初始化、ARM 协处理器的数据处理操作、在 ARM 处理器的寄存器和协处理器的寄存器之间传送数据以及在 ARM 协处理器的寄存器和存储器之间传送数据。ARM 协处理器指令如表 3-9 所列。

表 3-9 ARM 协处理器指令

助记符	说 明	操 作
CDP{cond} p,opcode1,CRd,CRn,CRm,{,opcode2}	协处理器数据操作指令	取决于协处理器
LDC{cond}{L} p,CRd,<addr>	协处理器数据读取指令	取决于协处理器
STC{cond}{L} p,CRd,<addr>	协处理器数据写入指令	取决于协处理器
MCR{cond} p,opcode1,Rd,CRn,CRm {,opcode2}	ARM 寄存器到协处理器寄存器的数据传送指令	取决于协处理器
MRC{cond} p,opcode1,Rd,CRn,CRm{,opcode2}	协处理器寄存器到 ARM 寄存器的数据传送指令	取决于协处理器

1. CDP 协处理器数据处理指令

机器编码格式:机器编码格式如图 3-37 所示。

31 28	27 24	23 20	19 16	15 12	11 8	7 4	3 0
cond	1 1 1 0	opcode1	CRn	CRd	p	opcode2	CRm

图 3-37 CDP 指令机器编码格式

图中各位含义如下:

cond　　指令执行的条件。

opcode1

opcode2　　协处理器将执行的操作。

CRm

CRn　　存放操作数的协处理器寄存器。

CRd　　作为目的寄存器的协处理器寄存器。

p　　协处理器编号,0≤p≤15。

汇编格式:CDP{<cond>}<p>,opcode1,CRd,CRm,CRn{,opcode2}

功　能:ARM 处理器通过 CDP 指令通知 ARM 协处理器 p,要求其在寄存器 CRn 和 CRm 上进行操作 opcode1,并把结果放到 CRd 中,可以使用 opcode2 提供与操作有关的补充信息。若协处理器不能成功完成特定的操作,则产生未定义指令异常。指令中的所有寄存器均为协处理器的寄存器,操作由协处理器完成,指令不涉及 ARM 处理器的寄存器和存储器。

【例 3.56】 CDP 指令示例:

```
CDP P3,2,C12,C10,C3,4          ;该指令完成协处理器 P3 的初始化
```

2. LDC 协处理器数据加载指令

机器编码格式：机器编码格式如图 3－38 所示。

31　28	27　26　25	24	23	22	21	20	19　16	15　12	11　8	7　0
cond	0　1　0	P	U	N	W	oP	Rn	CRd	P	addr

图 3－38　LDC 和 STC 指令的机器编码格式

图中各位含义如下：

cond　　指令执行的条件。

P、U、W　用于区别不同的地址模式。

N　　　数据的大小(依赖于协处理器)。

Op　　　用于区别 LDC 指令(op＝1)还是 STC 指令(op＝0)。

Rn　　　ARM 处理器中的作为基地址的寄存器。

CRd　　作为目的寄存器的协处理器寄存器。

P　　　为协处理器编号，0≤p≤15。

addr　　8 位立即数偏移量。

汇编格式：LDC{＜cond＞}{L} ＜p＞，＜CRd＞，＜addr＞

功　　能：LDC 指令将 addr 所表示的存储器中的字数据传送到目的寄存器 CRd 中，若协处理器不能成功完成传送操作，则产生未定义指令异常。其中，{L}选项表示指令为长读取操作，如用于双精度数据的传输。addr 为存储器的地址表达式，可表示为[Rn，offset]，其中，Rn 表示基址寄存器，是 ARM 处理器中的寄存器；offset 表示偏移量，是一个 8 位的无符号二进制数。addr 的有如下 3 种表达形式：

① 偏移为 0 的地址表达式，例如，[R6]；

② 前索引立即数偏移的表达式，例如，[R0，#0x04]；

③ 后索引立即数偏移的表达式，例如，[R4]，#0x08。

【例 3.57】 LDC 指令示例：

```
LDC P5,C1,[R0]          ;将 ARM 处理器的寄存器 R0 所指向的存储器中的字数据传送到
                        ;协处理器 P5 的寄存器 C1 中
```

3. STC 协处理器数据存储指令

机器编码格式：机器编码格式如图 3－38 所示。

汇编格式：STC{＜cond＞}{L} ＜p＞，＜CRd＞，＜addr＞

功　　能：STC 指令用于将寄存器 CRd 的字数据传送到 addr 所表示的存储器中，若协处理器不能成功完成传送操作，则产生未定义指令异常。STC 指令格式中参数的约定和 LDC 指令格式一致。

【例 3.58】 STC 指令示例：

```
STC P3,C4,[R0]      ;将协处理器 P3 的寄存器 C4 中的字数据传送到 ARM 处理器的寄存器 R0
                    ;所指向的存储器中
```

4. MCR 数据传送指令

机器编码格式：机器编码格式如图 3-39 所示。

31　　28	27　　24	23　　21	20	18　　16	15　　12	11　　8	7　　5	4	3　　0
cond	1 1 1 0	opcodel	op	CRn	Rd	p	opcode2	1	CRm

图 3-39　MCR 和 MRC 指令的机器编码格式

图中各位含义如下：

cond　　　　　　　　指令执行的条件。

opcode1、opcode2　　协处理器将执行的操作。

op　　　　　　　　　用于区别 MCR 指令(op=0)还是 MRC 指令(op=1)。

CRm、CRn　　　　　　存放操作数的协处理器寄存器。

Rd　　　　　　　　　ARM 处理器中的作为源或目标的寄存器。

P　　　　　　　　　 协处理器编号，0≤p≤15。

汇编格式：MCR{<cond>}<p>,opcode1,Rd,CRm,CRn{,opcode2}

功　　能：MCR 指令用于将 ARM 处理器寄存器 Rd 中的数据传送到协处理器寄存器 CRm、CRn 中，若协处理器不能成功完成操作，则产生未定义指令异常。其中，协处理器操作码 opcode1 和 opcode2 为协处理器将要执行的操作；Rd 为源寄存器，是 ARM 处理器的寄存器；CRm、CRn 为目的寄存器，均为协处理器的寄存器。

【例 3.59】 MCR 指令示例：

```
MCR P5,5,R1,C1,C2,9     ;将 ARM 处理器寄存器 R1 中的数据传送到协处理器 P5 的寄存器
                        ;C1 和 C2 中，协处理器执行操作 5 和 9
```

5. MRC 数据传送指令

机器编码格式：机器编码格式如图 3-39 所示。

汇编格式：MRC{<cond>}<p>,opcode1,Rd,CRm,CRn{,opcode2}

功能：MRC 指令用于将协处理器寄存器中的数据传送到 ARM 处理器寄存器中，若协处理器不能成功完成操作，则产生未定义指令异常。其中，协处理器操作码 opcode1 和 opcode2 为协处理器将要执行的操作；Rd 为目的寄存器，是 ARM 处理器的寄存器；CRm、CRn 为源寄存器，均为协处理器的寄存器。

【例 3.60】 MRC 指令示例：

```
MRC P3,3,R0,C4,C5,6     ;协处理器 P3 执行操作 3 和 6，操作数为 C4、C5，其操作的结果传
                        ;送到 ARM 处理器寄存器 R0 中
```

3.9 软件中断指令

ARM 指令集中的软件中断指令是唯一一条不使用寄存器的 ARM 指令，也是一条可以条件执行的指令。ARM 指令在用户模式中受到很大的局限，有一些资源不能访问，在需要访问这些资源时，使用软件控制的惟一可行的方法就是使用 SWI（SoftWare Interrupt）指令，也称为软件中断指令。

1. SWI 软件中断指令

机器编码格式：机器编码格式如图 3－40 所示。

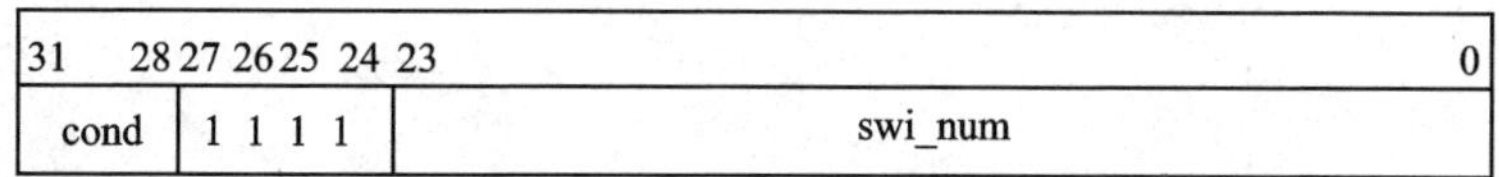

31　28	27 26 25 24	23　　0
cond	1 1 1 1	swi_num

图 3－40　SWI 指令的机器编码格式

图中各位的含义如下：

cond　　　指令执行的条件。

swi_num　24 位立即数，表示调用类型。

汇编格式：SWI{<cond>} SWI_number

功　　能：SWI 指令用于产生软件中断，以便用户程序能调用操作系统的系统例程。操作系统在 SWI 的异常处理程序中提供相应的系统服务，指令中 SWI_number 为 24 位的立即数，该立即数指定用户程序调用系统例程的类型，相关参数通过通用寄存器传递。当指令中 24 位的立即数被忽略时，用户程序调用系统例程的类型由通用寄存器 R0 的内容决定，同时，参数通过其他通用寄存器传递。

指令示例：

```
SWI  0x02                    ;该指令调用操作系统编号为 02 的系统例程
```

说明：

① 软件中断进入的是管理模式，中断后会改变程序状态寄存器中的相关位。

② 中断后处理器把 0x00000008 赋给 PC，并把中断处地址保存在 LR 中，把 CPSR 保存在 SPSR 中。

③ SWI_number 向中断服务程序传递一个参数。不需要传递参数时，应该把表达式写作 0，表达式不可省略。

2. SWI 的调用

当程序执行这条语句时将进入异常中断，此时，需要把 ARM 处理器从用户模式改变到管理模式。执行这条指令，ARM 处理器硬件会实现下列操作：

① 把中断处的地址值（PC－4）复制到 R14 中，保留中断处地址。

② 把 CPSR 复制到 SWI 模式的 SPSR,保存状态寄存器的值。

③ 把状态寄存器的其他模式改变成管理模式。

④ 把中断向量 0x00000008 赋值给 PC。

⑤ 禁止 IRQ 中断,使 CPSR[7]=1。

随后,程序执行 0x00000008 处的指令,通常是一个跳转指令或 PC 赋值指令。例如:

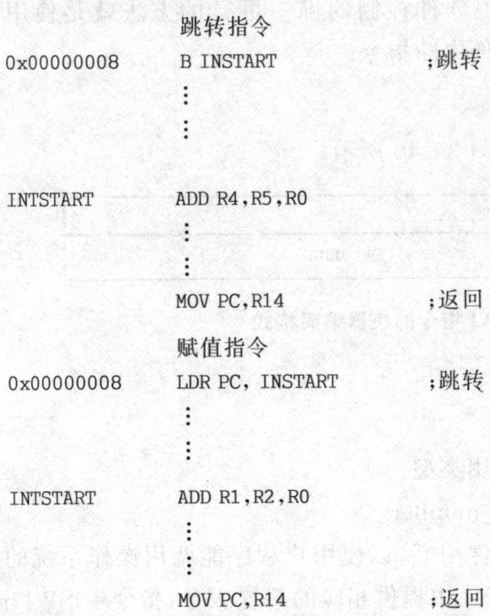

```
            跳转指令
0x00000008  B INSTART              ;跳转
            ⋮
            ⋮
INTSTART    ADD R4,R5,R0
            ⋮
            ⋮
            MOV PC,R14             ;返回
            赋值指令
0x00000008  LDR PC, INSTART        ;跳转
            ⋮
            ⋮
INTSTART    ADD R1,R2,R0
            ⋮
            ⋮
            MOV PC,R14             ;返回
```

在上述例子中,跳转和赋值效果是一样的。执行完中断后使用一条语句返回。在一般情况下,程序会不止一处使用 SWI 中断指令,程序会从很多中断入口处进入同一个中断服务程序,例如上例中的 INTSTART。假如同一个中断服务程序能满足所有中断的要求,那么,上例中的中断服务程序的机构就可以了。但是很多情况下,不同的中断入口会有不同的要求,同一个中断入口因每次进入的条件不同也会有不同的要求。因此,一段服务程序是不够的,往往要有很多不同功能的程序段。假设把它们编为子功能 1、子功能 2、…、子功能 n,那么软中断的入口 INSTART 处就应该设置一个向量表,如以下代码:

```
INTSTART  MOV R0,R0,LSL#2      ;把 R0 乘以 4,R0 = 功能号×4
          ADD PC,PC,R0         ;PC←PC + R0
          NOP                  ;空语句
          B  SUBSEG0           ;跳转到功能段 0,R0 = 0 时
          B  SUBSEG1           ;跳转到功能段 1,R0 = 1 时
          B  SUBSEG2           ;跳转到功能段 2,R0 = 2 时
          ⋮
          B  SUBSEGn           ;跳转到功能段 n,R0 = n 时
```

在这个例子中,进入 INTSTART 后,首先要知道中断所需要的程序功能号,把

程序功能号作为地址偏移量赋值给 PC,程序就跳转到相应的程序段中去。在上例中,假设 R0 所存储的是程序功能号,先把这个功能号乘以 4(即 0 号功能指向第 0 功能偏移为 0,1 号功能指向第一功能偏移为 4,2 号功能指向第 2 功能偏移为 8…),换算成地址偏移,然后加到 PC 中去。

在上例中,假设 R0 中是 2,也就是说中断要调用 2 号功能段,在执行第一条语句时,用 2 乘以 4 后 R0=8。此时,PC 正指向空语句下面的一条(B SUBSEG0)语句,给 PC 加 8 使程序跳转到 SUBSEG2。执行这条语句后,程序跳转到功能段 2 处。

因此,在这种情况下,程序在中断前应该存储所需要的功能号,在中断服务程序开始后再读出这个功能号,这样就实现了一个中断服务程序入口地址的传递。中断时一般有两种方法进行功能号传递(可能还有其他参数需要传递):

① 把准备传递的参数通过寄存器进行传递。

```
MOV R0,#0x8          ;使用 8 号功能段
SWI 0                ;实现中断,不指明调用的功能号
```

② 用 SWI 指令传递中断号。

```
SWI 8                ;实现中断,指明调用的功能号
```

关于 SWI 程序的编写将在第 5 章详细介绍。

3.10 ARM 伪指令

ARM 伪指令不是 ARM 指令集中的指令,只是为了编程方便而定义的,伪指令可以像其他 ARM 指令一样使用,但在编译时这些指令将被等效的 ARM 指令代替。ARM 伪指令有 4 条:

- ADR　小范围的地址读取伪指令。
- ADRL　中等范围的地址读取伪指令。
- LDR　大范围的地址读取伪指令。
- NOP　空操作伪指令。

1. ADR 小范围的地址读取伪指令

格式:ADR{cond} Rm,addr

功能:ADR 指令将基于 PC 相对偏移的地址值或基于寄存器相对偏移的地址值读取到寄存器中。在汇编编译源程序时,ADR 伪指令被编译器替换成一条合适的指令。通常,编译器用一条 ADD 或 SUB 指令来实现该 ADR 伪指令的功能,若不能用一条指令实现,则产生错误,编译失败。

Rm 表示要加载的目标寄存器。

Addr 为地址表达式。当地址值是非字对齐时,取值范围－255～255 字节之间;当地址值是字对齐时,取值范围－1 020～1 020 字节之间。对于基于 PC 相对偏移的地

址值时,给定范围是相对当前指令地址后两个字处(ARM7TDMI 为三级流水线)。

【例 3.61】 使用 ADR 伪指令加载地址,实现查表功能。

```
    ⋮
ADR R0,ADDR_TAB                 ;加载转换表地址
LDRB R1,[R0,R2]                 ;使用 R2 作为参数,进行查表
    ⋮
ADDR_TAB  DCB 0xA0,0xF8, 0x80,0x48, 0xE0,0x4F, 0xA3,0xD2
```

分析:通过 ADR 伪指令将转换表的首地址值(ADDR_TAB)加载到 R0 中,每个表项的偏移地址值由 R2 传入,从而可以实现查表功能。

2. ADRL 中等范围的地址读取伪指令

格式:ADRL{cond} Rm,addr

功能:ADRL 指令将基于 PC 相对偏移的地址值或基于寄存器相对偏移的地址值读取到寄存器中。ADRL 相比 ADR 伪指令可以读取更大范围的地址。在汇编编译源程序时,ADRL 伪指令被编译器替换成两条合适的指令。若不能实现,则产生错误,编译失败。

Rm 表示要加载的目标寄存器。

Addr 为地址表达式。当地址值是非字对齐时,取值范围－64～64 KB 之间;当地址值是字对齐时,取值范围－256～256 KB 之间。

使用 ADRL 加载地址,可以实现程序跳转,例如:

```
            ⋮
            ADR LR,RETURN1             ;设置返回地址
            ADRL R1,Thumb_sub + 1      ;取得 Thumb 子程序入口地址,且 R1 的 0 位置 1
            BX R1                      ;调用 Thumb 子程序,并切换处理器状态
            RETURN1
            ⋮
            CODE16
Thumb_sub MOV R1,#10
    ⋮
```

3. LDR 大范围的地址读取伪指令

格式:LDR{cond} Rm,＝addr

功能:LDR 指令用于加载 32 位立即数或一个地址值到指定寄存器。在汇编编译源程序时,LDR 伪指令被编译器替换成一条合适的指令。若加载的常数未超出 MOV 或 MVN 的范围,则使用 MOV 或 MVN 指令代替该 LDR 伪指令。否则,汇编器将常量放入文字池,并使用一条程序相对偏移的 LDR 指令从文字池读出常量。

Rm 表示要加载的目标寄存器。

Addr 为 32 位立即数或基于 PC 的地址表达式或外部表达式。

【例 3.62】 LDR 伪指令举例如下：

```
LDR R0, = 0x12345678          ;加载 32 位立即数 0x12345678
LDR R0, = DATA_BUF + 60       ;加载 DATA_BUF 地址 + 60
        ⋮
LTORG                         ;声明文字池
        ⋮
```

伪指令 LDR 常用于加载芯片外围功能部件的寄存器地址（32 位立即数），以实现各种控制操作，如程序：

```
        ⋮
LDR R0, = IOPIN               ;加载 GPIO 的寄存器 IOPIN 的地址
        ⋮
LDR R1,[R0]                   ;读取 IOPIN 寄存器的值
        ⋮
LDR R0, = IOSET
LDR R1, = 0x00500500
STR R1,[R0]                   ;IOSET = 0x00500500
        ⋮
```

注意：

① 从 PC 到文字池的偏移量必须小于 4 KB。

② 与 ARM 指令的 LDR 相比，伪指令的 LDR 的参数有"＝"号。

4. NOP 空操作伪指令

格式：NOP

功能：NOP 伪指令在汇编时将会被代替成 ARM 中的空操作，比如可能为"MOV R0,R0"指令等。NOP 可用于延时操作，例如：

```
 ⋮
DELAY
NOP
NOP
NOP
SUBS R1,R1,#1
BNE DELAY1
 ⋮
```

3.11 Thumb 指令集

3.11.1 概　述

为兼容数据总线宽度为 16 位的应用系统，ARM 体系结构除了支持执行效率很

高的 32 位 ARM 指令集以外,同时支持 16 位的 Thumb 指令集。Thumb 指令集是 ARM 指令集的一个子集,允许指令编码长度为 16 位。与等价的 32 位代码相比较,在 16 位外部数据总线宽度下,ARM 处理器使用 Thumb 指令的性能要比使用 ARM 指令的性能更好;而在 32 位外部数据总线宽度下,使用 Thumb 指令的性能要比使用 ARM 指令的性能差。因此,Thumb 指令多用于存储器受限的系统中。

所有的 Thumb 指令都有对应的 ARM 指令,而且 Thumb 的编程模型也对应于 ARM 的编程模型,在应用程序的编写过程中,只要遵循一定的调用规则,Thumb 子程序和 ARM 子程序就可以互相调用。当处理器在执行 ARM 程序段时,称 ARM 处理器处于 ARM 工作状态,当处理器在执行 Thumb 程序段时,称 ARM 处理器处于 Thumb 工作状态。

与 ARM 指令集相比较,在 Thumb 指令集中,数据处理指令的操作数仍然是 32 位,指令地址也为 32 位,但 Thumb 指令集为实现 16 位的指令长度,舍弃了 ARM 指令集的一些特性。如大多数的 Thumb 指令是无条件执行的,而几乎所有的 ARM 指令都是有条件执行的;大多数的 Thumb 数据处理指令的目的寄存器与其中一个源寄存器相同。

ARM 指令和 Thumb 指令的比较如图 3-41 所示,图中的纵坐标是测试向量 Dhrystone 在 20 MHz 频率下运行 1 秒钟的结果,其值越大表明性能越好;横坐标是系统存储器系统的数据总线宽度。由图可知,当系统具有 32 位的数据总线宽度时,ARM 比 Thumb 有更好的性能表现。当系统的数据总线宽度小于 32 位时,Thumb 比 ARM 的性能更好。

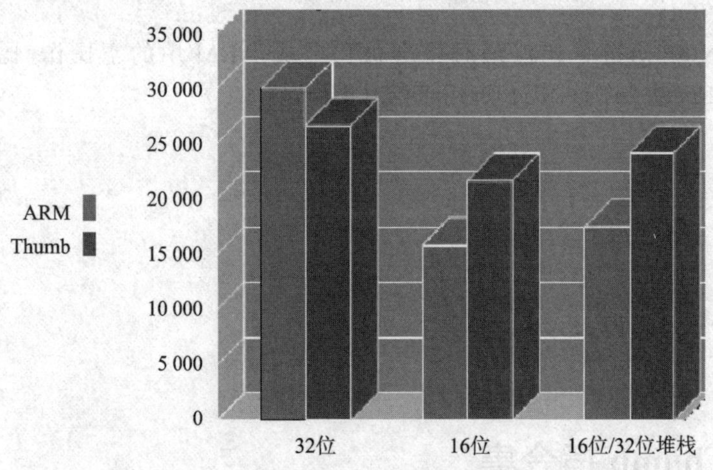

图 3-41　ARM 指令和 Thumb 指令的比较

由于 Thumb 指令的长度为 16 位,只用 ARM 指令一半的位数来实现同样的功能,所以,要实现特定的程序功能,所需的 Thumb 指令的条数较 ARM 指令多。在一般的情况下,Thumb 指令与 ARM 指令的时间效率和空间效率关系为:

➢ Thumb 代码所需的存储空间约为 ARM 代码的 60%～70%。
➢ Thumb 代码使用的指令数比 ARM 代码多 30%～40%。
➢ 若使用 32 位的存储器，ARM 代码比 Thumb 代码快约 40%。
➢ 若使用 16 位的存储器，Thumb 代码比 ARM 代码快 40%～50%。
➢ 与 ARM 代码相比较，使用 Thumb 代码，存储器的功耗会降低约 30%。

显然，ARM 指令集和 Thumb 指令集各有其优点，若对系统的性能有较高要求，应使用 32 位的存储系统和 ARM 指令集；若对系统的成本及功耗有较高要求，则应使用 16 位的存储系统和 Thumb 指令集。当然，若两者结合使用，充分发挥其各自的优点，会取得更好的效果。

每一条 Thumb 指令都和一条 32 位的 ARM 指令相关，图 3-42 显示了一条 Thumb 加法指令 ADD 译码成等效的 ARM 加法指令。

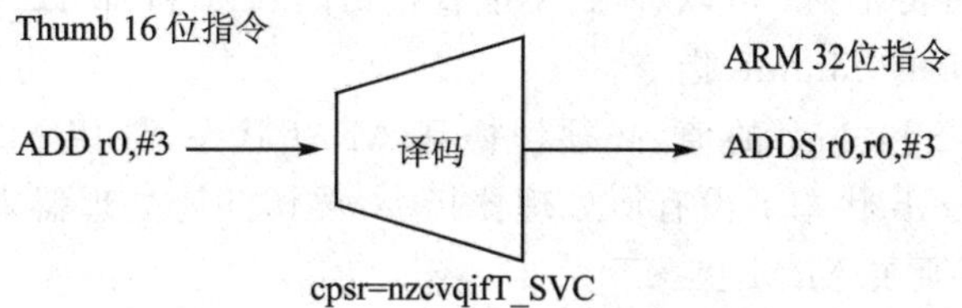

图 3-42　Thumb 指令译码

表 3-10 给出了在 ARMv5TE 架构下所有的 Thumb 指令。在 Thumb ISA 中，

表 3-10　Thumb 指令集 1

助记符	Thumb ISA	描　述	助记符	Thumb ISA	描　述
ADC	V1	带进位 32 位加	LSR	V1	逻辑右移
ADD	V1	32 位加	MOV	V1	数据传送
AND	V1	32 位逻辑与	MUL	V1	乘法指令
ASR	V1	算术右移	MVN	V1	取反传送
B	V1	分支指令	NEG	V1	取反
BIC	V1	32 位逻辑位清除	ORR	V1	逻辑或运算
BKPT	V2	断点指令	POP	V1	退栈
BL	V1	带链接的相对分支指令	PUSH	V1	压栈
BLX	V2	带交换的分支指令	ROR	V1	循环右移
CMN	V1	32 位相反数比较	SBC	V1	带进位减法
CMP	V1	32 位比较	STM	V1	多寄存器存储
EOR	V1	32 位逻辑异或	STR	V1	单寄存器数据存储
LDM	V1	多寄存器加载	SUB	V1	减法
LDR	V1	单寄存器加载	SWI	V1	软中断
LSL	V1	逻辑左移	TST	V1	位测试

只有分支指令可被条件执行;同时,由于 16 位空间的限制,桶形移位操作,如 ASR、LSL、LSR 和 ROR,也变成单独的指令。

关于 Thumb 指令的格式和用法读者可以参考 ARM 指令,本节不再详细介绍 Thumb 指令的格式和用法。接下来的小节是从比较 ARM 指令集和 Thumb 指令集区别和联系的角度介绍 Thumb 指令的一些用法。

3.11.2 Thumb 指令寄存器的使用

在 Thumb 状态下不能直接访问所有的寄存器,只有寄存器 R0～R7 是可以被任意访问的,如表 3-11 所列。寄存器 R8～R12 只能通过 MOV、ADD 或 CMP 指令来访问。CMP 指令和所有操作 R0～R7 的数据处理指令都会影响 CPSR 中的条件标志。

从表 3-10 和表 3-11 可以看出,不能直接访问 cpsr 和 spsr。换句话说,没有与 MSR 和 MRS 等价的 Thumb 指令。

为了改变 cpsr 和 spsr 的值,必须切换到 ARM 状态,使用 MSR 和 MRS 来实现。同样,在 Thumb 状态下没有协处理器指令,要访问协处理器来配置 cache 和进行内存管理,也必须在 ARM 状态下。

表 3-11 Thumb 寄存器的使用

寄存器	访 问	寄存器	访 问
R0～R7	完全访问	R14 LR	限制访问
R8～R12	只能通过 MOV, ADD, 以及 CMP 访问	R15 PC	限制访问
		CPSR	只能间接访问
R13 SP	限制访问	SPSR	限制访问

3.11.3 ARM-Thumb 交互

ARM-Thumb 交互是指对汇编语言和 C/C++语言的 ARM 和 Thumb 代码进行连接的方法,它进行两种状态(ARM 和 Thumb)间的转换。在进行这种转换时,有时须使用额外的代码,这些代码被称为胶合(veneer)。ATPCS 定义了 ARM 和 Thumb 过程调用的标准。

从一个 ARM 例程调用一个 Thumb 例程,内核必须切换状态。状态的变化由 CPSR 中的 T 位来显示。在跳转到一个例程时,BX 和 BLX 分支指令可用于 ARM 和 Thumb 状态的切换。BX LR 指令从一个例程返回,如果需要,也可以进行状态切换。

BLX 指令在 ARMv5T 中引入。在 ARMv4 核中,连接器在子程序调用时,使用胶合来完成状态的切换。连接器不是直接调用例程,而是通过调用胶合,由胶合使用 BX 指令来切换到 Thumb 状态。

有 2 个版本的 BX 和 BLX 指令，如表 3－12 所列。ARM BX 的指令只有当 Rn 中地址的最低位为 1 时，才进入 Thumb 状态；否则，进入 ARM 状态。Thumb BX 指令以同样的方式工作。其语法格式为：

```
BX      Rm
BLX     Rm | label
```

表 3－12　BX 和 BLX 分支指令

指　令	功　能	操　作
BX	Thumb 版本分支切换	PC=Rn & 0xFFFFFFFE T=Rn[0]
BLX	Thumb 版本带连接的分支切换	LR=BLX 后面的指令地址+1 PC=label，T=0， PC=Rm & 0xFFFFFFFE，T=Rm[0]

与 ARM 版本的 BX 指令不同，Thumb BX 指令不能被条件执行。

【例 3.63】　使用 ARM BX 和 Thumb BX 例子。

```
            CODE32                          ;ARM 代码，字对齐
            LDR   r0, = thumbCode + 1       ;加 1 进入 Thumb 状态
            MOV   lr,pc                     ;设置返回地址
            BX    r0                        ;返回 Thumb 状态
            ⋮                               ;继续其他的代码
            CODE1                           ;Thumb 代码，半字对齐
thumbCode   ADD   r1,#1
            BX    lr                        ;返回 ARM 状态
```

分析：可以看到，进入 Thumb 的分支地址的最低位是置 1 的，这将置位 cpsr 中的 T 位而进入 Thumb 状态。使用 BX 指令时，返回地址不是自动保留的，因而在跳转指令调用前，通过显式地使用 MOV 指令来设置返回地址。

【例 3.64】　使用 BLX 指令的例子。

```
            CODE32
            LDR      r0, = thumbcode + 1    ;进入 Thumb 状态
            BLX      r0                     ;跳到 Thumb 代码
                                            ;返回地址自动保存在 LR 中
            CODE16
thumbcode   ADD      r1,#1                  ;Thumb 代码，半字对齐
            BX       r14                    ;返回到 ARM 状态
```

分析：使用 BLX 指令代替 BX 指令简化了 Thumb 例程的调用，因为 BLX 指令在连接寄存器 lr 中自动设置了返回地址。

此外，还有两个标准分支指令的变体：B 指令和 BL 指令，如表 3－13 所列。这两条指令的语法格式为：

```
B<cond> label
B label
BL label
```

其中,B 指令是 Thumb 指令中唯一可以条件执行的指令。B 指令中,第一个变体与 ARM 版本指令相似,可条件执行,跳转被限制在有符号 8 位立即数所表示的范围内,或者是－256～254 字节;第 2 个变体不可条件执行(没有条件码部分),但扩展了有效跳转范围:有符号的 11 位立即数表示的范围,或－2 048～＋2 046 字节。

表 3-13　B 指令和 BL 指令

指　令	指令功能	操　作
B	分支指令	PC= label
BL	带连接的分支指令	PC= label,lr=BL 后的指令地址＋1

BL 指令不可条件执行,可以在大约±4 MB 的范围内跳转,因为 BL(或 BLX)指令被转换成一对 16 位的 Thumb 指令,因而,上述跳转范围是合理的。这对指令中的第一条包含跳转偏移量的高位部分,第二条包含其低位部分,这些指令必须成对使用。有如下 3 条指令可以实现从子程序返回:

```
MOV  pc,lr
BX   lr
POP  {pc}
```

3.11.4　数据处理指令

数据处理指令可以操作寄存器中的数据,包括 MOV 指令、算术指令、移位指令、逻辑指令、比较指令和乘法指令。Thumb 数据处理指令是 ARM 数据处理指令的一个子集,因此其使用格式可参考相关的 ARM 数据处理指令。常见的 Thumb 数据处理指令如表 3-14 所列。

表 3-14　Thumb 数据处理指令

指　令	功　能	操　作
ADC	带进位的 32 位加	Rd=Rd＋Rm＋C flag
ADD	32 位加	Rd=Rd＋immediate Rd=Rd＋immediateRd=Rd＋RmRd=Rd＋RmRd=(pc&0xfffffffc)＋(immediate<<2) Rd=sp＋(immediate<<2) Rd=sp＋(immediate<<2)
AND	32 位逻辑"与"	Rd=Rd&Rm

续表 3 - 14

指　令	功　能	操　作
ASR	算术右移	Rd=Rm>>immediate C flag=Rm[immediate−1] Rd=Rd>>Rs,C flag=Rd[Rs−1]
BIC	32 位逻辑位清零	Rd=Rd AND NOT(Rm)
CMN	32 位取负比较	Rn+Rm　set　flags
CMP	32 位整数比较	Rn - immediate 设置标志位 Rn-Rm 设置标志位
EOR	32 位逻辑"异或"	Rd=Rd EOR Rm
LSL	逻辑左移	Rd=Rm<<immediate C flag=Rm[32-immediate] Rd=Rd<<Rs,C flag=Rd[32-Rs]
LSR	逻辑右移	Rd=Rm>>immediate C flag=Rd[immediate−1] Rd=Rd>>Rs,C flag=Rd[Rs−1]
MOV	把 32 位数送入寄存器	Rd=immediate Rd=Rn Rd=Rm
MUL	32 位乘法	Rd=(Rm * Rd)[31：0]
MVN	把一个 32 位数的"非"送到寄存器	Rd=NOT(Rm)
NEG	求反	Rd=0−Rm
ORR	32 位逻辑位"或"	Rd=Rd OR Rm
ROR	32 位逻辑右移	Rd=Rd 循环右移 Rs C flag=Rd[Rs−1]
SBC	32 位带进位减法	Rd=Rd−Rm−NOT(C flag)
SUB	32 位减法	Rd=Rn−immediate Rd=Rd−immediate Rd=Rn−Rm Sp=sp−(immediate<<2)
TST	32 位测试指令	Rn AND Rm　设置标志位

这些指令与等价的 ARM 指令使用相同的格式。大多数的 Thumb 数据处理指令操作寄存器 R0～R7,同时会更新 CPSR。但是下列指令是例外：

```
MOV     Rd,Rn
ADD     Rd,Rm
```

```
CMP     Rn,Rm
ADD     sp,# immediate
SUB     sp,# immediate
ADD     Rd,sp,# immediate
ADD     Rd,pc,# immediate
```

这些指令可以操作寄存器 R8～R14 和 PC。使用 R8～R14 时,除了 CMP 指令外,其他指令不改变 CPSR 中的条件标志。CMP 指令总是更新 CPSR 的。

【例 3.65】 Thumb 指令示例。假设执行前:

```
CPSR = nzcvIFT - SVC
R1 = 0x80000000
R2 = 0x10000000
```

则执行指令:"ADD R0,R1,R2",执行后 R0 和 CPSR 寄存器的值有什么变化?

分析:指令带有两个寄存器 R1 和 R2,把它们相加后的结果放到寄存器 R0,同时更新 CPSR 的值。执行后:

```
R0 = 0x9000000
CPSR = NzcvIFT - SVC
```

【例 3.66】 移位指令举例。假设执行前:

```
R2 = 0x00000002
R4 = 0x000000001
```

则执行指令:"LSL R2,R4",执行后 R2 和 R4 有什么变化?

分析:与 ARM 方式不同,Thumb 的桶形移位操作(ASR,LSL,LSR 和 ROR)是单独的指令。这个例子显示了逻辑左移(LSL)指令,把寄存器 R2 乘以 2。执行后:

```
R2 = 0x00000004
R4 = 0x00000001
```

3.11.5 单寄存器加载和存储指令

Thumb 指令集支持寄存器的加载和存储,即 LDR 和 STR 指令。这些指令使用两种前变址寻址方式:寄存器偏移和立即数偏移。单寄存器加载和存储指令如表 3-15 所列。

表 3-15 单寄存器加载和存储指令

指 令	功 能	操 作
LDR	加载字到一个寄存器	Rd←mem32[addr]
STR	寄存器中的字存储到存储器	mem32[addr]←Rd
LDRB	加载字节到一个寄存器	Rd←mem8[addr]

续表 3－15

指　令	功　能	操　作
STRB	寄存器中的字节存储到存储器	mem8[addr]←Rd
LDRH	加载半字到一个寄存器	Rd←mem16[addr]
STRH	寄存器中的半字存储到存储器	mem16[addr]←Rd
LDRSB	加载有符号字节到一个寄存器	Rd←signExtend(mem8[addr])
LDRSH	加载有符号半字到一个寄存器	Rd←signExtend(mem16[addr])

【例 3.67】 LDR 指令举例。假设执行前：

```
Men32[0x9000] = 0x00000001
Men32[0x9004] = 0x00000002
Men32[0x9008] = 0x00000003
R0 = 0x00000000
R1 = 0x00090000
R4 = 0x00000004
```

若有指令 LDR　R0，[R1,R4]，则执行后 R0、R1、R4 有什么变化？

若有指令 LDR　R0,[R1,＃0x4]，则执行后 R0、R1、R4 有什么变化？

分析：这两条 Thumb 指令执行前的条件是一样的，执行同样的操作。唯一的区别是第二条 LDR 使用一个立即数作为固定偏移，而第一条 LDR 的偏移依赖于寄存器 R4，即寄存器变址。这两条指令执行后：

```
R0 = 0x00000002
R1 = 0x00090000
R4 = 0x00000004
```

3.11.6　多寄存器加载和存储指令

Thumb 指令集的多寄存器加载和存储(load-store)指令是 ARM 指令集的多寄存器加载和存储指令的简化形式。多寄存器加载和存储指令如表 3－16 所列。Thumb 指令集中的多寄存器加载和存储指令只支持后增量(IA,Increment After)寻址方式。其语法格式如下：

LDM|STM IA Rn!,{low register　list:R0～R7}

表 3－16　多寄存器加载和存储指令

指　令	功　能	操　作
LDMIA	加载多个寄存器	{Rd}＊N<－mem32[Rn+4＊N],Rn=Rn+4＊N
STMIA	存储多个寄存器	{Rd}＊N－>mem32[Rn+4＊N],Rn=Rn+4＊N

这里 N 是寄存器列表中寄存器的数目。从表 3-16 中可看到,指令执行后总是更新基址寄存器,基址寄存器和可以使用的寄存器列表仅限于 R0～R7。

【例 3.68】 多寄存器加载与存储指令举例,假设执行前各寄存器的值如下:

```
R1 = 0x00000001
R2 = 0x00000002
R3 = 0x00000003
R4 = 0x9000
```

则执行指令"STMIA　R4!,{R1,R2,R3}"后各寄存器和存储器发生什么变化?

分析:保存 R1～R3 到内存地址 0x9000～0x900c,并且更新基址寄存器 R4。需要指出的是,这里更新字符"!"不是可选的,这与 ARM 指令集不同。指令执行后:

```
mem32[0x9000] = 0x00000001
mem32[0x9004] = 0x00000002
mem32[0x9008] = 0x00000003
R4 = 0x900c
```

3.11.7 堆栈指令

Thumb 的堆栈操作与等效的 ARM 指令是不同的,因为它们使用了更传统的 POP 和 PUSH 的概念。Thumb 堆栈指令如表 3-17 所列,其指令的语法格式如下:

```
POP{low - register - list{,pc}}
PUSH{low - register - list{,lr}}
```

表 3-17 Thumb 堆栈指令

指 令	功 能	操 作
POP	出栈	Rd * N←mem32[sp+4 * N],sp=sp+4 * N
PUSH	入栈	mem32[sp+4 * N],sp=sp−4 * N←Rd * N

注意: 指令中没有堆栈指针,这是因为在 Thumb 操作中,寄存器 R13 是固定作为堆栈指针用的,SP 是自动更新的。可操作的寄存器列表仅限于寄存器 R0～R7。

PUSH 指令可操作的寄存器还包括连接寄存器 LR,同样,POP 指令可以操作 PC,这为子程序的进入和退出提供了支持。堆栈指令仅支持递减式满堆栈操作。

【例 3.69】 PUSH 和 POP 指令举例。

```
                BL   ThumbRoutine       ;调用子程序
                ⋮                       ;其他代码
ThumbRoutine    PUSH    {R1,LR}         ;进入子程序
                MOV     R0,#2
                POP     {R1,PC}         ;从子程序返回
```

分析：程序使用带连接的分支指令(BL)来调用子程序 ThumbRoutine。连接寄存器 LR 和 R1 被压入堆栈，在返回时，寄存器 R1 的值被原来的 R1 出栈恢复，PC 被原来入栈的 LR 的值覆盖，这就完成了从子程序返回。

3.11.8 软件中断指令

与 ARM 指令集下的软件中断指令相似，Thumb 软件中断指令(SWI)也产生一个软件中断异常。在 Thumb 状态下，如果有任何中断或者异常标志出现，那么处理器就会自动回到 ARM 状态去进行异常处理。SWI 指令的语法如下：

```
SWI   immediate
```

Thumb SWI 指令与等效的 ARM 指令有同样的作用和几乎完全相同的语法，区别是 Thumb SWI 数目限制在 0～255，并且不能条件执行。

【例 3.70】 SWI 指令举例。假设执行前各寄存器如下：

```
CPSR = nzcvqifT_USER
PC = 0x00008000
LR = 0x003fffff              ;LR = R14
R0 = 0x12
```

执行指令："0x00008000　SWI　0x45"后各寄存器有什么变化?

分析：在执行该指令后，处理器从 Thumb 状态切换到 ARM 状态。

执行后：

```
CPSR = nzcvqift_SVC
SPSR = nzcvqifT_USER
PC = 0x00000008
LR = 0x00008002
R0 = 0x12
```

3.12 Thumb 伪指令

Thumb 伪指令不是 Thumb 指令集中的指令，只是为了编程方便而定义的伪指令，使用时可以像其他 Thumb 指令一样使用，但在编译时这些指令将被等效的 Thumb 指令代替。Thumb 伪指令有 3 条：

- ADR　小范围的地址读取伪指令。
- LDR　大范围的地址读取伪指令。
- NOP　空操作伪指令。

1. ADR 小范围的地址读取伪指令

格式：ADR Rm,addr

功能：ADR 指令将基于 PC 相对偏移的地址值或基于寄存器相对偏移的地址值读取到寄存器中。

Rm 表示要加载的目标寄存器。

addr 为地址表达式。偏移量必须是正数并小于 1 KB。

【例 3.71】 可以用 ADR 加载地址，实现查表，例如：

```
                    ⋮
                    ADR R0,TXT_TAB          ;加载地址
                    ⋮
TXT_TAB             DCB  "ABCD"
```

2. LDR 大范围的地址读取伪指令

格式：LDR Rm，=addr

功能：LDR 指令用于加载 32 位立即数或一个地址值到指定寄存器。在汇编编译源程序时，LDR 伪指令被编译器替换成一条合适的指令。若加载的常数未超出 MOV 或 MVN 的范围，则使用 MOV 或 MVN 指令代替该 LDR 伪指令。否则，汇编器将常量放入文字池，并使用一条程序相对偏移的 LDR 指令从文字池读出常量。

Rm 表示要加载的目标寄存器。

Addr 为 32 位立即数或基于 PC 的地址表达式或外部表达式。

LDR 伪指令举例如下：

```
LDR R0, = 0x12345678          ;加载 32 位立即数 0x12345678
LDR R0, = DATA_BUF + 60       ;加载 DATA_BUF 地址 + 60
⋮
LTORG                         ;声明文字池
⋮
```

注意：

① 从 PC 到文字池的偏移量必须小于 1 KB。

② 与 Thumb 指令的 LDR 相比，伪指令的 LDR 的参数有"＝"号。

3. NOP 空操作伪指令

格式：NOP

功能：NOP 伪指令在汇编时将会被代替成 Thumb 中的空操作，比如可能为"MOV R0,R0"指令等。NOP 可用于延时操作。

习题三

1. ARM 指令的寻址方式有几种？试分别举例说明。
2. ARM 指令系统对字节、半字、字的存取是如何实现的？
3. 如何从 ARM 指令集跳转到 Thumb 指令集？

4. ARM 指令集支持哪几种协处理器指令？

5. ARM 指令的条件码有多少个？默认条件码是什么？

6. ARM 指令中的第二操作数有哪几种形式？试举例说明。

7. MOV 指令与 LDR 指令有什么区别？

8. 判断下列指令正误，并说明理由。

(1) LDR R3,[R4]!

(2) ADD R6,R5,#4!

(3) LDMIA R6,{R3－R7}!

(4) LDMFD R13!,{R2,R4}

(5) ADD R1,R2,#0x104

(6) ADD R1,R2,#0x101

(7) MOV R0,R0

(8) MVN R7,#0x2F100

(9) MVN R0,R3,#2_01110000

(10) SBC R15,R6,LSR R5

(11) AND R5,[R6],R7

(12) MRS R15,CPSR

(13) MSR CPSR,#0x001

(14) MUL R3,R3,R6

(15) MUL R4,R6,#0x80

(16) STRB SP! [R0,R4]

(17) LDRB R1,[R6,R4],R6

(18) STRB R0,[R15,#0x04]!

(19) LDRB PC,[R5]

(20) LDRSB R5,[R4,#0x101]

(21) STRSH R6,[R5]

9. 下列指令在什么条件下被执行。

```
SUBMI R3,R3,#0x08
ADDNE R0,R0,R4
```

10. 下列两段代码用来实现打开中断和关闭中断，请补齐空白处内容。

```
MRS R1,CPSR
BIC R0,R1,____
MSR CPSR_c,R0
```

```
MRS R1,CPSR
ORR R1,_____
MSR CPSR_c,R1
```

11. 举例说明 B 和 BL 指令的区别以及 BX 和 BLX 的区别？

第 4 章

ARM 汇编语言程序设计

本章首先介绍汇编语言程序的基本格式和汇编程序所需要的一些伪操作，然后通过一个简单的例子说明汇编语言程序的上机过程，使读者能快速掌握汇编语言程序设计的上机过程。接下来对汇编语言程序设计的基本结构，如顺序、分支、循环程序和子程序进行介绍。在此基础上结合 ARM 处理器的特点，对工作模式的切换和工作状态的转换编程进行介绍。ARM 程序和 Thumb 程序的交互必须符合 ATPCS (ARM-Thumb Produce Call Standard)，在实际应用中汇编语言往往结合 C 语言程序实现系统功能，本章最后介绍汇编语言程序和 C 语言程序的交互。

4.1 汇编语言程序格式

4.1.1 汇编语言的基本概念

1. 机器语言与汇编语言

计算机程序由指令序列组成。计算机通过对每条指令的译码和执行来完成相应的操作。指令必须以二进制代码的形式存放在内存中，这样才能够被计算机识别和理解，并加以执行。由二进制代码表示的指令称为机器指令，相应的程序称为机器语言程序。

机器语言程序由 0、1 二进制代码组成，不便于编程和记忆。由此产生了用指令助记符表示的汇编语言指令，对应的程序称为汇编语言程序。

【例 4.1】 以下指令序列完成两个 128 位二进制数的加法，第一个数由高到低存放在寄存器 R7～R4，第二个数由高到低存放在寄存器 R11～R8，运算结果由高到低存放在寄存器 R3～R0。

```
ADDS R0,R4,R8          ;加低端的字
ADCS R1,R5,R9          ;加第 2 个字,带进位
ADCS R2,R6,R10         ;加第 3 个字,带进位
ADC R3,R7,R11          ;加第 4 个字,带进位
```

对例 4.1 程序进行汇编以后，得到 ARM 汇编指令对应的机器代码（用十六进制

数表示),如表 4－1 所列。在表中,第一列表示机器代码存放的内存地址,该地址与机器所处的环境有关;第二列表示 ARM 机器代码,每条指令的机器代码由 32 位组成;第三列表示汇编指令,由指令助记符和操作数组成。指令前可能有标号,表示该指令第一个字节所在的地址。

表 4－1　汇编后的机器代码

地　址	机器代码	对应的汇编指令
00008000	0xe0940008	ADDS R0,R4,R8
00008004	0xe0b51009	ADCS R1,R5,R9
00008008	0xe0b6200a	ADCS R2,R6,R10
0000800c	0xe0a7300b	ADC R3,R7,R11

2. 汇编语言与高级语言

从例 4.1 可见,汇编语言程序的基本单位仍然是机器指令,只是采用助记符表示,便于人们记忆。因此,汇编语言是一种依赖于计算机微处理器的语言,每种机器都有它专用的汇编语言(如 ARM 与 8051 单片机的汇编语言是不相同的),汇编语言一般不具有通用性和可移植性。进行汇编语言程序设计就必须熟悉机器的硬件资源和软件资源,因此具有较大的难度和复杂性。

高级语言,如 BASIC、FORTRAN、C 语言等,是面向过程的语言,不依赖于机器,因而具有很好的通用性和可移植性,并且具有很高的程序设计效率,便于开发复杂庞大的软件系统。

既然高级语言有很多优点,为什么还要学习汇编语言呢? 理由如下:

① 汇编语言仍然是各种系统软件(如操作系统)设计的基本语言,利用汇编语言可以设计出效率极高的核心底层程序,如设备驱动程序。在许多高级应用编程中,32 位汇编语言编程仍然占有较大的市场。

② 用汇编语言编写的程序一般比用高级语言编写的程序执行得快,且所占内存较少。

③ 汇编语言程序能够直接有效地利用机器硬件资源,在一些实时控制系统中更是不可缺少和代替的。

④ 学习汇编语言对于理解和掌握计算机硬件组成及工作原理是十分重要的,也是进行计算机应用系统设计的先决条件。

4.1.2 汇编语言源程序的组成

1. 汇编语言源程序的结构

【例 4.2】 以下是一个汇编语言源程序的基本结构:

```
        AREA Init,CODE,READONLY
        ENTRY
Start   LDR R0, = 0x3FF5000
        LDR R1,0xFF
        STR R1,[R0]
        LDR R0, = 0x3FF5008
        LDR R1,0x01
        STRR1,[R0]
        ⋮
        END
```

在 ARM(Thumb)汇编语言程序中,以程序段为单位组织代码。段是相对独立的指令或数据序列,具有特定的名称。段可以分为代码段、数据段和通用段,代码段的内容为执行代码,数据段存放代码运行时需要用到的数据。在汇编语言程序中,用 AREA 伪操作定义一个段,并说明所定义段的相关属性。例如,代码段的默认属性为 READONLY,数据段的默认属性为 READWRITE。

一个汇编程序至少应该有一个代码段,本例定义一个名为 Init 的代码段,属性为 READONLY。ENTRY 伪操作标识程序的入口点,一个 ARM 程序中可以有多个 ENTRY,至少要有一个 ENTRY。接下来为指令序列,程序的末尾为 END 伪操作,该伪操作告诉编译器源文件的结束,每一个汇编程序段都必须有一条 END 伪操作来指示代码段的结束。

当程序较长时,可以分割为多个代码段和数据段,多个段在程序编译连接时最终形成一个可执行的映像文件。可执行映像文件通常由以下几部分构成:

- 一个或多个代码段,代码段的属性为只读。
- 零个或多个包含初始化数据的数据段,数据段的属性为可读/写。
- 零个或多个不包含初始化数据的数据段,数据段的属性为可读/写。

连接器根据系统默认或用户设定的规则,将各个段安排在存储器中的相应位置。因此,源程序中段之间的相对位置与可执行的映像文件中段的相对位置一般不会相同。一个典型的映像文件的结构如图 4-1 所示。

2. 汇编语言的语句格式

ARM 汇编语言程序的每行语句由 1～4 个部分组成,格式如下:

[LABEL]	OPERATION	[OPERAND]	[;COMMENT]
标号域	操作助记符域	操作数域	注释域

(1) 标号域(LABEL)

标号域用来表示指令的地址、变量、过程名、数据的地址和常量。标号是一个自行设计的标识符或名称,语句标号可以是大小写字母混合,通常以字母开头,由字母、数字、下划线等组成。语句标号不能与寄存器名、指令助记符、伪指令(操作)助记符、

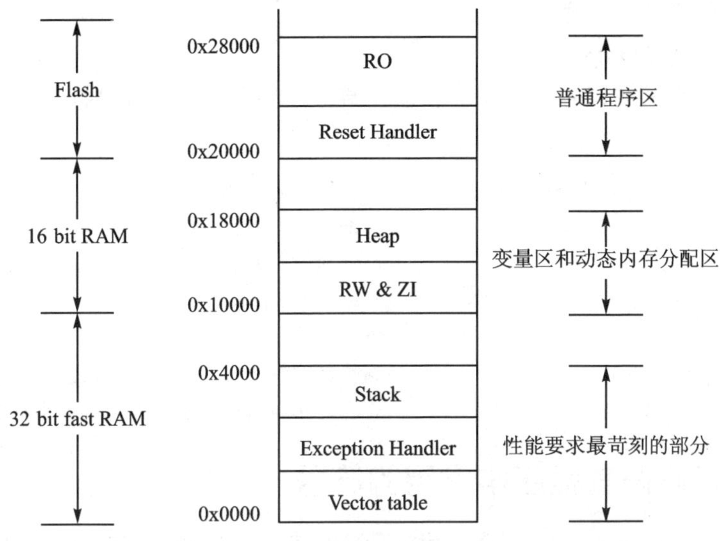

图 4-1 映像文件的结构

变量名同名。语句标号必须在一行的开头书写，不能留空格。

(2) 操作助记符域(OPERATION)

操作助记符域可以为指令、伪操作、宏指令或伪指令的助记符。ARM 汇编器对大小写敏感，在汇编语言程序设计中，每一条指令的助记符可以全部用大写或全部用小写，但不允许在一条指令中大、小写混用。所有的指令都不能在行的开头书写，必须在指令的前面有空格，然后再书写指令。指令助记符和后面的操作数或操作寄存器之间必须有空格，不可以在这之间使用逗号。

伪操作是 ARM 汇编语言程序里的一些特殊助记符，其作用主要是为完成汇编程序做的各种准备工作，在源程序进行汇编时由汇编程序处理，而不是程序运行期间由机器执行。也就是说，这些伪操作只在汇编过程中起作用，一旦汇编结束，伪操作的使命也就随之完成。

宏指令是一段独立的程序代码，可插在源程序中，它通过伪操作来定义。宏在使用之前必须提前定义好，宏之间可互相调用，也可递归调用。通过直接书写宏名来使用宏，并根据宏指令的格式设置相应的输入参数。宏定义本身不会产生代码，只是在调用它时把宏体插入到源程序中。调用宏时通过实际的指令来代替宏体实现相关的一段代码。

伪指令是 ARM 汇编语言程序里的特殊指令助记符，也不在程序运行期间由机器执行。它们在汇编时将被合适的机器指令代替成 ARM 或 Thumb 指令，从而实现真正的指令操作。

(3) 操作数域(OPERAND)

操作数域表示操作的对象，操作数可以是常量、变量、标号、寄存器名或表达式，不同对象之间必须用逗号“,”分开。

(4) 注释域(COMMENT)

注释域用来说明语句的功能,以“;”开始。汇编程序对“;”以后的部分不予汇编。

【例 4.3】 指令和伪操作书写格式的举例。

```
        AREA EX4_3,CODE,READONLY      ;前面必须有空格
        GBLA DATA                     ;前面必须有空格
DATA    SETA 0x20                     ;DATA 变量名前面不能留空格
        ADD R0,R1,R2                  ;全部大写,正确
        ADD R0,R1,r2                  ;寄存器小写,正确
        add R0,R1,r2                  ;指令助记符小写,寄存器大写或小写,正确
        Add R0,R1,r2                  ;寄存器小写,正确;指令助记符大小写混合,不正确
```

4.1.3 汇编语言程序中常用的符号

在汇编语言程序设计中,经常使用各种符号表示变量、常量和地址等,以增加程序的可读性。尽管符号的命名由编程者决定,但并不是任意的,必须遵循以下的约定:

- 符号由大小写字母、数字以及下划线组成。
- 符号区分大小写,同名的大、小写符号会被编译器认为是两个不同的符号。
- 符号在其作用范围内必须唯一,即在其作用范围内不可有同名的符号。
- 自定义的符号名不能与系统的保留字相同。
- 符号名不应与指令或伪指令同名。

1. 程序中的变量

程序中的变量是指其值在程序的运行过程中可以改变的量。通过定义变量可以简化程序的表达,增强程序的可读性,方便对程序进行修改,便于交流和记忆。同时,编译程序会自动安排变量的存储空间,程序设计工程师可以不必去关心存储空间的安排,因此,一个好的程序设计工程师应该恰当地使用变量。ARM(Thumb)汇编程序所支持的变量有数值变量、逻辑变量和字符串变量。

在 ARM(Thumb)汇编语言程序设计中,可使用 GBLA、GBLL、GBLS 伪操作声明全局变量,使用 LCLA、LCLL、LCLS 伪操作声明局部变量,并可使用 SETA、SETL 和 SETS 对其进行初始化。

数值变量用于在程序的运行中保存数值的值,但注意数值的值的大小不应超出一个 32 位数所能表示的范围。全局数值变量使用伪操作 GBLA 定义,局部数值变量使用伪操作 LCLA 定义。数值变量使用 SETA 赋值。

逻辑变量用于在程序的运行中保存逻辑值,逻辑值只有两种取值情况:真(TRUE)或假(FALSE)。全局逻辑变量使用伪操作 GBLL 定义,局部逻辑变量使用伪操作 LCLL 定义。逻辑变量使用 SETL 赋值。

字符串变量用于在程序的运行中保存一个字符串,但注意字符串的长度不应超

出 512 字节，最小长度为 0。全局字符变量使用伪操作 GBLS 定义，局部字符变量使用伪操作 LCLS 定义。字符变量使用 SETS 赋值。

2. 程序中的常量

程序中的常量是指其值在程序的运行过程中不能被改变的量。ARM(Thumb)汇编程序所支持的常量有数值常量、逻辑常量和字符串常量。

数值常量一般为 32 位的整数，当作为无符号数时，其取值范围为 $0\sim2^{32}-1$；当作为有符号数时，其取值范围为 $-2^{31}\sim2^{31}-1$。在 ARM 汇编语言中，使用 EQU 来定义数值常量。数值常量一经定义，其数值就不能再修改。数值常量有下列表示方式：

十进制数：在表达式中可以直接表达，如 1、2、345。

十六进制数：有两种表达方法。使用前缀 0x，如 0x003、0x001C，或使用前缀 &，如 &10F、&134。这两种方法都是等效的。

n 进制数：形如 n_XXX，其中，n 的范围是 2～9，XXX 是具体数值。例如，8_247 表示一个八进制数。

ASCII 的表示：有些值可以使用 ASCII 表达，例如，“A”表达 A 的 ASCII 码。指令“MOV R1，# ‘B’”等同于“MOV R1，# 0x42”。

逻辑常量只有两种取值情况：{TRUE}和{FALSE}，注意带大括号。

字符串常量为一个固定的字符串，一般用于程序运行时的信息提示。字符常量由单引号表示，包括 C 语言中的转义字符，如“\n”。字符串常量用双引号表示，也包括 C 语言中的转义字符如“abcd\0xc\r” 。

3. 汇编时变量代换

如果在字符串变量前面有一个代换操作符“ $ ”，编译器会将该字符串变量的值代换“ $ ”后的字符串变量。

【例 4.4】 字符串变量代换的例子：

```
LCLS str1                      ;定义局部字符串变量 str1 和 str2
LCLS str2
str1 SETS “pen”                ;str1 赋值
str2 SETS “It is a $ str1”     ;str2 赋值
```

则在汇编后，str2 的值为“It is a pen” 。

如果在数值变量前面有一个代换操作符“ $ ”，编译器会将该数值变量的值转换为十六进制的字符串，并将该十六进制的字符串代换“ $ ”后的数值变量。

【例 4.5】 数值变量代换的例子：

```
a1 SETA 12
str1 SETS “The number is $ a1”
```

则汇编后 str1 的值为“The number is 0000000C”。

如果在逻辑变量前面有一个代换操作符“＄”,则编译器会将该逻辑变量代换为它的取值(真或假)。

4.1.4 汇编语言程序中的表达式和运算符

在汇编语言程序设计中,也经常使用各种表达式,表达式一般由变量、常量、运算符和括号构成。常用的表达式有数值表达式、逻辑表达式和字符串表达式。

1. 数值表达式及运算符

数值表达式一般由数值常量、数值变量、数值运算符和括号构成。与数值表达式相关的运算符有:

(1) 算术运算符

算术运算符包括“＋”“－”“×”“/” 及“MOD”等,它们分别代表加、减、乘、除和取余数运算。例如,以 X 和 Y 表示两个数值表达式,则:

X＋Y　　　表示 X 与 Y 的和。

X－Y　　　表示 X 与 Y 的差。

X×Y　　　表示 X 与 Y 的乘积。

X/Y　　　表示 X 除以 Y 的商。

X:MOD:Y　　表示 X 除以 Y 的余数。

(2) 移位运算

移位运算包括 ROL、ROR、SHL 及 SHR 等。移位运算符以 X 和 Y 表示两个数值表达式,以上的移位运算符代表的运算如下:

X:ROL:Y　　表示将 X 循环左移 Y 位。

X:ROR:Y　　表示将 X 循环右移 Y 位。

X:SHL:Y　　表示将 X 左移 Y 位。

X:SHR:Y　　表示将 X 右移 Y 位。

(3) 位逻辑运算符

位逻辑运算符包括 AND、OR、NOT 及 EOR 运算。以 X 和 Y 表示两个数值表达式,按位逻辑运算符代表的运算如下:

X:AND:Y　　表示将 X 和 Y 按位作逻辑“与”操作。

X:OR:Y　　表示将 X 和 Y 按位作逻辑“或”操作。

:NOT:Y　　表示将 Y 按位作逻辑“非”操作。

X:EOR:Y　　表示将 X 和 Y 按位作逻辑“异或”操作。

【例 4.6】 数值表达式应用举例,下列指令汇编的结果是什么?

```
MOV R5,＃0x20:MOD:0x04
ADD R4,R5,＃0x20 + 0x20/4 - 8
MOV R4,＃0xFF000000:AND:0x55000000
```

分析：以上指令汇编后分别等价于如下指令。

```
MOV R5,#0
ADD R4,R5,#0x20
MOV R4,#0x55000000
```

2. 逻辑表达式及运算符

逻辑表达式一般由逻辑量、逻辑操作符、关系操作符和括号构成，其表达式的运算结果为{TRUE}或假{FALSE}。与逻辑表达式相关的运算符如下：

(1) 关系操作符

关系操作符用于表示两个同类表达式之间的关系。关系操作符和它的两个操作数组成一个逻辑表达式，其取值为{TRUE}或{FALSE}。关系操作符包括“=”“>”“<”“>=”“<= ”“/=”“ <>” 运算符。以 X 和 Y 表示两个逻辑表达式，以上的运算符代表的运算如下：

X = Y　　表示 X 等于 Y。
X > Y　　表示 X 大于 Y。
X < Y　　表示 X 小于 Y。
X >= Y　　表示 X 大于等于 Y。
X <= Y　　表示 X 小于等于 Y。
X /= Y　　表示 X 不等于 Y。
X <> Y　　表示 X 不等于 Y。

(2) 逻辑操作符

逻辑操作符进行两个逻辑表达式之间的基本逻辑操作。操作结果为{TRUE}或{FALSE}，逻辑操作符包括 LAND、LOR、LNOT 及 LEOR 运算符。以 X 和 Y 表示两个逻辑表达式，以上的逻辑运算符代表的运算如下：

X:LAND:Y　　表示将 X 和 Y 作逻辑“与”操作。
X:LOR:Y　　表示将 X 和 Y 作逻辑“或”操作。
:LNOT:Y　　表示将 Y 作逻辑“非”操作。
X:LEOR:Y　　表示将 X 和 Y 作逻辑“异或”操作。

3. 字符串表达式及运算符

字符串表达式一般由字符串常量、字符串变量、运算符和括号构成。字符串最小长度为 0，最大长度为 512 字节。与字符串表达式相关的运算符如下：

(1) LEN 运算符

LEN 运算符返回字符串的长度(字符数)，以 X 表示字符串表达式，其语法格式如下：

```
:LEN:X
```

其中，X 为字符串变量。

(2) CHR 运算符

CHR 运算符将 0～255 之间的整数转换为一个含 ASCII 字符的字符串。当有些 ASCII 字符不方便放在字符串中时,可以使用 CHR 将其放在字符串表达式中。以 M 表示某一个整数,其语法格式如下:

```
:CHR:M
```

其中,M 为某一字符的 ASCII 值。

(3) STR 运算符

STR 运算符将一个数值表达式或逻辑表达式转换为一个字符串。对于数值表达式,STR 运算符将其转换为一个以十六进制组成的字符串;对于逻辑表达式,STR 运算符将其转换为字符串 T 或 F,其语法格式如下:

```
:STR:X
```

其中,X 为一个数值表达式或逻辑表达式。

(4) LEFT 运算符

LEFT 运算符返回某个字符串左端的一个子串,其语法格式如下:

```
X:LEFT:Y
```

其中,X 为源字符串,Y 为一个整数,表示要返回的字符个数。

(5) RIGHT 运算符

与 LEFT 运算符相对应,RIGHT 运算符返回某个字符串右端的一个子串,其语法格式如下:

```
X:RIGHT:Y
```

其中,X 为源字符串,Y 为一个整数,表示要返回的字符个数。

(6) CC 运算符

CC 运算符用于将两个字符串连接成一个字符串,其语法格式如下:

```
X:CC:Y
```

其中,X 为源字符串 1,Y 为源字符串 2,CC 运算符将 Y 连接到 X 的后面。

4. 基于寄存器和程序计数器(PC)的表达式

基于 PC 的表达式表示了 PC 寄存器的值加上(或减去)一个数值表达式。基于 PC 的表达式通常由程序中的标号与一个数值表达式组成。相关的操作符包括:

(1) BASE 运算符

BASE 运算符返回基于寄存器的表达式中寄存器的编号,其语法格式如下:

```
:BASE:X
```

其中,X 为与寄存器相关的表达式。

(2) INDEX 运算符

INDEX 运算符返回基于寄存器的表达式中相对于其基址寄存器的偏移量，其语法格式如下：

```
:INDEX:X
```

其中，X 为与寄存器相关的表达式。

5. 其他常用运算符

ARM 汇编语言中的操作还有下面一些：

(1) "?"运算符

"?"运算符返回某代码行所生成的可执行代码的长度，例如：

? X

返回定义符号 X 的代码行所生成的可执行代码的字节数。

(2) DEF 运算符

DEF 运算符判断是否定义某个符号，例如：

:DEF:X

如果符号 X 已经定义，则结果为{TRUE}，否则为{FALSE}。

6. 表达式中各元素运算次序的优先级

表达式中各元素运算次序的优先级如下：

- 括号运算符的优先级最高。
- 相邻的单目运算符的运算顺序为从右到左，单目运算符的优先级高于其他运算符。
- 优先级相同的双目运算符的运算顺序为从左到右。

4.2 ARM 汇编器的伪操作

在 ARM 汇编语言程序里，有一些特殊指令助记符，这些助记符与指令系统的助记符不同，没有相对应的操作码，通常称这些特殊指令助记符为伪操作。伪操作不像机器指令那样在程序运行期间由机器执行，伪操作在源程序中的作用是为完成汇编程序做各种准备工作的，这些伪操作仅在汇编过程中起作用，一旦汇编结束，伪操作的使命就完成。在 ARM 的汇编程序中，有如下几种伪操作：

- 符号定义(Symbol Definition)伪操作。
- 数据定义(Data Definition)伪操作。
- 汇编控制(Assembly Control)伪操作。
- 框架描述(Frame Description)伪操作。
- 信息报告(Reporting) 伪操作。
- 其他(Miscellaneous)伪操作。

伪操作一般与编译程序有关,因此 ARM 汇编语言的伪操作在不同的编译环境下有不同的编写形式和规则。在没有特别说明的情况下,本书采用的环境是由 ARM 公司开发的 RealView MDK 集成开发环境。此外,框架描述伪操作主要用于调试,本书中不介绍,有兴趣的读者可以参考 ARM 相关资料。

4.2.1 符号定义伪操作

符号定义伪操作用于定义 ARM 汇编程序中的变量、对变量赋值以及定义寄存器的别名等操作。常见的符号定义伪操作有如下几种:

- 用于定义全局变量的 GBLA、GBLL 和 GBLS。
- 用于定义局部变量的 LCLA、LCLL 和 LCLS。
- 用于对变量赋值的 SETA、SETL 和 SETS。
- 为通用寄存器列表定义名称的 RLIST。

1. 全局变量声明 GBLA、GBLL 和 GBLS

格式:GBLA(GBLL 或 GBLS)全局变量名

功能:GBLA、GBLL 和 GBLS 伪操作用于定义一个 ARM 程序中的全局变量,并将其初始化。GBLA 伪操作用于定义一个全局的数值变量,并初始化为 0;GBLL 伪操作用于定义一个全局的逻辑变量,并初始化为 F(假);GBLS 伪操作用于定义一个全局的字符串变量,并初始化为空。

由于以上 3 条伪操作用于定义全局变量,因此在整个程序范围内变量名必须唯一。

【例 4.7】 使用示例:

```
GBLA    A1                      ;定义一个全局的数值变量,变量名为 A1
A1      SETA   0x0F             ;将该变量赋值为 0x0F
GBLL    A2                      ;定义一个全局的逻辑变量,变量名为 A2
A2      SETL   {TRUE}           ;将该变量赋值为真
GBLS    A3                      ;定义一个全局的字符串变量,变量名为 A3
A3      SETS "Testing"          ;将该变量赋值为"Testing"
```

2. LCLA、LCLL 和 LCLS

格式:LCLA(LCLL 或 LCLS)局部变量名

功能:LCLA、LCLL 和 LCLS 伪操作用于定义一个 ARM 程序中的局部变量,并将其初始化。LCLA 伪操作用于定义一个局部的数值变量,并初始化为 0;LCLL 伪操作用于定义一个局部的逻辑变量,并初始化为 F(假);LCLS 伪操作用于定义一个局部的字符串变量,并初始化为空。

以上 3 条伪操作用于声明局部变量,在其作用范围内变量名必须唯一。

【例 4.8】 使用示例：

```
LCLA     Test4                    ;声明一个局部的数值变量,变量名为 Test4
Test4    SETA   0xaa              ;将该变量赋值为 0xaa
LCLL     Test5                    ;声明一个局部的逻辑变量,变量名为 Test5
Test5    SETL {TRUE}              ;将该变量赋值为真
LCLS     Test6                    ;定义一个局部的字符串变量,变量名为 Test6
Test6    SETS  "Testing"          ;将该变量赋值为"Testing"
```

3. SETA、SETL 和 SETS

格式：变量名 SETA(SETL 或 SETS)表达式

功能：伪操作 SETA、SETL、SETS 用于给一个已经定义的全局变量或局部变量赋值。SETA 伪操作用于给一个数值变量赋值,SETL 伪操作用于给一个逻辑变量赋值,SETS 伪操作用于给一个字符串变量赋值。

其中,变量名为已经定义过的全局变量或局部变量,表达式为将要赋给变量的值。

【例 4.9】 使用示例：

```
LCLA     Test3                ;声明一个局部的数值变量,变量名为 Test3
Test3    SETA   0xaa          ;将该变量赋值为 0xaa
LCLL     Test4                ;声明一个局部的逻辑变量,变量名为 Test4
Test4    SETL   {TRUE}        ;将该变量赋值为真
```

4. RLIST

格式：名称 RLIST{寄存器列表}

功能：RLIST 伪操作可用于对一个通用寄存器列表定义名称,使用该伪操作定义的名称可在 ARM 指令 LDM/STM 中使用。在 LDM/STM 指令中,列表中的寄存器访问次序为根据寄存器的编号由低到高,而与列表中的寄存器排列次序无关。

【例 4.10】 使用示例：

```
RegList  RLIST {R0-R5,R8,R10} ;将寄存器列表名称定义为 RegList
 ⋮
```

在程序中使用：

```
STMFD SP!,RegList                 ;存储列表到堆栈
LDMIA R5,RegList                  ;加载列表
```

4.2.2 数据定义伪操作

数据定义伪操作用于为特定的数据分配存储单元,同时可完成已分配存储单元的初始化。常见的数据定义伪操作有如下几种：

- DCB 分配一片连续的字节存储单元并初始化。

- DCW(DCWU)　分配一片连续的半字存储单元并初始化。
- DCD(DCDU)　分配一片连续的字存储单元并初始化。
- DCDO　分配一片按字对齐的字内存单元,并将每个字单元的内容初始化。
- DCI　分配一片字对齐或半字对齐内存单元并初始化。
- DCQ(DCQU)　分配一片以 8 字节为单位的连续的存储单元并初始化。
- DCFS(DCFSU)　为单精度浮点数分配一片连续的字存储单元并初始化。
- DCFD(DCFDU)　为双精度浮点数分配一片连续的字存储单元并初始化。
- SPACE　分配一片连续的存储单元。
- FIELD　定义一个结构化的内存表的数据域。
- MAP　定义一个结构化的内存表首地址。
- LTORG　定义一个数据缓冲池(literal pool)的开始。

1. DCB

格式:标号 DCB 表达式

功能:DCB 伪操作用于分配一片连续的字节存储单元,并用伪操作中指定的表达式初始化。其中,表达式可以为 0～255 的数值或字符串。DCB 也可用"="代替。

【例 4.11】 使用示例:

```
Str DCB "This is a test!"       ;分配一片连续的字节存储单元并初始化
```

2. DCW(DCWU)

格式:标号 DCW(或 DCWU)表达式

功能:DCW(或 DCWU)伪操作用于分配一片连续的半字存储单元,并用伪操作中指定的表达式初始化。其中,表达式可以为程序标号或数值表达式。用 DCW 分配的字存储单元是半字对齐的,而用 DCWU 分配的字存储单元并不严格按照半字对齐。

【例 4.12】 使用示例:

```
DataTest DCW 1,2,3       ;分配一片连续的半字存储单元并初始化
```

3. DCD(或 DCDU)

格式:标号 DCD(或 DCDU)表达式

功能:DCD(或 DCDU)伪操作用于分配一片连续的字存储单元并用伪操作中指定的表达式初始化。其中,表达式可以为程序标号或数值表达式。DCD 也可用"&"代替。用 DCD 分配的字存储单元是字对齐的,而用 DCDU 分配的字存储单元并不严格按照字对齐。

【例 4.13】 使用示例:

```
DataTest DCD 4,5,6       ;分配一片连续的字存储单元并初始化
```

4. DCDO

格式：标号 DCDO 表达式

功能：用于分配一段字对齐的字内存单元，并将每个字单元的内容初始化为该单元相对于静态基址寄存器 R9 内容的偏移量。

【例 4.14】 使用示例：

```
KEY1   DCDO START1        ;32 位的字单元,其值为标号 START1 基于 R9 的偏移量
```

5. DCI

格式：标号 DCI 表达式

功能：在 ARM 代码中，用于分配一段字对齐的字内存单元，并用表达式将其初始化；在 Thumb 代码中，用于分配一段半字对齐的半字内存单元，并用表达式将其初始化。DCI 伪操作与 DCD 非常相似，不同之处在于，DCI 分配的内存中数据被标识为指令，可用于通过宏指令来定义处理器指令系统不支持的指令。

【例 4.15】 使用示例：

```
MACRO                                              ;宏指令
NEWCMD $ Rd, $ Rm
DCI 0xe16f0f10:OR( $ Rd:SHL:12):OR: $ Rm;          这里存放的是指令
MEND
```

6. DCQ(或 DCQU)

格式：标号 DCQ(或 DCQU)表达式

功能：DCQ(或 DCQU)伪操作用于分配一片以 8 个字节为单位的连续存储区域，并用伪操作中指定的表达式初始化。用 DCQ 分配的存储单元是字对齐的，而用 DCQU 分配的存储单元并不严格按照字对齐。

【例 4.16】 使用示例：

```
DataTest DCQ 100            ;分配一片连续的存储单元并初始化为指定的值
```

7. DCFS(或 DCFSU)

格式：标号 DCFS(或 DCFSU)表达式

功能：DCFS(或 DCFSU)伪操作用于为单精度浮点数分配一片连续的字存储单元，并用伪操作中指定的表达式初始化。每个单精度浮点数占据一个字单元。用 DCFS 分配的字存储单元是字对齐的，而用 DCFSU 分配的字存储单元并不严格按照字对齐。

【例 4.17】 使用示例：

```
FdataTest DCFS 2E5, - 5E - 7   ;分配一片连续的字存储单元并初始化为指定的单精度数
```

8. DCFD(或 DCFDU)

格式:标号 DCFD(或 DCFDU)表达式

功能:DCFD(或 DCFDU)伪操作用于为双精度的浮点数分配一片连续的字存储单元,并用伪操作中指定的表达式初始化。每个双精度的浮点数占据两个字单元。用 DCFD 分配的字存储单元是字对齐的,而用 DCFDU 分配的字存储单元并不严格按照字对齐。

【例 4.18】 使用示例:

```
FdataTest DCFD 2E115,-5E7    ;分配一片连续的字存储单元,并初始化为指定的双精度数
```

9. SPACE

格式:标号 SPACE 表达式

功能:SPACE 伪操作用于分配一片连续的存储区域并初始化为 0。其中,表达式为要分配的字节数。SPACE 也可用“%”代替。

【例 4.19】 使用示例:

```
DataSpace SPACE 100              ;分配连续 100 字节的存储单元并初始化为 0
```

10. MAP

格式:MAP 表达式{,基址寄存器}

功能:MAP 伪操作用于定义一个结构化的内存表的首地址。MAP 也可用“^”代替。表达式可以为程序中的标号或数学表达式,基址寄存器为可选项,当基址寄存器选项不存在时,表达式的值即为内存表的首地址;当该选项存在时,内存表的首地址为表达式的值与基址寄存器的和。MAP 伪操作通常与 FIELD 伪操作配合使用来定义结构化的内存表。

【例 4.20】 使用示例:

```
MAP 0x100,R0                     ;定义结构化内存表首地址的值为 0x100 + R0
```

11. FIELD

格式:标号 FIELD 表达式

功能:FIELD 伪操作用于定义一个结构化内存表中的数据域。FIELD 也可用“#”代替。表达式的值为当前数据域在内存表中所占的字节数。

FIELD 伪操作常与 MAP 伪操作配合使用来定义结构化的内存表。MAP 伪操作定义内存表的首地址,FIELD 伪操作定义内存表中的各个数据域,并可以为每个数据域指定一个标号供其他的指令引用。注意,MAP 和 FIELD 伪操作仅用于定义数据结构,并不实际分配存储单元。

由 MAP 伪操作和 FIELD 伪操作配合定义的内存表有 3 种:

① 表达式是一个基于绝对地址的内存表,例如:

```
MAP 0x100                  ;定义结构化内存表首地址的值为 0x100
A FIELD 4                  ;定义 A 的长度为 4 字节,位置为 0x100
B FIELD 4                  ;定义 B 的长度为 4 字节,位置为 0x104
S FIELD 16                 ;定义 S 的长度为 16 字节,位置为 0x108
```

分析:上面的伪操作序列定义了一个内存表,其首地址为固定地址 0x100,该内存表中包含 3 个数据域:A 长度为 4 字节,相对表首的相对地址为 0;B 的长度为 4 字节,相对地址为 4;S 的长度为 16 字节,相对地址为 8。在指令中可以这样引用内存表中的数据域:

```
LDR R0, = A                ;使用伪指令读取 A 的地址,地址是 0x100
LDR R1,[R0]                ;将 A 地址处对应的内容加载到 R1
```

当然,上面的指令仅仅可以访问 LDR 指令前后 4 KB 地址范围的数据域。

② 表达式是一个数值,是一个基于相对地址的内存表,例如:

```
MAP 0x04,R9                ;定义结构化内存表首地址的值为 R9 寄存器的值
DATA1 FIELD 4              ;定义 A 的长度为 4 字节,相对位置为 0
DATA2 FIELD 8              ;定义 B 的长度为 8 字节,相对位置为 4
STRING FIELD 96            ;定义 S 的长度为 96 字节,相对位置为 12
```

可通过下面的指令访问地址范围超过 4 KB 的数据。

```
LDR R9, = 0x900            ;定义内存表的地址,首地址是 0x904
ADR R0,DATA1               ;在程序中,读取 DATA1 的地址 0x908
LDR R2,[R0]                ;读取 DATA1 数据
 ⋮
LDR R9, = 0x2000           ;同一个内存表,重新定义为 0x2004
ADR R1,DATA2               ;读取 DATA2 的地址,是 0x2008
STR R9,[R1]                ;把 R9 的地址存储到 DATA2
```

分析:上面的伪操作序列定义了一个内存表,其首地址是基于寄存器 R9 中的内容,而不是一个固定地址,通过在 LDR 指令中指定不同的基址寄存器值,定义的内存表结构可在程序中有多个实例。可多次使用 LDR 指令,用以实现不同的程序实例。

③ 表达式是一个标号,基于 PC 的内存表。例如:

```
DATA   SPACE 100           ;分配 100 字节的内存单元,并初始化为 0
MAP DATA                   ;内存表的首地址为 DATA 内存单元
A FIELD 4                  ;定义 A 的长度为 4 字节,相对位置为 0
B FIELD 4                  ;定义 B 的长度为 4 字节,相对位置为 4
S FIELD 4                  ;定义 S 的长度为 4 字节,相对位置为 8
```

可通过下面的指令访问地址范围不超过 4 KB 的数据。

```
LDR R5,B                ;相当于 LDR R5,[PC,#4]
```

分析：这里内存表中各数据域的实际内存地址是基于 PC 寄存器的值，而不是基于一个固定的地址。PC 的值不是固定的，但分配的内存单元是固定的，也就是说，PC 的值加上一个偏移量的值才是内存单元的值，这样偏移量的值便是不固定的。在使用 LDR 指令访问表中的数据域时，不必使用基址寄存器。

12. LTORG

格式：LTORG

功能：用于声明一个数据缓冲池(也称为文字池)的开始，当程序中使用 LDR 之类的指令时，数据缓冲区的使用可能越界。为防止越界发生，可使用 LTORG 伪操作定义数据缓冲池。ARM 汇编编译器一般把数据缓冲池放在代码段的最后面，即下一个代码段开始之前，或者 END 伪操作之前。LTORG 伪操作通常放在无条件跳转指令之后，或者子程序返回指令之后，这样处理器就不会错误地将数据缓冲池中的数据当作指令来执行。例如：

```
        AREA LTORG_EX,CODE,READONLY
START   BL FUNC1
        ⋮
FUNC1   LDR R1, = 0x8000        ;子程序
        ⋮
        MOV PC,LR               ;子程序结束
        LTORG                   ;定义数据缓冲池
DATA    SPACE 40                ;从当前位置开始分配 40 个字节并初始化为 0
        END
```

4.2.3 汇编控制伪操作

汇编控制伪操作用于控制汇编程序的执行流程，常用的汇编控制伪操作包括 IF、ELSE、ENDIF；WHILE、WEND；MACRO、MEND、MEXIT。

1. IF、ELSE、ENDIF

格式：IF 逻辑表达式

        指令序列 1

    ELSE

        指令序列 2

    ENDIF

功能：IF、ELSE、ENDIF 伪操作能根据条件的成立与否决定是否执行某个指令序列。当 IF 后面的逻辑表达式为真时，则执行指令序列 1，否则执行指令序列 2。其中，ELSE 及指令序列 2 可以没有，此时，当 IF 后面的逻辑表达式为真，则执行指令序列 1，否则继续执行后面的指令。IF、ELSE、ENDIF 伪操作可以嵌套使用。

【例 4.21】 使用示例：

```
GBLL Test                ;声明一个全局的逻辑变量,变量名为 Test
 ⋮
IF Test  =  TRUE
指令序列 1               ;如果 Test = TRUE 则编译指令序列 1
 ⋮
ELSE
指令序列 2,              ;否则编译指令序列 2
 ⋮
ENDIF
```

2. WHILE、WEND

格式：WHILE　逻辑表达式

　　　　　指令序列

　　WEND

功能：WHILE、WEND 伪操作能根据条件的成立与否决定是否循环执行某个指令序列。当 WHILE 后面的逻辑表达式为真时，则执行指令序列。该指令序列执行完毕后再判断逻辑表达式的值，若为真则继续执行，一直到逻辑表达式的值为假。WHILE、WEND 伪操作可以嵌套使用。

【例 4.22】 使用示例：

```
GBLA Counter             ;声明一个全局的数学变量,变量名为 Counter
Counter SETA 3           ;由变量 Counter 控制循环次数
 ⋮
WHILE Counter < 10
;指令序列
 ⋮
counter SETA counter + 1
WEND
```

3. MACRO、MEND、MEXIT

格式：MACRO [$标号] 宏名 [$参数 1,$参数 2,……]

　　　　　指令序列

　　　　　MEXIT

　　　　　指令序列

　　MEND

功能：MACRO、MEND 伪操作可以将一段代码定义为一个整体，称为宏指令，然后就可以在程序中通过宏指令多次调用该段代码。其中，$标号在宏指令被展开时，标号会被替换为用户定义的符号，宏指令可以使用一个或多个参数；当宏指令被展开时,这些参数被相应的值替换。宏指令的使用方式、功能与子程序有些相似,子程序可以提供模块化的程序设计、节省存储空间并提高运行速度,但在使用子程序结构时需要保护现场,从而增加了系统的开销。因此,在代码较短且需要传递的参数较多时,可以使用宏指令代替子程序。

包含在 MACRO 和 MEND 之间的指令序列称为宏定义体,在宏定义体的第一行应声明宏的原型(包含宏名、所需的参数),然后就可以在汇编程序中通过宏名来调用该指令序列。MEXIT 用于从宏定义中跳转出去。在源程序被编译时,汇编器将宏调用展开,用宏定义中的指令序列代替程序中的宏调用,并将实际参数的值传递给宏定义中的形式参数。MACRO、MEND 伪操作可以嵌套使用。

宏的标号使用方法:标号在定义宏语句段时是可以选用的。如果选用标号,则应该在定义宏的名称前定义一个标号,这个标号是主标号,在宏语句段内的其他标号都必须由这个主标号构成。在宏语句段内,所有的标号前加"$"号。

参数的使用方法:在宏名称后面,可以设置多个参数,每个参数使用"$"引导,参数之间使用逗号隔开。这些参数都是形式参数,在宏语句段内要使用这些参数,在程序中调用宏时,为这些参数准备替换参数。替换参数可以是字符或表达式。调用语句的替换参数和宏的形式参数要一一对应。

宏的调用方法:宏的调用是通过宏的名称来实现的。

【例 4.23】 宏应用举例。

```
MACRO                          ;宏定义开始
$label jump   $p1,$p2          ;宏的名称为 jump,有 2 个参数 p1 和 p2
    ⋮
$label.loop1                   ;$label.loop1 为宏体的内部标号
    ⋮
BGE $label1.loop1

$label.loop2                   ;$label.loop2 为宏体的内部标号

BL $p1                         ;参数 p1 为一个子程序的名称

BGT $label.loop2
    ⋮
ADR $p2
    ⋮
MEND                           ;宏定义结束
```

在程序中调用该宏:

```
exam jump sub,det              ;调用 jump,宏的标号为 exam
                               ;参数 1 为:sub,参数 2 为 det
```

程序被汇编后，宏展开的结果：

```
    ⋮
examploop1                          ;用 exam 代替 $ label 构成标号 examloop1
    ⋮
BGE examploop1
examloop2
BL sub                              ;参数 1 的实际值为 sub
BGT examloop2
ADR det                             ;参数 2 的实际值为 det
```

4.2.4 信息报告伪操作

信息报告(Reporting)伪操作用于汇编报告指示，常用的信息报告伪操作有ASSERT、INFO、OPT、TTL 及 SUBT。

1. ASSERT

格式：ASSERT 逻辑表达式

功能：ASSERT 伪操作用于保证源程序被汇编时满足相关的条件。如果条件不满足，则 ASSERT 伪操作报告错误类型，并中止汇编。

【例 4.24】 ASSERT 操作举例。

```
ASSERT Top<>Temp                    ;断言 Top 不等于 Temp
```

2. INFO

格式：INFO 数值表达式，字符串表达式

功能：INFO 伪操作用于显示用户自定义的错误信息。如果数值表达式的值为0，则在汇编处理第 2 遍扫描时，伪操作打印字符串表达式的值；如果数值表达式的值不为 0，则在汇编处理第一遍扫描时，伪操作打印字符串表达式的值，并中止汇编。

【例 4.25】 INFO 伪操作举例。

```
INFO 0,"Version 1.0"                ;在第 2 遍扫描时，报告版本信息
IF label<=label2
INFO 4,"Data overrun"               ;如果 label<=label2 成立
ENDIF                               ;则在第 1 遍扫描时报告错误信息，并中止汇编
```

3. OPT

格式：OPT n

功能：使用编译选项 - list 将使编译器产生常规的列表文件。默认情况下，- list 选项生成常规的列表文件，包括变量声明、宏展开、条件汇编伪操作以及 MEND 伪操作，而且列表文件只在第 2 遍扫描时给出。通过 OPT 伪操作可在源程序中改变默认的选项，其中，n 为所设置的选项编码。具体含义如表 4 - 2 所列。

表 4-2 *n* 选项含义

选项编码 *n*	选项含义
1	设置常规列表选项
2	关闭常规列表选项
4	设置分页符,在新的一页开始显示
8	将行号重新设置为 0
16	设置选项,显示 SET、GBL、LCL 伪操作
32	设置选项,不显示 SET、GBL、LCL 伪操作
64	设置选项,显示展开宏
128	设置选项,不显示展开宏
256	设置选项,显示宏调用
512	设置选项,不显示宏调用
1 024	设置选项,显示第 1 遍扫描列表
2 048	设置选项,不显示第 1 遍扫描列表
4 096	设置选项,显示条件汇编伪操作
8 192	设置选项,不显示条件汇编伪操作
16 384	设置选项,显示 MEND 伪操作
32 768	设置选项,不显示 MEND 伪操作

【例 4.26】 OPT 伪操作举例。

```
AREA Example,CODE,READONLY
Start   BL func                        ;代码开始
OPT 4
Func                                   ;在 func 前面插入新的一页
```

分析:上述 OPT 伪操作实现了在 func 前面插入 OPT 4 伪操作,func 将在新的一页显示。

4. TTL 和 SUBT

格式:TTL 标题

　　SUBT 子标题

功能:TTL 伪操作在列表文件的页顶部显示一个标题。SUBT 伪操作在列表文件页标题的下面显示一个子标题。如果要在列表文件的第一页显示标题或子标题,TTL 伪操作或 SUBT 伪操作要放在源程序的第一行。当使用 TTL 伪操作或 SUBT 伪操作改变页标题时,新的标题将在下一页开始起作用。

【例 4.27】 TTL 和 SUBT 伪操作的举例。

```
TTL Title              ;在列表文件的第一页及后面的各页显示标题
SUBT Subtitle          ;在列表文件的第一页及后面的各页显示子标题
```

4.2.5 其他常用的伪操作

还有一些其他的伪操作在汇编程序中经常会被使用，包括以下几条：AREA、ALIGN、CODE16/CODE32、ENTRY、END、EQU、EXPORT（或 GLOBAL）、IMPORT、EXTERN、GET（或 INCLUDE）、INCBIN、RN 及 ROUT。

1. AREA

格式：AREA 段名 属性 1，属性 2，……

功能：AREA 伪操作用于定义一个代码段、数据段或特定属性的段。其中，段名若以数值开头，则该段名需用“|”括起来，如|1_test|，用 C 的编译器产生的代码一般也用“|”括起来。属性字段表示该代码段（或数据段）的相关属性，多个属性用逗号分隔。常用的属性如下：

CODE 属性：用于定义代码段，默认为 READONLY。

DATA 属性：用于定义数据段，默认为 READWRITE。

READONLY 属性：指定本段为只读，代码段默认为 READONLY。

READWRITE 属性：指定本段为可读可写，数据段的默认属性为 READWRITE。

ALIGN 属性：使用方式为 ALIGN 表达式。默认情况下，ELF（可执行连接文件）的代码段和数据段是按字对齐的，表达式的取值范围为 0～31，相应的对齐方式为 2 幂。

COMMON 属性：该属性定义一个通用的段，不包含任何用户代码和数据。各源文件中同名的 COMMON 段共享同一段存储单元。

一个汇编语言程序至少要包含一个段，当程序太长时，也可以将程序分为多个代码段和数据段。

【例 4.28】 使用示例：

```
        AREA Init,CODE,READONLY            ;定义段 Init,代码段,只读
        ENTRY                              ;程序入口
        ⋮                                  ;指令序列
        B START1

        AREA STOCK,DATA,READWRITE          ;定义段 STOCK,数据段,读/写
SAVE    SPACE 20                           ;分配数据空间
        AREA Init,CODE,READONLY            ;定义段 Init,代码段,只读
START1  ADD R1,R2,R3
        ⋮                                  ;指令序列
        B START1
```

分析：该例中定义了 3 个段，两个同名的代码段，段名为 Init，属性为只读；一个数据段，段名为 STOCK，属性为读/写。一个程序至少有一个入口用 ENTRY 说明，其中，第二个代码段不是必要的。

2. ALIGN

格式：ALIGN［表达式［，偏移量］］

功能：ALIGN 伪操作可通过添加填充字节的方式，使当前位置满足一定的对齐方式。其中，表达式的值用于指定对齐方式，可能的取值为 2 的幂，如 1、2、4、8、16 等。如果没有指定表达式，则将当前位置对齐到下一个字的位置。偏移量也为一个数值表达式，如果使用该字段，则当前位置自动对齐到“2 的表达式次幂＋偏移量”。例 4.29 说明了地址非对齐情况下使用 ALIGN 的过程。

【例 4.29】 使用示例：

```
          ⋮
          ADD R0,R4,R5        ;正常语句
          B START             ;无条件跳转
DATA1     DB "strin"          ;可以作为数据存储区,但不能保证地址对齐
          ALIGN 4             ;使用伪操作确保地址对齐
START     LDR R0,[R5]         ;否则,此标号地址不对齐
```

分析：该例中由于插入 5 个字节的存储区，势必造成地址不对齐，使用伪操作 ALIGN 4 能确保地址对齐。在下面的情况下，需要特定的地址对齐方式：

① Thumb 的伪操作 ADR 要求地址是字对齐的，而 Thumb 代码中地址可能不是字对齐的。这时就需要使用伪操作 ALIGN 4，从而使 Thumb 代码中的地址标号字对齐。

② 由于有些 ARM 处理器的 Cache 采用了其他对齐方式，如 16 字节的对齐方式，这时使用 ALIGN 伪操作指定合适的对齐方式可充分发挥该 Cache 的性能优势。

③ LDRD 及 STRD 指令要求内存单元是 8 字节对齐的。这样在为 LDRD/STRD 指令分配内存单元前，要使用 ALIGN 8 实现 8 字节对齐方式。

④ 地址标号通常自身没有对齐要求，而在 ARM 代码中要求地址标号是字对齐的，在 Thumb 代码中要求半字对齐，这样就需要使用合适的 ALIGN 伪操作来调整对齐方式。

【例 4.30】 ALIGN 使用举例。

```
AREA Cache,CODE,ALIGN = 3      ;指定该代码段的指令是 8 字节对齐的
 ⋮
MOV PC,LR                      ;程序跳转后变成 4 字节对齐,不再是 8 字节对齐
                               ;所以需要使用 ALIGN,使当前位置再次满足 8 字节对齐
ALIGN 8
```

分析：在 AREA 伪操作中使用 ALIGN 与单独使用 ALIGN 时，伪操作中的表

达式是不相同的。以上的例子说明了它们的区别。

3. CODE16、CODE32

格式：CODE16(或 CODE32)

功能：CODE16 伪操作通知编译器，其后的指令序列为 16 位的 Thumb 指令。

CODE32 伪操作通知编译器，其后的指令序列为 32 位的 ARM 指令。

若在汇编源程序中同时包含 ARM 指令和 Thumb 指令时，可用 CODE16 伪操作通知编译器其后的指令序列为 16 位的 Thumb 指令，CODE32 伪操作通知编译器其后的指令序列为 32 位的 ARM 指令。因此，在使用 ARM 指令和 Thumb 指令混合编程的代码里，可用这两条伪指令进行切换，但注意它们只通知编译器其后指令的类型，并不能对处理器进行状态的切换。

【例 4.31】 使用示例：

```
        AREA Init,CODE,READONLY
         ⋮
        CODE32                  ;通知编译器其后的指令为 32 位的 ARM 指令
        LDR R0, = NEXT + 1      ;将跳转地址放入寄存器 R0
        BX R0                   ;程序跳转到新的位置执行
                                ;并将处理器切换到 Thumb 工作状态
         ⋮
        CODE16                  ;通知编译器其后的指令为 16 位的 Thumb 指令
NEXT    LDR R3, = 0x3FF
         ⋮
        END                     ;程序结束
```

4. ENTRY

格式：ENTRY

功能：ENTRY 伪操作用于指定汇编程序的入口点。一个程序可由一个或多个源文件组成，一个源文件由一个或多个程序段组成。一个程序至少有一个入口(也可以有多个，当有多个 ENTRY 时，程序的真正入口点由连接器指定)，但在一个源文件里最多只能有一个 ENTRY(可以没有)。编译程序在编译连接时依据程序入口进行连接。在只有一个入口时，编译程序会把这个入口的地址定义为系统复位后的程序的起始点。

【例 4.32】 使用示例：

```
AREA Init,CODE,READONLY
ENTRY ;指定应用程序的入口点
⋮
```

5. END

格式：END

功能：END 伪操作用于通知编译器已经到了源程序的结尾。

【例 4.33】 使用示例：

```
AREA Init,CODE,READONLY
⋮
END ;指定应用程序的结尾
```

6. EQU

格式：名称 EQU 表达式{,类型}

功能：EQU 伪操作用于为程序中的常量、标号等定义一个等效的字符名称，类似于 C 语言中的 #define。其中，EQU 可用"＊"代替。名称为 EQU 伪操作定义的字符名称，当表达式为 32 位的常量时，可以指定表达式的数据类型，可以有以下 3 种类型：

CODE16：表明该地址处为 Thumb 指令；

CODE32：表明该地址处为 ARM 指令；

DATA：表明该地址处为数据区。

【例 4.34】 使用示例：

```
Test EQU 50                  ;定义标号 Test 的值为 50
Addr EQU 0x55,CODE32         ;定义 Addr 的值为 0x55,且该处为 32 位的 ARM 指令
```

7. EXPORT(或 GLOBAL)

格式：EXPORT 标号 [,WEAK]

功能：EXPORT 伪操作用于在程序中声明一个全局的标号，该标号可在其他的文件中引用。EXPORT 可用 GLOBAL 代替。标号在程序中区分大小写，[,WEAK]选项声明其他的同名标号优先于该标号被引用。

【例 4.35】 使用示例：

```
AREA Init,CODE,READONLY
EXPORT Stest ;声明一个可全局引用的标号 Stest
⋮
END
```

8. IMPORT

格式：IMPORT 标号 [,WEAK]

功能：IMPORT 伪操作用于通知编译器要使用的标号须在其他的源文件中定义，但要在当前源文件中引用时，无论当前源文件是否引用该标号，该标号均会被加入到当前源文件的符号表中。标号在程序中区分大小写，[,WEAK]选项表示当所有的源文件都没有定义这样一个标号时，编译器也不给出错误信息，在多数情况下将该标号置为 0；若该标号为 B 或 BL 指令引用，则将 B 或 BL 指令置为 NOP 操作。

【例 4.36】 使用示例：

```
AREA Init,CODE,READONLY
IMPORT Main   ;通知编译器当前文件要引用标号 Main,但 Main 在其他源文件中定义
 ⋮
END
```

9. EXTERN

格式：EXTERN 标号 [,WEAK]

功能：EXTERN 伪操作用于通知编译器要使用的标号须在其他的源文件中定义，但要在当前源文件中引用时，如果当前源文件实际并未引用该标号，该标号就不会被加入到当前源文件的符号表中。标号在程序中区分大小写，[,WEAK]选项表示当所有的源文件都没有定义这样一个标号时，编译器也不给出错误信息，在多数情况下将该标号置为 0；若该标号为 B 或 BL 指令引用，则将 B 或 BL 指令置为 NOP 操作。

【例 4.37】 使用示例：

```
AREA Init,CODE,READONLY
EXTERN Main   ;通知编译器当前文件要引用标号 Main,但 Main 在其他源文件中定义
 ⋮
END
```

10. GET(或 INCLUDE)

格式：GET 文件名

功能：GET 伪操作用于将一个源文件包含到当前的源文件中，并将被包含的源文件在当前位置进行汇编处理。可以使用 INCLUDE 代替 GET。

汇编程序中常用的方法是在某源文件中定义一些宏指令，用 EQU 定义常量的符号名称，用 MAP 和 FIELD 定义结构化的数据类型，然后用 GET 伪操作将这个源文件包含到其他的源文件中。使用方法与 C 语言中的“include”相似。GET 伪操作只能用于包含源文件，包含目标文件需要使用 INCBIN 伪操作。

【例 4.38】 使用示例：

```
AREA Init,CODE,READONLY
GET a1.s                        ;通知编译器当前源文件包含源文件 a1.s
GET C:\a2.s                     ;通知编译器当前源文件包含源文件 C:\a2.s
 ⋮
END
```

11. INCBIN

格式：INCBIN 文件名

功能：INCBIN 伪操作用于将一个目标文件或数据文件包含到当前的源文件中，被包含的文件不做任何变动地存放在当前文件中，编译器从其后开始继续处理。

【例 4.39】 使用示例：

```
AREA Init,CODE,READONLY
GET  a1.s                ;通知编译器当前源文件包含文件 a1.s,并编译
INCBIN  C:\a2.txt        ;通知编译器当前源文件包含文件 C:\a2.txt,不编译
 ⋮
GET                      ;通知编译器当前源文件包含文件 c:\work\file2.s,并编译
INCBIN                   ;通知编译器当前源文件包含文件 c:\work\file3.dat,不编译
END
```

分析：使用 GET 包含文件时，由于必须对包含文件进行编译，所以被包含的文件只能是源文件。而使用 INCBIN 包含文件时，可以是其他类型的文件。

12. RN

格式：名称 RN 表达式

功能：RN 伪操作用于给一个寄存器定义一个别名。采用这种方式可以方便程序员记忆该寄存器的功能。其中，名称为给寄存器定义的别名，表达式为寄存器的编码。

【例 4.40】 使用示例：

```
Temp RN R0               ;将 R0 定义一个别名 Temp
```

13. ROUT

格式：{名称} ROUT

功能：ROUT 伪操作用于给一个局部变量定义作用范围。在程序中未使用该伪操作时，局部变量的作用范围为所在的 AREA；而使用 ROUT 后，局部变量的作为范围为当前 ROUT 和下一个 ROUT 之间。

4.3 汇编语言程序的上机过程

4.3.1 汇编语言上机环境

本节所讨论的系统开发不包含目标硬件，只讨论软件的开发过程。我们的目标是学习程序的编辑、编译、链接、调试过程。前三者是不依赖硬件的，调试过程可以在软件仿真环境中实现，在进行软件仿真时可以不依赖于硬件。ADSARM 汇编语言程序设计上机的过程如图 4-2 所示。

1. 编辑汇编语言源程序

这个过程就相当于我们在纸上编写源程序代码，只不过是将纸变为了计算机，这个过程也称源代码录入。将源程序代码录入计算机的方法很多，可用任何一个文本编辑器进行编辑，如写字板、记事本、WORD 等。

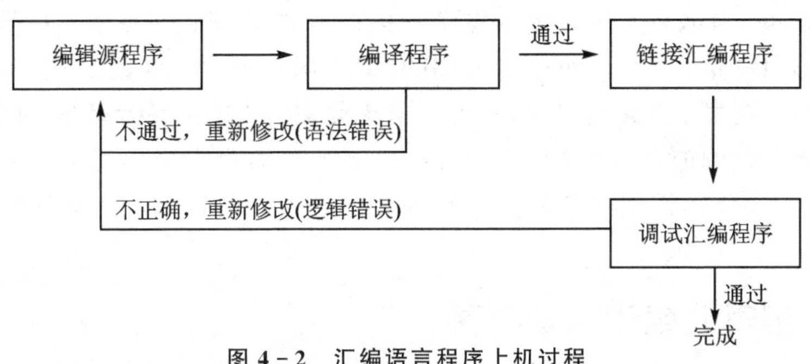

图 4-2 汇编语言程序上机过程

2. 编译源程序

这个过程计算机将把你编写的正确源代码编译为机器语言。如果此时程序有语法错误，系统将报错，并指出在第几行、什么类型的错误，你可根据提示去逐一修改。当然，这一阶段检测出的错误均为每一条语句的语法或用法错误，它并不能检测出程序的逻辑设计（语句安排位置）错误。如果通过了，就会生成目标文件。

3. 链接汇编程序

通过链接程序就可以将目标文件生成可以放进 ARM 软件仿真器进行调试的映像文件，或者可下载到 ARM 目标板执行的二进制文件。按说，汇编程序设计的工作到这一步就结束了。可是在实际编程的过程中，虽然目标文件链接成功了，但是程序运行的结果并不是编程人员所预想的，即逻辑功能不正确，此时就需要对程序进行调试工作。

4. 调试汇编程序

调试汇编是对最终的文件进行调试，检验程序是否实现了预定功能。如果调试过程中发现问题就需要重新修改源程序，进行新一轮汇编调试。如果调试通过了，初步说明程序实现了设计者的要求。

以上这些工作都可以通过一些工具软件来实现，就平台而言，ARM 汇编环境有 Linux 平台和 Windows 平台。

Linux 下的 ARM 汇编指令与 Windows 下的汇编相比，在 ARM 处理器的指令使用方面是大同小异的，不同的是编译工具和 ARM 汇编伪操作。GNU 提供了基于 ARM 的编译工具分别有汇编器 arm-elf-as、C 编译器 arm-elf-gcc、连接器 arm-elf-ld 和二进制转换工具 arm-elf-objcoy，这些工具可以从 www. uCLinux. org 获得。关于 Linux 平台的工具本书不详细介绍，有兴趣的读者可以查阅相关资料。本书主要介绍 Windows 平台下的汇编语言开发、调试工具。

RealView MDK（Microcontroller Development Kit）开发工具源自德国 Keil 公司，是 ARM 公司推出的针对各种嵌入式处理器的软件开发工具，适合不同层次的开发者使用，包括专业的应用程序开发工程师和嵌入式软件开发的入门者。

RealView MDK 是一套完整的集成开发工具,为管理和开发项目提供了简单多样化的图形用户界面。用户可以使用 MDK 开发用 C、C++或 ARM 汇编语言编写的程序代码。在整个开发周期中,开发人员无须离开 MDK 开发环境,因此节省了在操做工具上花的时间,使得开发人员有更多的精力投入到代码编写上来。关于 MDK 集成开发环境详细的使用方法将在第 6 章介绍,本节只是简单介绍其使用过程。

4.3.2 编辑汇编语言源程序

汇编语言源程序的编辑工作主要有以下 3 个过程:

1. 建立工程文件

选择 Windows 操作系统的"开始→程序→Keil μVision3"菜单项,或双击桌面的 μVision3 快捷方式启动,如图 4-3 所示。

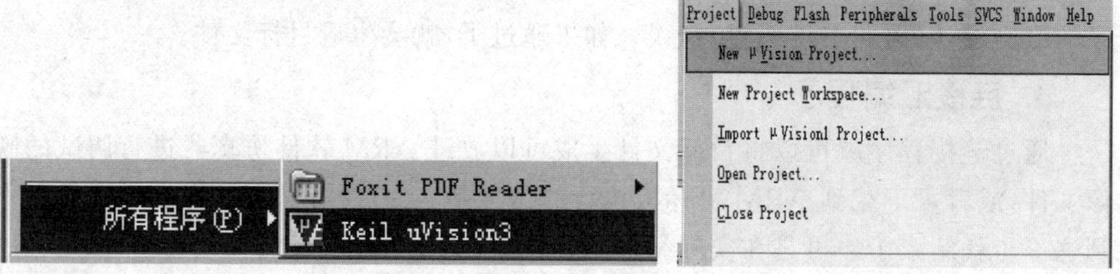

图 4-3 启动 Keil μVision

启动后,选择 Project→New μVision Project 菜单项,则弹出 Create New Project 对话框,如图 4-4(a)所示。接下来为目标文件选择芯片,如图 4-4(b)所示。选择 ARM 架构中的 CPU,如 ARM9E-S,单击 OK 按钮即可建立相应工程。

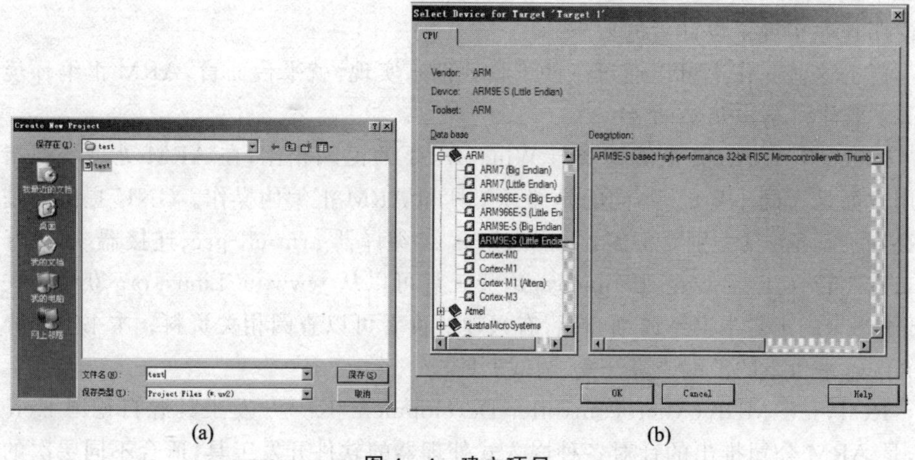

(a) (b)

图 4-4 建立项目

2. 编辑源文件

建立一个文本文件，以便输入用户程序。选择 File→New 菜单项，则弹出如图 4-5 所示界面。然后在新建的文件中编写程序，单击 Save 图标按钮将文件存盘（或选择 File→Save 菜单项），输入文件全名，如 Test. s。注意，须将文件保存到相应工程的目录下，以便于管理和查找。当然，也可以通过在工具栏单击新建对话框，然后建立源文件，或使用其他文本编辑器建立或编辑源文件。

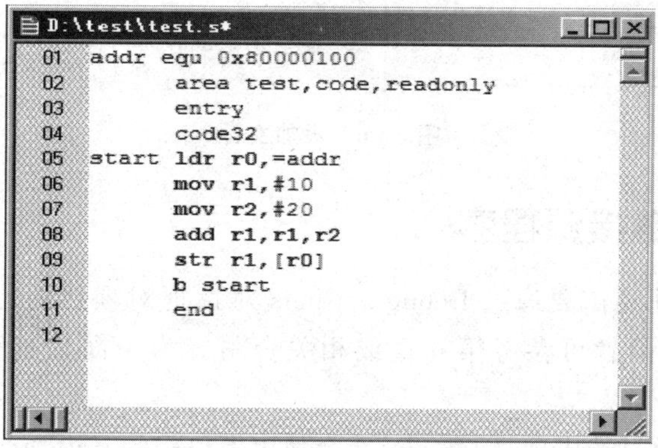

D:\test\test.s*

```
addr equ 0x80000100
      area test,code,readonly
      entry
      code32
start ldr r0,=addr
      mov r1,#10
      mov r2,#20
      add r1,r1,r2
      str r1,[r0]
      b start
      end
```

图 4-5　建立文件

test. s 源文件如下：

```
addr equ 0x80000100
      area test,code,readonly
      entry
      code32
start ldr r0, = addr
      mov r1, #10
      mov r2, #20
      add r1,r1,r2
      str r1,[r0]
      b start
      end
```

3. 添加源文件

在工程窗口的 File 窗口空白处右击，则弹出快捷菜单，选择 Add Files 命令即可弹出 Add File To 对话框，选择相应的源文件（可按住 Ctrl 键一次选择多个文件），然后单击“打开”按钮即可，如图 4-6 所示。

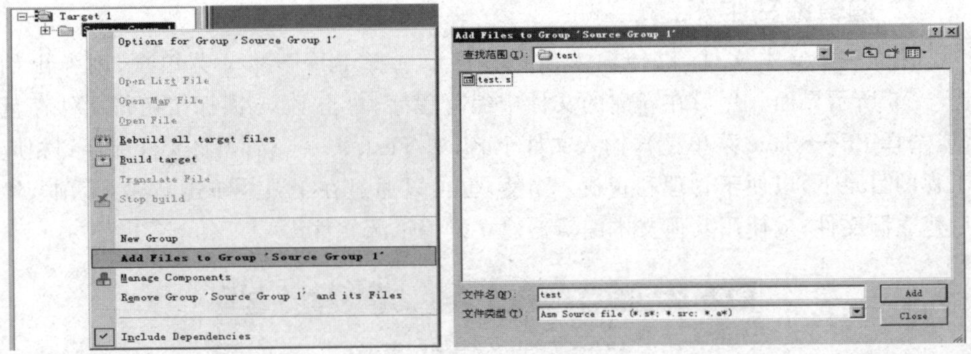

图 4-6　添加文件

4.3.3　编译链接源程序

编译链接之前还需要通过 Debug Settings 对话框对项目的运行环境进行一些设置,详细的设置读者可参考第 6 章或相关资料。为了简化过程,这里采用默认设置。

编译时可以通过选中项目并右击,选择弹出窗口中的 Build target 对源文件进行编译。若编译出错,则会有相应的出错提示;双击出错提示行信息,则编辑窗口就使用光标指出当前出错的源代码行。编译链接输出界口如图 4-7 所示。同样,可以在 Project 菜单中找到相应的命令。

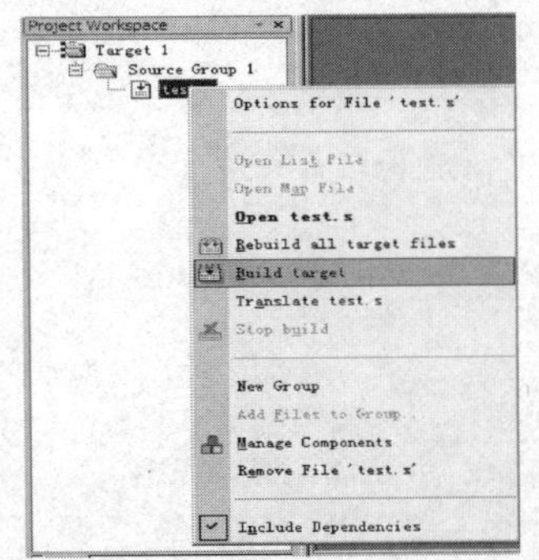

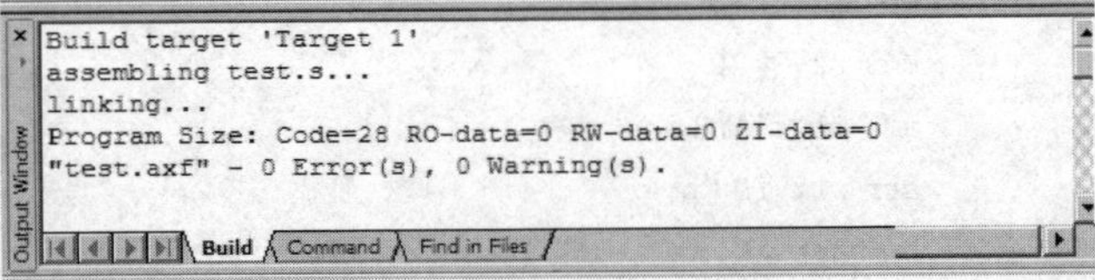

图 4-7　工程的编译和链接

工程编译链接通过后,工程目录下就会生成一个扩展名为.axf 的可执行映象文件。比如对于工程 Test,当前的生成目标 Debug,编译连接通过后,则在"\Test\"目录下生成 Test.axf 文件。通过这个文件就可以进一步使用 MDK 对汇编程序进行仿真调试了。

4.3.4 调试汇编程序

工程编译链接通过后，在工程窗口中单击 Debug 图标按钮，即可启动 AXD 进行调试，也可以通过选择 Debug→Start/Stop Debug Session 菜单项启动调试，如图 4-8 所示。

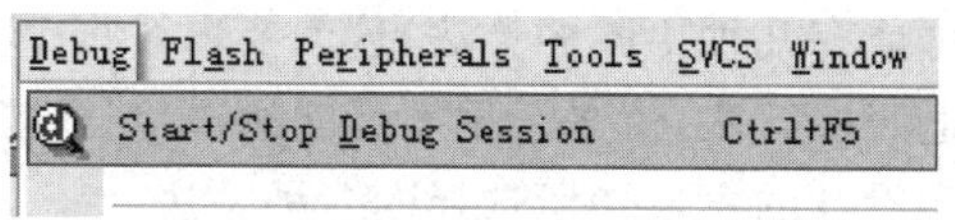

图 4-8 启动调试

系统加载了 *.axf 文件，之后就出现了 MDK 调试界面，如图 4-9 所示。在这个界面下就可以可视化地对程序进行仿真调试，如可以单步执行、观察寄存器值的变化、内存值的变化等。

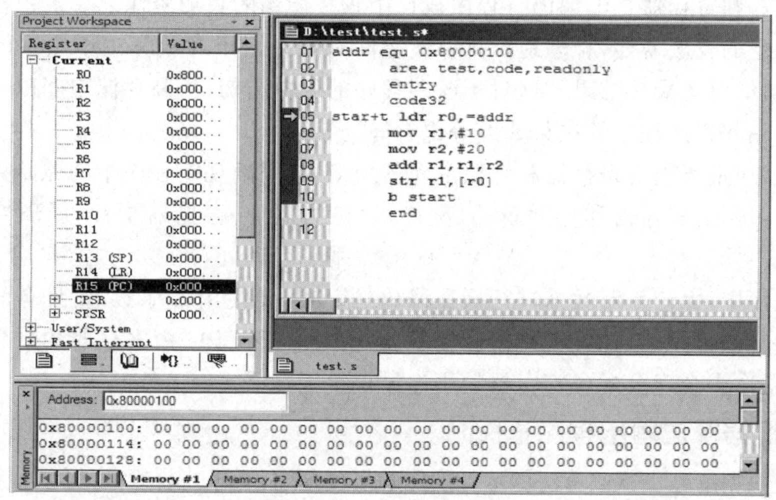

图 4-9 加载 ELF 文件

4.4 汇编语言程序设计

4.4.1 程序设计步骤

学习了 ARM 指令及汇编语言伪操作之后，按照汇编语言语句的格式要求即可编写满足各种功能要求的汇编语言源程序。按程序的功能结构来分类，可把程序分为简单程序、分支程序、循环程序和子程序等类型。任何复杂的程序结构可看作这些基本结构的组合。一般说来，编制一个汇编语言程序的步骤如下：

1. 分析题目确定算法

分析题目就是明确目的任务,以求得到对实际问题有正确的理解;弄清楚已知条件所给定的原始数据和应得的结果,以及对运算精度和速度的要求;确定描述各数据之间关系的数学模型。

算法就是对特定问题求解步骤的描述,它决定了解决某一特定类型问题的求解顺序。每个实际问题可能有几种不同的算法,这就要求对每个算法进行分析,选择一种适当的算法。所谓适当的算法,就是根据实际问题对执行速度的要求、机器所能提供的存储空间以及程序设计的方便性所选择的一种算法。

分析题目确定算法是整个程序设计工作的基点。对比较简单的题目,其目的、要求、数据等一目了然;而对于比较复杂的科研和生产问题,必须深入分析,才能为以后各步打好基础。

2. 合理分配存储空间和寄存器

存储器和寄存器是汇编语言程序设计中直接调用的重要资源之一。根据上述步骤已经确定的算法需要,合理地安排存储空间和寄存器来存放算法中出现的原始数据、中间结果以及最终结果。这对于改善程序的逻辑结构、提高存储空间以及寄存器的使用效率和提高程序的执行速度等都有好处。

这里,通常要规定寄存器和存储单元的用途,要明确规定程序中的原始数据和变量等所要占用的寄存器和存储单元,例如,表格的地址、存储器指针、循环控制计数器等。

在程序中,无论是对数据进行操作或传送,均需要使用寄存器,而且有的操作需要使用特定的寄存器(如堆栈操作使用 R13 等)。由于 CPU 中寄存器的数量是有限的,所以程序中合理分配各寄存器的用途显得特别重要。

3. 根据算法画出程序框图

一般根据解题步骤或算法的运算次序画出流程图,对于比较复杂的问题,要按逐步求精的方法,先画出粗框图,然后逐步加细,直至变成能便于编写程序的流程图为止。

流程图是对程序执行过程的一种形象的描述,它以时间为线索把程序中具有一定功能的各个部分有机地联系起来,形成一个完整的体系,以便读者对程序的整体结构有一个全面的了解。

流程图中有矩形框、菱形框、椭圆框和圆框,这些框通过带箭头的线条有机地连在一起,而箭头表示程序执行的顺序。4 种框的含义如下:

- 矩形框为工作框,用来说明一个程序的功能。
- 菱形框为逻辑框,用来进行判断,以决定程序的转向,所以它总是引出两个箭头,表示在不同条件下的不同走向。
- 椭圆框,用来表示程序的开始或结束。
- 圆框,用来表示流程图之间的互相连接,以便于画图和阅读。

4. 根据框图编写程序

根据程序流程图编写出一条条的指令,便可编制出源程序。编写源程序的过程,就是用汇编格式指令实现具体算法的过程。

在进行程序设计时,应尽可能节省数据存放单元,缩短程序长度,尽可能用标号或变量来代替绝对地址、常数以及加快运算时间等原则编制程序。同时,应当注意写出简洁明了的注释。

5. 上机调试程序

任何程序必须经过调试才能检查出设计思想是否正确,以及程序是否符合你的设计思想。在调试程序的过程中应该善于利用机器提供的调试工具来进行工作,你会发现它会给你提供很大的帮助。

程序有顺序、循环、分支和子程序 4 种结构形式,下面分别进行介绍。

4.4.2 简单程序设计

简单的顺序程序设计,又叫直接程序设计,它是相对于分支程序和循环程序设计而言的。因此,可以说简单的顺序程序是既不包含分支,又不包含循环的程序。顺序程序的结构如图 4-10 所示,顺序程序是从第一条指令开始,按其自然顺序,一条指令一条指令地执行,在运行期间,CPU 既不跳过某些指令,也不重复执行某些指令,一直执行到最后一条指令为止,此程序的任务也就完成了。汇编语言中的大部分指令,如数据加载与存储指令、数据处理指令等都可以用来构造顺序结构。顺序结构是最简单的程序结构,程序的执行顺序就是指令的编写顺序。所以,安排指令的先后次序就显得至关重要。另外,在编写程序时,还要妥善保存已得到的处理结果,为后面的进一步处理提供有关信息,从而避免不必要的重复操作。

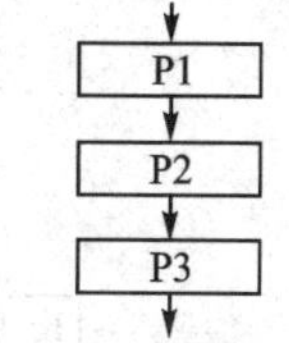

图 4-10 顺序结构

【例 4.41】 已知 32 位变量 X、Y 存放在存储器的地址 0x90010、0x90014 中,要求实现 Z=X+Y,其中,Z 的值存放在 0x90018 中。

```
        AREA EX4_41,CODE,READONLY
        ENTRY
        CODE32
START   LDR R0, = 0x90010       ;变量 X 的地址送入 R0
        LDR R1,[R0],#4          ;变量 X 的值读入 R1
        LDR R2,[R0],#4          ;变量 Y 的值读入 R2
        ADD R1,R1,R2            ;X + Y 结果存入 R1
        STR R1,[R0]             ;结果存入 Z 中
        B START
        END
```

4.4.3 分支程序设计

顺序程序设计是最基本的程序设计技术,但实际上在很多情况下,不但要求计算某个确定的计算公式,而且要求根据变量变化的情况,从几个公式中选择一个进行计算,这时,对变量所处的状态要进行判断,根据判断结果决定程序的流向,这就是分支程序设计技术。分支程序结构的形式如图 4-11 所示。它们分别相当于高级语言中的 IF-THEN-ELSE 语句和 CASE 语句,它们适用于要根据不同条件做不同处理的情况。IF-THEN-ELSE 语句可以引出两个分支,CASE 语句则可以引出多个分支,不论哪一种形式,它们的共同特点是:运行方向是向前的,在某一种确定条件下,只能执行多个分支中的一个分支。

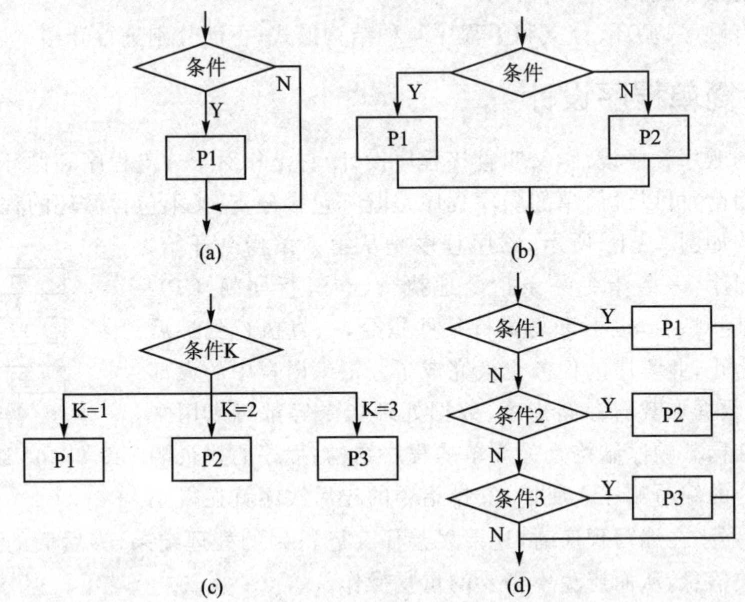

图 4-11 各种分支结构

对于图 4-11(a),只有条件成立才进行 P1 处理,否则不进行处理;

对于图 4-11(b),条件成立时进行 P1 处理,否则进行 P2 处理;

对于图 4-11(c),多分支结构程序使用多个二分支结构程序组合而成;

对于图 4-11(d),多分支结构程序使用分支表(跳转表)配合处理的。

ARM 汇编语言中对分支的实现方法很多,通过指令的条件执行就可以实现简单的分支,将分支语句和条件执行结合起来就可以实现更复杂的分支结构。下面结合实际例子来说明如何实现常见的分支结构。

1. 简单分支结构

【例 4.42】 已知 32 位有符号数 *X* 存放在存储器的地址 0x90010 中,要求实现：

$$Y=\begin{cases}X & (X\geqslant 0)\\ -X & (X<0)\end{cases}$$

其中，Y 的值存放在 0x90010 中。

分析：该程序的结构很简单，首先将位于地址 0x90010 处的数值取出来和 0 比较，如果小于 0 则将其取负，然后存回原地址处。这里满足条件将其取负只须通过"SUBLT R2,R0,R2"来实现，因而，可以通过条件标志 LT 来控制该指令执行与否，从而实现一个简单的分支。

相当于 C 语言中的如下结构：

```
IF( )
{
}
```

该例子的汇编语言程序如下：

```
        AREA EX4_42,CODE,READONLY
        ENTRY
START   LDR R1, = 0x90010           ;加载变量 X 的地址存放到 R1
        MOV R0,#0                   ;R0←0
        LDR R2,[R1]                 ;将 X 的值加载到 R2
        CMP R2,#0                   ;X 与 0 比较,影响标志位
        SUBLT R2,R0,R2              ;X<0 执行该语句,得到 - X
        STR R2,[R1]                 ;保存结果
        B START
        END
```

2. 二分支结构

相当于 C 语言中的如下结构：

```
IF( )
 {
 }
ELSE
 {
}
```

【例 4.43】 已知 32 位有符号数 X 存放在存储器的地址 0x90010 中，要求实现：

$$Y=\begin{cases}1 & (X>0)\\ 0 & (X=0)\\ -1 & (X<0)\end{cases}$$

其中,Y 的值存放在 0x90010 中。

该例子的汇编语言程序如下:

```
        AREA EX4_43,CODE,READONLY
        ENTRY
        CODE32
START   LDR R1, = 0x90010       ;加载 X 的地址→R1
        LDR R2,[R1]             ;加载 X 的值→R2
        CMP R2,#0               ;与 0 比较
        BEQ ZERO                ;为 0 则跳转到 ZERO 处理
        BGT PLUS                ;大于 0 则跳转到 PLUS 处理
        MOV R0,# - 1            ;否则小于 0,将 R0 设置为 - 1
        B FINISH                ;跳转到结束
PLUS    MOV R0,#1               ;大于 0,将 R0 设置为 1
        B FINISH                ;跳转到结束
ZERO    MOV R0,#0               ;等于 0,将 R0 设置为 0
FINISH  STR R0,[R1]             ;将结果 R0 保存
        B START
        END
```

3. 多分支结构

代码使用一个内联的函数指针表格实现 switch 结构,下面列出了 C 语言程序的 switch 结构,同样功能的汇编语言程序结构如例 4.44 所示。

```
main( int x)
{
    switch(x)
    {
    case 0: return method_0();
    case 1: return method_1();
    case 2: return method_2();
    case 3: return method_3();
    case 4: return method_4();
    case 5: return method_5();
    case 6: return method_6();
    case 7: return method_7();
    default: return method_d();
  }
}
```

【例 4.44】 多分支 ARM 汇编的程序:

```
        AREA EX4_44,CODE,READONLY
        ENTRY
```

```
        CODE32
START   CMP R0,＃8                  ;与 8 比较
        ADDLT PC,PC,R0,LSL＃2       ;小于 8 则根据 R0 计算跳转地址,并将该地址修改 PC
        B method_d                  ;大于 8 程序跳转到默认分支段执行
        B method_0                  ;分支表结构,其偏移量由 R0 决定
        B method_1
        B method_2
        B method_3
        B method_4
        B method_5
        B method_6
        B method_7
method_0                            ;method_0 的入口
        MOV R0,＃1                  ;method_0 的功能
        B   end0
method_1
        MOV R0,＃2
        B   end0
method_2
        MOV R0,＃3
        B   end0
method_3
        MOV R0,＃4
        B   end0
method_4
        MOV R0,＃5
        B   end0
method_5
        MOV R0,＃6
        B   end0
method_6
        MOV R0,＃7
        B   end0
method_7
        MOV R0,＃8
        B   end0
method_d
        MOV R0,＃0
end0    B START
        END
```

分析：由于 PC 寄存器是流水化操作的，所以这个程序可以正确执行。当 ARM

执行 ADDLT 指令时,PC 指向 method_0。这种结构可以使得分支 method_n 子程序的实现与位置无关。

分支结构程序设计的关键在于准确地知道操作结果影响的标志位状态和正确地使用条件转移指令。根据对条件的判断而选择不同的处理方法是人的基本智能体现。计算机根据对标志位的判断而决定程序流向的条件转移指令,这表明计算机能实现这种智能。当我们运用条件转移指令去解决具体问题时,能否达到预期目的主要取决于编程人员的思维是否符合逻辑,以及能否正确使用相应的条件转移指令。

4.4.4 循环程序设计

1. 循环程序的基本结构

有时我们会需要能按一定规律多次重复执行一串语句,这类程序叫循环程序。循环程序的结构如图 4-12 所示。这里将介绍循环程序的结构、控制方法以及循环程序的设计方法。

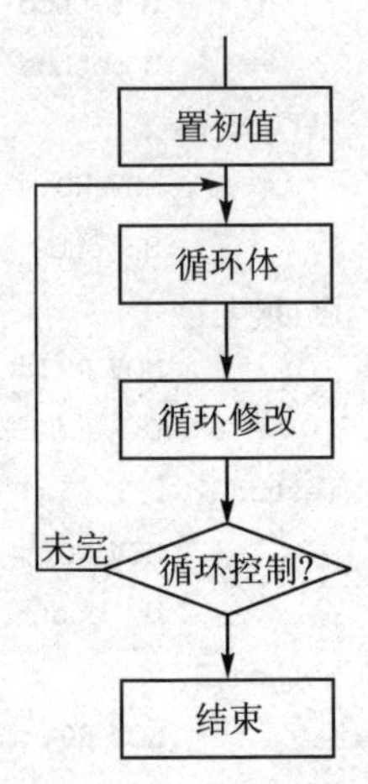

图 4-12 循环程序结构

循环程序一般由 4 个部分组成:

① 置循环初值部分。这是为了保证循环程序能正常进行循环操作而必须做的准备工作。循环初值分两类:一类是循环工作部分的初值,另一类是控制循环结束条件的初值。例如,设置循环次数计数器、地址指针初值、存放结果的单元初值等。

② 循环体。即需要重复执行的程序段,这是循环的中心。

③ 循环修改部分。按一定规律修改操作数地址及控制变量,以便每次执行循环体时得到新的数据,如修改地址指针和计数器的值等。

④ 循环控制部分。判断控制变量是否满足终止条件,不满足则转去重复执行循环工作部分,满足则顺序执行,退出循环。

若循环程序的循环体中不再包含循环程序,即为单重循环程序。如果循环体中还包含循环程序,那么这种现象就称为循环嵌套,这样的程序就称为二重、三重甚至多重循环程序。在多重循环程序中,只允许外重循环嵌套内重循环程序,而不允许循环体互相交叉。

2. 循环的控制方法

如何控制循环次数是循环程序设计中一个重要环节。下面介绍最常见的两种控制方法:计数控制和条件控制。

(1) 计数控制

当循环次数已知时,通常使用计数控制法。假设循环次数为 n,常常用以下方法实现计数控制和条件控制：

① 先将循环次数 n 送入循环计数器中，然后，每循环一次计数器减 1，直至循环计数器中的内容为 0 时结束循环。例如：

```
        MOV Rn,#N          ;循环初值部分
        …
LOOPA:  …                  ;循环体
        …
        SUBS Rn,Rn,#1      ;修改部分
        BGT LOOPA          ;控制部分
```

其中，循环体部分、修改部分被重复执行 n 次，即当 Rn$=n,n-1,\cdots,1$ 时，重复执行循环体；当 Rn=0 时，结束循环。

② 先将 0 送入循环计数器中，然后每循环一次计数器加 1，直到循环计数器的内容与循环次数 n 相等时退出循环。例如：

```
        MOV Rn,#0          ;置循环初值部分
        ⋮
LOOPA:  ⋮                  ;循环体
        ⋮
        ADD Rn,Rn,#1       ;修改部分
        CMP Rn,#N
        BNE LOOPA          ;控制部分
```

其中，循环体部分、修改部分被重复执行 n 次，即当 Rn $=0,1,\cdots,n-1$ 时重复执行；当 Rn$=n$ 时，结束循环。

(2) 条件控制

有些情况下，循环次数事先无法确定，但它与问题的某些条件有关。这些条件可以通过指令来测试。若测试比较的结果表明满足循环条件，则继续循环，否则结束循环。

3. 单重循环程序设计

所谓单重循环，即其循环体内不再包含循环结构。下面分循环次数已知和未知两种情况讨论其程序设计方法。

(1) 循环次数已知的循环程序设计

对于循环次数已知的情况，通常采用计数控制方法来实现循环。

【例 4.45】 编制程序使 $S=1+2\times3+3\times4+4\times5+\cdots+N(N+1)$，直到 N 等于 10 为止。

```
        AREA EX4_45,CODE,READONLY
        ENTRY
        CODE32
```

```
START   MOV R0,#1              ;R0 用作累加,置初值 1,S
        MOV R1,#2              ;R1 用作第一个乘数,初值为 2,N
REPEAT  ADD R2,R1,#1           ;R2 用作第二个乘数,N+1
        MUL R3,R2,R1           ;实现 N×(N+1)部分积存于 R3
        ADD R0,R0,R3           ;将部分积累加至 R0
        ADD R1,R1,#1           ;修改 N 的值得到下一轮乘数
        CMP R1,#10             ;循环次数比较
        BLE REPEAT             ;未完则重复
        B START
        END
```

(2) 循环次数未知的循环程序设计

对于循环次数未知的情况,常用条件来控制循环。

【例 4.46】 试编制一个程序,求两个数组 DATA1 和 DATA2 对应的数据之和,并把和数存入新数组 SUM 中,计算一直进行到两数之和为零时结束,并把新数组的长度存于 R0 中。

```
        AREA EX4_46,CODE,READONLY      ;定义代码段
        ENTRY
        CODE32
START   LDR R1, = DATA1                ;数组 DATA1 的首地址存放到 R1
        LDR R2, = DATA2                ;数组 DATA2 的首地址存放到 R2
        LDR R3, = SUM                  ;数组 SUM 的首地址存放到 R3
        MOV R0,#0                      ;计数器 R0 的初始值置 0
LOOP    LDR R4,[R1],#04                ;取 DATA1 数组的一个数,同时修改地址指针
        LDR R5,[R2],#04                ;取 DATA2 数组的一个数,同时修改地址指针
        ADDS R4,R4,R5                  ;相加并影响标志位
        ADD R0,R0,#1                   ;计数器加 1
        STR R4,[R3],#04                ;保存结果到 SUM 中,同时修改地址指针
        BNE LOOP                       ;若相加的结果不为 0 则循环
        B START
        AREA BlockData, DATA, READWRITE ;定义数据段
DATA1   DCD 2,5,0,3,-4,5,0,10,9        ;数组 DATA1
DATA2   DCD 3,5,4,-2,0,8,3,-10,5       ;数组 DATA2
SUM     DCD 0,0,0,0,0,0,0,0,0          ;数组 SUM
        END
```

4. 多重循环程序设计

多重循环即循环体内嵌套有循环。设计多重循环程序时,可以从外层循环到内层循环一层一层地进行。通常,设计外层循环时,仅把内层循环看成一个处理粗框,然后再将该粗框细化,分成置初值、工作、修改和控制 4 个组成部分。当内层循环设计完之后,用其替换外层循环体中被视为一个处理粗框的对应部分,这样就构成了一

个多重循环。对于程序，这种替换是必要的；对于流程图，如果关系复杂，可以不替换，只要把细化的流程图与其对应的处理粗框联系起来即可。我们将举例说明多重循环程序的设计。

【例 4.47】 在以 BUF 为首址的字存储区中存放有 10 个无符号数 0x0FF、0x00、0x40、0x10、0x90、0x20、0x80、0x30、0x50、0x70、0x60，现需将它们按从小到大的顺序排列在 BUF 存储区中，试编写其程序。

分析：这个问题的处理可采用逐一比较法，其算法如下：将第一个存储单元中的数与其后 $n-1$ 个存储单元中的数逐一比较，每次比较之后，总是把小者放在第一个存储单元之中，经过 $n-1$ 次比较之后，n 个数中最小值存入了第一个存储单元之中；接着将第二个存储单元中的数与其后的 $n-2$ 个存储单元中的数逐一比较，每次比较之后，总是把小者放在第二个存储单元之中，经过 $n-2$ 次比较之后，n 个数中第二小数存入了第二个存储单元之中；如此重复下去，当最后两个存储单元之中的数比较完之后，从小到大的顺序就实现了。以上描述的过程实际上实现了“冒泡排序”算法。

寄存器分配如下：

R0：用来指示缓冲区初始地址

R1：外循环计数器

R2：内循环计数器

R3：外循环地址指针

R4：内循环地指针

R5：内循环下一个数地址指针

R6：存放内循环一轮比较的最小值

R7：存放内循环取出的下一个比较值

源程序如下：

```
N  EQU 10
          AREA EX4_47,CODE,READONLY
          ENTRY
          CODE32
START     LDR R0, = BUF                   ;指向数组的首地址
          MOV R1,#0                       ;外循环计数器
          MOV R2,#0                       ;内循环计数器
LOOPI     ADD R3,R0,R1,LSL #2             ;外循环首地址放入 R3
          MOV R4,R3                       ;内循环首地址放入 R4
          ADD R2,R1,#1                    ;内循环计数器初值
          MOV R5,R4                       ;内循环下一地址初值
          LDR R6,[R4]                     ;取内循环第一个值 R4
LOOPJ     ADD R5,R5,#4                    ;内循环下一地址值
```

```
        LDR R7,[R5]              ;取出下一地址值 R7
        CMP R6,R7                ;比较
        BLT NEXT                 ;小则取下一个
        SWP R7,R6,[R5]           ;大则交换,最小值 R6
        MOV R6,R7
NEXT    ADD R2,R2,#1             ;内循环计数
        CMP R2,#N                ;循环中止条件
        BLT LOOPJ                ;小于 N 则继续内循环,实现比较一轮
        SWP R7,R6,[R3]           ;否则,内循环一轮结束
                                 ;将最小数存入外循环的首地址处
        ADD R1,R1,#1             ;外循环计数
        CMP R1,#N-1              ;外循环中止条件
        BLT LOOPI                ;小于 N-1 继续执行外循环
        B START
        AREA BlockData, DATA, READWRITE
BUF     DCD 0x0FF,0x00,0x40,0x10,0x90,0x20,0x80,0x30,0x50,0x70
        END
```

程序的运行结果如下：

```
00H,10H,20H,30H,40H,50H,70H,80H,90H,0FFH
```

在程序设计实践中会体会到,几乎每个应用程序都离不开循环结构。一般来说,对于要解决的实际问题,只要找出一定的规律,变成递推过程处理,用循环程序是最简单的方法。因此,掌握好循环程序设计技术是十分重要的。

4.4.5 子程序设计

在我们编写解决实际问题的程序时,往往会遇到多处使用相同功能的程序段,使用该程序段的可能差别是对程序变量的赋值不同。如果每次用到这个功能就重新书写一遍,那么不仅书写麻烦,容易出错,编辑、汇编也会花费较多的时间,同时占用内存多。如果把多次使用的功能程序编制为一个独立的程序段,每当用到这个功能时,就将控制转向它,完成后再返回到原来的程序,这就会大大减少编程的工作量。这种可以被其他程序使用的程序段,称为子程序。

1. 子程序调用

对于一个子程序,应该注意它的入口参数和出口参数。入口参数是由主程序传给子程序的参数,而出口参数是子程序运算完传给主程序的结果。另外,子程序所使用的寄存器和存储单元往往需要保护,以免影响返回后主程序的运行。

主程序在调用子程序时,一方面初始数据要传给子程序,另一方面子程序运行结果要传给主程序,因此,主子程序之间的参数传递是非常重要的。

参数传递一般有 3 种方法实现：

① 利用寄存器。这是一种最常见的方法，把所需传递的参数直接放在主程序的寄存器中传递给子程序。

② 利用存储单元。主程序把参数放在公共存储单元，子程序则从公共存储单元取得参数。

③ 利用堆栈。主程序将参数压入堆栈，子程序运行时则从堆栈中取参数。

在 ARM 汇编语言程序中，子程序的调用一般是通过分支指令来实现的。在程序中，使用指令“BL 子程序名”即可完成子程序的调用。

该指令在执行时完成如下操作：将子程序的返回地址存放在连接寄存器 LR 中，同时将程序计数器 PC 指向子程序的入口点，当子程序执行完毕需要返回调用处时，只需要将存放在 LR 中的返回地址重新复制给程序计数器 PC 即可。在调用子程序的同时，也可以完成参数的传递和从子程序返回运算的结果，通常可以使用寄存器 R0～R3 完成。

【例 4.48】 使用 BL 指令调用子程序的基本结构：

```
          AREA Init,CODE,READONLY
          ENTRY
Start     LDR R0, = 0x3FF5000        ;设置参数
          LDR R1, = 0x3FF5008
          BL PRINT_TEXT              ;此处调用子程序
          ⋮
PRINT_TEXT                           ;子程序
          ⋮
          MOV PC,LR                  ;子程序返回
          ⋮
          END
```

2. 子程序的嵌套

我们已经知道，一个子程序也可以作为调用程序去调用另一个子程序，这种情况就称为子程序的嵌套。嵌套的层次不限，其层数称为嵌套深度。嵌套子程序的设计并没有什么特殊要求，只是需要注意寄存器的保存和恢复，以避免各层子程序之间发生因寄存器冲突而出错的情况。如果程序中使用了堆栈，如使用堆栈来传送参数等，则对堆栈的操作要格外小心，避免因堆栈使用中的问题而造成子程序不能正确返回的情况。

3. 递归子程序

在子程序嵌套的情况下，如果一个子程序调用的子程序就是它自身，这就称为递归调用。这样的子程序称为递归子程序。递归子程序对应于数学上对函数的递归定义，它往往能设计出效率较高的程序，可完成相当复杂的计算，因而它是很有用的。

4.4.6 汇编程序举例

1. 条件标志和可选后缀使用举例

可选条件后缀 EQ(相等)和 NE(不等)都与 Z 标志有关,当 Z=1 时,表明两个值相等(结果为 0),满足 EQ;当 Z=0 时,表明两个值不等,满足 NE。可选条件后缀 CS(大于或等于)和 CC(小于)都与 C 标志有关,当 C=1 时,表明结果大于或等于,满足 CS;当 C=0 时,表明结果小于,满足 CC。可选条件后缀 MI(负数)和 PL(非负数)都和 N 标志有关,当 N=1 时,表明结果是负数,满足 MI;当 N=0 时,表明不是负数,满足 PL。其他条件的详细说明请参考第 3 章有关内容。

【例 4.49】 条件标志应用。

```
AREA EX4_49,CODE,READONLY
ENTRY
MOV R3,#0x56              ;R3 赋值 0x00000056
MVN R4,#0x55              ;R4 赋值 FFFFFFAA
CMPS R3,R4                ;R3 - R4 刷新标志位,CPSR_c = zcnv

ADDNES R0,R3,R4           ;因为 Z = 0,满足条件,该语句执行,并刷新标志位 CPSR_c = ZCnv
SUBEQS R1,R3,R4           ;因为 Z = 1,满足条件,该语句执行,并刷新标志位 CPSR_c = zcnv

ANDCS R7,R1,#0x20         ;因为 C = 0,不满足条件,所以该语句不执行,CPSR_c = zcnv
ORRCC r8,r1,#0x53         ;满足条件,该语句执行
END
```

分析:在该例中,R3=0x56,R4=0xFFFFFFAA,在进行比较做 R3-R4 时,是把 R4 看作负数的,因此比较结果是正数。假设 R4=0x57,则结果会是负数。但两种结果都是 R3 小于 R4。

2. 引入立即数和加载地址

在 ARM 汇编程序中,取得立即数的方式有两种:一种是利用第二操作数的规则,在指令中直接引用立即数;另一种是利用伪指令赋值的方法,这种方法可以引进任意一个 32 位的数值。这两种方法都可以使用数值表达式。

加载地址也有使用指令和使用伪指令两种方法。加载地址可以是以 PC 为基址的地址,也可以是以寄存器为基址的地址,这两种方法都可以使用地址表达式。

【例 4.50】 立即数和加载地址的例子。

```
        AREA EX4_50,CODE,READONLY
        ENTRY
1.STAR  LDR R0,STAR                       ;把 STAR 地址处的数据加载给 R0
2.      LDR R1,STAR + 0x20 * 4 - 0x40     ;把 STAR + 0x40 地址处的数据加载给 R1
3.      LDRSB R2,STAR                     ;把 STAR 地址处的字节加载给 R2
```

```
                                               ;并用第 8 位扩展到 32 位
4.        ADD R3,R1,#(0x40 + 0x10 * 2):MOD:04  ;把 R1 + 00 加载给 R3
                                               ;第 2 操作数通过取模结果为 0
5.        RSB R4,R3,#0xFF:ROL:8               ;将 0xFF 循环左移 8 位,结果减 R3 赋给 R4
6.        MOV R5,#0xF8:AND:0x8F               ;两个数逻辑与,结果 0x88 赋值给 R5
7.        B STAR + 0x1C                        ;语句标号加数值表达式指向跳转地址
8.        ADR R6,STAR + 0x20                   ;伪指令,以 PC 为基址,把地址加载给 R6
9.        LDR R7, = 0xF0F0F0F0 + 0x04000000    ;伪指令,把一个 32 位数值加载给 R7
10.       LDR R8, = STAR + 0x4080              ;把地址加载给 R8
          END
```

分析：前 3 条语句加载的是地址处的数据而不是地址，这是以 PC 为基址的地址，可以是一个表达式。第 4～6 条语句是第二操作数的应用，可以是一个表达式，但结果要符合第二操作数规范。第 7 条语句是跳转语句，是一个 PC 偏移的地址表达式。第 8 条语句是地址加载伪指令，地址可以是一个表达式。第 9 条语句是一条加载立即数伪指令，可以是表达式。第 10 条语句是地址加载，可以是表达式。

错误的例子：

```
ADD R1,R2,#0xFF00:OR:0xFF         ;结果 0xFFFF 超出第 2 操作数表达范围
LDR R2,STAR * 0x20                ;不能对语句标号使用乘法
ADR STAR + #20                    ;伪指令 ADR 语句中标号不能使用"#"号
MOV R3,0x40                       ;指令中的数值应为第 2 操作数,必须使用"#"号
LDR R5, = #020                    ;伪指令,不能使用"#"号
```

3. 多寄存器操作指令的应用

多寄存器操作是 ARM 指令的重要特点之一。多寄存器操作指令在大量数据传送时，可以极大地提高传送速度。该指令包括多寄存器加载指令 LDM 和多寄存器存储指令 STM。

在使用这组指令时，有两种寻址方式：一种是寄存器寻址；另一种是堆栈寻址。在使用寄存器寻址时，有 4 种地址处理方式，它们是：

IA　传送后地址增；

DA　传送后地址减；

IB　传送前地址增；

DB　传送前地址减。

在使用堆栈寻址时，也有 4 种堆栈处理方式，它们是：

FA　满递增堆栈；

EA　空递增堆栈；

FD　满递减堆栈；

ED　空递减堆栈。

例 4.51 是一个把一组数据从数据源 SRC 复制到目标数据区 DST。复制时，以

8 个字为单位进行。对于最后所剩不足 8 个字的数据,以字为单位进行赋值,这时程序跳转到 copywords 处执行。在进行以 8 个字为单位的数据复制时,保存了所用的 8 个工作寄存器。源程序如下:

【例 4.51】 块复制的例子。

```
        AREA EX4_51, CODE, READONLY
num     EQU     20                          ; 设置复制的字数
        ENTRY                               ; 程序入口
start   LDR     r0, = src                   ; r0 指向源数据块首地址
        LDR     r1, = dst                   ; r1 指向目标数据块首地址
        MOV     r2, #num                    ; r2 复制的字数
        MOV     sp, #0x400                  ; 设置堆栈指针,用于保存工作寄存器数值
blockcopy
        MOVS    r3,r2, LSR #3               ; 需要进行以 8 个字为单位的数据复制
        BEQ     copywords                   ; 若剩余不足 8 个字数据,则跳转到 copywords
                                            ; 以字为单位复制
        STMFD   sp!, {r4 - r11}             ; 保存工作寄存器
octcopy
        LDMIA   r0!, {r4 - r11}             ; 从源取出 8 个字数据放到寄存器,并更新 R0
        STMIA   r1!, {r4 - r11}             ; 将数据写入目的地址,并更新 R1
        SUBS    r3, r3, #1                  ; 将块复制次数减 1
        BNE     octcopy                     ; 循环直到完成以 8 个字为单位的复制

        LDMFD   sp!, {r4 - r11}             ; 恢复工作寄存器

copywords
        ANDS    r2, r2, #7                  ; 剩余不足 8 个字的数据的字数
        BEQ     stop                        ; 数据复制完成则跳转到 stop
wordcopy
        LDR     r3, [r0], #4                ; 从数据源取出一个字数据到 R3,并更新 R0
        STR     r3, [r1], #4                ; 将字数据存储到目标地址,并更新 R1
        SUBS    r2, r2, #1                  ; 字复制次数减 1
        BNE     wordcopy                    ; 循环,直到字复制完毕

                                            ; 定义数据区 SRC 和 DST
        AREA BlockData, DATA, READWRITE

src     DCD     1,2,3,4,5,6,7,8,1,2,3,4,5,6,7,8,1,2,3,4
dst     DCD     0,0,0,0,0,0,0,0,0,0,0,0,0,0,0,0,0,0,0,0
        END
```

4.5 工作模式切换编程

4.5.1 处理器模式

ARM 微处理器支持 7 种工作模式，分别为：

- 用户模式(usr)：ARM 处理器正常的程序执行状态。
- 快速中断模式(fiq)：用于高速数据传输或通道处理。
- 外部中断模式(irq)：用于通用的中断处理。
- 管理模式(svc)：操作系统使用的保护模式。
- 终止模式(abt)：当数据或指令预取终止时进入该模式，用于虚拟存储及存储保护。
- 未定义指令模式(und)：当未定义的指令执行时进入该模式，用于支持硬件协处理器的软件仿真。
- 系统模式(sys)：运行具有特权的操作系统任务。

除用户模式以外，其余的所有 6 种模式称为非用户模式，或特权模式(Privileged Modes)；其中，除去用户模式和系统模式以外的 5 种又称为异常模式(Exception Modes)，常用于处理中断或异常，以及需要访问受保护的系统资源等情况。

ARM 微处理器的运行模式可以通过软件改变，也可以通过外部中断或异常处理改变。大多数的应用程序运行在用户模式下，当处理器运行在用户模式下时，某些被保护的系统资源是不能被访问的。应用程序也不能直接进行处理器模式的转换。当需要进行处理器模式切换时，应用程序可以产生异常处理，在异常处理过程中进行处理器模式的切换。这种体系结构可以使得操作系统控制整个系统的资源。

当应用程序发生异常中断时，处理器进入相应的异常模式。在每一种异常模式中都有一组寄存器供相应的异常处理程序使用，这样就可以保证在进入异常模式时，用户模式下的寄存器(保存了程序运行状态)不被破坏。

系统模式并不是通过异常过程进入的，它和用户模式具有完全一样的寄存器。但是系统模式属于特权模式，可以访问所有的系统资源，也可以直接进行处理器模式切换，它主要供操作系统任务使用。通常，操作系统的任务需要访问所有的系统资源，同时该任务仍然使用用户模式的寄存器组，而不是使用异常模式下相应的寄存器组，这样可以保证异常中断发生时任务状态不被破坏。

4.5.2 处理器工作模式切换编程

处理器工作在什么模式下面是由状态寄存器 CPSR 的运行模式位 M[4：0]来指示的。这些位的组合值决定了处理器的运行模式。具体含义如表 2-3 所列，可见，并不是所有运行模式位的组合都是有效的，其他的组合结果会导致处理器进入一个不可恢复的状态。

要实现模式之间的切换,则只须通过指令修改 CPSR 寄存器的运行模式位的值即可实现。ARM 微处理器中的程序状态寄存器不属于通用寄存器,为此,ARM 专门为程序状态寄存器设立了 MRS 和 MSR 两条指令访问 CPSR。MRS 指令可以将 CPSR 寄存器中的内容传送到一个寄存器,对它进行修改,然后再通过 MSR 指令将修改的值(或直接将一个代表各种模式的立即数)送入 CPSR_c,从而实现各种模式之间的切换。

一般在系统运行前需要初始化各个模式下的堆栈,此时就需要切换到各种模式下面进行堆栈的初始化。例 4.52 说明了切换的基本结构。

【例 4.52】 堆栈初始化的子程序。

```
INITSTACK MOV R0,LR              ;R0←LR,因为各种模式下 R0 是相同的
                                 ;切换至管理模式并设置其堆栈
          MSR CPSR_c,#0xd3       ;CPSR[4:0]←取 1101 0011 中的 10011
          LDR SP,STACKSVC        ;STACKSVC 管理模式堆栈的初始地址
                                 ;切换至中断模式并设置堆栈
          MSR CPSR_c,#0xd2       ;CPSR[4:0]←取 1101 0010 中的 10010
          LDR SP,STACKIRQ        ;STACKIRQ 中断模式堆栈的初始地址
                                 ;切换至快速中断模式并设置堆栈
          MSR CPSR_c,#0xd1       ; CPSR[4:0]←取 1101 0001 中的 10001
          LDR SP,STACKFIQ        ;STACKFIQ 快速中断模式堆栈的初始地址
                                 ;切换至中止模式并设置堆栈
          MSR CPSR_c,#0xd7       ;CPSR[4:0]←取 1101 0111 中的 10111
          LDR SP,STACKABT        ;STACKABT 中止模式堆栈的初始地址
                                 ;切换至未定义模式并设置堆栈
          MSR CPSR_c,#0xdb       ; CPSR[4:0]←取 1101 1011 中的 11011
          LDR SP,STACKUND        ;STACKUND 未定义模式堆栈的初始地址
                                 ;切换至系统模式并设置堆栈
          MSR CPSR_c,#0xdf       ;CPSR[4:0]←取 1101 1111 中的 11111
          LDR SP,STACKUSR        ;STACKUSR 系统模式堆栈的初始地址
          MOV PC,R0              ;调用返回
```

4.6 ATPCS 介绍

ATPCS(ARM-Thumb Produce Call Standard)是 ARM 程序和 Thumb 程序中调用的基本规则。这些基本规则包括子程序调用过程中寄存器的使用规则、数据栈的使用规则、参数的传递规则。

4.6.1 寄存器的使用规则

表 4-3 总结了在 ATPCS 中各寄存器的使用规则及其名称。这些名称在编译器和汇编器中都是预定义的。

寄存器的使用必须满足下面的规则：

子程序间通过寄存器 R0～R3 来传递参数。这时，寄存器 R0～R3 可以记作 A0～A3。被调用的子程序在返回前无须恢复寄存器 R0～R3 的内容。

在子程序中使用寄存器 R4～R11 来保存局部变量。这时，寄存器 R4～R11 可以记作 V1～V8。如果在子程序中使用到了寄存器 V1～V8 中的某些寄存器，子程序进入时必须保存这些寄存器的值，返回前必须恢复这些子程序的值；对于子程序中没有用到的寄存器则不必进行这些操作。在 Thumb 程序中，通常只能使用寄存器 R4～R7 来保护局部变量。

寄存器 R12 用作子程序间 scratch 寄存器，记作 IP，在子程序间的连接代码段中常有这种使用规则。

寄存器 R13 用作数据栈指针，记作 SP，在子程序中寄存器 R13 不能用作其他用途。寄存器 SP 在进入子程序时的值和退出子程序时的值必须相等。

寄存器 R14 称为连接寄存器，记作 LR，它用于保存子程序的返回地址。如果在子程序中保存了返回地址，寄存器 R14 则可以用作其他用途。

寄存器 R15 是程序计数器，记作 PC，它不能用作其他用途。

表 4-3 ATPCS 寄存器使用规则

寄存器	别　名	特殊名称	使用规则
R0	A1		参数/结果/scratch 寄存器 1
R1	A2		参数/结果/scratch 寄存器 2
R2	A3		参数/结果/scratch 寄存器 3
R3	A4		参数/结果/scratch 寄存器 4
R4	V1		ARM 状态局部变量寄存器 1
R5	V2		ARM 状态局部变量寄存器 2
R6	V3		ARM 状态局部变量寄存器 3
R7	V4	WR	ARM 状态局部变量寄存器 4，Thumb 状态工作寄存器
R8	V5		ARM 状态局部变量寄存器 5
R9	V6	SB	ARM 状态局部变量寄存器 6，在支持 RWPI 的 ATPCS 中为静态基址寄存器
R10	V7	SL	ARM 状态局部变量寄存器 7，在支持数据栈检查 ATPCS 中为数据栈限制指针

续表 4-3

寄存器	别　名	特殊名称	使用规则
R11	V8	FP	ARM 状态局部变量寄存器 8/帧指针
R12		IP	子程序内部调用的 scratch 寄存器
R13		SP	数据栈指针
R14		LR	连接寄存器
R15		PC	程序计数器

4.6.2 数据栈使用规则

堆栈指针通常可以指向不同的位置。堆栈可分为满栈和空栈两种,当栈指针指向栈顶元素,即最后一个入栈的数据元素时,称为满(Full)栈;当栈指针指向与栈顶元素(即最后一个入栈的数据元素)相邻的一个可用数据单元时,称为空(Empty)栈。

根据数据栈的增长方向不同可以分为递增栈和递减栈两种。当数据栈向内存地址减小的方向增长时,称为递减(Descending)栈;当数据栈向内存地址增加的方向增长时,称为递增(Ascending)栈。综合这两种特点可以有以下 4 种数据栈:

满递减栈:FD (Full Descending);

空递减栈:ED (Empty Descending);

满递增栈:FA (Full Ascending);

空递增栈:EA (Empty Ascending)。

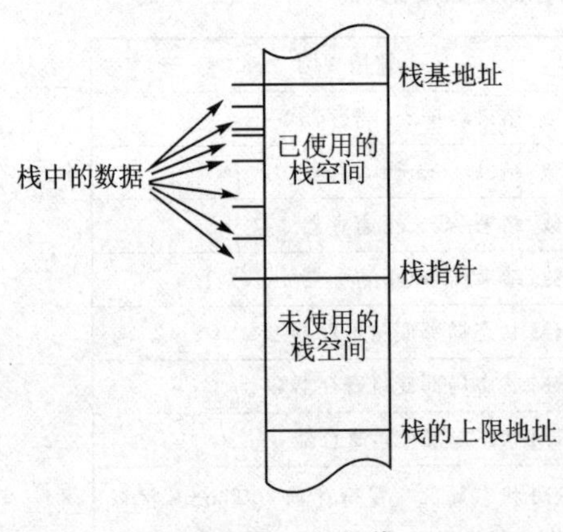

图 4-13　数据栈

ATPCS 规定数据栈为 FD 类型,并且对数据栈的操作是 8 字节对齐的。异常中断的处理程序可使用中断程序的数据栈,但要保证中断程序的数据栈足够大。图 4-13 是一个数据栈的示例。相关的名词如下:

数据栈栈指针(Stack Point):最后一个写入栈的数据的内存地址。

数据栈的基地址(Stack Base):数据栈的最高地址。由于 APTCS 中数据栈是 FD 类型的,实际上数据栈中最早入栈的数据占据的内存单元是基地址的下一个内存单元。

数据栈界限(Stack Limit):数据栈中可以使用的最低的内存单元地址。

已占用的数据栈(Used Stack):数据栈的基地址和数据栈指针之间的区域。其中包括数据栈栈指针对应的内存单元,但不包括数据栈基地址对应的内存单元。

未占用的数据栈(Unused Stack)：数据栈栈指针和数据栈界限之间的区域。其中包括数据栈界限对应的内存单元，但不包括数据栈栈指针对应的内存单元。

数据栈中的数据帧(Stack Frames)：数据栈中为子程序分配的用来保存寄存器和局部变量的区域。

使用编译器产生的目标代码中包含了 DRAFT2 格式的数据帧。在调试过程中，调试器可以使用这些数据帧来查看数据栈中的相关信息。而对汇编语言来说，用户必须使用 FRAME 伪操作来描述数据栈中的数据帧。ARM 汇编器根据这些伪操作在目标文件中产生相应的 DRAFT2 格式的数据帧。

在 ARMv5TE 中，批量传送指令 LDRD/STRD 要求数据栈是 8 字节对齐的，以提高数据传输的速度。用编译器产生的目标文件中，外部接口的数据栈都是 8 字节对齐的，并且编译器将告诉链接器：本目标文件中的数据栈是 8 字节对齐的。而对于汇编程序来说，如果目标文件中包含了外部调用，则必须满足下列条件：外部接口的数据栈必须是 8 字节对齐。也就是要保证在进入该汇编代码后，直到该汇编代码调用外部程序之间，数据栈的栈指针变化偶数个字(如栈指针加 2 个字，而不能加 3 个字)。

4.6.3 参数传递规则

根据参数个数是否固定可以将子程序分为参数个数固定的(nonvariadic)子程序和参数个数可变的(variadic)子程序。这两种子程序的参数传递规则是不同的。

1. 参数个数固定的子程序参数传递规则

参数个数固定的子程序参数传递与参数个数可变的子程序参数传递规则是不同的。如果系统包含浮点运算的硬件部件，浮点参数将按照下面的规则传递：

各个浮点参数按顺序处理。

为每个浮点参数分配 FP 寄存器。分配的方法是：满足该浮点参数需要的、且编号最小的一组连续的 FP 寄存器，第一个整数参数通过寄存器 R0～R3 来传递。其他参数通过数据栈传递。

2. 参数个数可变的子程序参数传递规则

对于参数个数可变的子程序，当参数不超过 4 个时，可以使用寄存器 R0～R3 来传递参数；当参数超过 4 个时，还可以使用数据栈来传递参数。

在参数传递时，将所有参数看作存放在连续的内存字单元中的字数据。然后，依次将各字数据传送到寄存器 R0、R1、R2、R3 中，如果参数多于 4 个，则将剩余的字数据传送到数据栈中，入栈的顺序与参数顺序相反，最后一个字数据先入栈。

按照上面的规则，一个浮点数参数可以通过寄存器传递，也可以通过数据栈传递，也可能一半通过寄存器传递，另一半通过数据栈传递。

3. 子程序结果返回规则

结果为一个 32 位的整数时,可以通过寄存器 R0 返回。

结果为一个 64 位整数时,可以通过寄存器 R0 和 R1 返回,依次类推。

结果为一个浮点数时,可以通过浮点运算部件的寄存器 F0、D0 或者 S0 来返回。

结果为复合型的浮点数(如复数)时,可以通过寄存器 F0～Fn 或者 D0～Dn 来返回。

对于位数更多的结果,需要通过内存来传递。

4.6.4 ARM 和 Thumb 程序混合使用的 ATPCS

为了适应一些特殊需要,对 ATPCS 规定的子程序间调用的基本规则进行修改,增加一些规则以支持一些特定的功能,包括:

- 支持数据栈限制检查的 ATPCS。
- 支持只读段位置无关(ROPI)的 ATPCS。
- 支持可读/写位置无关(RWPI)的 ATPCS。
- 支持 ARM 程序和 Thumb 程序混合使用的 ATPCS。
- 支持处理浮点运算的 ATPCS。

这里只是简单介绍支持 ARM 程序和 Thumb 程序混合使用的 ATPCS。在编译和汇编时,使用/interwork 告诉编译器生成的目标代码遵守支持 ARM 程序和 Thumb 程序混合使用的 ATPCS。它用在以下场合:

- 程序中存在 ARM 程序调用 Thumb 程序的情况。
- 程序中存在 Thumb 程序调用 ARM 程序的情况。
- 需要链接器来进行 ARM 状态和 Thumb 状态切换的情况。

在下述情况下,使用选项/nointerwork:

- 程序中不包含 Thumb 程序。
- 用户自己进行 ARM 状态和 Thumb 状态切换。

其中,选项/nointerwork 是默认的选项。需要注意的是,在同一个 C/C＋＋源程序中不能同时包含 ARM 指令和 Thumb 指令,但汇编源程序可以。

4.7 ARM 和 Thumb 混合编程

4.7.1 工作状态

从编程的角度看,ARM 微处理器的工作状态一般有两种,并可在两种状态之间切换,即 ARM 状态和 Thumb 状态。

当 ARM 微处理器执行 32 位的 ARM 指令集时,工作在 ARM 状态;当 ARM 微处理器执行 16 位的 Thumb 指令集时,工作在 Thumb 状态。在程序的执行过程中,微处理器可以随时在两种工作状态之间切换，并且，处理器工作状态的转变并不影响处理器的工作模式和相应寄存器中的内容。

通常，Thumb 程序比 ARM 程序更加紧凑，而且对于内存为 8 位或者 16 位的系统，使用 Thumb 程序效率更高。但是，在下面这些场合下，程序必须运行在 ARM 状态，这时就需要混合使用 ARM 程序和 Thumb 程序。

在强调速度的场合，有些系统中需要某些代码段运行速度尽可能得快，这时应该使用 ARM 程序。系统可以采用少量的 32 位内存，将这段 ARM 程序在 32 位内存中运行，从而尽可能地提高程序的运行速度。

有些功能只有 ARM 程序能够完成。例如，使用或者禁止异常中断就只能在 ARM 状态下完成。

当处理器进入异常中断处理程序时，程序状态自动切换到 ARM 状态。即在异常中断处理程序入口的一些指令是 ARM 指令，然后根据需要，程序可以切换到 Thumb 状态，在异常中断处理程序返回前，程序再切换到 ARM 状态。

ARM 处理器总是从 ARM 状态开始执行。因而，如果在调试器中运行 Thumb 程序，就必须为该 Thumb 程序添加一个 ARM 程序头，然后再切换到 Thumb 状态，调用该 Thumb 程序。

ARM 处理器在两种工作状态之间切换的方法：

对于处理器而言，是通过状态寄存器 CPSR 的 T 标志位来表明处理器的工作状态，如图 4－14 所示。当 T 标志位为 1 时，表示工作在 Thumb 状态；当 T 标志位为 0 时，表示工作在 ARM 状态。因此，通过指令修改该位的值便可实现两种状态的切换。ARM 处理器在开始执行代码时，只能处于 ARM 状态。

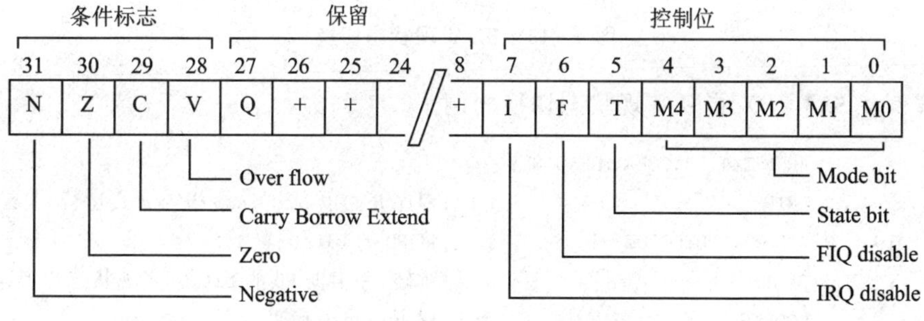

图 4－14 ARM 处理器状态切换

当操作数寄存器 Rm 的状态位 bit[0]为 1 时，执行“BX Rm”指令进入 Thumb 状态。如果处理器在 Thumb 状态进入异常，则当异常处理(IRQ、FIQ、Undef、Abort 和 SWI)返回时，自动切换到 Thumb 状态。

当操作数寄存器 Rm 的状态位 bit[0]为 0 时，执行“BX Rm”指令进入 ARM 状态。如果处理器进行异常处理(IRQ、FIQ、Undef、Abort 和 SWI)，则把 PC 放入异常模式连接寄存器 LR 中，从异常向量地址开始执行也可以进入 ARM 状态。

4.7.2 工作状态切换编程

在 ARMv4 版本中可以实现程序状态切换的指令是 BX,从 ARM5 版本开始,实现程序状态切换的指令有 BX、BLX、LDR、LDM 及 POP。

1. BX 实现状态切换

BX 的指令格式为:BX{<cond>} Rm

BX 指令跳转到指令中指定的目标地址,目标地址处的指令可以是 ARM 指令,也可以是 Thumb 指令;如果目标地址处程序状态和 BX 指令程序状态不同,指令将进行程序状态切换。该指令相当于执行操作"PC=Rm & 0xfffffffe, T=Rm & 1",即目标地址值为指令中 Rm 的值和 0xFFFFFFFE 做"与"操作的结果。目标地址处的指令类型由指令格式中寄存器 Rm 的 bit[0] 和 1 相与来决定,当操作数寄存器 Rm 的状态位 bit[0]为 1 时,执行"BX Rm"指令进入 Thumb 状态;当操作数寄存器 Rm 的状态位 bit[0]为 0 时,执行"BX Rm"指令进入 ARM 状态,如图 4-15 所示。

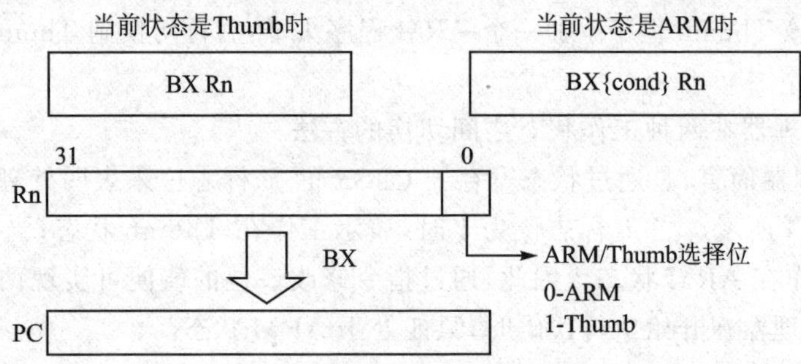

图 4-15 BX 实现状态切换

【例 4.53】 BX 指令实现状态切换的例子。

```
          AREA EX4_53,CODE ,READONLY
          ENTRY                        ;程序开始以 32 位 ARM 指令方式运行
MAIN      ADR R0,THUMBCODE + 1         ;将 R0 的 bit[0]置 1
          BX R0                        ;跳转,并根据 R0 的 bit[0]实现状态切换
          CODE16                       ;16 位 Thumb 代码
THUMBCODE MOV R2,#2
          MOV R3,#3
          ADD R2,R2,R3
          ADR R0,ARMCODE               ;加载 ARMCODE 地址到 R0
          BX R0
          CODE32                       ;32 位 ARM 代码
ARMCODE   MOV R4,#4
          MOV R5,#5
```

```
        ADD R4,R4,R5
        B MAIN
        END
```

这个例子说明程序如何从 ARM 状态切换到 Thumb 状态，再从 Thumb 状态切换到 ARM 状态的基本结构。

ARM 处理器在开始执行代码时，只能处于 ARM 状态，第一部分为一段 ARM 代码，包括两条 ARM 指令。在第一部分结尾程序使用指令 BX 跳转到第二部分，并且程序状态切换到 Thumb 状态。

```
MAIN      ADR R0,THUMBCODE + 1
          BX R0
```

第二部分为一段 Thumb 代码，这是通过 CODE16 伪操作指示的。这部分 Thumb 代码实现两个寄存器内容相加。在第二部分结尾程序使用 BX 指令跳转到第三部分，并且程序状态切换到 ARM 状态。

```
            CODE16
THUMBCODE   MOV R2,＃2
            MOV R3,＃3
            ADD R2,R2,R3
            ADR R0,ARMCODE
            BX R0
```

第三部分为一段 ARM 代码，这是通过 CODE32 伪操作指示的。这部分 ARM 代码实现两个寄存器内容相加。

```
          CODE32
ARMCODE   MOV R4,＃4
          MOV R5,＃5
          ADD R4,R4,R5
          B   MAIN
          END
```

2. BLX 实现状态切换

BLX 指令的格式为：BLX{<cond>} label|Rm

根据其格式中的目标地址又分为两种情况：

(1) 目标地址是一个符号地址(label)

此时 BLX 指令相当于执行操作 PC＝label，T＝1，LR＝BLX 后面的第一条指令地址。即指令跳转到指令中 label 所指定的目标地址，将程序状态切换为 Thumb 状态，并设置了 LR 的值。这样，当子程序为 Thumb 指令集，而调用者为 ARM 指令集时，可以通过 BLX 指令实现子程序调用和程序状态的切换。子程序的返回可以通过将 LR 寄存器(R14)的值复制到 PC 寄存器中来实现。

【例 4.54】 BLX 指令示例。

```
        AREA EX4_54,CODE ,READONLY
        CODE32                    ;ARM 程序段,32 位编码
arm1    ADR R0,thumb1 + 1         ;伪指令,把语句标号 thumb1 所在的地址赋
                                  ;给 R0,末位 R0[0]置 1,要跳转到 Thumb 指令集

        BLX R0                    ;跳转,同时设置返回地址 即 PC←LR
        ADD R1,R2,#2              ;返回地址处,第 4 条指令

        CODE16                    ;Thumb 程序段,16 位编码
thumb1 ADD R1,R3,#1               ;Thumb 程序
        ⋮
        BX LR                     ;跳转到返回地址处,执行第 4 条指令
```

(2) 目标地址由寄存器 Rm 表示

此时 BLX 指令相当于执行操作 PC=Rm[0] & 0xfffffffe, T=Rm [0]& 1,同时将 PC(R15)的值保存到 LR 寄存器(R14)中。目标地址的指令可以是 ARM 指令,也可以是 Thumb 指令,如果目标地址处为 Thumb 指令,则程序状态从 ARM 状态切换为 Thumb 状态。因此,当子程序使用 Thumb 指令集,而调用者使用 ARM 指令集时,可以通过 BLX 指令实现子程序的调用和处理器工作状态的切换。同时,子程序的返回可以通过将寄存器 R14 值复制到 PC 中来完成。

【例 4.55】 BLX 指令实现状态切换的例子。

```
        CODE32                    ;ARM 程序段,32 位编码
arm1    ADR R0,thumb1 + 1         ;伪指令,把语句标号 thumb1 所在的地址赋
                                  ;给 R0,末位 R0[0]置 1,要跳转到 Thumb 指令集
        BLX R0                    ;跳转,同时设置返回地址 即 PC←LR
        ADD R1,R2,#2              ;返回地址处,第 4 条指令

        CODE16                    ;Thumb 程序段,16 位编码
thumb1  ADD R1,R3,#1              ;Thumb 程序
        ⋮
        BX LR                     ;跳转到返回地址处,执行第 4 条指令
```

3. LDR、LDM 及 POP 指令实现程序状态的切换

当使用 LDR、LDM 及 POP 指令向 PC 寄存器中赋值时,寄存器 CPSR 中的 Thumb 位将被设置成 PC 寄存器 bit[0],这时就实现了程序状态的切换。这种方法在子程序的返回时非常有效,同样的指令可以根据需要返回到 ARM 状态或者 Thumb 状态。

【例 4.56】 LDR、LDM 及 POP 指令实现状态切换的例子。

```
        CODE32                  ;ARM 程序段,32 位编码
arm1    LDR R0, = thumb1        ;把语句标号 thumb1 所在的地址赋给 R0
        LDR R1, = arm1          ;把语句标号 arm1 所在的地址赋给 R0
        STMFD SP!,{R1,R0}       ;把 R1,R0 压栈,SP 指向 R0
        ⋮                       ;ARM 程序
        LDMFD SP!,{PC}          ;R0 出栈,即 thumb1→PC,跳至 Thumb 状态

        CODE16                  ;Thumb 程序段,16 位编码
thumb1  ⋮                       ;Thumb 程序
        POP {PC}                ;R1 出栈,即 arm1→PC,返回 ARM 状态
```

4.8 汇编语言和 C 语言交互编程

在应用系统的程序设计中,若所有的编程任务均用汇编语言来完成,其工作量是可想而知的,同时,不利于系统升级或应用软件移植。事实上,ARM 体系结构支持 C/C++以及与汇编语言的混合编程,在一个完整的程序设计中,除了初始化部分用汇编语言完成以外,其主要的编程任务一般都用 C/C++完成。在实际的编程应用中,使用较多的方式是:程序的初始化部分用汇编语言完成,然后用 C/C++完成主要的编程任务,程序在执行时首先完成初始化过程,然后大部分编程任务由 C/C++完成,本节主要介绍汇编语言和 C 语言交互编程。

4.8.1 汇编程序访问 C 程序变量

汇编语言程序可通过地址间接访问在 C 语言程序中声明的全局变量。通过使用 IMPORT 关键词引入全局变量,并利用 LDR 和 STR 指令根据全局变量的地址来访问它们。对于不同类型的变量,需要采用不同选项的 LDR 和 STR 指令,具体如表 4-4 所列。

表 4-4 访问 C 程序变量的对应汇编指令

C 变量类型	访问的汇编指令
unsigned char	LDRB/STRB
unsigned short	LDRH/STRH
unsigned int	LDR/STR
char	LDRSB/STRSB
short	LDRSH/STRSH

此外,对于长度小于 8 字节的结构型变量,可以通过一条 LDM/STM 指令来读/写整个变量;对于结构型变量的数据成员,可以使用相应的 LDR/STR 指令来访问,但这时必须知道该数据成员相对于结构型变量开始地址的偏移量。

例 4.57 是一个在汇编程序中访问 C 程序全局变量的例子。C 语言程序代码文件 str.c 里面定义定义了一个 int 型变量 globvar。汇编中首先用 IMPORT 伪操作声明该变量,再将其内存地址读入到寄存器 R1 中,然后将其值读入寄存器 R0 中并进行修改,修改后再将寄存器 R0 的值赋予变量 globvar。本例程序如下:

【例 4.57】 汇编程序中访问 C 程序全局变量的例子。

C 语言源程序 str.c 如下：

```
#include<stdio.h>

int globvar = 3;              //定义一个整型全局变量
int main()
{
return(0);
}
```

汇编文件 hello.s 如下：

```
        AREA EX4_52,CODE,READONLY
        EXPORT ARMCODE                  ;用 EXPORT 伪操作声明该变量
                                        ;可以被其他文件引用
        IMPORT globvar                  ;用 IMPORT 声明该变量是其他
                                        ;文件中定义的,在本文件中引用
        ENTRY
ARMCODE LDR R1, = globvar               ;将其地址读入 R1
        LDR R0,[R1]                     ;将其值读入 R0
        ADD R0,R0,#2                    ;修改 R0 的值
        STR R0,[R1]                     ;将 R0 的值赋予变量,修改变量的值
        MOV PC,LR
        END
```

4.8.2 汇编程序调用 C 程序

为了保证程序调用时参数的正确传递,汇编语言程序的设计要遵守 ATPCS。在 C 语言程序中,不需要任何关键字来声明将被汇编语言调用的 C 语言程序,但是在汇编语言程序调用该 C 语言程序之前,需要在汇编语言程序中使用 IMPORT 伪操作来声明该 C 语言程序。在汇编语言程序中通过 BL 指令来调用子程序。

在例 4.58 中,C 语言程序 C_add 中的函数 g()实现 5 个整数相加的功能,汇编程序 ARM_add 中则要调用这段代码完成 5 个整数加法的功能。首先必须在汇编程序中设置好 5 个参数的值,本例中有 5 个参数,分别使用寄存器 R0 存放第一个参数,R1 存放第二个参数,R2 存放第 3 个参数,R3 存放第 4 个参数,第 5 个参数利用数据栈传送。由于利用数据栈传递参数,在程序调用结束后要调整数据栈的指针。

【例 4.58】 汇编程序中访问 C 程序全局变量的例子。

C 语言源程序 C_add.c

```
#include<stdio.h>
int g(int a,int b,int c,int d,int e)        //C 程序实现 5 个整数求和
```

```
{
return a + b + c + d + e;
}
```

汇编语言源程序 ARM_add. s：

```
AREA ARM_add,CODE,READONLY
EXPORT ARM_add           ;使用 EXPORT 伪操作声明可被外部程序引用
IMPORT g                 ;使用 IMPORT 伪操作声明 C 程序 g( )
ENTRY
STR LR,[SP,# -4]! ;保存返回地址
MOV R0,#1                ;设置参数 1
MOV R1,#2                ;设置参数 2
MOV R2,#3                ;设置参数 3
MOV R3,#4                ;设置参数 4
MOV R4,#5                ;参数 5 通过数据栈传递
STR R4,[SP,# -4]!
BL g                     ;调用 C 程序 g( ),其结果从 R0 返回
ADD SP,SP,#4             ;调整数据栈指针,准备返回
LDR PC,[SP],#4           ;返回
END
```

4.8.3 C 程序内嵌汇编指令

在 C 语言程序中嵌入汇编程序可实现一些高级语言没有的功能,并可提高执行效率。armcc 和 armcpp 内嵌汇编器支持完整的 ARM 指令集,tcc 和 tcpp 用于 Thumb 指令集。但是内嵌汇编器并不支持诸如直接修改 PC 实现跳转的底层功能。

内嵌的汇编指令包括大部分 ARM 指令和 Thumb 指令,但是不能直接引用 C 语言的变量定义,数据交换必须通过 ATPCS 进行。嵌入式汇编在形式上表现为独立定义的函数体。

1. 内嵌汇编指令的语法格式

__asm("指令[;指令]");

ARM C 汇编使用了关键词"__asm"。如果有多条汇编指令需要嵌入,则可用"{}"将它们规为一条语句。例如:

```
__asm
{
指令[;指令]
⋮
[指令]
}
```

各指令用";"分隔。如果一条指令占据多行,除最后一行外都要使用连字符"\"。汇编指令段中可用 C 语言的注释语句。

2. 内嵌汇编指令的特点

(1) 操作数

在内嵌的汇编指令中,操作数可以是寄存器、常量或 C 语言表达式。它们可以是 char、short 或 int 类型,而且都是作为无符号数进行操作,如果需要符号数,用户需要自己处理与符号有关的操作。编译器将计算这些表达式的值,并为其分配寄存器。当汇编指令中同时用到了物理寄存器和 C 语言的表达式时,要注意使用的表达式不要过于复杂。

(2) 物理寄存器

在内嵌的汇编指令中,使用物理寄存器有以下限制:

不能直接向 PC 寄存器中赋值,程序的跳转只能通过 B 指令和 BL 指令实现。

在使用物理寄存器的内嵌汇编指令时,不要使用过于复杂的 C 语言表达式。因为表达式过于复杂时将会需要较多的物理寄存器,这些寄存器可能与指令中的物理寄存器的使用冲突。当编译器发现了寄存器的分配冲突时,则会产生相应的错误信息,报告寄存器分配冲突。

编译器可能会使用 R12 寄存器或 R13 寄存器存放编译的中间结果,在计算表达式值时可能会将寄存器 R0～R3、R12 以及 R14 用于子程序的调用。因此在内嵌的汇编指令中,不要将这些寄存器同时指定为指令中的物理寄存器。

在内嵌的汇编指令中使用物理寄存器时,如果 C 语言变量使用了该物理寄存器,则编译器将在合适的时候保存并恢复该变量的值。需要注意的是,当寄存器 SP、SL、FP 以及 SB 用作特定的用途时,编译器不能恢复这些寄存器的值。

通常,在内嵌的汇编指令中不要指定物理寄存器,因为这可能影响编译器分配寄存器,进而可能影响代码的效率。

(3) 常　量

在内嵌的汇编指令中,常量前的符号"#"可省略。如果在一个表达式中使用符号"#",则该表达式必须是一个常量。

(4) 标　号

C 语言程序中的标号可被内嵌的汇编指令使用。但是只有指令 B 可使用 C 语言程序中的标号,指令 BL 不能使用 C 语言程序中的标号。指令 B 使用 C 语言中的标号时,语法格式如下:

```
B{cond}label
```

(5) 内存单元的分配

内嵌汇编器不支持汇编语言中用于内存分配的伪操作。所用的内存单元的分配都是通过 C 语言程序完成的,分配的内存单元通过变量供内嵌的汇编器使用。

(6) 指令展开

如果内嵌的汇编指令中包含常量操作数,则该指令可能会被汇编器展开成几条指令。例如,指令“ADD R0,R0,#1023”可能会被展开成下面的指令序列:

ADD R0,R0,#1024

SUB R0,R0,#01

乘法指令 MUL 可能会被展开成一系列的加法操作和移位操作。事实上,除了与协处理器相关的指令外,大部分 ARM 指令和 Thumb 指令中包含常量的操作数都可能被展开成多条指令。各展开的指令对于 CPSR 寄存器中的各条件标志位有影响:

算术指令可以正确地设置 CPSR 寄存器中的 NZCV 条件标志位。

逻辑指令可以正确地设置 CPSR 寄存器中的 NZ 条件标志位,不影响 V 条件标志位,破坏 C 条件标志位(使 C 标志位变得不准确)。

(7) SWI 和 BL 指令的使用

在内嵌的 SWI 和 BL 指令中,除了正常的操作数域外,还必须增加下面 3 个可选的寄存器列表:

- 第一个寄存器列表中的寄存器用于存放输入的参数。
- 第二个寄存器列表中的寄存器用于存放返回的结果。
- 第三个寄存器列表中的寄存器供被调用的子程序作为工作寄存器,这些寄存器的内容可能被调用的子程序破坏。

(8) 内嵌汇编器与 armasm 汇编的区别

内嵌汇编器与 armasm 汇编的区别如下:

- 内嵌汇编器不能通过寄存器 PC 返回当前指令的地址。
- 内嵌汇编器不支持“LDR Rn,=expression”伪指令,而使用“MOV Rn,expression”指令向寄存器赋值。
- 不支持标号表达式。
- 不支持 ADR 和 ADRL 伪指令。
- 不支持 BX 和 BLX 指令。
- 不可以向 PC 赋值。
- 十六进制数前使用前缀 0x,不能使用 &。

3. 使用内嵌汇编注意事项

① 必须小心使用物理寄存器,如 R0～R3、LR 和 PC。

计算汇编代码中的 C 语言表达式时,会使用这些物理寄存器并修改 CPSR 中的 NZCV 标志位。例如:

```
__asm
{
```

```
MOV R0,x
ADD y,R0,x/y                //(x/y)的结果覆盖 R0
}
```

当计算 x/y 时,R0 会被修改,从而影响 R0+x/y 的结果。这时可以用一个 C 语言的变量代替 R0 来解决这个问题。例如:

```
__asm
{
MOV var,x
ADD y,var,x/y               //(x/y)的结果覆盖 R0
}
```

这时编译器将会重新为变量 var 分配合适的寄存器,从而避免冲突的发生。如果编译器不能分配合适的寄存器,它将会报告错误。

② 不要使用寄存器寻址变量。尽管有时寄存器明显对应某个变量,但不能直接使用寄存器代替变量。例如:

```
int bad_f(int x)            //x 存放在 R0 中
{
__asm
   {
   ADD R0,R0,#1             //发生寄存器冲突,且在 R0 中保存的 x 值不变
   }
return x;                   //x 存放在 R0 中
}
```

尽管根据编译器规则似乎可确定 R0 对应 x,但是这样的代码会使汇编器认为发生了寄存器冲突。用其他寄存器代替 R0 存放参数 x 时,则使得该函数将 x 原封不动地返回。

上面代码的正确写法如下:

```
int bad_f(int x)
{
__asm
   {
   ADD x,x,#1
   }
return x;
}
```

③ 使用内嵌汇编时,编译器自己会保存和恢复它可能用到的寄存器,用户无须保存和恢复寄存器。事实上,除了 CPSR 和 SPSR 寄存器,对物理寄存器没写就读都会引起汇编器报错。

```
Int f (int x)
{
    __asm
    {
    STMFD SP,{R0}                ;对 R0 的保存是非法的,因为发生了写之前读
    ADD R0,x,#1
    EOR x,R0,x
    LDMFD SP!,{R0}               ;对 R0 的恢复是不需要的
    }
return x;
}
```

④ LDM 和 STM 指令的寄存器列表只允许物理寄存器。内嵌汇编可以修改处理器模式、协处理器状态和 FP、SL 及 SB 等 ATPCS 寄存器。但是编译器在编译时并不了解这些变化,所以必须保证在执行 C 语言代码前恢复相应被修改的处理器模式。

⑤ 汇编语言用","作为操作数分隔符。如果带有","的 C 语言表达式作为操作数,则必须用"()"将其归为一个汇编操作数。例如:

```
__asm{ADD x,y,(f(),z)}
```

其中,(f(),z)为 C 语言表达式。

4. 内嵌汇编指令的应用举例

下面是在 C 语言程序中嵌入汇编程序的例子,通过这几个例子可以帮助用户更好地理解内嵌汇编语言的特点及用法。

(1) 字符串复制

例 4.59 主要介绍如何使用 BL 调用子程序。前面介绍过在内嵌的 SWI 和 BL 指令中,除了正常的操作数外,还必须增加下面 3 个可选的寄存器列表:

第一个寄存器列表中的寄存器用于存放输入的参数;

第二个寄存器列表中的寄存器用于存放返回的结果;

第三个寄存器列表中的寄存器供被调用的子程序作为工作寄存器,这些寄存器的内容可能被调用的子程序破坏。

本例主函数 main()中的"BL my_strcpy,{R0,R1}"指令的输入寄存器列表为{R0,R1};它没有输出寄存器列表,被子程序使用的工作寄存器为 ATPCS 的默认工作寄存器 R0~R3、R12、LR 以及 CPSR。本例的源程序如下:

【例 4.59】 内嵌汇编实现字符串复制。

```
#include<stdio.h>
void my_strcpy(char *src,const char *dst)
{
```

```
    int ch;
    __asm
    {

    loop:
    LDRB ch,[src],#1
    STRB ch,[dst],#1
    CMP ch,#0
    BNE loop
    }
}

int main(void)
{
    const char *a = "hello world!";
    char b[20];
    __asm
    {
     MOV R0,a                          //设置入口参数
     MOV R1,b
     BL my_strcpy,{R0,R1}              //调用 my_strcpy()函数
    }

    printf("Original string: %s\n",a);
    printf("Copied string: %s\n",b);
    return 0;

}
```

(2) 使能和禁止中断

使能和禁止中断是通过修改 CPSR 寄存器中的 bit[7]完成的,这些操作必须在特权模式下进行,因为在用户模式下不能修改寄存器 CPSR 中的控制位。例 4.60 介绍如何利用内嵌的汇编程序实现使能和禁止中断。

【例 4.60】 内嵌汇编实现中断使能和禁止。

```
__inline void enable_IRQ(void)
{
    int tmp;
    __asm
    {
     MRS tmp,CPSR                    ;读取 CPSR 值
     BIC tmp,tmp,#0x80               ;将 bit[7]清 0,IRQ 中断使能
     MSR CPSR_c,tmp                  ;将修改值写入 CPSR
```

```
  }
}

  __inline void disable_IRQ(void)
  {
    int tmp;
    __asm
  {
   MRS tmp,CPSR              ;读取 CPSR 值
   ORR tmp,tmp,#0x80         ;将 bit[7]置位,IRQ 中断禁止
   MSR CPSR_c,tmp            ;将修改值写入 CPSR
  }
}

int main(void)
{
  disable_IRQ();
  enable_IRQ();
}
```

4.8.4 C 程序调用汇编程序

汇编程序的设计要遵守 ATPCS,保证程序调用时参数的正确传递。在汇编程序中使用 EXPORT 伪操作声明本程序,从而使得本程序可以被别的程序调用。在 C 语言程序中使用 EXPORT 关键词声明该汇编程序。例 4.61 是一个 C 语言程序调用汇编程序的例子。其中,汇编程序 strcopy 实现字符串的复制功能,C 程序调用 strcopy 完成字符串复制工作。该例的源程序如下:

【例 4.61】 C 语言程序调用汇编程序。

```
strtest.c 源程序
#include <stdio.h>
extern void strcopy(char *d, const char *s);     //使用关键词 EXTERN 声明 strcopy
int main()
{       const char *srcstr = "First string - source";
        char dststr[] = "Second string - destination";
        /* dststr is an array since we're going to change it */

        printf("Before copying:\n");
        printf("  '%s'\n  '%s'\n",srcstr,dststr);
        strcopy(dststr,srcstr);                //将源串和目标串的地址传递给 strcopy
        printf("After copying:\n");
        printf("  '%s'\n  '%s'\n",srcstr,dststr);
```

```
    return 0;
}
```

scopy.s 源程序：

```
        AREA    SCopy, CODE, READONLY

        EXPORT  strcopy                 ;使用 EXPORT 伪操作声明本汇编程序
strcopy
        ; r0 指向目标地址
        ; r1 指向源地址
        LDRB    r2, [r1], #1            ; 从源地址加载字节数据并修改地址指针
        STRB    r2, [r0], #1            ; 存储字节到目标地址并修改地址指针
        CMP     r2, #0                  ; 遇到 0 则结束
        BNE     strcopy                 ; 否则继续复制
        MOV     pc,lr                   ; 程序返回
        END
```

习题四

1. 一个汇编语言程序由哪几部分组成,相关的伪操作是什么?

2. 汇编语言程序设计中对于符号的命名有什么要求?

3. 表达式中各元素运算的优先次序是什么?

4. 汇编语言程序设计中常用的伪操作有哪几类,各有什么作用?

5. 处理器的工作模式有哪几类,工作模式如何切换,试举例说明?

6. 哪些指令可以实现 ARM 状态和 Thumb 状态的切换,举例说明?

7. 编程完成两个 128 位数的减法,第一个数由高到低存放在寄存器 R7～R4,第二个数由高到低存放在寄存器 R11～R8,运算结果由高到低存放在寄存器 R3～R0 中。

8. 写出声明以下变量所用到的伪操作?

(1) 声明全局算术变量 DATE1。

(2) 声明全局逻辑变量 STATUS。

(3) 声明全局字符变量 OPEN,并为 OPEN 赋值“ON OF POWER”。

(4) 声明局部算术变量 DATE2,并为局部算术变量 DATE2 赋值。

(5) 声明一个局部逻辑变量 LOGIC3。

9. 判断下列伪操作的正误,并说明理由?

DATA1　SETA 0x123456789

DATA3　SETA 0x234 * 2－0x345

DATA2　SET {A=B}

STRING　SETS　“34RT”,“net”

10. 用宏伪操作完成测试-跳转操作，在 ARM 中完成测试-跳转操作需要 2 条指令，下面定义一条宏指令完成该任务。

```
MACRO                                  ;宏定义开始，宏的名称为
                                       ;TestAndBranch，有 3 个参数
$ label TestAndBranch $ ds, $ re, $ aa
$ label1 CMP $ re, #0
B$ aa $ ds
MEND                                   ;宏定义结束
```

在程序中调用宏：

```
test TestAndBranch nzero,R0,NE         ;调用宏
```

程序被汇编后，宏展开的结果是什么？

11. 下列表达式汇编之后的结果是什么？

```
YU1 SETA 123:ROR:2            MOV R5,#0xFF00:MOD:0xF:ROL:2
ADD R5,R4,#(0x2200 + 0x4400:AND:0x2200)/2
LDR R2, = 0x775500:ROL:2:ROL:1:SHL:5
```

12. 分析下列源码片断汇编后的指令

```
ADD R4, R5,R0
GBLA DATA1
GBLA DATA2
DATA1 SETA 0x40
DATA2 SETA 0x80
GBLL LOGI1
LOGI1 SETL{TRUE}
IF LOGI1:LAND:DATA1< = DATA2
MOV R3,#0x20
ELSE
MOV R3,#0x30
ENDIF
LOGI1 SETL DATA1 = DATA2:LOR:DATA1? DATA2
IF LOGI1
MOV R3,#0x50
ELSE
MOV R3,#0x60
ENDIF
```

13. 编写 C 语言调用汇编语言的程序，其中汇编程序的功能是生成随机数。

14. 编写一个计算 $N!$ 的汇编语言程序。

第 5 章

异常中断编程

本章主要介绍基于 ARM 内核的异常和中断的处理过程。首先介绍 ARM 中异常和中断的基本概念，说明了 ARM 内核对各种异常中断的处理过程，然后结合实际例子重点介绍复位处理程序、SWI 异常中断处理程序、FIQ 和 IRQ 异常中断处理程序的编写。

5.1 ARM 的异常和中断

5.1.1 异常和中断的基本概念

异常和中断是这样一个过程：当 CPU 内部或外部出现某种事件(中断源)需要处理时，暂停正在执行的程序(断点)，转去执行请求中断的那个事件的处理程序(中断服务程序)，执行完后再返回被暂停执行的程序(中断返回)，从断点处继续执行，如图 5-1 所示。

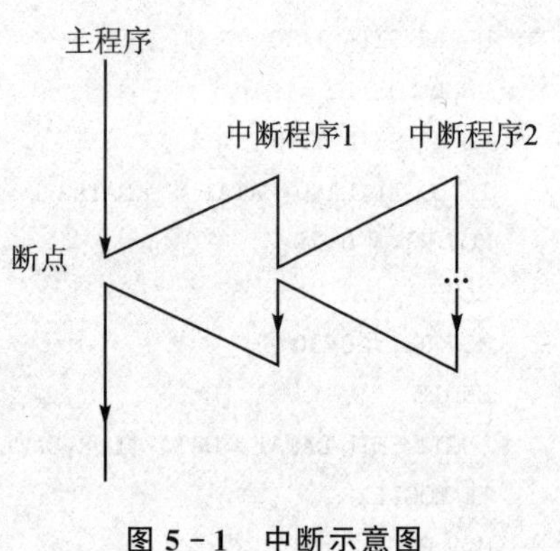

图 5-1 中断示意图

异常和中断的处理过程基本一致，但二者并不完全等同。ARM 处理器有 7 种可以使正常指令顺序中止执行的异常情况：复位、未定义指令、软件中断、指令预取中止、数据中止、中断请求(IRQ)、快速中断请求(FIQ)。其中，前 5 种异常发生后是不可屏蔽的，即一旦发生系统必须响应。后 2 种(IRQ 和 FIQ)异常是 ARM 处理器为外围模块提供的可屏蔽的中断源，外部模块通过控制逻辑可以把这两个中断源进行扩展，因而许多输入/输出设备是通过这两种方式和 CPU 进行交互的。ARM 把中断定义为一类特殊的异常，习惯上，称 IRQ 和 FIQ 这两种异常为中断，无特别说明，本书对异常和中断这两个概念不再区分。

微机的中断系统应具有以下功能：

① 中断响应：当中断源有中断请求时，CPU 能决定是否响应该请求。

② 断点保护和中断处理：在中断响应后，CPU 能保护断点，并转去执行相应的中断服务程序。每个中断服务程序都有一个确定的入口地址，该地址称为中断向量。

③ 中断优先判断：当有两个或两个以上中断源同时申请中断时，应能给出处理的优先顺序，保证先执行优先级高的中断。

④ 中断嵌套：在中断处理过程中，发生新的中断请求时，CPU 应能识别中断源的优先级别；在高级的中断源申请中断时，能中止低级中断源的服务程序，而转去响应和处理优先级较高的中断请求。处理结束后再返回较低级的中断服务程序，这一过程称中断嵌套或多重中断。

⑤ 中断返回：自动返回到断点地址，继续执行被中断的程序。

5.1.2 ARM 的异常中断

ARM 处理器支持 7 种异常情况：复位、未定义指令、软件中断、指令预取中止、数据中止、中断请求(IRQ)、快速中断请求(FIQ)。

1. 复 位

ARM 处理器中都有一个输入引脚 nRESET，这是引起 ARM 处理器复位异常的唯一原因。ARM 处理器复位是由外部复位逻辑引起的，有些复位可以使用软件进行控制。复位对系统影响很大，复位后，内部寄存器重新恢复默认值，ARM 内部的数据有可能丢失，而有些寄存器的值是不确定的。一般情况下，下列原因可以引起复位。

- 上电复位：在上电后，复位使内部达到预定状态，特别是程序跳到初始入口。
- 复位引脚上的复位脉冲：这是由外部其他控制信号引起的。
- 对系统电源检测发现过压或欠压引起复位。
- 时钟异常复位等。

系统复位后，进入管理模式，一般是对系统初始化，如开中断、初始化存储器等；然后切换到用户模式，开始执行正常的用户程序。

2. 未定义

当 ARM 处理器遇到不能处理的指令时，则会产生未定义指令异常。ARM 未定义指令异常时有以下两种情况：

① 遇到一条无法执行的指令，此指令没有定义；

② 执行一条对协处理器的操作指令，但协处理器没有应答。

在正常情况下，我们不希望发生未定义指令异常。但在有些情况下，可以利用这个异常，把它作为一个软件中断来利用。还有一些指令代码，这些代码没有定义，属于无效的指令代码，但是并不能引起未定义指令异常，这些代码被准备用于 ARM 指令集的进一步扩展。

3. 软件中断

软件中断是由软件中断指令(SWI)引起的。软件中断是一个很灵活的软件功能,和子程序调用不同,软件中断把程序导入管理模式,请求执行特定的管理功能,而正常的子程序调用属于用户模式。

4. 中　止

产生中止异常意味着对存储器的访问失败。ARM 微处理器在存储器访问周期内检查是否发生中止异常。中止异常包括指令预取中止和数据中止两种类型。

(1) 指令预取中止

指令预取访问存储器失败时产生的异常称为指令预取中止异常。此时,存储器系统向 ARM 处理器发出存储器中止(Abort)信号,预取的指令被记为无效。但只有当处理器试图执行无效指令时,指令预取中止异常才会发生;如果指令未被执行,比如在指令流水线中发生了跳转,则指令预取中止不会发生。

(2) 数据中止

ARM 处理器访问数据存储器失败时产生的异常称为数据中止异常。此时,存储器系统向 ARM 处理器发出存储器中止(Abort)信号,表明数据存储器不能识别 ARM 处理器的读数据请求,系统的响应与指令的类型有关。

5. 中断请求(IRQ)

IRQ 异常属于正常的中断请求,可通过对处理器的 nIRQ 引脚输入低电平产生,IRQ 的优先级低于 FIQ,当程序执行进入 FIQ 异常时,IRQ 可能被屏蔽。

若将 CPSR 的 I 位置为 1,则会禁止 IRQ 中断;若将 CPSR 的 I 位清零,处理器会在指令执行完之前检查 IRQ 的输入。注意,只有在特权模式下才能改变 I 位的状态。

6. 快速中断请求(FIQ)

FIQ 异常是为了支持数据传输或者通道处理而设计的。在 ARM 状态下,系统有足够的私有寄存器,从而可以避免对寄存器保存的需求,减小了系统上下文切换的开销。

若将 CPSR 的 F 位置为 1,则禁止 FIQ 中断;若将 CPSR 的 F 位清零,则处理器会在指令执行时检查 FIQ 的输入。注意,只有在特权模式下才能改变 F 位的状态。可由外部通过对处理器上的 nFIQ 引脚输入低电平产生 FIQ。

5.1.3 向量表

当一个异常中断发生时,处理器会把 PC 设置为一个特定的存储器地址,这一地址放在一个称为向量表的特定地址范围内。表 5-1 列出了异常向量的地址和进入模式。

表 5-1 异常向量表

地址	异常	进入模式
0x00000000	复位	管理模式
0x00000004	未定义指令	未定义模式
0x00000008	软件中断	管理模式
0x0000000C	中止(预取指令)	中止模式
0x00000010	中止(数据)	中止模式
0x00000014	保留	保留
0x00000018	IRQ	IRQ
0x0000001C	FIQ	FIQ

向量表的入口是一些跳转指令，跳转到专门处理某个异常或中断的子程序。常见的跳转指令有：

(1) B <Addr>

这条分支指令实现了相对于 PC 的分支跳转。但是 B 指令是有范围限制的(±32 MB)，而且向量表空间的限制只能由一条指令完成。实际中，很多情况下不能保证所有的异常处理函数都定位在向量表的 32 MB 范围内，需要大于 32 MB 的长跳转，这可以通过下面两种方法实现。

(2) LDR PC,[PC,#offset]

这条寄存器装载指令把处理程序(handler)的入口地址从存储器装载到 PC。该地址是一个 32 位的绝对地址，它储存在向量表附近。由于有额外的存储器访问，装载这 4 字节的绝对地址会使分支跳转到特定处理程序稍有延迟。不过，可以用这种方法跳转到存储空间内的任意地址。此外，在计算指令中引用的 offset 数值的时候，要考虑处理器流水线中指令预取对 PC 值的影响。

(3) MOV PC,#Immediate

这条 MOV 指令把一个立即数复制到 PC。它可跨越全部的地址空间，但要注意受到地址对齐问题的限制。这个地址必须是一个由 8 位立即数循环右移偶数次得到的。例如，“MOV PC，#0x30000000”是合法的，因为 0x300000000 可以通过 0x03 循环右移 4 位而得到。而“MOV PC，#30003000”就是非法指令。

每一个异常发生时，总是从异常向量表开始起跳的，例如，最简单的一种情况如图 5-2 所示。

向量表里面的每一条指令直接跳向对应的异常处理函数。其中，FIQ_Handler()可以直接从地址 0x1C 处开始，从而节省了一条跳转指令，提高了 FIQ 的处理速度。

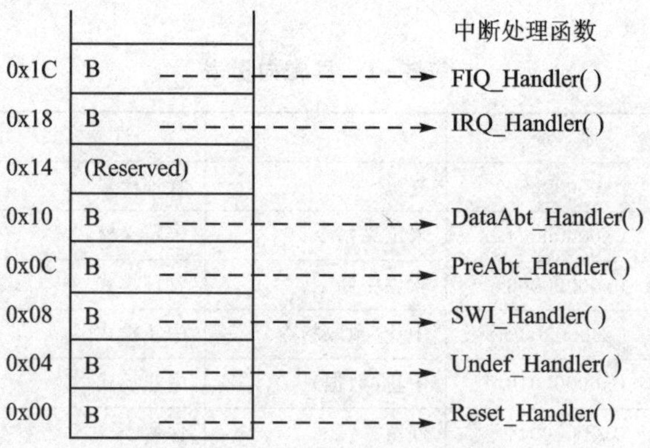

图 5-2 B 指令实现中断处理

5.1.4 异常的优先级别

异常可以同时发生,当多个异常同时发生时,系统根据固定的优先级决定异常的处理次序。异常优先级由高到低的排列次序如表 5-2 所列。

表 5-2 异常优先级

优先级	异 常	I 位	F 位
1(最高)	复位	1	1
2	数据中止	1	—
3	FIQ	1	1
4	IRQ	1	—
5	预取指令中止	1	—
6(最低)	未定义指令、SWI	1	—

例如,复位异常的优先级最高,处理器上电时发生复位异常。所以,产生复位时,它将优先于其他异常得到处理。同样,当一个数据中止发生时,它将优先于除复位异常外的其他所有异常。优先级最低的 2 种异常是:软件中断和未定义指令异常。可以通过设置 CPSR 中的 I 位或 F 位来禁止某些异常,如表 5-2 所列。每一种异常将按照表 5-2 中设置的优先级得到处理。下面从最高优先级异常开始,逐一介绍这些异常是如何被处理的。

复位异常是优先级最高的异常。一旦复位信号产生,总是会发生复位异常。复位异常处理程序对系统进行初始化,包括配置存储器和 Cache。外部中断源必须在 IRQ 或者 FIQ 中断允许之前初始化,以避免在还没有设置好相应的处理程序前产生中断。复位处理程序还要为所有处理器模式设置堆栈指针。

在执行复位处理程序的开头几句指令时,假设不会有别的异常或中断发生。编程时应避免 SWI、未定义指令及存储器访问导致的中止，即处理程序应仔细实现，以避免其他异常的再次发生。

数据中止异常发生在存储控制器或 MMU 指示访问了无效的存储器地址时，或者当前代码在没有正确的访问权限时试图读/写存储器。由于没有禁止 FIQ 异常，在一个数据中止处理程序中，可以发生 FIQ 异常。当 FIQ 服务完成后，控制权交还给数据中止处理程序。

快速中断请求(FIQ)异常发生在一个外部设备把内核的 FIQ 线置为 nFIQ 时。FIQ 异常是优先级最高的中断。内核在进入 FIQ 处理程序时，把 FIQ 和 IRQ 都禁止了，因此，任何外部中断源都不能再次中断处理器，除非在软件中重新允许了 IRQ 或 FIQ。应该仔细设计 FIQ 处理程序，以便高效地为异常处理服务。

中断请求(IRQ)异常发生在一个外部设备把内核的 IRQ 线置为 nIRQ 时。IRQ 异常是第二优先级中断。FIQ 异常和数据中止异常都没有发生时，IRQ 处理程序才能够进入。在进入 IRQ 处理程序时，内核禁止 IRQ 异常，直到当前中断源被清除。

预取指令中止异常即试图取指令而导致存储器访问失败的情形。在流水线中，如果某条指令的“执行”阶段没有优先级更高的异常出现，则将发生预取指令中止异常。在进入相应的处理程序时，内核禁止 IRQ 异常，而保持 FIQ 不变。如果允许了 FIQ，并且发生了一个 FIQ 异常，则它可在处理预取指令中止过程中得到响应。

软件中断(SWI)异常发生在执行 SWI 指令，且没有更高优先级的异常标志置位的情况下，在进入相应的处理程序时，CPSR 将被设置成管理模式。如果系统使用嵌套 SWI 调用，则必须在跳转到嵌套 SWI 之前，保存连接寄存器 R14 和 SPSR 的值，以免遭到破坏。

当一条不属于 ARM 或 Thumb 指令集的指令到达流水线的执行阶段时，若此时没有其他异常发生，就会产生未定义指令异常。ARM 协处理器会“询问”协处理器，看它能否将其当作一条协处理器指令来处理。由于协处理器在流水线之后，所以指令确认可以在内核的执行阶段执行。如果这条指令不属于任何一个协处理器，则会产生未定义指令异常。

SWI 和未定义指令异常享有相同的优先级，因此不能同时发生。换句话说，正在执行的指令不可能既是一条 SWI 指令，又是一条未定义指令。

5.2 ARM 异常中断的处理过程

5.2.1 异常中断响应过程

当一个异常出现以后，ARM 微处理器会执行以下几步操作：

① 保存处理器当前状态、中断屏蔽位以及各条件标志位。

这是通过将当前程序状态寄存器 CPSR 的内容复制到要执行的异常中断对应的

SPSR 寄存器中实现的,各异常中断都有自己的物理 SPSR 寄存器。实现这一操作的典型代码如下:

```
SUB LR,LR,#4                ;保存中断的返回地址
STMFD SP!,{LR}
MRS R14,SPSR                ;保存状态寄存器及其他工作寄存器
STMFD SP!,{R12,R14}
```

② 设置当前程序状态寄存器 CPSR 中相应的位。

- 改变处理器状态进入 ARM 状态。
- 改变处理器模式进入相应的异常模式。
- 设置中断禁止位禁止相应中断。

不管异常发生在 ARM 还是 Thumb 状态下,处理器都将自动进入 ARM 状态。如果此时处理器处于 Thumb 状态,则当异常向量地址加载入 PC 时,处理器自动切换到 ARM 状态。设置 CPSR 中的位,使处理器进入相应的执行模式(ARM 处理器异常及其对应的模式如表 5-3 所列)。另一个需要注意的地方是中断禁止被自动关闭,禁止 IRQ 中断,也就是说,默认情况下中断是不可重入的。当进入 FIQ 模式时,禁止新的 FIQ 中断,这是通过设置 CPSR 中的位来实现的。实现这一操作的典型代码如下:

表 5-3 异常中断对应的处理模式

异 常	模 式	主要目的
快速中断请求	FIQ	快速中断请求处理
中断请求	IRQ	中断请求处理
SWI 和复位	SVC	操作系统的受保护模式
预取指令中止和数据中止	Abort	虚存或存储器保护处理
未定义指令	Undefined	软件模拟硬件协处理器

```
MRS R14,CPSR                ;切换到系统模式,并禁止中断
BIC R14,R14,#0x9F
ORR R14,R14,#0x1F
MSR CPSR_c,R14
```

③ 保存返回地址。

将下一条指令的地址存入相应的连接寄存器 LR,以便程序在处理异常返回时能从正确的位置重新开始执行。

若异常是从 ARM 状态进入,则 LR 寄存器中保存的是下一条指令的地址(当前 PC+4 或 PC+8,与异常的类型有关);若异常是从 Thumb 状态进入,则在 LR 寄存器中保存当前 PC 的偏移量,这样,异常处理程序就不需要确定异常是从何种状态进

入的。典型的代码如下：

```
STMFD SP!,{R0 - R3,LR}
```

④ 执行中断处理程序。

强制 PC 从相关的异常向量地址取下一条指令执行，从而跳转到相应的异常处理程序处。典型的代码如下：

```
BL C_irq_handler            ;跳转到 C 语言的中断处理程序
```

5.2.2 异常中断的返回

从异常中断的程序中返回包括下面 3 个基本操作：

① 恢复通用寄存器中的值。通用寄存器的恢复采用一般的堆栈操作指令。

② 恢复状态寄存器的值。恢复被中断程序的处理器状态，将 SPSR_mode 寄存器内容复制到当前程序状态寄存器 CPSR 中。

③ 修改 PC 的值。使得程序能返回到发生异常中断指令的下一条指令处执行，将 LR_mode 寄存器的内容复制到程序计数器 PC 中。

PC 和 CPSR 的恢复可以通过下面 3 条指令中的一条指令来实现：

```
MOVS pc, lr
SUBS pc, lr, #4
LDMFD sp!, {pc}^
```

这 3 条指令都是普通的数据处理指令，特殊之处就是把 PC 寄存器作为目标寄存器，并且带了特殊的后缀"S"或"^"。在特权模式下，"S"或"^"的作用就是使指令在执行时，同时完成从 SPSR 到 CPSR 的复制，达到恢复状态寄存。

异常返回时，一个非常重要的问题是返回地址的确定。复位异常中断处理程序不需要返回。整个应用系统是从复位异常中断处理程序开始执行的，因而它不需要返回。

前面提到进入异常时处理器会有一个保存 LR 的动作，但是该保存值并不一定是正确中断的返回地址。下面以 ARM 处理器 3 级流水线结构为例，对此加以说明。

实际上，当异常中断发生时，程序计数器 PC 所指的位置对于各种不同的异常中断是不同的。同样，返回地址对于各种不同的异常中断也是不同的。当异常发生时，程序计数器总是指向返回位置的下一条指令，如图 5-3 所示。

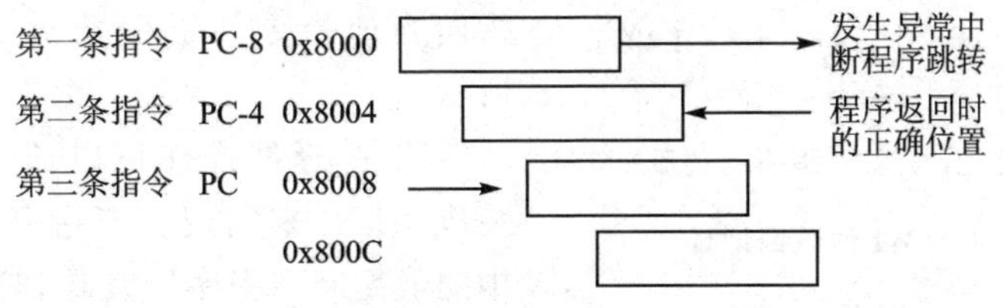

图 5-3 中断和返回

从图 5-3 可以看出,当程序执行完第一条指令(地址 0x8000)发生跳转时,程序计数器 PC 正指向第三条指令(地址 0x8008)。在执行完中断服务程序返回时,PC 应该指向第二条指令(地址 0x8004)。

第一条指令执行时,处理器硬件会自动把 PC(=0x8008)保存到 LR 寄存器里面,但是接下去处理器会马上对 LR 进行一个自动的调整动作:LR=LR-0x4。这样,最终保存在 LR 里面的是第二条指令的地址,所以当从中断程序返回时,LR 里面正好是正确的返回地址。由于各种异常中断响应的过程不同,因此,保存在 LR 中的地址是不相同的。大多数情况下保存在 LR 中的地址值是:LR 保存的值=PC 值-4。

因为保存在 LR 中的地址值是不同的,因而,不同的异常中断返回时的指令也不同。表 5-4 给出了推荐的中断返回指令,从指令中可以知道保存在 LR 中的地址值。

表 5-4　中断后的返回指令

异常类型	模　式	中断向量	返回指令	屏　蔽
复位	管理	0x00000000		
未定义指令	未定义	0x00000004	MOV PC,R14_und	
软件中断	管理	0x00000008	MOV PC,R14_svc	
取指中止	中止	0x0000000C	SUBS PC,R14_abt,#4	
数据中止	中止	0x00000010	SUBS PC,R14_abt,#8	
IRQ	IRQ	0x00000018	SUBS PC,R14_irq,#4	可
FIQ	FIQ	0x0000001C	SUBS PC,R14_fiq,#4	可

下面详细说明各类异常中断的返回过程:

1. SWI 和未定义指令异常中断处理程序的返回

SWI 和未定义指令异常中断是由当前执行的指令自身产生的,当 SWI 和未定义指令异常中断产生时,程序计数器 PC 的值还未更新,它指向当前指令后面第二条指令(对于 ARM 指令来说,它指向当前指令地址加 8 个字节的位置;对于 Thumb 指令来说,它指向当前指令地址加 4 个字节的位置)。当 SWI 和未定义指令异常中断发生时,处理器将值(PC-4)保存到异常模式下的寄存器 LR_mode 中。这时(PC-4)即指向当前指令的下一条指令,如图 5-4 所示。

		ARM	Thumb	
SWI		PC-8	PC-4	← 异常发生
xxx	⌫	PC-4	PC-2	← LR的值
yyy		PC	PC	

⌫　表示异常返回后将执行的那条指令

图 5-4　SWI 的返回地址

因此,返回操作可以通过指令“MOV PC, LR”来实现。该指令将寄存器 LR 中的值复制到程序计数器 PC 中,实现程序的返回,同时,将 SPSR_mode 寄存器内容复制到当前程序状态寄存器 CPSR 中。

当异常中断处理程序使用了数据栈时，可以通过下面的指令在进入异常中断处理程序时保存被中断的执行现场，在退出异常中断处理程序时恢复被中断程序的执行现场。异常中断处理程序中使用的数据栈由用户提供。

```
STMFD SP!,{Reglist,LR}          ;数据入栈,保护现场
 ⋮
LDMFD SP!,{Reglist,PC}^         ;数据出栈,恢复现场
```

在上述指令中，Reglist 是异常中断处理程序中使用的寄存器列表。标识符^指示将 SPSR_mode 寄存器内容复制到当前程序状态寄存器 CPSR 中，该指令只能在特权模式下使用。

2. IRQ 和 FIQ 异常中断处理程序的返回

通常，处理器执行完当前指令后查询 IRQ 中断引脚及 FIQ 中断引脚，并且查看系统是否允许 IRQ 中断及 FIQ 中断。如果中断引脚有效，并且系统允许该中断产生，则处理器将产生 IRQ 异常中断或 FIQ 异常中断。当 IRQ 和 FIQ 异常中断产生时，程序计数器 PC 的值已经更新，它指向当前指令后面第三条指令（对于 ARM 指令来说，它指向当前指令地址加 12 个字节的位置；对于 Thumb 指令来说，它指向当前指令地址加 6 个字节的位置）。当 IRQ 和 FIQ 异常中断发生时，处理器将值(PC－4)保存到异常模式下的寄存器 LR_mode 中。这时(PC－4)即指向当前指令后的第二条指令，如图 5－5 所示。

因此，返回操作可以通过指令“SUBS PC,LR,＃4”来实现。该指令将寄存器 LR 中的值减 4 后复制到程序计数器 PC 中，实现程序的返回，同时，将 SPSR_mode 寄存器内容复制到当前程序状态寄存器 CPSR 中。

当异常中断处理程序使用了数据栈时，可以通过下面的指令在进入异常中断处理程序时保存被中断的执行现场，在退出异常中断处理程序时恢复被中断程序的执行现场。异常中断处理程序中使用的数据栈由用户提供。

```
SUBS LR,LR,#4
STMFD SP!,{Reglist,LR}          ;数据入栈,保护现场
 ⋮
LDMFD SP!,{Reglist,PC}^         ;数据出栈,恢复现场
```

在上述指令中，Reglist 是异常中断处理程序中使用的寄存器列表。标识符^指示将 SPSR_mode 寄存器内容复制到当前程序状态寄存器 CPSR 中，该指令只能在特权模式下使用。

3. 指令预取中止异常中断处理程序的返回

在指令预取时，如果目的地址是非法的，该指令将被记成有问题的指令。这时，流水线上该指令之前的指令继续执行。当执行到该被标记成有问题的指令时，处理器产生指令预取中止异常中断。

当发生指令预取中止异常中断时,程序要返回到该有问题的指令处,重新读取并执行该指令。因此,指令预取中止异常中断程序应该返回到产生该指令预取中止异常中断的指令处,而不是像前面两种情况下返回到发生中断的指令的下一条指令。

指令预取中止异常是由当前执行的指令自身产生的,当指令预取中止异常产生时,程序计数器 PC 的值还未更新,它指向当前指令后面第二条指令(对于 ARM 指令来说,它指向当前指令地址加 8 个字节的位置;对于 Thumb 指令来说,它指向当前指令地址加 4 个字节的位置)。当指令预取中止异常发生时,处理器将值(PC-4)保存到异常模式下的寄存器 LR_mode 中。这时(PC-4)即指向当前指令的下一条指令,如图 5-6 所示。

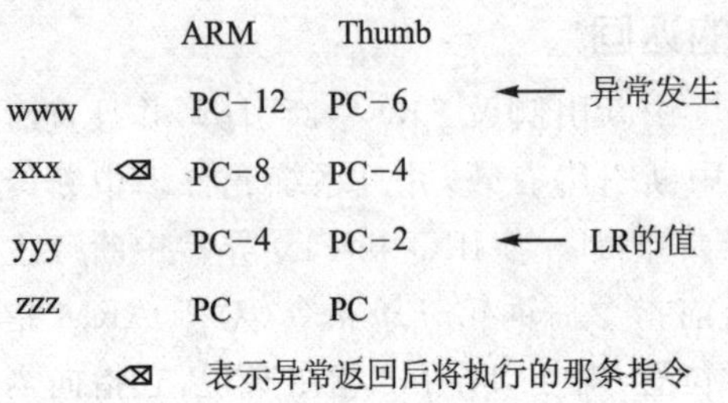

		ARM	Thumb	
www		PC-12	PC-6	← 异常发生
xxx	⌫	PC-8	PC-4	
yyy		PC-4	PC-2	← LR的值
zzz		PC	PC	

⌫ 表示异常返回后将执行的那条指令

图 5-5 IRQ/FIQ 的返回地址

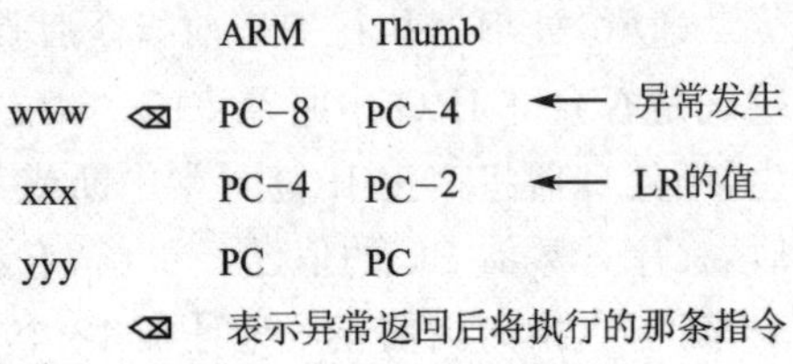

		ARM	Thumb	
www	⌫	PC-8	PC-4	← 异常发生
xxx		PC-4	PC-2	← LR的值
yyy		PC	PC	

⌫ 表示异常返回后将执行的那条指令

图 5-6 指令预取异常返回地址

因此,返回操作可以通过指令"SUBS PC,LR,#4"来实现。该指令将寄存器 LR 中的值减 4 后复制到程序计数器 PC 中,实现程序的返回,同时,将 SPSR_mode 寄存器内容复制到当前程序状态寄存器 CPSR 中。

当异常中断处理程序使用了数据栈时,可以通过下面的指令在进入异常中断处理程序时保存被中断的执行现场,在退出异常中断处理程序时恢复被中断程序的执行现场。异常中断处理程序中使用的数据栈由用户提供。

```
SUBS LR,LR,#4
STMFD SP!,{Reglist,LR}          ;数据入栈,保护现场
⋮
LDMFD SP!,{Reglist,PC}^         ;数据出栈,恢复现场
```

在上述指令中,Reglist 是异常中断处理程序中使用的寄存器列表。标识符^指示将 SPSR_mode 寄存器内容复制到当前程序状态寄存器 CPSR 中。该指令只能在特权模式下使用。

4. 数据访问中止异常中断处理程序的返回

当发生数据访问中止异常中断时,程序要返回到该有问题的数据访问处重新访问该数据。因此,数据访问中止异常中断处理程序应该返回到产生该数据访问中止异常中断的指令处,而不是像前 1、2 两种情况下返回到发生中断的指令的下一条指令。

数据访问中止异常中断是由数据访问指令指令自身产生的,当数据访问中止异

常产生时，程序计数器 PC 的值已经更新，它指向当前指令后面第三条指令（对于 ARM 指令来说，它指向当前指令地址加 12 个字节的位置）。当指令预取中止异常发生时，处理器将值(PC－4)保存到异常模式下的寄存器 LR_mode 中。这时(PC－4)即指向当前指令的第二条指令，如图 5－7 所示。

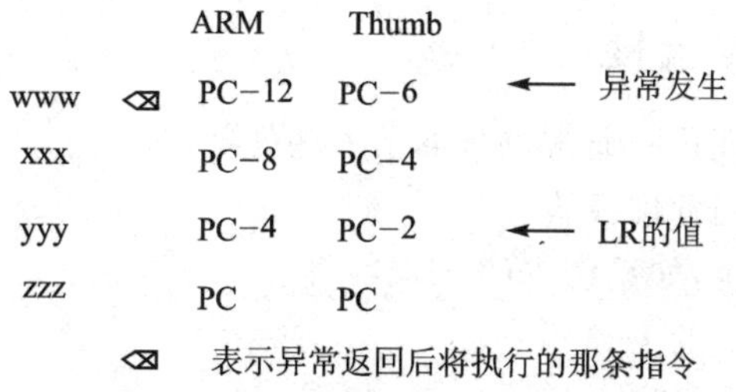

		ARM	Thumb	
www	⌫	PC−12	PC−6	← 异常发生
xxx		PC−8	PC−4	
yyy		PC−4	PC−2	← LR的值
zzz		PC	PC	

⌫ 表示异常返回后将执行的那条指令

图 5－7　数据访问异常的返回地址

因此，返回操作可以通过指令“SUBS PC，LR，＃8”来实现。该指令将寄存器 LR 中的值减 8 后复制到程序计数器 PC 中，实现程序的返回，同时，将 SPSR_mode 寄存器内容复制到当前程序状态寄存器 CPSR 中。

当异常中断处理程序使用了数据栈时，可以通过下面的指令在进入异常中断处理程序时保存被中断的执行现场，在退出异常中断处理程序时恢复被中断程序的执行现场。异常中断处理程序中使用的数据栈由用户提供。

```
SUBS LR,LR,＃8
STMFD SP!,{Reglist,LR}          ;数据入栈,保护现场
⋮
LDMFD SP!,{Reglist,PC}^         ;数据出栈,恢复现场
```

在上述指令中，Reglist 是异常中断处理程序中使用的寄存器列表。标志符^指示将 SPSR_mode 寄存器内容复制到当前程序状态寄存器 CPSR 中。该指令只能在特权模式下使用。

5.3　复位处理程序

5.3.1　复　位

ARM 处理器中都有一个输入引脚 nRESET，这是引起 ARM 处理器复位异常的唯一原因。ARM 处理器复位是由外部复位逻辑引起的，有些复位可以使用软件进行控制。复位对系统影响很大，复位后内部寄存器重新恢复默认值，ARM 内部的数据有可能丢失，而有些寄存器的值是不确定的。一般情况下，下列原因可以引起复位：

➢ 上电复位：在上电后，复位使内部达到预定状态，特别是程序跳到初始入口。

➢ 复位引脚上的复位脉冲：这是由外部其他控制信号引起的。

- 对系统电源检测发现过压或欠压。
- 时钟异常复位等。

系统复位后进入管理模式,一般对系统初始化,具体内容与具体系统相关,然后程序控制权交给应用程序,因而复位异常中断处理程序不需要返回。

5.3.2 复位处理编程

复位异常中断处理程序通常进行如下一些处理:

- 将处理器切换到管理模式。
- 初始化存储系统,如系统中的 MMU 等。
- 初始化一些关键的 I/O 设备。
- 设置异常中断向量表。
- 初始化数据栈和寄存器。
- 使用中断。
- 初始化 C 语言环境变量,跳转到应用程序执行。

【例 5.1】 下面是一个基于 S3C2410 芯片的复位处理程序。

```
AREA   STARTUP,CODE,READONLY
ENTRY
CODE32

;/**********************************************
;*功能描述:初始化程序入口点
;/**********************************************
START B INT_Reset
LDR PC, Undefined_Addr
LDR PC, SWI_Addr
LDR PC, Prefetch_Addr
LDR PC, Abort_Addr
NOP
LDR PC,IRQ_Addr
LDR PC, FIQ_Addr
 ⋮
EXPORT INT_Reset

INT_Reset MRS R0,CPSR              ;模式转换为管理模式
BIC R0,R0,#MODE_MASK
ORR R0,R0,#MODE_SVC
ORR R0,R0,#INTLOCK
MSR CPSR_cxsf,R0
LDR R0, = INTMSK                   ;硬件屏蔽中断
LDR R1, =  0xFFFFFFFF
```

```
STR R1,[R0,#0]
 ⋮
LDR R0, = WTCON                ;屏蔽看门狗
LDR R1, = 0x0
STR R1, [R0]
LDR R0, = LOCKTIME             ; PLL 稳定输出时间
LDR R1, = 0xffffff
STR R1,[R0]

LDR R0, = MPLLCON              ;设置 CPU 工作频率
LDR R1, = 0X70022              ;Fin = 10 MHz, Fout = 90 MHz
STR R1,[R0]

MOV R0,#0                      ;关闭 MMU
MCR p15,0,R0,c1,c0,0

LDR R0, = BWSCON               ;设置内存控制寄存器
LDR R1, = 0X22111110           ;配置内存参数,初始化内存
STR R1,[R0]
 ⋮
INT_IRQ_Vectors                ;设置异常中断向量表
DCD     INT_EINT0_Shell        ;Vector 00
DCD     0                      ;Vector 01
DCD     0                      ;Vector 02
 ⋮
                               ;初始化堆栈
LDR SP, = SYS_STACK            ;初始化 SYS 模式下的堆栈
MRS R0,CPSR                    ;初始化 IRQ 模式下的堆栈
BIC R0,R0,#MODE_MASK
ORR R0,R0,#MODE_IRQ
MSR CPSR_cxsf,R0
LDR SP, = IRQ_STACK
 ⋮
MRS R0,CPSR                    ;转回系统模式,并使能中断标志位

BIC R0,R0,#MODE_MASK
ORR R0,R0,#MODE_SYS

BIC R0,R0,#INTLOCK             ;开中断
  MSR   CPSR_cxsf,r0

;*****************************************************
```

```
    ; C语言的调用(跳至应用程序)
    ;************************************************
IMPORT C_Entry
    B C_Entry
```

分析:通过以上例子可以知道复位处理程序的基本过程如下:一旦复位发生,处理器便开始执行地址 0x00000000 处的指令 B INT_Reset,随即跳转到复位处理程序 INT_Reset 处。该程序首先将模式转换为管理模式,接下来对硬件做一些初始化工作,如看门狗、工作频率设置、内存设置等,具体的芯片不同这些参数的设置也不同,上例给出了三星公司的基于 ARM9 内核的 S3C2410 芯片初始化的简单例子。初始化工作完成后程序跳转到 C 语言程序实现某个具体的应用。

5.4 SWI 异常中断处理程序

通过 SWI 异常中断,用户模式的应用程序可以调用系统模式下的代码。在实时操作系统中,通常使用 SWI 异常中断为用户应用程序提供系统功能。

5.4.1 SWI 异常中断处理程序的实现

在 SWI 指令中包含一个 24 位立即数,该立即数指示了用户请求的特定 SWI 功能。SWI 异常中断处理程序要读取该 24 位立即数,这涉及 SWI 异常模式下对寄存器 LR 的读取,并且要从存储器读取该 SWI 指令。这样需要使用汇编程序来实现。SWI 的处理过程如图 5-8 所示,通常 SWI 异常中断处理程序分为两级:第一级 SWI 异常中断处理程序为汇编程序,用于确定 SWI 指令中的 24 位的立即数;第二级 SWI 异常中断处理程序具体实现 SWI 的各个功能,它可以是汇编程序,也可以是 C 程序。

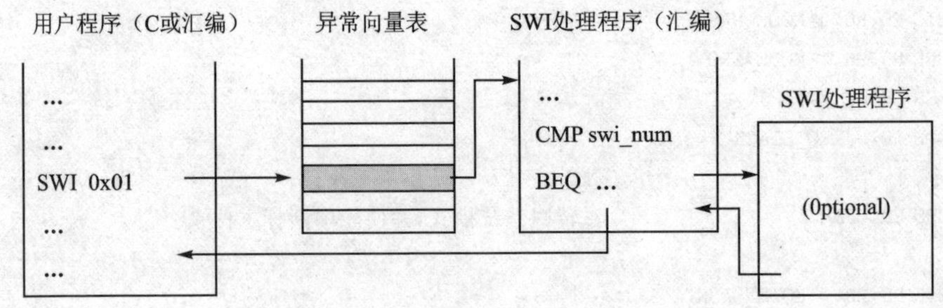

图 5-8 SWI 处理过程

1. 第一级 SWI 异常中断处理程序

第一级 SWI 异常中断处理程序从存储器中读取该 SWI 指令。在进入 SWI 异常中断处理程序时,LR 寄存器中保存的是该 SWI 指令的下一条指令。

```
LDR R0,[LR,# - 4]
```

下面的指令中,从该 SWI 指令中读取其中的 24 位立即数。

```
BIC R0,R0,# 0xFF000000
```

综合上面所述,例 5.2 程序是一个第一级 SWI 异常中断处理程序的模板。

【例 5.2】 一级 SWI 异常中断处理程序模板:

```
AREA ToplevelSwi,CODE,READONLY      ;定义该段代码的名称和属性
EXPORT SWI_Handler
SWI_Handler
STMFD SP!,{R0 - R12,LR}             ;保存用到的寄存器
LDR R0,[LR,# - 4]                   ;计算该 SWI 指令的地址,并把它读取到寄存器 R0 中
BIC R0,R0,# 0xFF000000              ;将 SWI 指令中的 24 位立即数,存放到 R0 寄存器中
⋮       ;使用 R0 寄存器中的值,调用相应的 SWI 异常中断的第二级处理程序
⋮
LDMFD SP!,{R0 - R12,PC}^            ;恢复使用到的寄存器,并返回
END
```

2. 使用汇编程序的第二级 SWI 异常中断处理程序

可以使用跳转指令,根据第一级中断处理程序得到的 SWI 指令中的立即数的值,直接跳转到实现相应 SWI 功能的处理程序。例 5.3 程序中的代码实现了这种功能。这种第二级的 SWI 异常中断处理程序为汇编语言程序。

【例 5.3】 二级 SWI 异常中断处理程序:

```
CMP R0,# MaxSWI          ;判断 R0 寄存器中的立即数值是否超过允许的最大值
LDRLS PC,[PC,R0,LSL # 2]
B SWIOutOfRange
SWIJumpTable
DCD SWInum0
DCD SWInum1
⋮                        ;其他的 DCD
SWInum0                  ;立即数为 0 对应的 SWI 中断处理程序
⋮
B EndofSWI
SWInum1                  ;立即数为 1 对应的 SWI 中断处理程序
⋮
B EndofSWI
⋮                        ;其他的 SWI 中断处理程序

EndofSWI                 ;结束中断处理程序
```

将例 5.3 程序代码嵌入到程序例 5.2 中,组成一个完整的 SWI 异常中断处理

程序。

3. 使用 C 程序的第二级 SWI 异常中断处理程序

第二级 SWI 异常中断处理程序可以是 C 程序。这时,利用从第一级 SWI 异常中断处理程序得到的 SWI 指令中的 24 位立即数来跳转到相应的处理程序。例 5.4 程序是一个 C 程序的第二级 SWI 异常中断处理程序模板。其中,参数 number 是从第一级 SWI 异常中断处理程序得到的 SWI 指令中的 24 位立即数。

【例 5.4】 C 程序类型的 SWI 异常中断第 2 级中断处理程序模板。

```
void C_SWI_handler(unsigned number)
{
switch(number)
{
case 0:                  /* SWI 号为 0 时执行的代码 */
…
break;
case1:                   /* SWI 号为 1 时执行的代码 */
…
break;
…                        /* 各种 SWI 号执行的代码 */
default:                 /* 无效的 SWI 号时执行的代码 */
}
}
```

在程序中,将得到的 SWI 指令中的 24 位立即数(称为 SWI 功能号)保存在寄存器 R0 中。根据 ATPCS,一级中断处理程序可以通过指令 BL C_SWI_Handler 来调用程序中的代码,从而组成一个完整的 SWI 异常中断处理程序,如例 5.5 程序所示。

【例 5.5】 第二级中断处理程序为 C 程序的 SWI 异常中断处理程序。

```
AREA  TopLevelSwi ,CODE,READONLY     ;定义该段代码的名称和属性
EXPORT SWI_Handler
IMPORT C_SWI_Handler
SWI_Handler
STMFD SP!,{R0 - R12,LR}             ;保存用到的寄存器
LDR R0 ,{LR,# - 4}                  ;计算该 SWI 指令的地址,并把它读取到寄存器 R0 中
BIC R0,R0,# 0xFF000000              ;将 SWI 指令中的 24 位立即数存放到 R0 寄存器中
BL C_SWI_Handler                    ;调用相应的 SWI 异常中断的第二级处理程序
LDMFD SP!,{R0 - R12,PC}^            ;恢复使用到的寄存器并返回
END
```

如果第一级的 SWI 异常中断处理程序将其栈指针作为第二参数传递给 C 程序类型的第二级中断处理程序,就可以实现在两级中断处理程序之间传递参数。这时 C 程序类型的第二级中断处理程序函数原型如下所示,其中,参数 reg 是 SWI 异常

中断第一级中断处理程序传递来的数据栈指针：

void C_SWI_handler(unsigned number, unsigned * reg)

在第一级的 SWI 异常中断处理程序调用第二级中断处理程序的操作如下：

```
MOV R1,SP                              ;设置 C 程序将使用的第二个参数
                                       ;根据 ATPCS 第二个参数保存在寄存器 R1 中
BL C_SWI_Handler                       ;调用 C 程序
```

在第二级中断处理程序，可以通过下面的操作读取参数，这些参数是在 SWI 异常中断产生时各寄存器的值，这些寄存器值可以保存在 SWI 异常中断对应的数据栈中：

```
value_in_reg_0 = reg[0]
value_in_reg_1 = reg[1]
value_in_reg_2 = reg[2]
value_in_reg_3 = reg[3]
```

在第二级中断处理程序中可以通过下面的操作返回结果：

```
reg[0] = updated_value_0
reg[1] = updated_value_1
reg[2] = updated_value_2
reg[3] = updated_value_3
```

5.4.2 SWI 异常中断调用

1. 在特权模式下调用 SWI

执行 SWI 指令后，系统将会把 CPSR 寄存器的内容保存到寄存器 SPSR_svc 中，将返回地址保存到寄存器 LR_svc 中。如果在执行 SWI 指令时，系统已经处于特权模式下，这时寄存器 SPSR_svc 和寄存器 LR_svc 中的内容就会被破坏。因此，如果在特权模式下调用 SWI 功能(即执行 SWI 指令)，比如在一个 SWI 异常中断程序中执行 SWI 指令，就必须将原始的寄存器 SPSR_svc 和寄存器 LR_svc 中的值保存在数据栈中。例 5.6 程序说明了在 SWI 中断处理程序中如何保存寄存器 SPSR_svc 和寄存器 LR_svc 的值。

【例 5.6】 SWI 中断处理程序中如何保存寄存器 SPSR_svc 和寄存器 LR_svc 的值。

```
STMFD SP!,{R0 - R12,LR}          ;保存寄存器,包括寄存器 LR_svc
MOV R1,SP                        ;保存 SPSR_svc
MRS R0,SPSR
STMFD SP!,{R0}
 LDR R0,[LR,# - 4]               ;读取 SWI 指令
BIC R0,R0,#0xFF000000            ;计算 SWI 指令中的 24 位立即数,并将其存放到 R0 寄存器中
BL C_SWI_Handler                 ;调用 C_SWI_Handler 程序完成相应的 SWI 功能
LDMFD SP!,{R0}                   ;恢复 SPSR_svc 的值
```

```
MSR SPSR_cf,R0
LDMFD SP!,{R0 - R12,PC}^        ;恢复使用到的寄存器并返回
END
```

2. 从应用程序中调用 SWI

这里分为两种情况考虑从应用程序中调用特定的 SWI 功能：一种考虑使用汇编指令调用特定的 SWI 功能，一种考虑从 C 程序中调用特定的 SWI 功能。

使用汇编指令调用特定的 SWI 功能比较简单，将需要的参数按照 APTCS 的要求放在相应的寄存器中，然后在指令 SWI 中指定相应 24 位立即数(指定想要调用的 SWI 功能号)即可。例 5.7 的例子中，SWI 中断处理程序需要的参数放在 R0 中，这里该参数值为 100，然后调用功能号为 0x0 的 SWI 功能调用。

```
MOV R0,#100
SWI 0x0
```

从 C 程序中调用特定的 SWI 功能比较复杂，因为这时需要将一个 C 程序的子程序调用映射到一个 SWI 异常中断处理程序。这些被映射的 C 语言子程序使用编译器伪操作__SWI 来声明。如果该子程序需要的参数和返回的结果只使用寄存器 R0～R3，则该 SWI 可以被编译成 inline 的，不需要使用子程序调用过程。否则，必须告诉编译器通过结构数据类型来返回参数，这时需要使用编译器伪操作_value_in_reg 声明该 C 语言子程序。

下面通过一个完整的例子来说明如何从 C 程序中调用特定的 SWI 功能，该例子是 ARM 公司的 ADS1.2 所带的。该例子提供的 4 个 SWI 功能调用，功能号分别为 0x0、0x1、0x2 及 0x3。其中，SWI 0x0 及 SWI 0x1 使用两个整型的输入参数，并返回一个结果值；SWI 0x2 使用 4 个输入参数，并返回一个结果值；SWI 0x3 使用 4 个输入参数，并返回 4 个结果值。

整个 SWI 异常中断处理程序分为两级结构。第一级的 SWI 异常中断处理程序是汇编程序 SWI_HANDLER，它读取 SWI 指令中的 24 位立即数(即 SWI 功能号)，然后调用第二级 SWI 异常中断处理程序 C_SWI_Handler 来实现具体的 SWI 功能。第二级 SWI 异常中断处理程序 C_SWI_Handler 为 C 程序，其中实现了功能号分别为 0x0、0x1、0x2 及 0x3 的 SWI 功能调用(即实现了 SWI 0x0、SWI 0x1、SWI 0x2 及 SWI 0x3)。

主程序中的子程序 multiply_two()对应着 SWI 0x0，add_two()对应着 SWI 0x1，add_multiply_two()对应着 SWI 0x2，many_operations()对应着 SWI 0x3。many_operations()返回 4 个结果值，使用编译器伪操作_value_in_reg 来声明。主程序使用 Install_Handler()来安装该 SWI 异常中断处理程序。整个代码如例 5.7 所示。

【例 5.7】 应用程序中调用 SWI 的例子。

```
/*
```

```
* 头文件 SWI.H
*/
__swi(0) int multiply_two(int, int);
__swi(1) int add_two(int, int);
__swi(2) int add_multiply_two(int, int, int, int);

struct four_results
{
    int a;
    int b;
    int c;
    int d;
};

__swi(3) __value_in_regs struct four_results
    many_operations(int, int, int, int);

/*
* 主程序 MAIN()
*/
#include <stdio.h>
#include "swi.h"
unsigned * swi_vec = (unsigned *)0x08;
extern void SWI_Handler(void);

/*
* 使用 Install_Handler()来安装 SWI 异常中断处理程序
*/
unsigned Install_Handler( unsigned routine, unsigned * vector )
{
    unsigned vec, old_vec;
    vec = (routine - (unsigned)vector - 8) >> 2;
    if (vec & 0xff000000)
    {
        printf("Handler greater than 32MBytes from vector");
    }
    vec = 0xea000000 | vec;  /* OR in branch always code */
    old_vec = * vector;
    * vector = vec;
    return (old_vec);
}
int main( void )
{
int result1, result2;
struct four_results res_3;
Install_Handler( (unsigned) SWI_Handler, swi_vec );
```

```
printf("result1 = multiply_two( 2, 4 ) = %d\n", result1 = multiply_two( 2, 4 ));
printf("result2 = multiply_two( 3, 6 ) = %d\n", result2 = multiply_two( 3, 6 ));
printf("add_two( result1, result2 ) = %d\n", add_two( result1, result2 ));
printf("add_multiply_two( 2, 4, 3, 6 ) = %d\n", add_multiply_two( 2, 4, 3, 6 ));
res_3 = many_operations( 12, 4, 3, 1 );
printf("res_3.a = %d\n", res_3.a );
printf("res_3.b = %d\n", res_3.b );
printf("res_3.c = %d\n", res_3.c );
printf("res_3.d = %d\n", res_3.d );
return 0;
}
;//第一级 SWI 异常中断处理程序 SWI_Handler
    AREA SWI_Area, CODE, READONLY
    EXPORT SWI_Handler
    IMPORT C_SWI_Handler
T_bit EQU 0x20
SWI_Handler
    STMFD     sp!, {r0 - r3, r12, lr}
    MOV       r1, sp
    MRS       r0, spsr
    STMFD     sp!, {r0}
    TST       r0, #T_bit
    LDRNEH    r0, [lr, # - 2]
    BICNE     r0, r0, #0xFF00
    LDREQ     r0, [lr, # - 4]
    BICEQ     r0, r0, #0xFF000000
    BL        C_SWI_Handler
    LDMFD     sp!, {r0}
    MSR       spsr_cf, r0
    LDMFD     sp!, {r0 - r3, r12, pc}^
    END
/*
 * //第二级 SWI 异常中断处理程序 void C_SWI_Handler
 */
void C_SWI_Handler( int swi_num, int *regs )
{
    switch( swi_num )
    {
    case 0:
            regs[0] = regs[0] * regs[1];
            break;
```

```
case  1:
        regs[0] = regs[0] + regs[1];
        break;
case  2:
        regs[0] = (regs[0] * regs[1]) + (regs[2] * regs[3]);
        break;
case 3:
    {
        int w, x, y, z;
        w = regs[0];
        x = regs[1];
        y = regs[2];
        z = regs[3];
        regs[0] = w + x + y + z;
        regs[1] = w - x - y - z;
        regs[2] = w * x * y * z;
        regs[3] =(w + x) * (y - z);
    }
    break;
  }
}
```

3. 从应用程序中动态调用 SWI

在有些情况下,直到运行时才能够确定需要调用的 SWI 功能号。这时,有两种方法处理这种情况:

第一种方法是在运行时得到 SWI 功能号,然后构造出相应的 SWI 指令的编码,把这个指令的编码保存在某个存储单元中,执行该指令即可。

第二种方法是使用一个通用的 SWI 异常中断处理程序,将运行时需要调用的 SWI 功能号作为参数传递给该通用的 SWI 异常中断处理程序。通用的 SWI 异常中断处理程序根据参数值调用相应的 SWI 处理程序完成需要的操作。

在汇编程序中很容易实现第二种方法。在执行 SWI 指令之前先将需要调用的 SWI 功能号放在某个寄存器(R0~R12 都可以),再通过 SWI 异常中断处理程序读取该寄存器值,决定需要执行的操作。但有些 SWI 处理程序需要 SWI 指令中的 24 位立即数,因而上述两种方法常常组合使用。

在操作系统中,通常使用一个 SWI 功能号和一个寄存器来提供很多的 SWI 功能调用,这样可以将其他的 SWI 功能号留给用户使用。在 DOS 系统中,DOS 提供的功能调用是 INT 21H,这时通过指定寄存器 AX 的值可以实现很多不同的功能调用。ARM 体系中的 semihost 的实现也是一个例子。ARM 程序使用 SWI 0x123456 来实现 semihost 功能调用,Thumb 程序使用 SWI 0xAB 来实现 semihost 功能调用。

例 5.8 中将子程序 WRITEC(unsigned op ,char * c)映射到 semihost 功能调用,具体 semihost SWI 的子功能号通过参数 op 传递。

【例 5.8】 从应用程序动态调用 SWI 的例子。

```
#ifdef __thumb
   #define SemiSWI 0xAB           /* Thumb 的 semihosting SWI 号为 0xAB */
#else
   #define SemiSWI 0x123456       /* ARM 的 semihosting SWI 号为 0x123456 */
#endif
                                  /* 使用 Semihosting SWI 输出一个字符 */
__swi(SemiSWI) void Semihosting(unsigned op,char * c);
#define WriteC(c) Semihosting( 0x3,c)
void write_a_character(int ch)
{
char tempch = ch;
WriteC(&tempch);
}
```

5.5 FIQ 和 IRQ 异常中断处理程序

5.5.1 IRQ/FIQ 中断处理机制

ARM 提供的 FIQ 和 IRQ 异常中断用于外部设备向 CPU 请求中断服务,这两个异常中断的引脚都是低电平有效的。当前程序状态寄存器 CPSR 的 I 控制位可以屏蔽这个异常中断请求:当程序状态寄存器 CPSR 中的 I 控制位为 1 时,FIQ 和 IRQ 异常中断被屏蔽;当程序状态寄存器 CPSR 中的 I 控制位为 0 时,CPU 正常响应 FIQ 和 IRQ 异常中断请求。

FIQ 异常中断为快速异常中断,它比 IRQ 异常中断优先级高,这主要表现在下面的两个方面:

- 当 FIQ 和 IRQ 异常中断同时产生时,CPU 先处理 FIQ 异常中断。
- 在 FIQ 异常中断处理程序中 IRQ 异常中断被禁止。

由于 FIQ 异常中断通常用于系统中对于响应时间要求比较苛刻的任务,ARM 体系在设计上有一些特别的安排,以尽量减少 FIQ 异常中断的响应时间。FIQ 异常中断的中断向量为 0x1C,位于中断向量表的最后。这样 FIQ 异常中断处理程序可以直接放在地址 0x1C 开始的存储单元,这种安排省掉了中断向量表中的跳转指令,从而也就节省了中断响应的时间。当系统中存在 Cache 时,可以把 FIQ 异常中断向量以及处理程序一起锁定在 Cache 中,从而大大地提高了 FIQ 异常中断的响应时间。除此之外，与其他模式相比，FIQ 异常模式还有额外的 5 个物理寄存器，这样在进入 FIQ 处理程序时可以不用保存这 5 个寄存器，从而也提高了 FIQ 异常中断的执行速度。

IRQ 和 FIQ 中断处理机制如图 5-9 所示，ARM 内核只有二个外部中断输入信号 nFIQ 和 nIRQ，但对于一个系统来说，中断源可能多达几十个。为此，在系统集成的时候，一般都会有一个异常控制器来处理异常信号。用户程序可能存在多个 IRQ/FIQ 的中断处理函数，为了从向量表开始的跳转最终能找到正确的处理函数入口，需要设计一套处理机制和方法。通常可以从硬件和软件两个角度考虑。

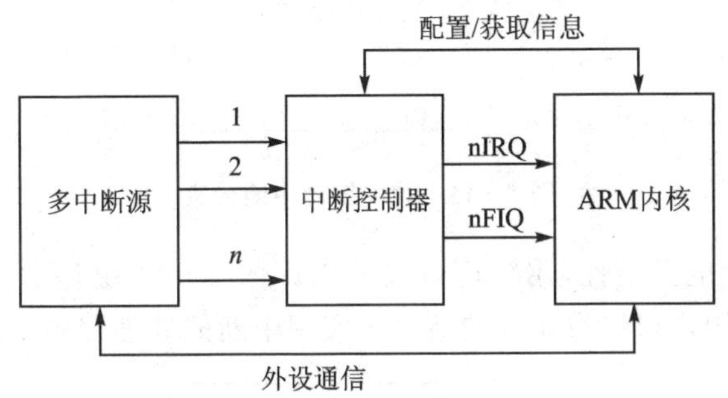

图 5-9　中断处理机制

有的系统在 ARM 的异常向量表之外，又增加了一张由中断控制器控制的特殊向量表。当由外设触发一个中断以后，PC 能够自动跳到这张特殊向量表中去，特殊向量表中的每个向量空间对应一个具体的中断源。例如，假设某系统一共有 20 个外设中断源，特殊向量表被直接放置在普通向量表后面，如图 5-10 所示。

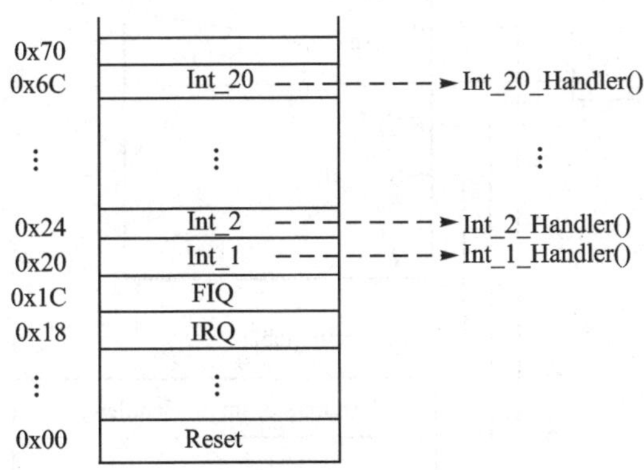

图 5-10　额外的硬件异常向量表

当某个外部中断触发之后，首先触发 ARM 的内核异常，中断控制器检测到 ARM 的这种状态变化，再通过识别具体的中断源，使 PC 自动跳转到特殊向量表中的对应地址，从而开始一次异常响应。需要检查具体的芯片说明，查看是否支持这类特性。

多数情况下是用软件来处理异常分支，如图 5-11 所示，这是因为软件可以通过读取中断控制器来获得中断源的详细信息。

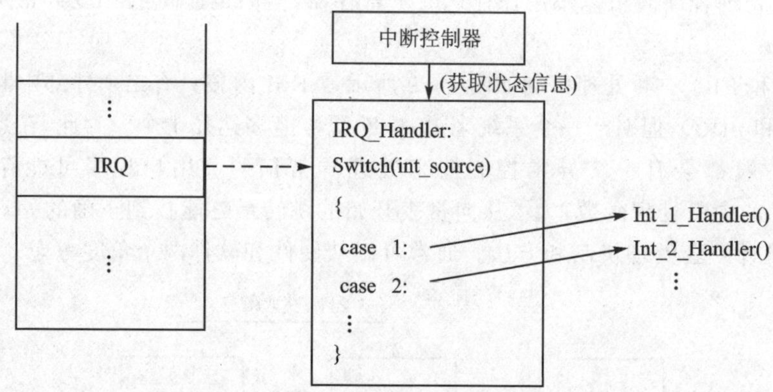

图 5-11 软件控制中断分支

因为软件设计的灵活性,用户可以设计出比图 5-11 更好的流程控制方法来。如图 5-12 所示,用户可以自定义向量表来实现中断的处理程序。

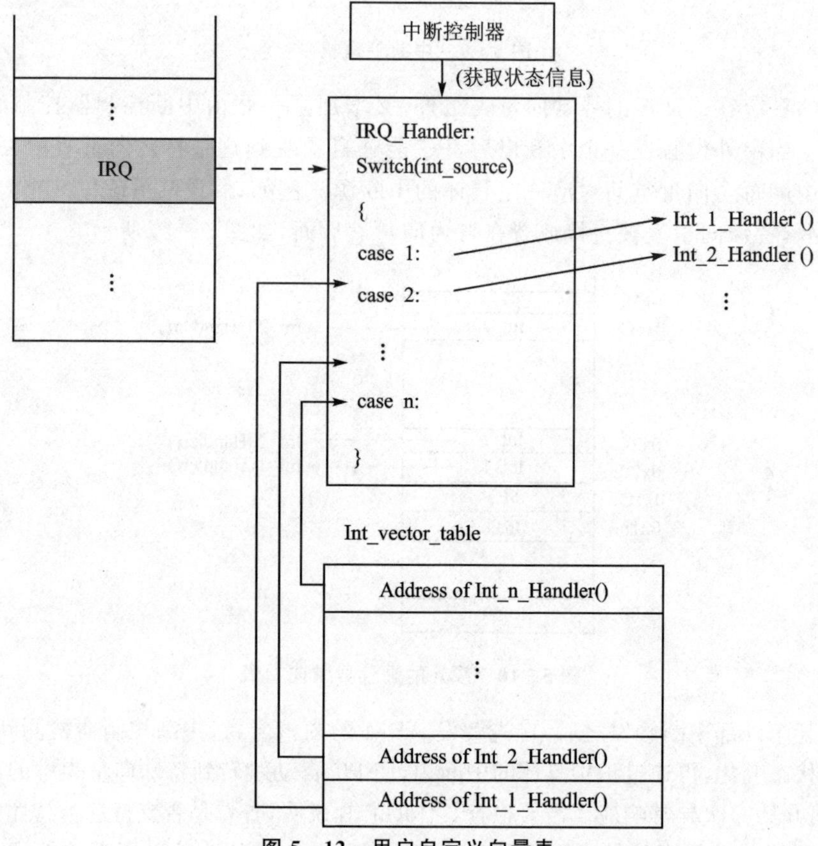

图 5-12 用户自定义向量表

Int_vector_table 是用户自己开辟的一块存储器空间，里面按次序存放异常处理函数的地址。IRQ_Handler() 从中断控制器获取中断源信息，然后再从 Int_vector_table 中的对应地址单元得到异常处理函数的入口地址，完成一次异常响应的跳转。这种方法的好处是用户程序在运行过程中，能够很方便地动态改变异常服务内容。

5.5.2 IRQ/FIQ 异常中断处理程序

在有些 IRQ/FIQ 异常中断处理程序中，允许新的 IRQ/FIQ 异常中断，这时将需要一些特别的操作保证“老的”异常中断的寄存器不会被“新的”异常中断破坏。这种 IRQ/FIQ 异常中断处理程序称为可重入的异常中断处理程序（reentrant interrupt handler）。

1. 不可重入的 IRQ/FIQ 异常中断处理程序

对于 C 语言不可重入的 IRQ/FIQ 异常中断处理程序可以使用关键词__irq 来说明。关键词__irq 可以实现下面的操作：

➢ 保存 ATPCS 规定的被破坏的寄存器。

➢ 保存其他中断处理程序中用到的寄存器。

➢ 同时将（LR－4）赋予程序计数器 PC 实现中断处理程序的返回，并且恢复 CPSR 寄存器的内容。

当 IRQ/FIQ 异常中断处理程序调用了子程序时，关键词__irq 可以使 IRQ/FIQ 异常中断处理程序返回时从其数据栈中读取 LR_irq 值，并通过“SUBS PC，LR，＃4”实现返回。例 5.9 程序中说明了关键词__irq 的作用，其中列出了 C 语言程序及其对应的汇编程序，两个 C 语言程序，第一个使用关键词__irq，第二个没有使用关键词__irq 声明。

【例 5.9】 关键词__irq 的作用。

第一个程序使用关键词__irq 声明：

```
_ _irq void IRQHandle(void)
{
volatile unsigned int base = (unsigned int * )0x80000000;
if( * base = = 1)
{
C_int_handler();        //调用相应的 C 语言处理程序
}
 * (base + 1) = 0;
}
```

第一个 C 语言程序对应的汇编语言程序如下：

```
IRQHandler PROC
```

```
STMFD SP!,{R0 - R4,R12,LR}
MOV R4,#0x80000000
LDR R0,[R4,#0]
SUB SP,SP,#4;
CMP R0,#1
BLEQ C_int _handler
MOV R0,#0
STR R0,[R4,#4]
ADD SP,SP,#4
LDMFD SP!,{R0 - R4,R12,LR}
SUBS PC,LR,#4
ENDP
EXPORT  IRQHandler
```

第二个程序没有使用关键词__irq 声明:

```
irq void IRQHandle(void)
{
    volatile unsigned int base = (unsigned int *)0x80000000;
    if(*base == 1)
{
    C_int_handler();        //调用相应的 C 语言处理程序
}
    *(base + 1) = 0;
}
```

第二个 C 语言程序对应的汇编语言程序如下:

```
IRQHandler PROC
STMFD SP!,{R0 - R4,R12,LR}
MOV R4,#0x80000000
LDR R0,[R4,#0]
CMP R0,#1
BLEQ C_int _handler
MOV R0,#0
STR R0,[R4,#4]
LDMFD SP!,{R0 - R4,R12,LR}
ENDP
```

比较上面两个程序,使用了关键词__irq 声明的 C 语言程序在汇编后生成了对堆栈指针处理的指令、返回时对断点处理的指令。如果没有使用关键词__irq 声明,则对堆栈指针的处理依赖于系统。

2. 可重入的 IRQ/FIQ 异常中断处理程序

如果在可重入的 IRQ/FIQ 异常中断处理程序中调用了子程序,子程序的返回地址将被保存到寄存器 LR_irq 中。这时如果发生了 IRQ/FIQ 异常中断,这个 LR_irq 寄存器的值将会被破坏,那么调用的子程序将不能正确返回。因此,对于可重入的 IRQ/FIQ 异常中断处理程序需要一些特别的操作。这时,第一级中断处理程序(对应于 IRQ/FIQ 异常中断的程序)不能使用 C 语言,因为其中一些操作不能通过 C 语言实现。下面列出了可重入的 IRQ/FIQ 异常中断处理程序需要的操作:

- 将返回地址保存到 IRQ 的数据栈中。
- 保存工作寄存器和 SPSR_irq。
- 清除中断标志位。
- 将处理器切换到系统模式,重新使能中断(IRQ/FIQ)。
- 保存用户模式的 LR 寄存器和被调用者不保存的寄存器。
- 调用 C 语言的 IRQ/FIQ 异常中断处理程序。
- 当 C 语言程序的 IRQ/FIQ 异常中断处理程序返回后,恢复用户模式的寄存器,并禁止中断(IRQ/FIQ)。
- 切换到 IRQ 模式,禁止中断。
- 恢复工作组寄存器和寄存器 LR_irq。
- 从 IRQ 异常中断处理程序中返回。

例 5.10 中的程序演示了这些操作过程。

【例 5.10】 可重入的 IRQ/FIQ 异常中断处理程序。

```
AREA INTERRUPT,CODE,READONLY
IMPORT C_irq_handler            ;引入 C 语言的 IRQ 中断处理程序
IRQ
SUB LR,LR,#4                    ;保存返回 IRQ 处理程序地址
STMFD SP!,{LR}
MRS R14,SPSR                    ;保存 SPSR_irq 及其他工作寄存器
STMFD SP!,{R12,R14}
⋮                               ;在这里添加指令,清除中断标志位
                                ;添加指令重新使能中断
MSR CPSR_c,0x1F                 ;切换到系统模式,并使能中断
STMFD SP!,{R0 - R3,LR}          ;保存用户模式 LR_usr 及被调用者不保存的寄存器
BL C_irq_handler                ;跳转到 C 语言的中断处理程序
LDMFD SP!,{ R0 - R3,LR }        ;恢复用户模式的寄存器
MSR CPSR_c,#0x92                ;切换到 IRQ 模式,禁止 IRQ 中断,FIQ 中断仍允许
LDMFD SP!,{R12,R14}             ;恢复工作寄存器和 SPSR_irq
MSR SPSR_cf,R14
LDMFD SP!,{PC}^                 ;从 IRQ 处理程序返回
END
```

5.5.3 IRQ 异常中断处理程序举例

例 5.11 说明了多中断源的 IRQ 异常中断处理过程,本例中多达 32 个中断源,

每个中断源对应于一个单独的优先级值,优先级的取值范围为 0～31。假设系统中的中断控制器的基地址为 IntBase,存放中断优先级值的寄存器的偏移地址为 IntLevel。寄存器 R13 指向一个 FD 类型的数据栈。例子的源代码如例 5.11 所示。

【例 5.11】 多中断源的 IRQ 异常中断处理程序。

```
SUB LR,LR,#4                    ;保存返回地址
STMFD SP!,{LR}
MRS R14,SPSR                    ;保存 SPSR 及工作寄存器 R12
STMFD SP!,{R12,R14}
MOV R12,#IntBase                ;读取中断控制器的基地址
LDR R12,[R12,#IntLevel]         ;读取优先级最高中断源的优先级值
MRS R14,CPSR                    ;使能中断
BIC R14,R14,#0x80
MSR CPSR_c,R14
LDR PC,[PC,R12,LSL #2]          ;跳到优先级最高的中断对应的中断处理程序
NOP                             ;加一条 NOP 指令,实现跳转表的地址计算方法
                                ;中断处理程序地址表
DCD Priority0Handler            ;优先级为 0 的中断对应的中断处理程序地址
DCD Priority1Handler            ;优先级为 1 的中断对应的中断处理程序地址
DCD Priority2Handler            ;优先级为 2 的中断对应的中断处理程序地址
 ⋮
Priority0Handler                ;优先级为 0 的中断对应的中断处理程序
STMFD SP!,{R0-R11}              ;保存工作寄存器
 ⋮                              ;中断程序的程序体
LDMFD SP!,{ R0-R11}             ;恢复工作寄存器
MRS R12,CPSR                    ;禁止中断
ORR R12,R12
MSR CPSR_c,R12
LDMFD SP!,{R12,R14}             ;恢复 SPSR 及寄存器 R12
MSR SPSR_csxf,R14
LDMFD SP!,{PC}^                 ;从优先级为 0 的中断处理程序返回
Priority1Handler                ;优先级为 1 的中断对应的中断处理程序
 ⋮
```

5.6 未定义指令异常中断

当 CPU 不认识当前指令时,它将该指令发送到协处理器。如果所有的协处理器都不认识该指令,则将产生未定义指令异常中断,在未定义指令异常中断程序中进行相应的处理。利用这种机制可以用软件来仿真系统中某些部件的功能。例如,如果系统中不包含浮点运算部件,则 CPU 遇到浮点运算指令时将发生未定义指令异

常中断,在该未定义指令异常中断的处理程序中可以通过其他指令序列仿真该浮点运算指令。

这种仿真的处理过程类似于 SWI 异常中断的功能调用。在 SWI 异常中断功能调用中通过读取 SWI 指令中的 24 位(位[23:0])立即数,判断具体请求的 SWI 功能。这种仿真机制的操作过程如下:

① 将仿真程序设置成未定义指令异常中断的中断处理程序(连接到未定义指令异常中断的中断处理程序链接中),并保存原来的中断处理程序,这是通过修改中断向量表中未定义指令异常中断对应的中断向量来实现的(同时保存旧的中断向量)。

② 读取该未定义指令的位[27:24],判断该未定义指令是否是一个协处理器指令。当位[27:24]为 0b110x 时,该未定义指令是一个协处理器指令。接着读取该未定义的指令的位[11:8],如果位[11:8]指定通过仿真程序实现该未定义指令,则调用相应的仿真程序实现该指令的功能,然后返回到用户程序。

③ 如果不仿真该未定义指令,则程序跳转到原来的未定义指令异常中断的中断处理程序执行。

Thumb 指令集中不包含协处理器指令,因此不需要这种指令仿真机制。

习题五

1. 试说明 ARM 处理器对异常中断的响应过程。
2. 如何从异常中断处理程序中返回?需要注意哪些问题?
3. 软件中断(SWI)和子程序有什么区别?
4. 软件中断处理程序可以分为几个级别,分别可以用什么语言实现?
5. FIQ 和 IRQ 有什么区别?
6. 复位异常需要返回吗,为什么?

第6章

RealView MDK 软件的使用

本章主要介绍了 RealView MDK 软件的使用，首先介绍了嵌入式系统开发的基本概念和常用的汇编语言程序设计的开发环境，然后介绍了 Keil 公司 RealView MDK 软件的安装方法及其组成部分。接下来将按照汇编语言程序的编辑、编译、链接、调试流程详细介绍了 RealView MDK 软件的使用方法。通过本章的学习，读者能熟练掌握一种嵌入式系统开发工具。

6.1 嵌入式系统开发基础

6.1.1 嵌入式系统开发流程

嵌入式系统开发的基本流程为：

① 系统定义与需求分析。

② 系统设计方案的初步确立。

③ 初步设计方案性价比评估与方案评审论证。

④ 完善初步方案、初步方案实施。

⑤ 软/硬件集成测试。

⑥ 系统功能性能测试及可靠性测试。

由于嵌入式系统运行于特定的目标环境，该目标环境又面向特定的应用领域，功能比较专一，所以需要实现预期的功能，并且还需要软硬件协同设计。考虑到系统的实现成本，在应用系统器件选型时，各种资源一般只需满足需求、恰到好处即可，不同于通用 PC 系统，预留给用户许多资源。因此，嵌入式系统的开发必然有其自身的许多特点：软硬件可配置、功能可靠、成本低、体积小、功耗低、实时性强。嵌入式系统受功能和具体应用环境的约束，其开发流程不同于一般的通用计算机系统。

嵌入式系统设计是使用一组物理硬件和软件来完成所需功能的过程，系统是指任何由硬件、软件或者两者的结合而构成的功能设备。由于嵌入式系统是一个专用系统，所以在嵌入式产品的设计过程中，软件设计和硬件设计是紧密结合、相互协调的。这就产生了一种全新的设计理论——软硬件协同设计，如图 6－1 所示。这种方法的特点是，在设计时从系统功能的实现考虑，把实现时的软硬件同时考虑进去，硬件设计包括芯片级"功能定制"设计，既可最大限度地利用有效资源，缩短开发周期，又能取得更好的设计效果。

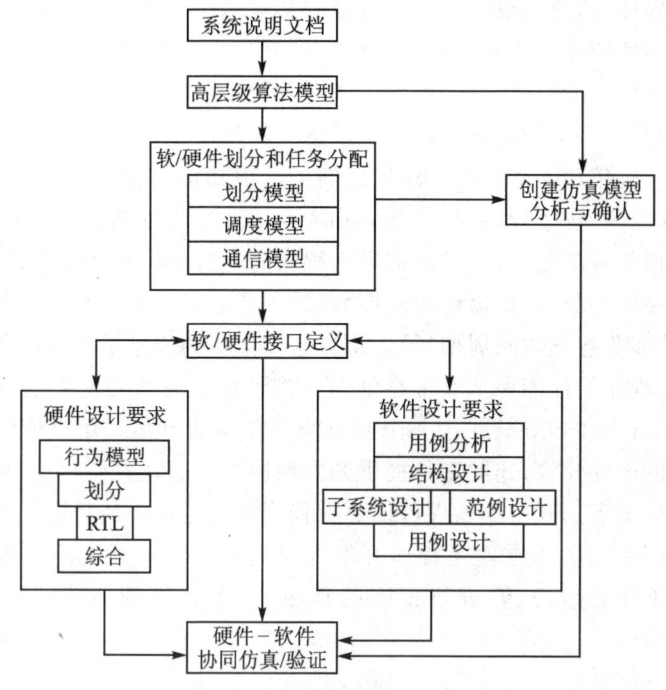

图 6-1 软硬件协同设计

系统协同设计的整个流程从确定系统要求开始，包含系统要求的功能、性能、功耗、成本、可靠性和开发时间等，这些要求形成了由项目开发小组和市场专家共同制定的初步说明文档。

系统设计首先确定所需的功能。复杂系统设计最常用的方法是将整个系统划分为较简单的子系统及这些子系统的模块组合，然后以一种选定的语言对各个对象子系统加以描述，产生设计说明文档。

其次，是把系统功能转换成组织结构，将抽象的功能描述模型转换成组织结构模型。由于针对一个系统可建立多种模型，因此应根据系统的仿真和先前的经验来选择模型。

6.1.2 嵌入式软件开发

不同于通用计算机和工作站上的软件开发工程，一个嵌入式软件的开发过程具有很多特点和不确定性。其中，最重要的一点是软件跟硬件的紧密耦合特性。嵌入式系统的灵活性和多样性给软件设计人员带来了极大的困难：第一，在软件设计过程中过多地考虑硬件，给开发和调试都带来了很多不便；第二，如果所有的软件工作都需要在硬件平台就绪之后进行，自然就延长了整个系统开发周期。这些都是应该从方法上加以改进和避免的问题。为了解决这个问题,我们可以在特定的 EDA 工具环境下面进行开发,通过后再进行移植到硬件平台的工作。这样既可以保证程序逻辑设计的正确性,同时使得软件开发可平行甚至超前于硬件开发进程。

把脱离于硬件的嵌入式软件开发阶段称为 PC 软件的开发,图 6-2 说明了一个嵌入式系统软件的开发模式。在 PC 软件开发阶段,可以用软件仿真,即指令集模拟的方法,来对用户程序进行验证。在 ARM 公司的开发工具中,ADS 内嵌的 ARMulator 和 RealView 开发工具中的 ISS 都提供了这项功能。在模拟环境下,用户可以设置 ARM 处理器的型号、时钟频率等,同时还可以配置存储器访问接口的时序参数。程序在模拟环境下运行,不但能够进行程序的运行流程和逻辑测试,还能够统计系统运行的时钟周期数、存储器访问周期数、处理器运行时的流水线状态(有效周期、等待周期、连续和非连续访问周期)等信息。这些宝贵的信息是在硬件调试阶段都无法取得的,对于程序的性能评估非常有价值。为了更加完整和真实地模拟一个目标系统,ARMulator 和 ISS 还提供了一个开放的 API 编程环境。用户可以用标准 C 来描述各种各样的硬件模块,连同工具提供的内核模块一起,组成一个完整的“软”硬件环境。在这个环境下面开发的软件可以更大程度地接近最终的目标。利用这种先进的 EDA 工具环境,极大地方便了程序开发人员进行嵌入式开发的工作。当完成一个 PC 软件的开发之后,只要进行正确的移植,一个真正的嵌入式软件就开发成功了。

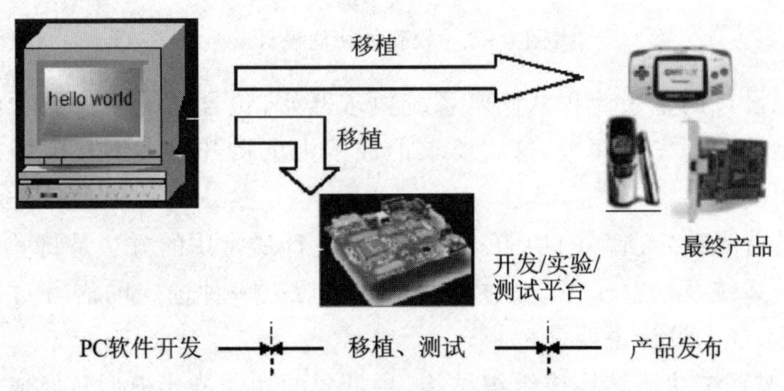

图 6-2　嵌入式软件开发方法

由上可知,嵌入式软件开发是基于一个交叉开发环境,其开发流程如下:开发环境的建立、源代码编辑阶段、交叉编译和链接、重定位和下载、联机调试,如图 6-3 所示。

(1) 开发环境的建立

开发之前必须了解在嵌入式编程中使用的交叉开发环境(Cross-Development Environment)。交叉开发环境的原理比较简单,只是在主机和目标机体系结构不同的情况下,在主机上开发将在目标机器上运行的程序。例如,在 X86 上开发 ARM 目

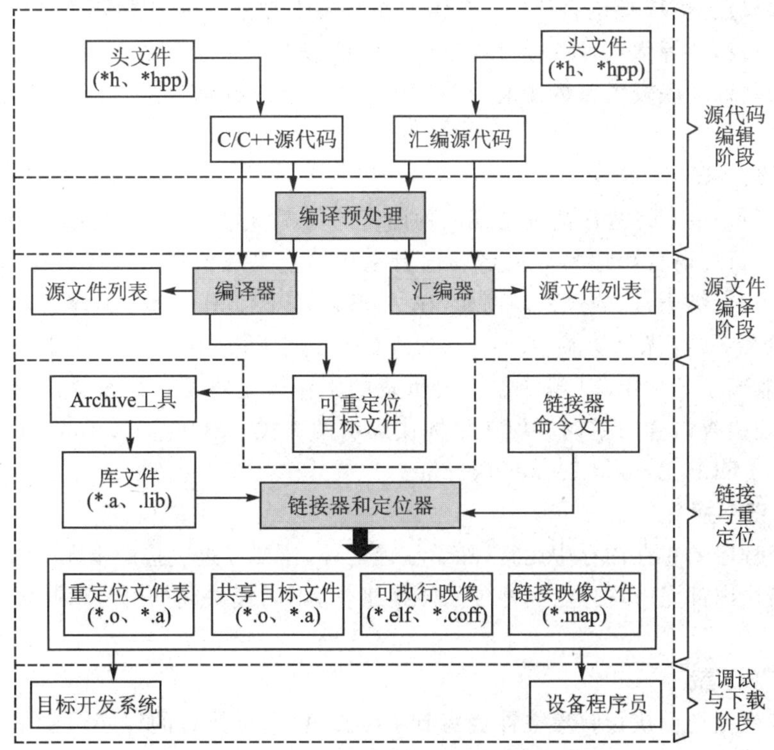

图 6-3　嵌入式软件开发流程图

标板上运行的程序，就是在 X86 上运行可将程序编译链接成 ARM 可运行代码的编译链接器，并使其编译在 X86 上编写的代码。

按照发布的形式，交叉开发环境主要分为开放和商用两种类型。开放式交叉开发环境实例主要有 gcc，它可以支持多种交叉平台的编译器，由 http://www.gnu.org 负责维护。使用 gcc 作为交叉开发平台时，要遵守 GPL(General Public License) 的规定。商用的交叉开发环境主要有 Metrowerks Codewarror、ARM Software Development Toolkit SDS Cross Compiler、RealView MDK、WinRiver Tornado 等。

按照使用方式，交叉开发工具主要分为使用 Makefile 和 IDE 开发环境两种类型。使用 Makefile 的开发环境需要编译 Makefile 来管理和控制项目的开发，可以自己手写，有时也可以使用一些自动化的工具。这种开发工具有 gcc、SDS、Cross Compiler 等。新类型的开发环境一般有一个用户友好的 IDE 界面，方便管理和控制项目的开发，如 Code Warrior 等。有些开发环境既可用 Makefile 管理项目，又可使用 IDE，如 TorandⅡ，给使用者留有很大的余地。

(2) 源文件编辑阶段

源程序的启动代码、硬件初始化代码要用汇编语言编写，这样可以发挥汇编语言短小精悍的优势，以提高代码的执行效率。汇编语言编写完成后，代码转向 C 语言的程序入口点,执行 C 语言代码。C 语言在开发大型软件时具有易模块化、易调试、易维护和易移植等优点,所以应用广泛,是目前嵌入式大型软件开发中常用的语言。但是在与硬件关联较紧密的编程中,C 语言要结合汇编语言进行混合编程,即内嵌汇编。

(3) 编 译

通常所说的翻译程序能够把某一种语言的程序(称为源程序)转换成另一种语言程序(称为目标语言程序),而后者与前者在逻辑上是等价的。编译就是将"高级语言"转化为"低级语言"的过程。例如,在 ADS 环境下使用 armcc 编译器,它是 ARM 的 C 编译器,具有优化功能,兼容于 ANSI C;tcc 是 Thumb 的 C 编译器,同样具有优化功能,兼容于 ANSI C。编译器主要负责的工作就是将源代码编译成特定的目标代码,顺便检查语言的错误。现在目标代码有两大类: COFF(Common Object File Format)与 ELF(Extend Linker Format)。

(4) 链 接

一个程序要想在内存中运行,除了编译之外,还要经过链接的步骤。编译器只能在一个模块内部完成符号名到地址的转换工作,不同模块间的符号解析需要由链接器完成。

(5) 下 载

下载就是把可执行映象文件烧写到 ROM 里,当可执行的程序映象文件下载完成后,就可打开电源来运行系统。下载过的代码有时还需要在实际硬件环境中进行进一步调试,调试确定无误后一个完整的嵌入式程序就可以运行了。

(6) 调 试

嵌入式系统的调试分为软件调试和硬件调试两种: 软件调试是通过软件调试器调试嵌入式系统软件,硬件调试是通过仿真调试器完成调试过程。由于嵌入式系统特殊的开发环境,不可避免的是,调试时必然需要目标运行平台和调试器两方面的支持。

6.1.3 DS 开发平台简介

ARM DS-5 Development Studio 由 ARM 精心打造,适用于嵌入式软件开发的端到端工具解决方案,是一款支持开发所有 ARM 内核芯片的集成开发环境。该平台能提供包含跟踪、系统范围性能分析器、实时系统模拟器和编译器的应用程序和内核空间调试器。这些功能包含在定制、功能强大且用户友好的基于 Eclipse 的 IDE 中。借助于该工具套件,可以很轻松地为 ARM 支持的系统开发和优化基于 Linux 的系统,缩短开发和测试周期,并且可帮助用户创建资源利用效率高的软件。无论用户是片上系统 (SoC)设计人员、实时固件工程师还是 Android 应用程序开发人员,DS-5 可以帮助您充分利用 ARM 体系结构中的前沿技术。

DS 开发平台的架构如图 6-4 所示,主要功能如下:

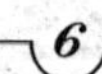

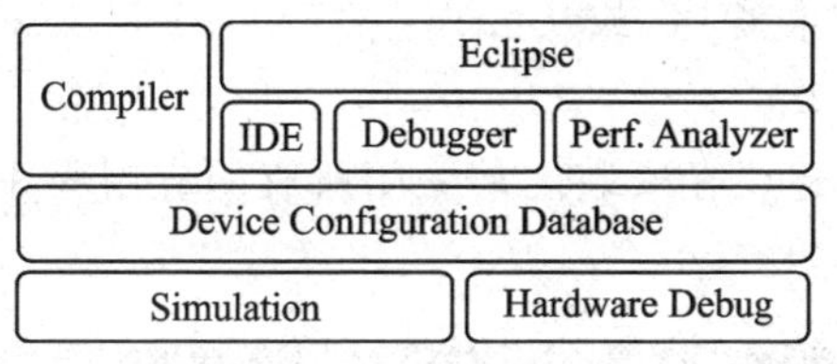

图 6-4　DS 软件架构

(1) 灵活的集成开发环境

ARM DS-5 Development Studio 基于标准 Eclipse 开发环境，提供了一流的窗口管理、项目管理和 C/C++源代码编辑工具。DS-5 将特定于 ARM 的众多功能集成到 Eclipse 平台，使得它成为功能最强大的工具链，非常适用于 ARM 软件开发。用户可以将 DS-5 作为独立 Eclipse 进行安装或作为现有 Eclipse 环境的插件进行安装。

(2) 端到端调试器

DS-5 调试器有助于用户在整个开发过程中找到软件错误的根源。从设备引入到应用程序调试，它均可用于开发 RTL 模拟器、虚拟平台和硬件上的代码。但是当代码在第三方操作系统上面运行时，如果无法了解下面正在发生什么，情况就可能模糊不清。因此，DS-5 调试器同时将深入可见性集成到常用的实时操作系统(RTOS)、Linux 和 Android。在通过代码步进时，用户可以在兼容目标上轻松看到所有任务/线程和它们的调用帧、设置任务/线程特定的断点，并查看内核资源，如邮箱和信号。在调试 Linux 内核时，用户还可以查看和加载动态加载模块的符号，并设置待定断点。

(3) Streamline 性能分析器

DS-5 Development Studio Streamline 分析器能充分利用系统资源，创建高性能、高效能的产品。其创新的用户界面汇集了系统性能参数、软件跟踪、统计分析信息和功率，为用户提供一个系统仪表板，能够快速识别代码热点、系统瓶颈以及其他代码或系统体系结构的非预期结果。

(4) 实时模拟器

ARM 既提供物理开发平台，也提供虚拟开发平台，这样，在目标硬件可用前，编程人员就可以开始针对 ARM 平台为软件进行编码、测试和调试。也可以预先在与 Linux 一起加载的 Cortex-A8 系统模型模拟器上调试，典型模拟速度为 250 MHz。

6.1.4　RealView MDK 软件的安装

1. RealView MDK 软件的安装

本小节主要给出 RealView MDK 在 Windows 平台下的安装方法和获得 license 方法。下面介绍 μVision 4 IDE 集成开发环境的安装步骤如下：

① 购买 MDK 的安装程序,或从 http://www.realview.com.cn/xz-down.asp 下载 MDK 的评估版。

② 双击安装文件,建议在安装之前关闭所有的应用程序,单击 Next,则弹出如图 6-5 所示对话框。

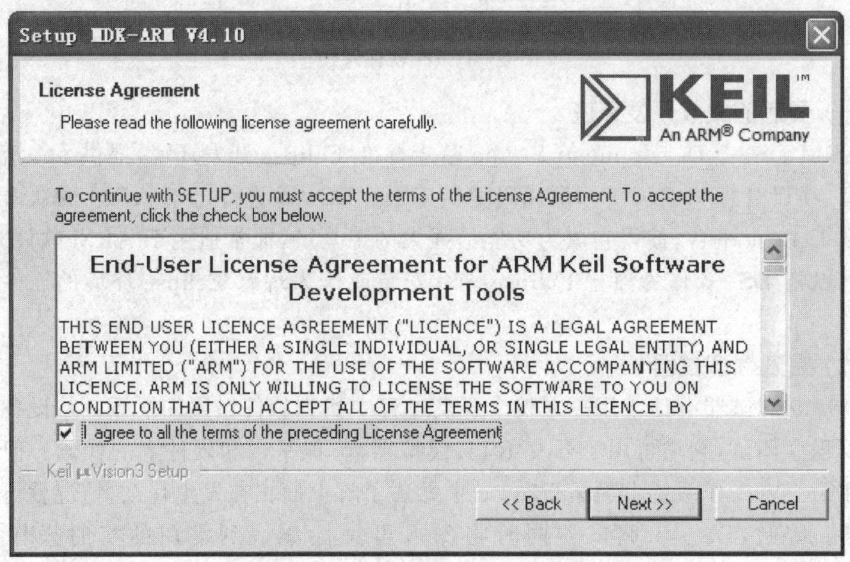

图 6-5　同意许可协议对话框

③ 仔细阅读许可协议,选中 I agree to all the terms of the preceding License Agreement 选项,单击 Next,则弹出如图 6-6 所示对话框。

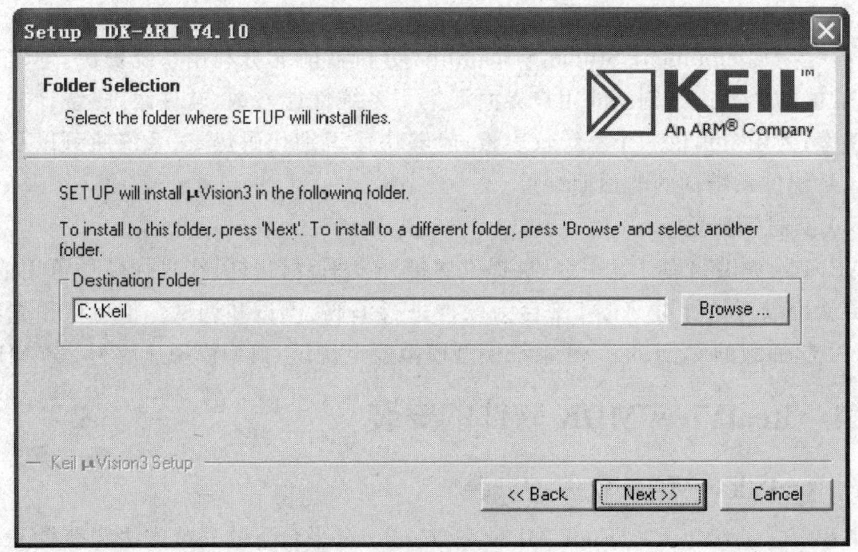

图 6-6　设置安装路径对话框

④ 单击 Browse 选择安装路径，然后单击 Next，则弹出如图 6-7 所示对话框。

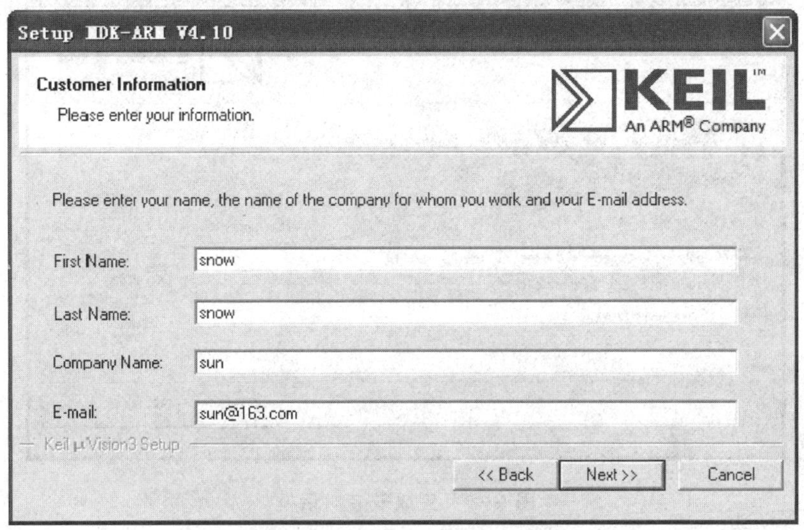

图 6-7　设置用户信息对话框

⑤ 输入用户信息后，单击 Next，则安装程序将在计算机上安装 MDK，如图 6-8 所示。

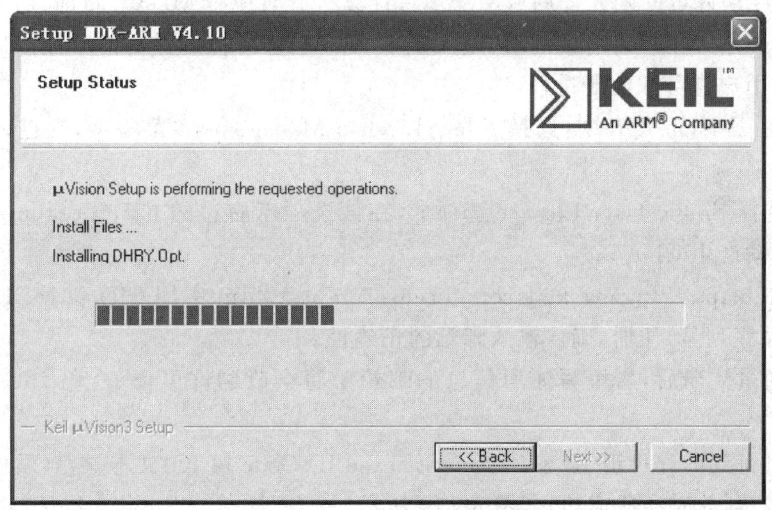

图 6-8　MDK 安装过程对话框

⑥ 依据机器性能的不同，安装程序耗时半分钟到两分钟不等，之后将会弹出如图 6-9 所示对话框，单击 Finish 结束安装。

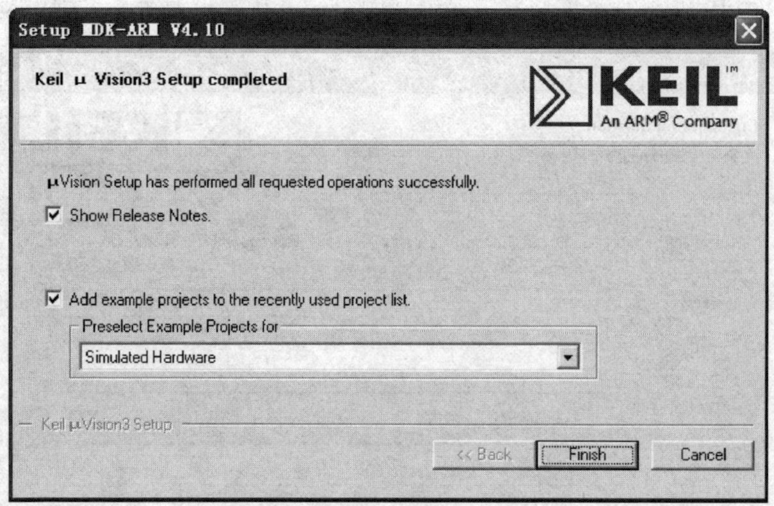

图 6-9　完成安装对话框

2. RealView MDK 的注册

第一次使用 μVision IDE 正式版时,用户必须注册。μVision 的有两种许可证:单用户许可证和浮动许可证。单用户许可证只允许单用户最多在两台计算机上使用 MDK,而浮动许可证则允许局域网众多台计算机分时使用 MDK。目前,所有的 Keil 软件均可使用单用户许可证注册,绝大多数 Keil 软件可使用浮动许可证注册。下面只介绍单用户许可证注册过程:

① 在 μVision IDE 中,选择 File→License Management 菜单项,则进入许可证管理对话框。

② 选择 Single-User License 选项卡,在该选项卡右边的 CID(Computer ID)文本框中自动产生 CID。

③ 在 https://www.keil.com/license/embest.htm 中用 CID 和 MDK 提供的 PSN(产品序列号)注册,确保输入邮箱的正确性。

④ 通过注册后,所填写注册信息的邮箱中将会收到许可证 ID 码 LIC(License ID Code)。

⑤ 将得到的许可证 ID 输入 New License ID Code (LIC)文本框,然后单击右边的 Add 按钮,此时注册成功,如图 6-10 所示。

3. MDK 的目录结构

安装程序将开发工具安装在根目录下的子目录,默认的根目录是 C:\KEIL。表 6-1 列出了 MDK 的目录结构。根据软件版本及安装目录的不同这种结构会有所不同,以下说明以默认目录为例。

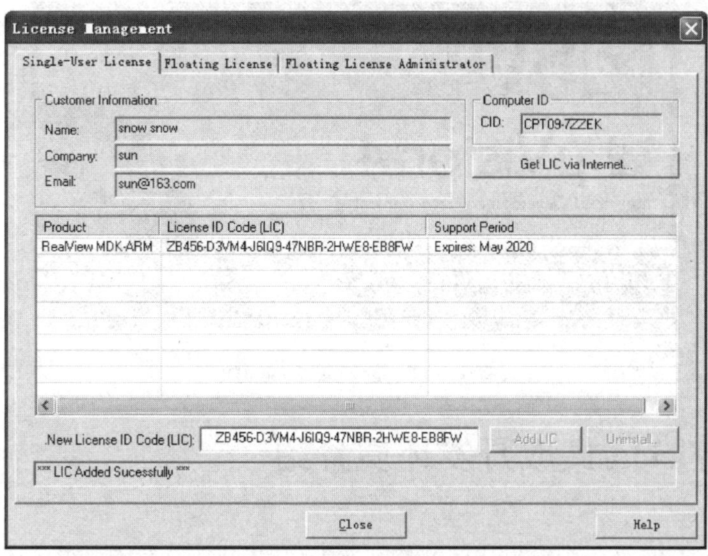

图 6-10　设置 License

表 6-1　MDK 目录结构

目　录	说　明
C:\KEIL\ARM\BIN	μVision/ARM 工具链的可执行文件
C:\KEIL\ARM\INC	Keil C 的包含文件及特定的 C 编译器包含文件
C:\KEIL\ARM\ADS	ARM ADS/RealViewTM 工具链的例程及启动文件
C:\KEIL\ARM\GNU	GNU 工具链的例程及启动文件
C:\KEIL\ARM\Flash	Keil ULINK2 USB-JTAG Adapter Flash 编程算法文件
C:\KEIL\ARM\HLP	Keil ARM 工具链及 μVision 的在线帮助文档
C:\KEIL\ARM\ ... \Startup	特定设备的启动文件
C:\KEIL\ARM\ ... \Examples	基于 Keil、GNU 或 ADS 的一般例程
C:\KEIL\ARM\ ... \Boards	基于 Keil C、GNU 或 ADS 的评估板例程
C:\KEIL\UV4	通用 μVision 文件

μVision IDE 集成开发环境安装完毕，单击 μVision IDE 的图标即可运行 μVision IDE，如图 6-11 所示。

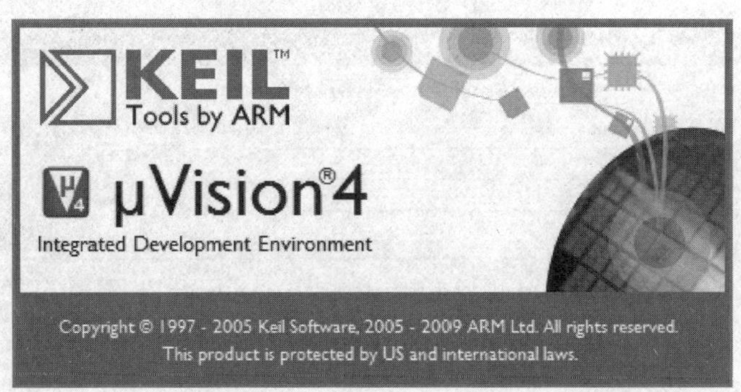

图 6-11　运行 μVision IDE

6.2　μVision 集成开发环境介绍

μVision IDE 是一个窗口化的软件开发平台，集成了功能强大的编辑器、工程管理器以及各种编译工具(包括 C 编译器、宏汇编器、链接/装载器和十六进制文件转换器)。μVision IDE 包含以下功能组件，能加速嵌入式应用程序开发过程：

- 功能强大的源代码编辑器；
- 可根据开发工具配置的设备数据库；
- 用于创建和维护工程的工程管理器；
- 集汇编、编译和链接过程于一体的编译工具；
- 用于设置开发工具配置的对话框；
- 真正集成高速 CPU 及片上外设模拟器的源码级调试器；
- 高级 GDI 接口，可用于目标硬件的软件调试和 Keil ULINK 仿真器的连接；
- 用于下载应用程序到 Flash ROM 中的 Flash 编程器；
- 完善的开发工具手册、设备数据手册和用户向导。

μVision IDE 使用简单、功能强大，是保证设计者完成设计任务的重要保证。μVision IDE 还提供了大量的例程及相关信息，有助于开发人员快速开发嵌入式应用程序。

μVision IDE 提供了编译和调试两种工作模式。编译模式用于维护工程文件和生成应用程序；调试模式下，则可以用功能强大的 CPU 和外设仿真器测试程序，也可以使用调试器经 ULINK USB-JTAG 适配器(或其他 AGDI 驱动器)连接目标系统来测试程序。ULINK 仿真器能用于下载应用程序到目标系统的 Flash ROM 中。

μVision IDE 由如图 6-12 所示的多个窗口、对话框、菜单栏、工具栏组成。其中，主要部分包括：

- 工程工作区(Project Workspace)用于文件管理、寄存器调试、函数管理、手册管理等；

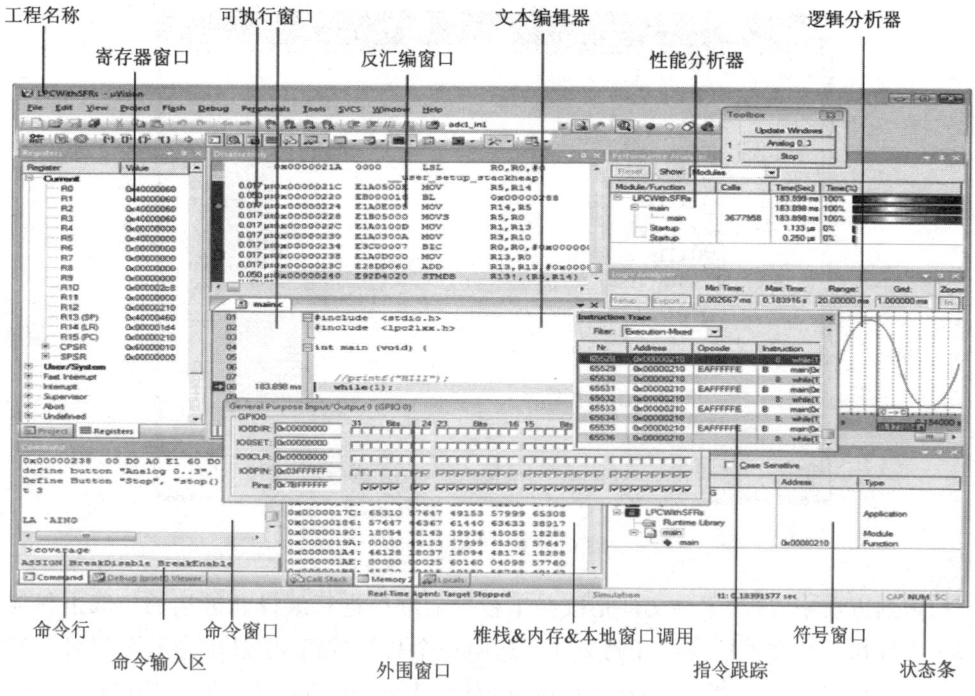

图 6-12 μVision IDE 界面

➢ 工作区(Workspace)用于文件编辑、反汇编输出和一些调试信息显示；

➢ 输出窗口(Output Window)用于显示编译信息、搜索结果以及调试命令交互等；

➢ 菜单栏和工具栏用来实现快速的操作命令。

本节将主要介绍 μVision IDE 的工程工作区、工作区、菜单栏、工具栏、常用快捷方式以及各种窗口的内容、使用方法，以便让读者能快速了解 μVision IDE，并能对 μVision IDE 进行简单和基本的操作。

6.2.1 工程工作区

μVision IDE 的工程工作区由 5 部分组成，分别为 Project（工程）页、Registers（寄存器）页、Books（书）页、Functions（函数）页、Templates（模板）页。图 6-13 显示了工程结构。

(1) Project 页

在 Project Workspace 的 Project 页可打开工程中所有用到的相关文件，如图 6-13 所示。从图中可以看出，工程以树型结构进行组织，由若干组构成，组下面是文件。若文件中有头文件，则头文件可自动包含在组中文件下面，可通过选中 View 菜单下面的 Include File Dependencies 来实现此功能。文件位置的改变可用鼠

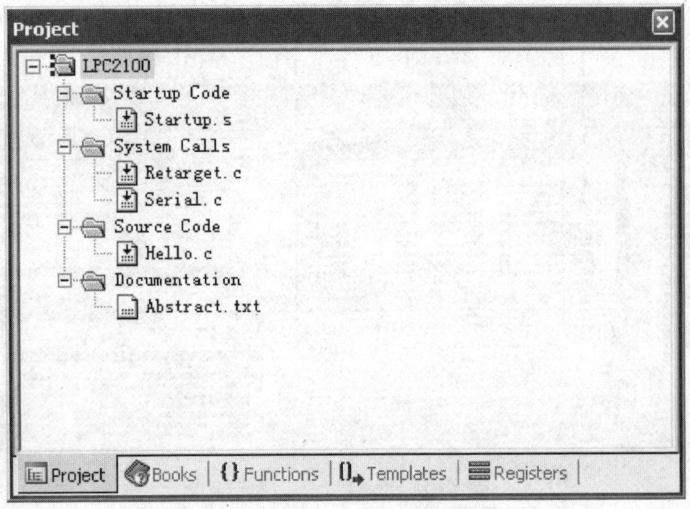

图 6-13 工程的结构

标拖拽的方法来实现,这些文件是按在工程中的顺序进行编译和链接的。双击任何一个文件均可在文本框内打开此文件。选中一个目标或组,通过单击其名字可为其改名。还可以通过选择 Project→Components,Envirorment Books→Project Components 菜单项对工程进行管理口。

(2) Books 页

Project Workspace 的 Books 页中列出了关于 μVision IDE 的一些发行信息、开发工具用户指南及设备数据库相关书籍,如图 6-14 所示。双击指定的书籍可以将其打开。并且可以通过选择 Project→Components,Environment,Books→Books 菜单项进行书籍管理,可添加、删除、整理书籍。

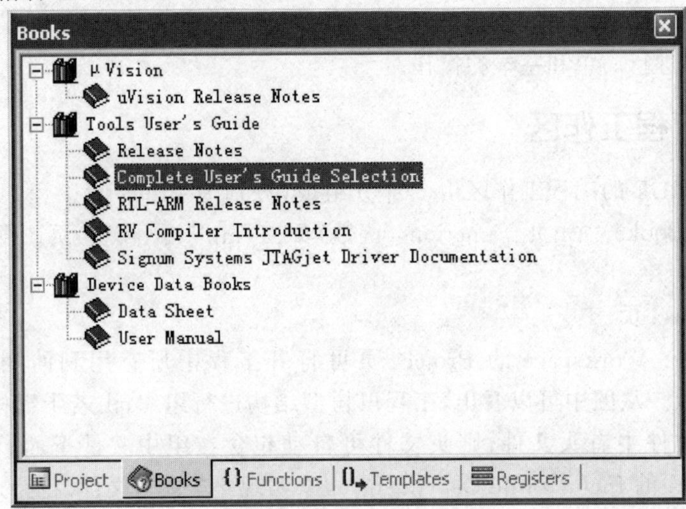

图 6-14 Books 页

(3) Functions 页

Project Workspace 的 Functions 页中列出了工程中各个文件中的函数，通过此功能可以迅速定位函数所在的位置。通过双击函数名即可找到此函数所在的位置。如图 6－15 所示，右击并在弹出的快捷菜单上选择这些函数显示的方式。

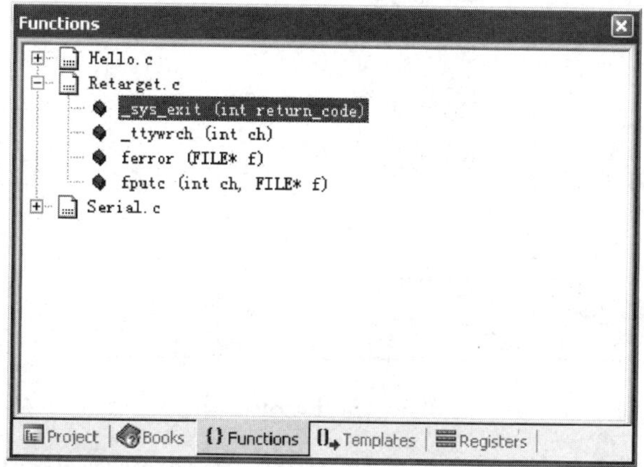

图 6－15　Functions 页

(4) Templates 页

Project Workspace 的 Templates 页中列出了一些常用的模板，通过此功能可以实现快速编程，如图 6－16 所示；还可以允许插入模板及配置模板。

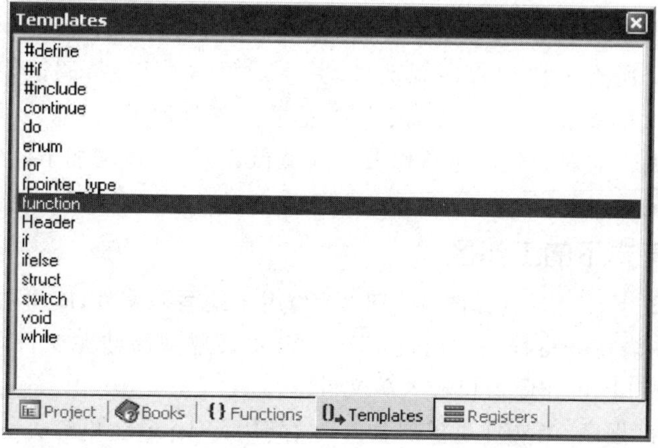

图 6－16　Templates 页

(5) Registers 页

Project Workspace 的 Registers 页中列出了 CPU 的所有寄存器。例如，若使用 ARM9 的 CPU，则按模式排列共有 8 组，分别为 Current 模式寄存器组、User/Systetn 模式寄存器组、Fast Interrupt 模式寄存器组、Interrupt 模式寄存器组、Supervisor 模式寄存器组、Abort 模式寄存器组、Undefined 模式寄存器组以及 Internal 模式寄存器组,如图 6-17 所示。

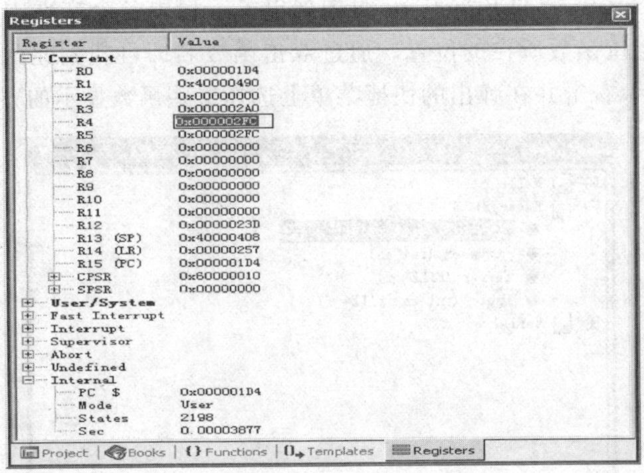

Registers

Register	Value
Current	
R0	0x000001D4
R1	0x40000490
R2	0x00000000
R3	0x000002A0
R4	0x000002FC
R5	0x000002FC
R6	0x00000000
R7	0x00000000
R8	0x00000000
R9	0x00000000
R10	0x00000000
R11	0x00000000
R12	0x0000023D
R13 (SP)	0x40000408
R14 (LR)	0x00000257
R15 (PC)	0x000001D4
CPSR	0x60000010
SPSR	0x00000000
User/System	
Fast Interrupt	
Interrupt	
Supervisor	
Abort	
Undefined	
Internal	
PC $	0x000001D4
Mode	User
States	2198
Sec	0.00003877

Project | Books | {} Functions | 0→ Templates | Registers

图 **6-17　Registers** 页

在每个寄存器组中又分别有相应的寄存器。在调试过程中,值发生变化的寄存器将会以蓝色显示。选中指定寄存器单击或按 F2 键便可以出现一个文本框,从而可以改变此寄存器的值。

6.2.2　工作区

μVision 提供了两种工作模式,一种是编译模式,另一种是调试模式。编译模式用于汇编及编译所有的应用程序源文件,并生成可执行程序;调试模式中,μVision 提供了一个强大的调试器,用于测试应用程序。在两种模式下,均可使用 μVision IDE 的源文件编辑器对源代码进行修改。在调试模式下,还增加了额外的窗口,并有自己的窗口布局。

1. 编译模式下的工作区

在编译模式下,工作区(如图 6-18 所示)用于编写源文件,既可用汇编语言编写程序,也可用 C 语言编写程序。通过 File→New 菜单项新建源文件,则打开一个标准的文本编辑窗口,可在此窗口输入源文件。

对于 C 语言程序,当文件以扩展名.c 保存时,μVision 会以高亮的形式显示 C 语言中的关键字,并在左侧显示文件中各行的标号。对 C 语言源文件,μVision 以分块的形式来进行管理,比如一个函数,在函数名的左侧会有一个"+"或"-",通过单击该标志可将其展开或折叠,其他的块也是同样的管理方法。通过 Edit→Outlining 下的菜单,也可进行此项管理功能:通过双击指定的行则可设置断点,在左侧以红色方块显示。图 6-18 是典型的编译模式下的工作区。

2. 调试模式下的工作区

调试模式下的工作区主要用于显示反汇编程序、源代码的执行跟踪及调试信息,

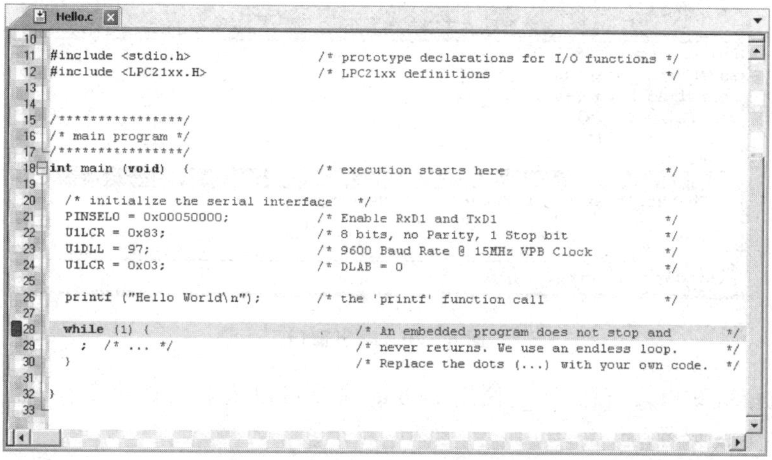

Hello.c

```
#include <stdio.h>                    /* prototype declarations for I/O functions */
#include <LPC21xx.H>                  /* LPC21xx definitions                      */


/****************/
/* main program */
/****************/
int main (void)  {                    /* execution starts here                    */

  /* initialize the serial interface   */
  PINSEL0 = 0x00050000;               /* Enable RxD1 and TxD1                     */
  U1LCR = 0x83;                       /* 8 bits, no Parity, 1 Stop bit            */
  U1DLL = 97;                         /* 9600 Baud Rate @ 15MHz VPB Clock         */
  U1LCR = 0x03;                       /* DLAB = 0                                 */

  printf ("Hello World\n");           /* the 'printf' function call               */

  while (1) {                              /* An embedded program does not stop and   */
    ;  /* ... */                           /* never returns. We use an endless loop.  */
  }                                        /* Replace the dots (...) with your own code. */

}
```

图 6-18 编译模式下的工作区

既可以以汇编语言形式显示，也可以以 C 语言形式显示，还可以以汇编与 C 语言混合显示。在此模式下，也能设置断点，方法是在指定位置双击。图 6-19 是典型的调试模式下的工作区。

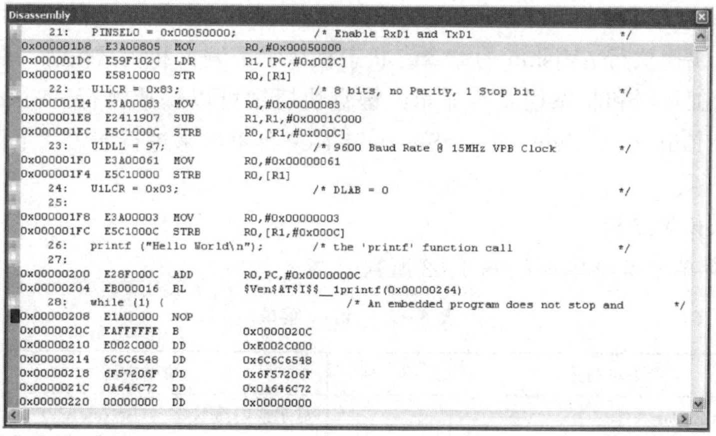

Disassembly

```
    21:    PINSEL0 = 0x00050000;            /* Enable RxD1 and TxD1                  */
0x000001D8  E3A00805  MOV      R0,#0x00050000
0x000001DC  E59F102C  LDR      R1,[PC,#0x002C]
0x000001E0  E5810000  STR      R0,[R1]
    22:    U1LCR = 0x83;                    /* 8 bits, no Parity, 1 Stop bit         */
0x000001E4  E3A00083  MOV      R0,#0x00000083
0x000001E8  E2411907  SUB      R1,R1,#0x0001C000
0x000001EC  E5C1000C  STRB     R0,[R1,#0x000C]
    23:    U1DLL = 97;                      /* 9600 Baud Rate @ 15MHz VPB Clock      */
0x000001F0  E3A00061  MOV      R0,#0x00000061
0x000001F4  E5C10000  STRB     R0,[R1]
    24:    U1LCR = 0x03;                    /* DLAB = 0                              */
    25:
0x000001F8  E3A00003  MOV      R0,#0x00000003
0x000001FC  E5C1000C  STRB     R0,[R1,#0x000C]
    26:    printf ("Hello World\n");        /* the 'printf' function call            */
    27:
0x00000200  E28F000C  ADD      R0,PC,#0x0000000C
0x00000204  EB000016  BL       $Ven$AT$I$$__1printf(0x00000264)
    28:    while (1) {                          /* An embedded program does not stop and      */
0x00000208  E1A00000  NOP
0x0000020C  EAFFFFFE  B        0x0000020C
0x00000210  E002C000  DD       0xE002C000
0x00000214  6C6C6548  DD       0x6C6C6548
0x00000218  6F57206F  DD       0x6F57206F
0x0000021C  0A646C72  DD       0x0A646C72
0x00000220  00000000  DD       0x00000000
```

图 6-19 调试模式下的工作区

6.2.3 输出窗口

输出窗口有 3 个页面，分别为 BuildOutput 页、Command 页、Find in Files 页，如图 6-20 所示，可通过 View→Output Window 菜单项来显示或隐藏此窗口。

Build 页：用于显示编译时的信息，包括汇编、编译、链接、生成目标程序等，并给出编译结果、显示错误及警告提示信息。

Command 页：在此页面可以用 Debug 命令与 μVision 调试器进行通信，并可显

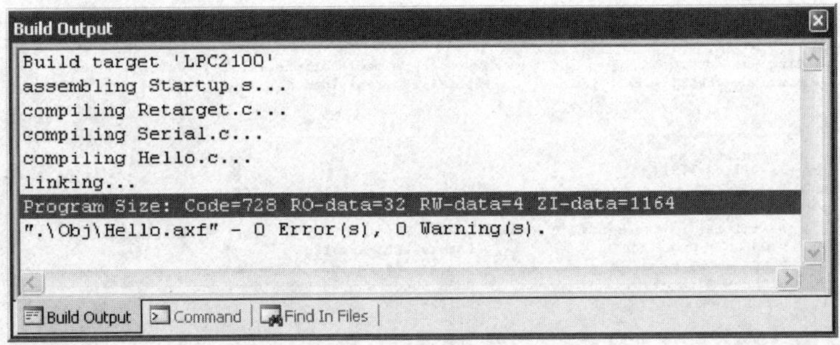
Build Output
Build target 'LPC2100'
assembling Startup.s...
compiling Retarget.c...
compiling Serial.c...
compiling Hello.c...
linking...
Program Size: Code=728 RO-data=32 RW-data=4 ZI-data=1164
".\Obj\Hello.axf" - 0 Error(s), 0 Warning(s).
Build Output
Command
Find In Files

图 6-20 输出窗口

示调试命令后的相关信息;通过使用 Debug 命令可以查看与修改寄存器的值,也可以调用 Debug 函数。

Find in Files 页:当使用 Edit→Find in Files 菜单项进行查找时,查找的结果会在 Find in Files 页显示。

6.2.4 菜单栏、工具栏和快捷键

μVision IDE 集成开发环境的菜单栏可提供如下菜单功能:编辑操作、工程维护、开发工具配置、程序调试、外部工具控制、窗口选择、操作以及在线帮助等。工具栏按钮可以快速执行 μVision 的命令。状态栏显示了编辑和调试信息,在 View 菜单中可以控制工具栏和状态栏是否显示。键盘快捷键可以快速执行 μVision 的命令,它可以通过 Edit→Configuration→Shortcut Key 菜单项来进行配置。下面介绍几个常用的菜单栏。

(1) View 菜单栏

View 菜单下各菜单项如表 6-2 所列。

表 6-2 View 菜单

菜单命令	图 标	功能描述
Status Bar		显示或隐藏状态条(Status bar)
Toolbar		显示或隐藏文件或编译工具条
Debug Toolbar		显示或隐藏调试工具条
Project Workspace		显示或隐藏工程空间
Output Window		显示或隐藏输出窗口
Source Browser		显示或隐藏浏览窗口
Disassembly		显示或隐藏反汇编窗口
Watch & Call Stack Window		显示或隐藏 Watch 窗口
Memory Window		显示或隐藏存储器窗口

续表 6-2

菜单命令	图　标	功能描述
Code Coverage Window		显示或隐藏代码覆盖窗口
Performance Analyzer Window		显示或隐藏性能分析窗口
Logic Analyzer Window		显示或隐藏逻辑分析仪窗口
Symbol Window		显示或隐藏符号窗口
Serial Window #1		显示或隐藏串行窗口#1
Serial Window #2		显示或隐藏串行窗口#2
Serial Window #3		显示或隐藏串行窗口#3
Toolbox		显示或隐藏工具箱
Periodic Window Update		运行时更新调试窗口
Include Dependencies		显示或隐藏源文件中的头文件

(2) Project 菜单

在 Project 菜单下各菜单项如表 6-3 所列。

表 6-3　Project 菜单

菜单命令	图　标	功能描述
New Project		创建一个新工程
Import μVision1 Project		导入一个工程
Open Project		打开一个工程
Close Project		关闭当前工程
Components，Environment Books		维护工程组件、配置工具环境及管理书
Select Device for Target		从设备库中选择 CPU
Remove Item		从工程中移出组或文件
Options for Target		改变目标、组、文件的工具选项
		改变当前目标的工具选项
	MCB251	选择当前目标
Build target		翻译已修改的文件及编译应用
Rebuild all target files		重新翻译所有源文件并编译应用
Translate		翻译当前文件
Stop Build		停止编译当前程序

(3) Debug 菜单

在 Debug 菜单下各菜单项如表 6-4 所列。

表 6-4 Debug 菜单

菜单命令	图 标	功能描述
Start/Stop Debug Session		启动或停止 μVision 调试模式
Go		运行到下一个活动断点
Step		单步运行进入一个函数
Step Over		单步运行跳过一个函数
Step Out of current Function		从当前函数跳出
Run to Cursor Line		运行到当前行
Stop Running		停止运行
Breakpoints		打开断点对话框
Insert/Remove Breakpoint		在当前行设置断点
Enable/Disable Breakpoint		Enable/disable 当前行的断点
Disable All Breakpoints		使程序中的所有断点无效
Kill All Breakpoints		去除程序中的所有断点
Show Next Statement		显示下一条要执行的指令
Enable/Disable Trace Recording		使能跟踪刻录
View Trace Records		浏览前面执行的指令
Execution Profiling		记录执行时间
Setup Logic Analyzer		打开逻辑分析仪对话框
Memory Map		打开存储器映射对话框
Performance Analyzer		打开性能分析仪对话框
Inline Assembly		打开在线汇编对话框
Function Editor (Open Ini File)		编辑调试函数及调试初始化文件

(4) Flash 菜单

Flash 菜单可以配置和运行 Flash 编程设备,其下各菜单项如表 6-5 所列。

表 6-5 Flash 菜单

菜单命令	图 标	功能描述
Download		按照配置下载到 Flash 中
Erase		擦除 Flash ROM (仅适用于一些设备)
Configure Flash Tools5.		打开对话框 Options for Target - Utilities 配置 Flash

(5) Peripherals 菜单

在 Peripherals 菜单下各菜单项如表 6－6 所列。

表 6－6　Peripherals 菜单

菜单命令	图　标	功能描述
Reset CPU	RST	重启 CPU
Interrupts I/O-Ports Serial Timer A/D Converter D/A Converter I2C Controller CAN Controller Watchdog		打开片上外设,这些外设对话框可能因为所选 CPU 的不同而不同

(6) Tool 菜单

Tool 菜单能够配置和运行 Gimpel PC-Lint 及自定义程序。通过 Tools→Customize Tools Menu 菜单项,用户程序可以添加到此菜单下。在 Peripherals 菜单下各菜单项如表 6－7 所列。

表 6－7　Tool 菜单

菜单命令	功能描述
Setup PC-Lint	从 Gimpel 软件配置 PC-Lint
Lint	根据当前编辑器文件运行 PC-Lint
Lint all C Source Files	通过工程中 C 源文件运行 PC-Line
Customize Tools Menu	添加用户程序到 Took 菜单

(7) 状态栏

状态栏位于窗口的底部,显示了当前 μVision 的命令及其他一些状态信息,如图 6－21 所示。

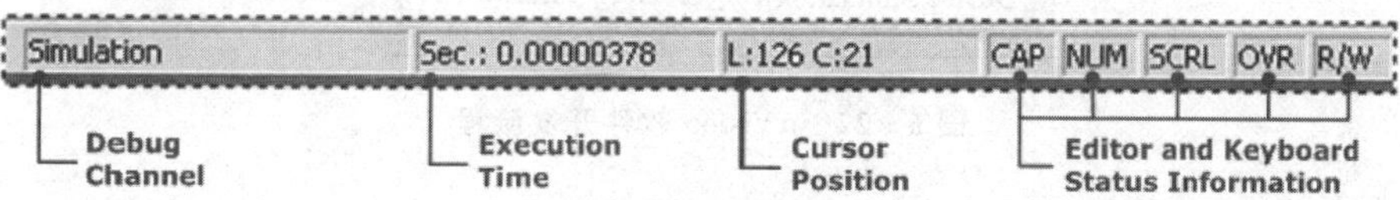

图 6－21　状态栏

Debug Channel：显示了当前的调试工具;

Execution Time：显示了执行时间；

Cursor Position：显示光标位置；

Editor and Keyboard Status Information：编辑器和键盘状态显示；

CAP：Caps 键有效；

NUM：Num 键有效；

SCRL：Scroll 键有效；

OVR：Insert 键有效；

R/W or R/O：显示了当前编辑的文件的属性。R/W 表示可读/写，R/O 表示只读。

6.2.5 软件开发流程

使用 μVision 作为嵌入式开发工具，其开发的流程与其他软件开发工具基本一样，一般分为以下几步：

① 新建一个工程，从设备库中选择目标芯片，配置工程编译器环境；

② 用 C 或汇编编写源文件；

③ 编译目标应用程序；

④ 修改源程序中的错误；

⑤ 测试链接应用程序。

图 6-22 描述了完整的 μVision 软件开发流程。本小节后面将对其中的每一部分做简要描述。

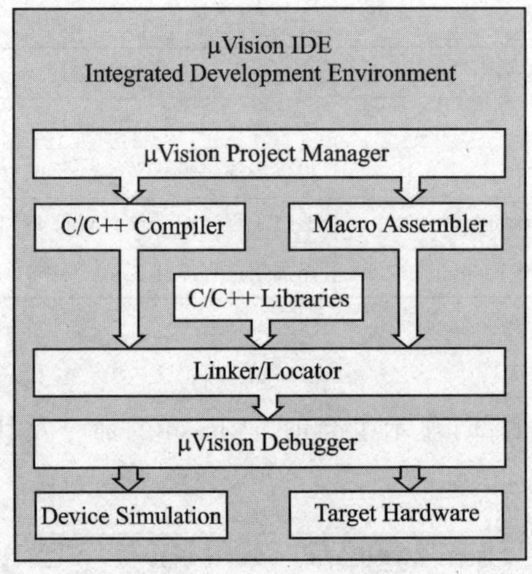

图 6-22 μVision 软件开发流程

(1) μVision IDE

μVision IDE 集成了工程管理、带交互式错误修正的编辑器、选项设置、编译工具以及在线帮助。使用 μVision 可以创建源文件以及将这些源文件组织成定义目标应用程序的工程。用户可将注意力全部集中在 μVision 集成开发环境,因为它提供了嵌入式应用程序的自动编译、汇编以及链接。

(2) C 编译器和宏汇编器

在 μVision IDE 中创建源文件,这些源文件将使用 C 编译器编译或宏汇编器汇编。编译器和汇编器处理源文件,产生可重载的目标文件。在 Keil μVision/ARM 中可以使用 GNU 或 ARM ADS/RealView 的开发工具。μVision/ARM 包含了许多使用这些工具链的例程及详细信息。

(3) 库管理器

库管理器可以从编译器或汇编器产生的目标文件中创建目标库文件。库是具有特定格式和顺序的目标模块的集合,它在链接器中使用。当链接器处理库文件时,只有那些在程序中使用到的库文件目标模块才会被处理。

(4) 链接器/装载器

链接器/装载器使用目标模块创建绝对的 ELF/DWARF 格式文件,这些目标模块来源于库文件或编译器和汇编器产生的目标文件。绝对的目标文件或模块不包含可重载的代码或数据。所有的代码和数据都存储在固定的内存位置。绝对的 ELF/DWARF 文件可以在下述情况下使用:

- 编程 Flash ROM 或其他存储设备。
- 仿真和目标调试的 μVision 调试器。
- 程序测试的片内仿真器。

(5) μVision 调试器

μVision 的源码级调试器非常适合快速可靠的调试。这个调试器包括一个高速的软件仿真器,它可以仿真一个包括片上外设和外部硬件的完整 ARM 系统。当用户从设备数据库中选择所需芯片时,它的属性将自动被配置。μVision 的调试器为目标硬件上程序的测试提供了几种方法:

- 使用带 USB-JTAG 接口的 Keil μLINK2 仿真器进行应用程序的 Flash 下载和软件测试,它们是通过集成在 ARM 设备中的嵌入式 ICE 宏单元实现的。
- 使用高级的 GDI 接口连接 μVision 调试器和目标系统。

6.3 程序的编辑

在 μVision IDE 集成开发环境中,工程是一个非常重要的概念,它是用户组织一个应用的所有源文件、设置编译链接选项、生成调试信息文件和最终的目标二进制文件的一个基本结构。一个工程管理一个应用程序的所有源文件、库文件及其他输入文件,并根据实际情况进行相应的编译链接设置;一个工程须生成一个相对应的目录,以进行文件管理。

通过使用不同的工程目标(project target),μVision 可以使单个工程生成几个不同的程序。开发者可能需要一个目标(target)作为测试,另一个目标作为应用程序的发布版。在同一个工程文件中,每一个目标都具有各自的工具设置。

文件组(file group)可以将工程中相关的文件组织在一起,这样有利于将一组文件组织到一个功能块中或区分一个开发团队中的工程师。在以前的一些例程中,已经以文件组的形式将 CPU 相关文件同其他源文件隔离开。在 μVision 中,使用这种技术很容易管理具有几百个文件的工程。

在 Project→Targets, Groups, Files 菜单项弹出的对话框中可以创建工程目标和文件组。以前的一些例程中已经使用了这个对话框添加系统配置文件。图 6-23 显示了一个例程的工程结构。

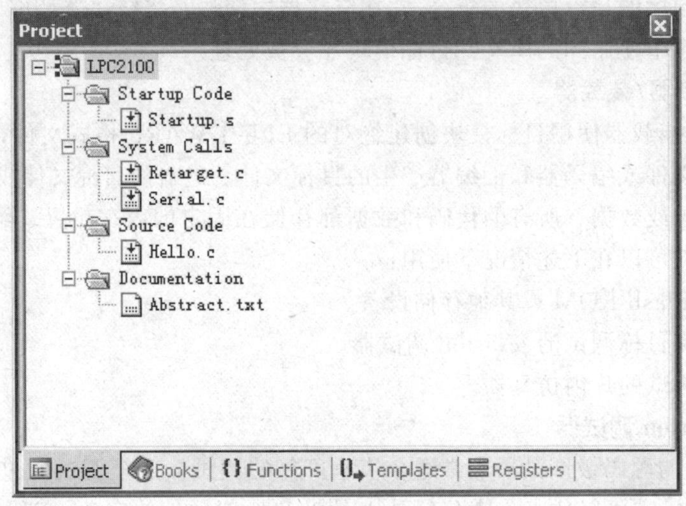

图 6-23 Project 界面

Project Workspace 窗口显示了所有的组及相关文件。这个窗口中的文件按照在窗口中的排列顺序进行编译和链接。可以通过拖放的方式移动文件的位置,也可以单击目标和组改变它们的名字。在本窗口内单击,在弹出的菜单中可以进行如下的操作:

- 设置工具选项;
- 删除文件或组;
- 将文件添加到组中;
- 打开文件。

以工程为单位定义设置应用程序的各选项,包括目标处理器和调试设备的选择与设置,调试相关信息的配置以及编译、汇编、链接等选项的设置等。系统提供一个专门的对话框来设置这些选项。

Build 菜单和工具按钮可以让用户轻松进行工程的编译、链接。编译、链接信息输出到输出窗口中的 Build 标签窗中,如图 6-24 所示,编译链接出现的错误通过双击错误信息提示行来定位相应的源文件行。

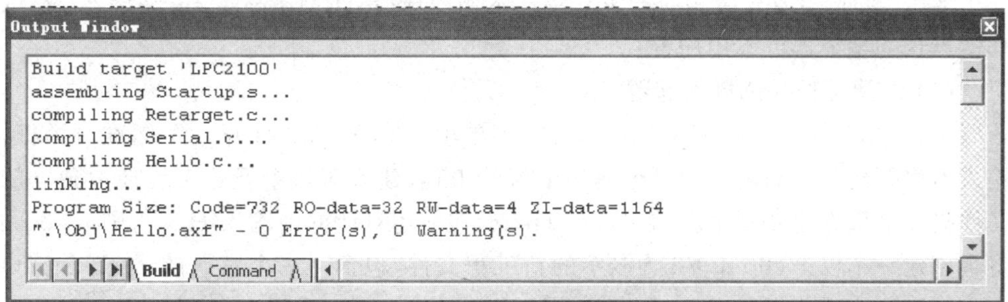
Output Window
Build target 'LPC2100'
assembling Startup.s...
compiling Retarget.c...
compiling Serial.c...
compiling Hello.c...
linking...
Program Size: Code=732 RO-data=32 RW-data=4 ZI-data=1164
".\Obj\Hello.axf" - 0 Error(s), 0 Warning(s).
Build
Command

图 6－24　编译链接输出子窗口

一个应用工程编译链接后根据编译器的设置生成相应格式的调试信息文件，调试通过的程序转换成二进制格式的可执行文件后最终在目标板上运行。

6.3.1　工程项目创建

μVision 提供的工程管理使得基于 ARM 处理器的应用程序设计开发变得越来越方便，通常使用 μVision 创建一个新的工程需要以下几步：选择工具集、创建工程并选择处理器、创建源文件及文件组、配置硬件选项、配置对应启动代码、最后编译链接生成 HEX 文件。

(1) 选择工具集

利用 μVision 创建一个基于处理器的应用程序，首先要选择开发工具集。选择 Project→ Manage-Components， Environment， and Books 菜单项，在弹出的如图 6－25 所示对话框中可选择所使用的工具集。在 μVision 中既可使用 ARM Real-

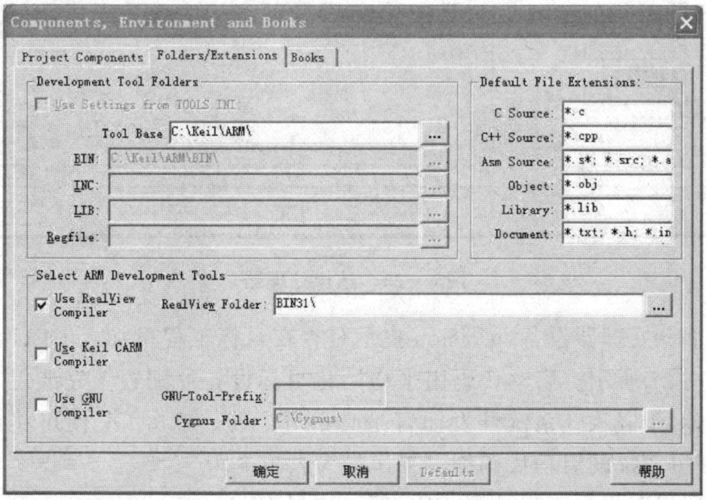

图 6－25　选择工具集

View 编译器、GNU GCC 编译器,也可以使用 Keil CARM 编译器。当使用 GNU GCC 编译器时,需要安装相应的工具集。本例程选择 ARM RealView 编译器,MDK 环境默认的编译器可不用配置。

(2) 创建工程并选择处理器

选择 Project→New μVision Project 菜单项,则 μVision 打开一个标准对话框,输入希望新建工程的名字即可创建一个新的工程,建议对每个新建工程使用独立的文件夹。这里先建立一个新的文件夹 Hello,在前述对话框中输入 Hello,则 μVision 将会创建一个以 Hello. UV2 为名字的新工程文件,包含了一个默认的目标(target)和文件组名。这些内容在 Project Workspace 窗口中可以看到。

创建一个新工程时,μVision 要求设计者为工程选择一款对应处理器,如图 6-26 所示。该对话框中列出了 μVision 所支持的处理器设备数据库,也可选择 Project→Select Device 菜单项进入此对话框。选择了某款处理器之后,μVision 将自动为工程设置相应的工具选项,这使得工具的配置过程简化。

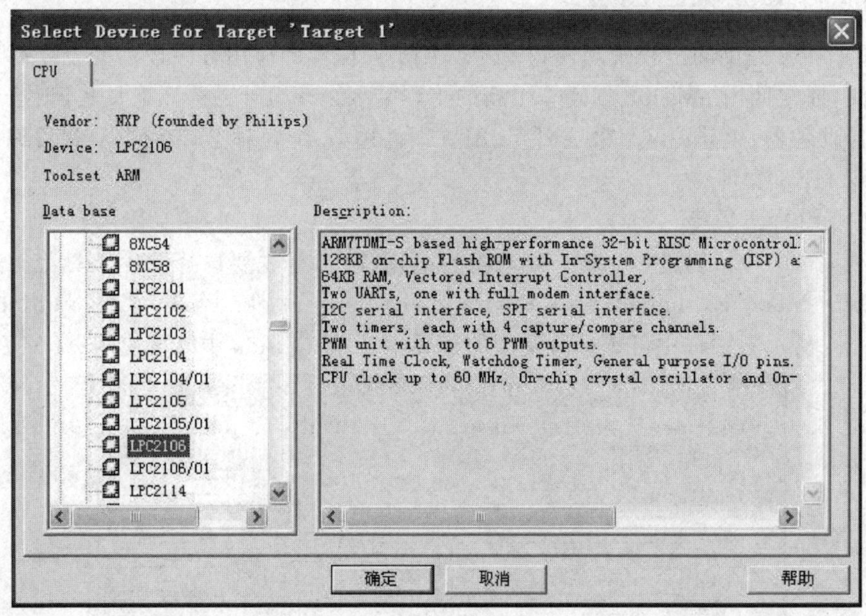

图 6-26 选择处理器

对于大部分处理器设备,μVision 提示是否在目标工程里加入 CPU 的相关启动代码,如图 6-27 所示。启动代码用来初始化目标设备的配置。完成运行时系统的初始化工作,对于嵌入式系统开发而言是必不可少的。单击 Ok 便可将启动代码加入工程,这使得系统的启动代码编写工作量大大减少。

在设备数据库中为工程选择 CPU 后,选择 Project Workspace→Books 菜单项就可以看到相应设备的用户手册,以供设计者参考,如图 6-28 所示。

图 6-27 加入启动代码

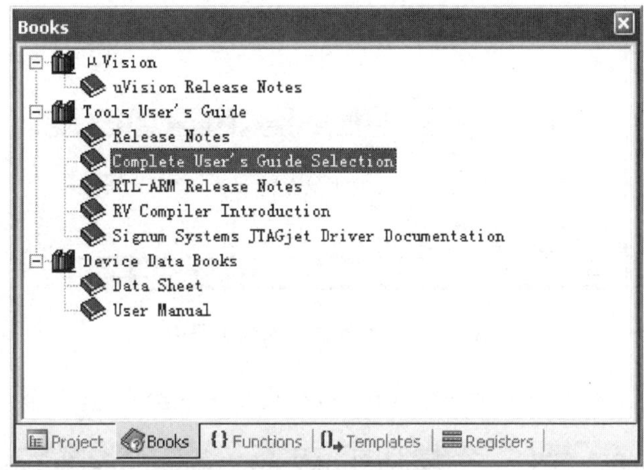

图 6-28 相应设备数据手册

6.3.2 源文件的创建

(1) 建立一个新的源文件

创建一个工程之后，就应开始编写源程序。选择 File→New 菜单项可创建新的源文件，μVision IDE 将会打开一个空的编辑窗口用以输入源程序。在输入完源程序后，选择 File→Save As 菜单项保存源程序；当以 *.c 为扩展名保存源文件时，μVision IDE 将会根据语法以彩色高亮字体显示源程序。

(2) 工程中文件的加入

创建完源文件后便可以在工程里加入此源文件，μVision 提供了多种方法将源文件加入到工程中。例如，在 Project Workspace→Files 菜单项中选择文件组，右击则弹出如图 6-29 所示快捷菜单；单击选项 Add Files to Group 打开一个标准文件对话框，将已创建好的源文件加入到工程中。

通常，设计人员应采用文件组来组织大的工程，将工程中同一模块或者同一类型的源文件放在同一文件组中。例如，可在 Project→Manage→Components，Environment and Books 对话框中创建自己的文件组 Sysem Files 来管理 CPU 启动代码和其他系统配置文件等，如图 6-30 所示。可使用 New (Insert)按钮可创建新的文件

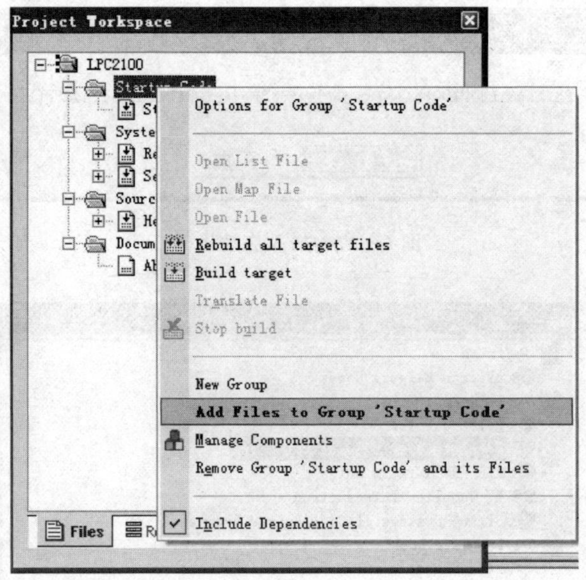

图 6-29 加入源文件到工程中

组,或在 Groups 文件组中选定一个文件组,然后单击 Add Files 为其添加文件。

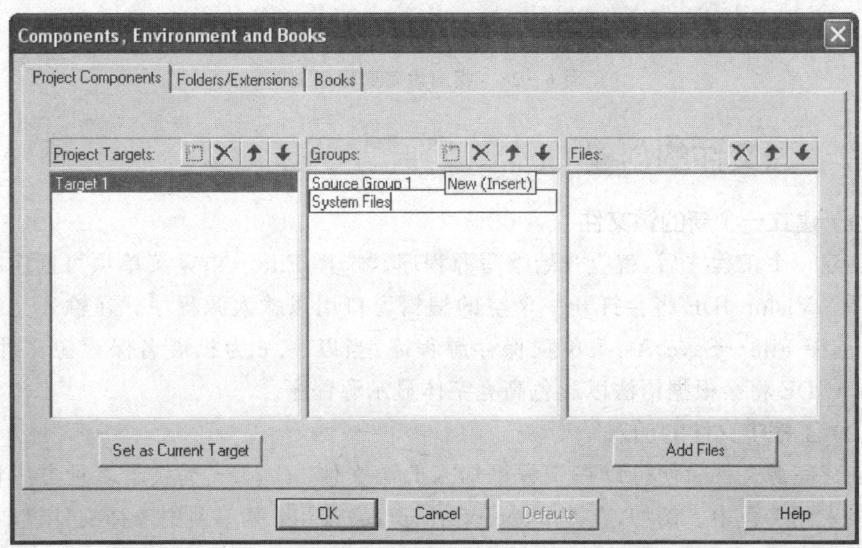

图 6-30 创建新的文件组

6.3.3 工程项目管理

(1) 设置当前活动工程

在 μVision IDE 中可以存在几个同时打开的工程,但只有一个工程处于活动状态并显示在工程区中,处于活动状态的工程才可以作为调试工程。可在工程目标框中选择需要激活的工程，然后单击按钮 Set as Current Target 即可。

(2) 设置工程在不同地址运行

嵌入式程序的开发过程中，通常需要把程序运行在处理器地址空间的不同位置，比如内部 RAM、外部 RAM、内部 Flash、外部 Flash 等，有以下两种方法：

① 只建立一个工程，比如说运行在内部 RAM 中，然后通过修改其分散加载文件、调试初始化文件以及一些其他的配置选项来实现几种运行方式的切换。但由于在调试的过程中可能需要频繁地修改程序，工程师常常因为忘记修改某个配置选项而造成了运行的不成功，给调试造成了极大的困难。

② 为每一个运行方式创建一个工程，对于一个运行方式来说，只要修改其程序，而不需要对工程进行重新配置。然而这种方法也有其自身的缺陷，容易造成程序的不一致，几种运行方式不能实现程序的同步更新。

6.3.4 工程基本配置

1. 硬件选项配置

μVision 可根据目标硬件的实际情况对工程进行配置。单击目标工具栏图标或者选择 Project→Options for Target 菜单项，在弹出的 Target 页面可指定目标硬件和所选择设备片内组件的相关参数，如图 6－31 所示。表 6－8 对 Target 页面选项做了一个简要说明。

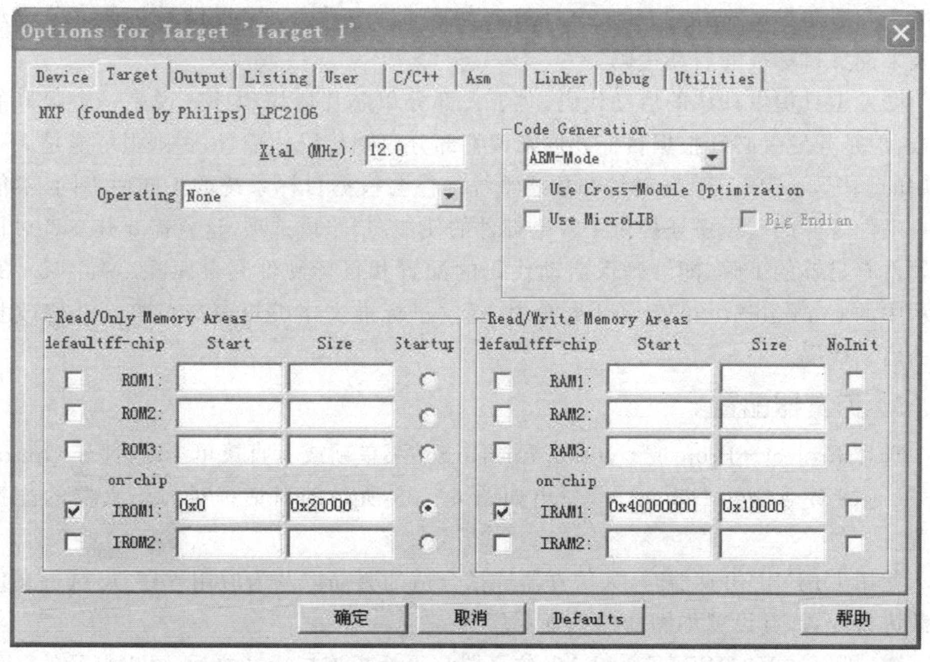

图 6－31 处理器配置对话框

表 6-8 目标硬件配置选项说明表

选 项	描 述
晶振	设备的晶振频率。大部分基于 ARM 的微控制器使用片内 PLL 作为 CPU 时钟源。多数情况下 CPU 时钟和晶振频率是不一致的,依据硬件设备不同设置其相应的值
使用片内 ROM/RAM	定义片内的内存部件的地址空间以供链接器/定位器使用。注意,对于一些设备来说需要在启动代码中反映出这些配置
操作系统	允许为目标工程选择一个实时操作系统

2. 处理器启动代码配置

通常情况下,ARM 程序都需要初始化代码来配置所对应的目标硬件。如前所述,创建一个应用程序时,μVision 会提示使用者自动加入相应设备的启动代码。

μVision 提供了丰富的启动代码文件,可在相应文件夹中获得。例如,针对 Keil 开发工具的启动代码放在..\ARM\Startup 文件夹下,针对 GNU 开发工具的在..\ARM\GNU\Startup 文件夹下,针对 ADS 开发工具的在文件夹..\ARM\ADS\Startup 下。以 LPC2106 处理器为例,其启动代码文件为...\Startup\Philips\Startup.s,可把这个启动代码文件复制到工程文件夹下。在项目距视图中双击 Startup.s 源文件,根据目标硬件做相应的修改即可使用。μVision 里大部分启动代码文件都有一个配置向导(Configuration Wizard),如图 6-31 所示,它提供了一种菜单驱动方式来配置目标板的启动代码。

开发工具提供默认的启动代码,对于大部分单芯片应用程序来说是一个很好的起点,但是开发者必须根据目标硬件来调整部分启动代码的配置,否则很可能是无法使用的。例如,CPU/PLL 时钟和总线系统往往会根据目标系统的不同而不同,不能够自动配置。一些设备还提供了片上部件的使能/禁止可选项,这就需要开发者对目标硬件有足够的了解,能够确保启动代码的配置和目标硬件完全匹配。在图 6-32 所示中的 Configuration Wizard 页面中,提供了标准文本编辑窗口可打开并修改相应的启动代码。

3. 仿真器配置

选择 Project→Project→Option for Target 菜单项或者直接单击,打开 Option for Target 对话框的 Debug 页,弹出如图 6-33 所示的对话框进行仿真器的连接配置。

使用 ULINK 仿真器时,为仿真器选择合适的驱动以及为应用程序、可执行文件下载进行配置,其设置如图 6-34 所示。

PC 机通过 ULINK USB-JTAG 仿真器与目标板连接成功之后,可以打开的 Settings 选项查看 ULINK 信息,如图 6-35 所示。

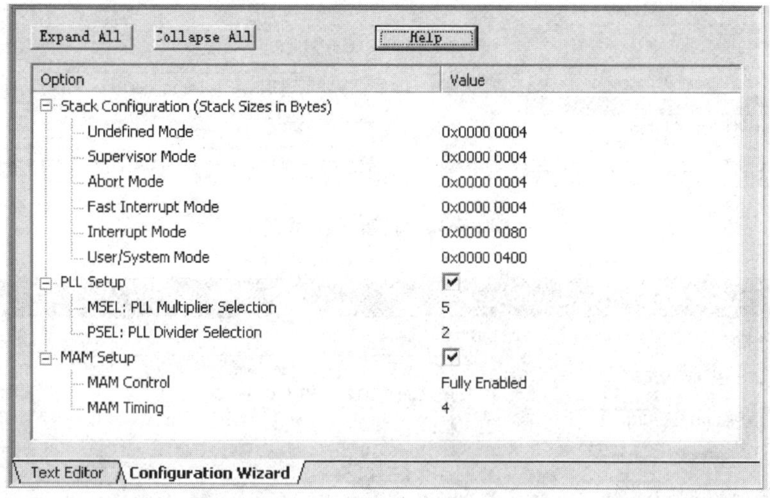

图 6-32　启动代码文件配置向导

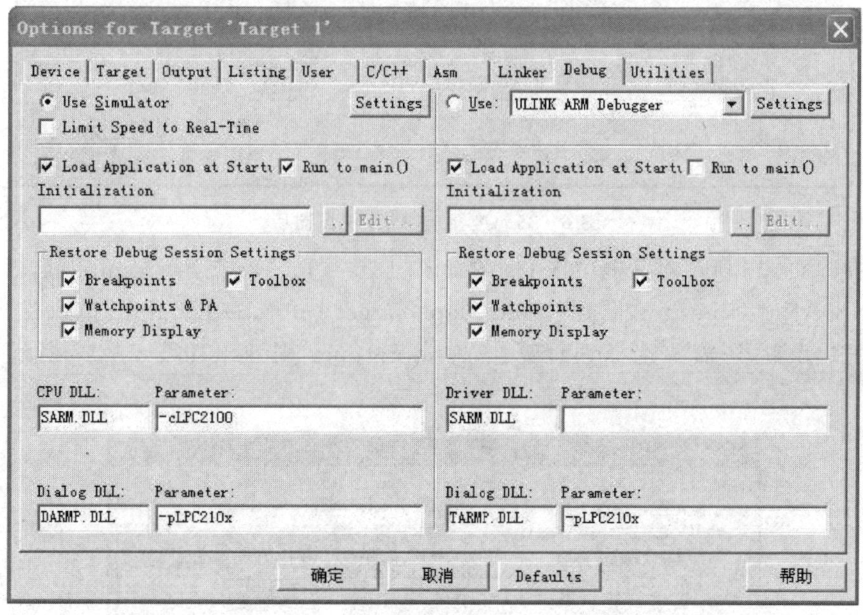

图 6-33　Option for Target 'Target 1'对话框 Debug 选项卡

4. 下载工具配置

工具选项主要设置 Flash 下载选项。选择 Project→Project-Option for Target 菜单项并选择 Utilities 选项卡，或者选择 Flash→Configue Flash Tools 菜单项，则弹出如图 6-36 所示的对话框。

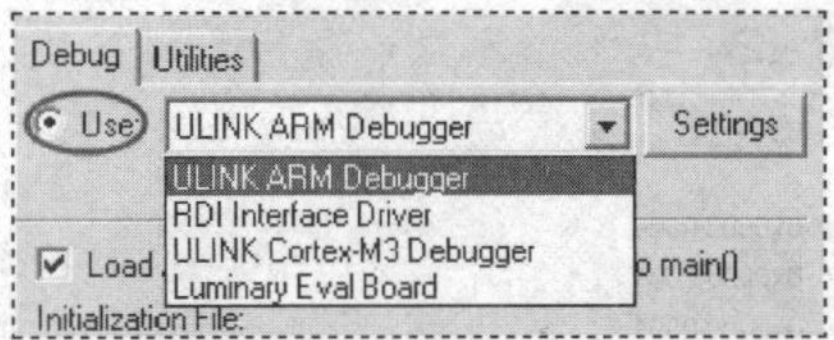

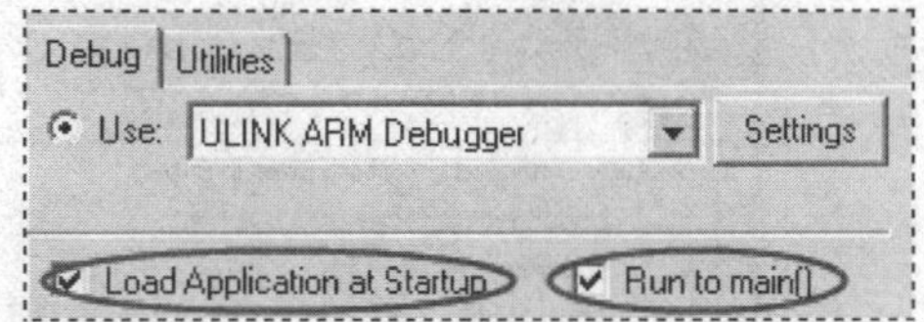

图 6-34　仿真器配置图

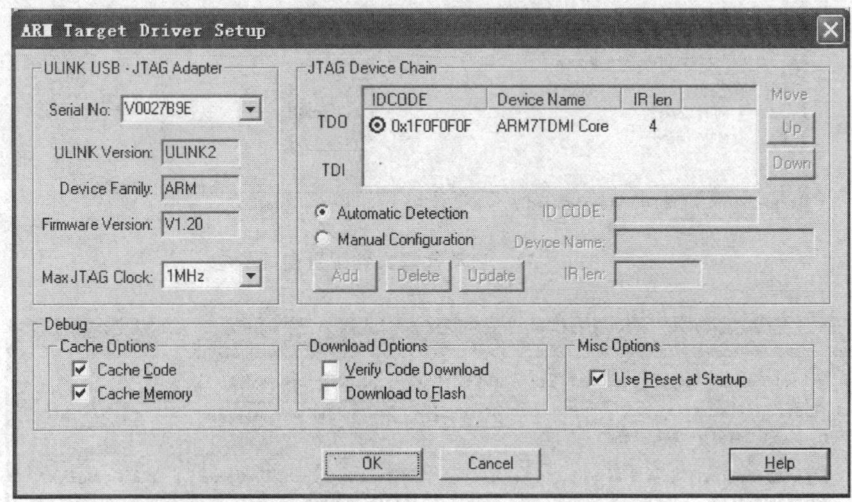

图 6-35　连接 ULINK 仿真器后

在图 6-36 所示对话框中选 Use Target Driver for Flash Programming，再选择 ULINK ARM Debugger，同时选中 Update Target before Debugging 选项。这时还没有完成设置，还需要选择编程算法，单击 Settings 则弹出如图 6-37 所示的对话框。

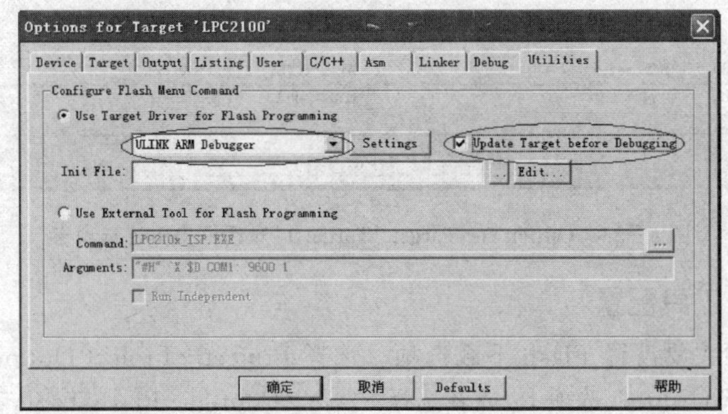

图 6-36　选择 ULINK 下载代码到 Flash

单击图 6-37 对话框中的 Add，则弹出如图 6-38 所示的对话框，在该对话框中选对需要的 Flash 编程算法。比如对 STR912FW 芯片，由于其 Flash 为 256 KB，则需要选择如图 6－38 所标注的 Flash 编程算法。

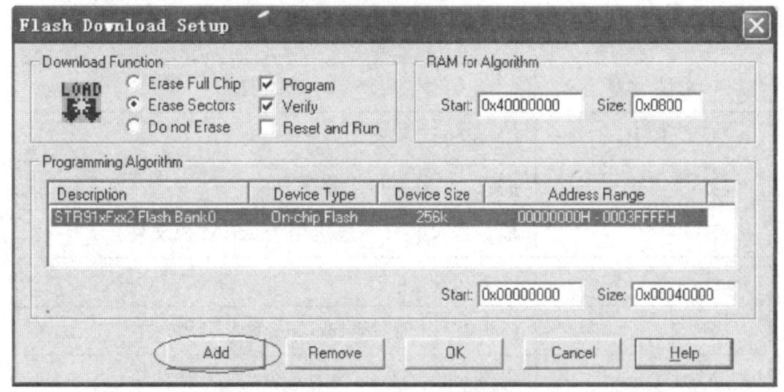

图 6－37　配置 Flash 下载

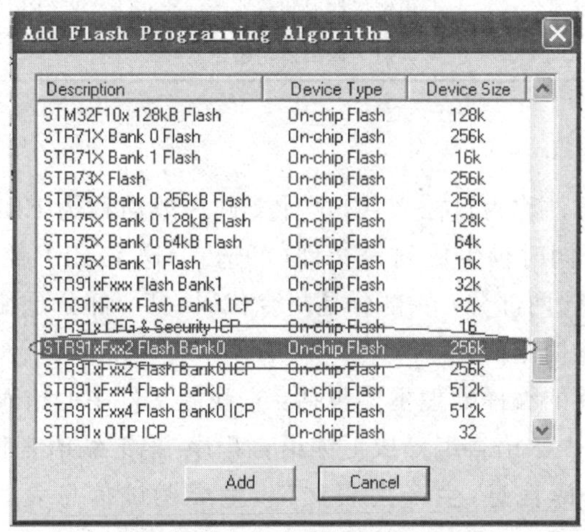

图 6－38　选择 Flash 编程算法

6.4　程序的编译与链接

6.4.1　基本概念

在介绍程序的连接之前我们先了解如下基本概念：

1. 文　件

(1) 源文件

程序员输入的源文件是所有文件的基础，也是软件开发的第一步。一个工程项目内的所有源文件应该相互关联，与工程项目无关的文件不应该放在工程项目内，每个源文件应该单独进行编译，以方便查找错误，源文件的长度应适中。如果在编译源文件时出现不能理解的错误,建议使用命令进行编译,以判断是否编译器故障。μVision 支持的文件类型如表 6-9 所列。

表 6-9 文件类型

文件类型	说　明
*.UVPROJ	μVision 工程文件
*.UVMPW	μVision 多项目工程文件
*.S	汇编源文件(一般应用为 ARM 源文件)
*.C	C 源文件
*.H	C 头文件(通过#include 命令引用)
*.MAP	由链接器产生的列表文件(或映射文件)
*.OBJ	可重定位的目标文件
*.ELF	由链接器或装载器产生的 ELF/DWARF 文件
*.INI	一般为调试器初始化文件

(2) 目标文件

编译后生产的文件称为目标文件,这种文件一般简称为 ELF(Executable Linkable Format)格式。同时也生成列表文件(可选)。这个 ELF 格式目标文件是一个非文本文件,一般包含两部分:一部分是指令代码,另一部分是编译信息。这些编译信息是提供给链接器使用的。

编译器对源文件的编译处理主要包括:查找源文件中的错误并发出错误信息和报警信息,把 C 或 C++语言编译成汇编语言程序,把汇编语言程序编译成 16 或 32 位指令代码,给出编译信息,生产列表文件,生成调试信息表,对源程序进行一些优化。

(3) 映像文件

编译后的目标文件经过链接器链接生成的文件称为映像文件。映像文件仍然是 ELF 格式的文件,是可执行的文件,也是广义的目标文件,但一般称为映像文件。之所以称为映像文件,是因为这个文件中程序之间的位置关系和实际存储的地址关系是对应的。这个文件中的程序代码是实际存储后的代码的一个"映像",如图 6-39 所示。

一般情况下,存储到程序存储区的程序都是从地址 0000 开始的,但映像文件的开始地址可以不是从 0000 开始,链接器对目标文件的链接主要包括:

① 分析各个输入的目标文件给出的符号列表,找出各个文件之间跳转和相互调用关系;

② 根据程序引用 C 或 C++函数信息,从相应的 C 或 C++运行时库中提取引用的组件;

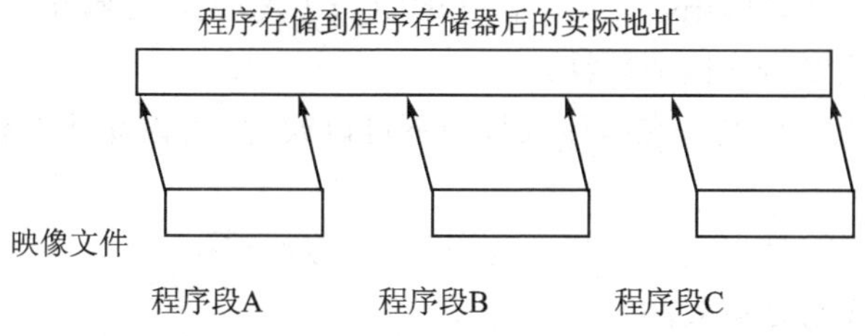

图 6－39 映像文件和实际存储地址空间的关系

③ 把工程项目内所有相关文件的程序按序排列，分配地址进行连接，使每个文件成为地址映像中的一部分；

④ 根据设计者给出的地址信息和定位信息，生成可执行的映像文件；

⑤ 根据设计者的要求，对程序进行优化。

2. 程序的段(section)

(1) 概　述

我们知道，程序的最基本组成单位是段。段分为代码段和数据段等，代码段中可以包含数据，但数据段中不能包含代码。数据又分为初始化的数据和未初始化的数据，初始化的数据分为用 0 初始化和非 0 初始化的数据。

用 0 初始化的数据区和非 0 初始化的数据区的区别不仅仅在于存储的内容不同，还在于用 0 初始化时可以使用一条伪操作初始化一个整区，而非 0 初始化要对各个存储单元分别赋值。

段的属性有 3 种：只读的段 RO、可读/写的段 RW 和初始化为 0 的段 ZI。

代码段不可以定义为 ZI 属性。

段的属性如图 6－40 所示。

图 6－40 段的属性

代码段只能定义为只读的，不能定义为读/写的原因有两个：一个是改写代码段是十分危险的，会降低系统的可靠性；二是在系统中，程序存储区大部分情况下是写保护的，即使定义为读/写的也无法修改代码段。因此，需要在运行时修改的数据不能和代码放在一个段内。

(2) 定义段和定义段的属性

在一个段的开始定义一个段的属性，在汇编程序开始时应该使用下列语句定义段：

AREA　　SECTOIN-NAME, CODE(或 DATA),段属性

在段属性的位置定义段的属性:

READONLY: 只读段,在程序执行中不可以改写,可以防止存储区的代码误改写和丢失。

READWRITE: 读/写段,可以改写,适用于数据存储。

下列段的定义都是有效的:

```
AREA  count , code , readonly          ;定义一个名为 count 的代码段,只读
AREA  connect , data , readwrite       ;定义一个名为 connect 的数据段,读/写
```

对于 C 和 C++语言程序,链接时会自动定义各段的属性。一般情况下,会把程序的指令部分定义为只读(RO)代码段,同时会自动定义大量 ZI 属性的数据段,供程序在数据处理时使用。

链接器在链接时会以段为单位对工程项目内所有段进行排列,然后分配地址生成映像文件。这个映像文件中除程序员输入的程序段外,还包含和 C/C++运行时库有关的组件。

(3) 输入段和输出段

输入到链接器的目标文件中的段称为输入段,从链接器输出的到映像文件的段称为输出段。输入段和输出段完全不同。

输入段包含 3 种属性: RO、RW 和 ZI,链接器对这些输入段进行连接处理,把相同属性的段排序连接在一起生成输出段。因此,也有 3 种属性的输出段,每个输出段包含一个或多个相同属性的输入段。

在图 6-41 中,输入段经过链接器连接后,生成的输出段最多可有 3 个,每个属性的输出段只有一个。

这些输出段按照规则排列,分配地址后映射到一个物理存储器空间,一般把这个存储器空间称为一个域(region)。

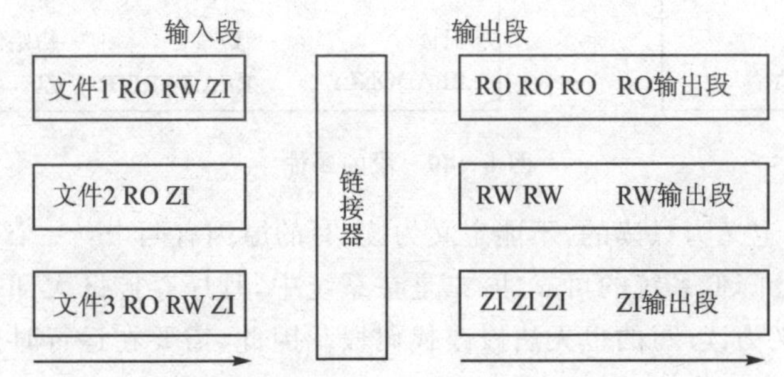

图 6-41　各种属性的输入段生成单一属性的输出段

3. C 和 C++语言的运行时库

链接器所要用到的目标文件主要有两类: 一类来自编译器的源程序,另一类来

自 C 和 C＋＋运行时库。链接器在链接时会产生运行时的库列表，这个列表中的库文件主要来自：

① 输入文件列表中指定的库文件；

② 链接器在分析目标文件中找到目标文件所引用的库文件，通过给定的路径去搜寻和获得这些库文件。

6.4.2 链接器的基本功能

ARM 链接器 armlink 的基本用功能如下：指定映像结构、进行节布局、使用命令行选项创建简单映像。

1. 指定映像结构

映像文件是由域组成的。一个映像文件可以包含一个或多个域，如图 6－42 所示。域由 3 种输出段组成，每种输出段都是由一个或多个同一属性的输入段组成。

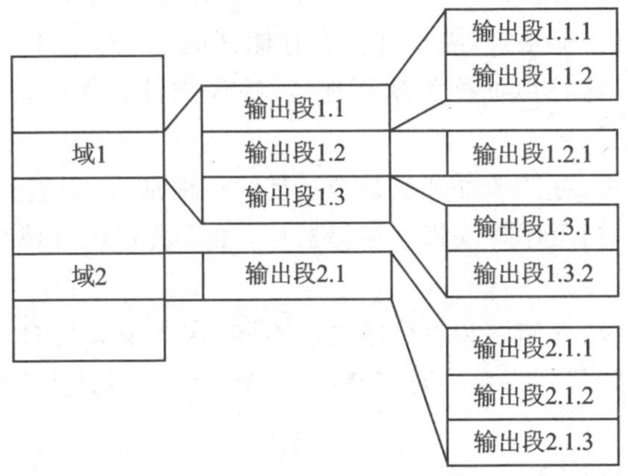

图 6－42　映像文件的组成

输出段是连接器组织连接的基本单位。对于源文件来说，一个源文件中至少包含一个输出段。

(1) 域

输出段的属性共有 3 种：RO、RW 和 ZI。链接器把这 3 种属性的输出按照 RO 在前、RW 在中间、ZI 在后这样的顺序排列，组成一个域，这个域内所有段的地址和实际存储地址一一对应。一个映像文件至少包含一个这样的域，但也可以包含多个这样的域。

(2) 位置无关

ARM 连接中使用一个位置无关的概念，这个概念用在目标文件的重定位中。一个目标文件只是工程项目中整个映像文件的一部分，在没有链接之前，这个目标文件在存储器中的位置究竟怎么样，可以由程序设计者指定。例如，程序设计者指定了这个目标文件在最终存储器中的位置，那么，这个地址就是绝对地址。但一般情况下,由于各个目标文件的长度和排列很难确定,所以一般程序设计者不指定目标文件在最终存储器中的位置,也不关心这个位置,而是由链接器在链接时确定目标文件的排序,并根据排序确定各个文件之间的关系生成映像文件。

在这种情况下,每次生成的映像文件中,各目标文件之间的位置可能不一样。位置不是固定的,这就要求目标文件必须对在存储器中的位置没有要求,即与位置无关。

对于与位置无关的目标文件,链接器可以任意排序和分配地址;但程序员指定地址的目标文件,链接器必须满足这个地址要求。因此,必须说明一个文件是否与地址无关,这是链接器所需要的信息。

与位置无关相反的概念就是与地址相关,程序员对目标的地址提出要求,这个地址就是绝对地址。

(3) 加载域和执行域

映像文件中各段的地址有两种:一种就是存储器中的地址,这种地址称为加载地址,加载地址就是存储地址,映像文件在存储区的存储空间称为加载域;另一种是实际运行时的地址,这种地址称为执行地址,映像文件在执行时的存储空间称为执行域。

对于简单的系统,存储地址和执行地址是同一地址,加载域和执行域是相同的。

对于一般系统,当程序写入程序存储器后,加载域和执行域都是从 0000 开始的存储空间。

对于复杂的系统,存储域和执行域可以不同,在指令运行时,可以把运行的指令从存储的地址空间转移到一个临时存储区,这个存储区叫做执行域,比如计算机的内存区。

(4) 映像文件的入口

映像文件有两种入口,这些入口是程序运行的起点。一种入口称为初始入口(initial entry point),这个入口是映像文件最初执行的起始点。一个映像文件的初始入口必须是唯一的。在 ARM 处理器中,初始入口的赋值是在程序连接时实现的。在命令行方式中,使用-ro-base address 赋值方法指定映像文件的初始入口;在单片机系统中,初始入口是复位后程序执行的起点。

另一种入口是普通入口(entry point),一般程序员可以不关心普通入口的地址,不为其赋值。普通入口的地址由链接器自动定义。普通入口在汇编程序中使用伪指令 entry 定义。这些入口一般用在异常中断后程序的进入。初始入口可以是普通入口,也可以不是普通入口。

(5) 映像的载入视图和执行视图

映像区在载入时,放入系统存储器映射。在可以执行映像之前,必须将它的一些区移到执行地址并创建 ZI 输出节。例如,必须将已初始化的 RW 数据从 ROM 中的载入地址复制到 RAM 中的执行地址。那么映像在存储器映射时就有加载视图和执行视图两种,如图 6－43 所示。加载视图是描述映像载入存储器时每个映像区和节所在的地址。执行视图是描述映像执行时每个映像区和节所在的位置。

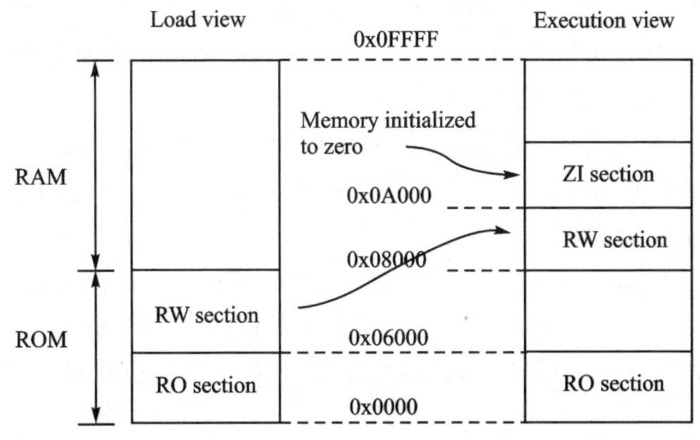

图 6－43　加载视图和执行视图

2. 节布局

链接器根据属性在区内排序所有输入节。具有相同属性的输入节在区内形成相邻块。每个输入节的基址由链接器定义的排列顺序确定,并且在包含它的输出节中正确对齐。生成映像时,链接器按以下顺序排列输入节:

- 按属性。
- 按输入节名称。
- 按其在输入列表中的位置,除非被 FIRST 或 LAST 选项覆盖。

注意:调整分散文件或目标文件名,排序将不被影响。

如果一个可执行文件包含 4 MB Thumb 指令、16 MB Thumb-2 指令或者 32 MB ARM 指令,链接器改变排序顺序来减少长跳转胶合代码到一个最小量。

在默认情况下,链接器创建由 RO、RW 和可选的 ZI 输出节组成的映像。RO 输出节在具有存储器管理硬件的系统上运行时可以受到保护。RO 节也可以放在目标 ROM 中。

(1) 按属性对输入节排序

映像部分集合在一起,形成最小数量的相邻区。armlink 按以下属性排列输入节:

- 只读代码;
- 只读数据;
- 读/写代码;
- 读/写数据;
- 初始化数据。

具有相同属性的输入节按名称排列。名称是区分大小写的,并且使用 ASCII 字符排序按字母顺序进行比较。属性和名称相同的输入节根据它们在输入列表中的相对位置排列。

这些规则意味着从库中包含的属性和名称相同的输入节位置是无法断定的。如果需要更精确的定位,可以手动提取模块并将它们包含在输入列表中。

(2) 使用 FIRST 和 LAST 放置节

在一个区内,所有 RO 代码输入节是相邻的,并形成 RO 输出节,RO 输出节必须在包含 RW 输入节的输出节之前。如果未使用分散载入,须使用--first 和--last 链接器选项放置输入节。

如果使用分散载入,并且布局顺序很重要,则在分散载入描述文件中使用 FIRST 和 LAST 伪属性在执行区中标记第一个和最后一个输入节。但是,FIRST 和 LAST 不能破坏基本的属性排列顺序,比如 FIRST RW 放在任何只读代码或只写代码中。

(3) 对齐节

排序输入节之后和修正基址之前,armlink 根据需要插入填充,以强制每个输入节的开始地址是输入节对齐的倍数。ARM 链接器允许 ELF 程序头和输出节以 4 字节为边界对齐,而不管输入节最大队列量。armlink 最小化插入到映像的填充量。

如果需要与指定的 ELF 严格一致,那么使用--no_legacyalign 选项。填充物被插入确保链接错误的基地址不在 0 mod Max (输入节对齐)处。

有可能使用 ALIGN 来扩展区队列,例如,改变正常的 4 字节对齐到 8 字节对齐。不能减少正常的对齐,例如,强制某些 2 字节对齐而正常的 4 字节对齐。

3. 使用命令行选项创建简单映像

简单映像由几个 RO、RW 和 ZI 型输入节组成。这些输入节整合成 RO、RW 和 ZI 输出节。根据在载入和执行区中如何排列输出节,有 3 个基本类型的简单映像。在所有 3 类简单映像中,最多允许有 3 个执行区:第一个执行区包含 RO 输出节,第二个执行区包含 RW 输出节(如果有),第三个执行区包含 ZI 输出节(如果有)。这些执行区称为 RO、RW 和 ZI 执行区。使用以下链接器选项指定载入和执行地址:

--split:此选项将默认的单一载入区(它包含 RO 和 RW 输出节)分成两个载入区(一个包含 RO 输出节,另一个包含 RW 输出节),以便可以使用--ro-base 和--rw-base 分别放置这两个载入区。

--ro-base address:此选项指示 armlink 将包含 RO 节的区载入和执行地址设置在 4 字节对齐的 address 处(例如,ROM 中首个位置的地址)。如果未使用--ro-base 选项指定地址,则 armlink 使用默认值 0x8000。对于嵌入式系统,--ro-base 的值通常是 0x0。

--rw-base address:此选项指示 armlink 将包含 RW 输出节的区执行地址设置在 4 字节对齐的 address 处。如果此选项与--split 一起使用,则同时指定 RW 区的载入和执行地址,即它是根区。如果未使用--rw-base 选项指定地址,则默认将 RW 紧邻放在 RO 之上。

6.4.3 分散加载描述文件

要构建映像的存储器映射，链接器必须有描述输入节如何分组成区的分组信息以及描述映像区在存储器映射中的放置地址的放置信息。

分散载入机制允许用户为链接器指定映像存储器映射。分散载入提供对映像组件分组和布局的全面控制，能够描述由载入时和执行时分散在存储器映射中的多个区组成的复杂映像映射。分散载入也可以用于简单映像，但它通常仅用于具有复杂存储器映射的映像。也就是说，在载入和执行时多重映像在内存映射中是分散的。

armlink 使用了两种方式控制程序的链接，即链接控制命令选项和链接脚本文件。当 armlink 使用分散载入描述创建映像时，它创建一些区相关符号。仅当代码引用这些特殊符号时，链接器才创建它们。

当使用链接控制命令选项时，链接器定义了 Image$$RW$$Base、Image$$RW$$Limit、Image$$RO$$Base、Image$$RO$$Limit、Image$$ZI$$Base 和 Image$$ZI$$Limit 这 6 个段地址描述符。这 6 个描述符可以直接在程序中引用。而在使用链接脚本文件后，这 6 个描述符号没有了，取而代之的是链接脚本文件中的段描述符，格式为：Image$$段名$$Base 和 Image$$段名$$Limit。

如果使用分散载入文件，但不指定任何特别区名并且不使用__user_initial_stackheap()，库将生成一个错误信息。

链接器的命令行选项提供了一些对数据和代码布局的控制，但对布局的全面控制需要比命令行输入的指令更详细的指令。需要(或最好)使用分散载入描述的情况包括：

- 复杂存储器映射：代码和数据需要放在多个不同存储器区域的，必须详细指明将哪个节放在哪个存储器空间。
- 不同存储器类型：许多系统包含闪存储器、ROM、SDRAM 和快速 SRAM。分散载入描述可以将代码和数据放置在最适合的存储器类型中。例如，中断代码可能放在快速 SRAM 中，以改进中断响应时间，而不频繁使用的配置信息可能放在较慢的闪速存储器中。
- 存储器映射 I/O：分散载入描述可以将数据节放在存储器映射中的精确地址，便于访问。
- 位于固定位置的函数：可以将函数放在存储器中的同一个位置，即使周围的应用程序已经被修改并重新编译。
- 使用符号识别堆和栈：可以为堆和栈的位置定义符号，链接应用程序时可以指定该封闭模块的位置。

因此，实现嵌入式系统时几乎总是需要分散载入，因为这些系统使用 ROM、

RAM 和存储器映射 I/O。注意：用于分散载入的 armlink 命令行选项为：--scatter description_file。

分散加载描述文件是一个文本文件，它向链接器描述目标嵌入式产品的存储器映射。如果从命令行使用链接器，则描述文件的文件扩展名是不重要的。

6.4.4 编译链接配置

1. 选择编译器

μVision 目前支持 RealView、Keil CARM 和 GNU 这 3 种编译器，选择 Project→Manage→Component，Environment，Books 菜单项或者单击工具栏中的图标，打开其 Folder/Extensions 选项卡进入编译器选择界面。这里使用 RealView 编译器，如图 6-44 所示。

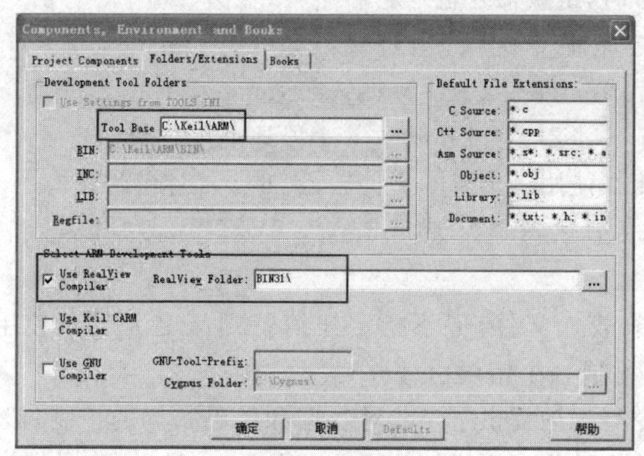

图 6-44 选择编译器

2. 配置编译器

选择好编译器后单击图标，打开 Option for Target ‘LPC2100’对话框的 C/C++选项卡，则弹出如图 6-45 所示的编译属性配置页面（这里主要说明 RealView 编译器的编译配置）。

各个编译选项说明如下：

Enable ARM/Thumb Interworking：生成 ARM/Thumb 指令集的目标代码，支持两种指令之间的函数调用。

Optimization：优化等级选项，分 4 个档次。

Optimize for Time：时间优化。

Split Load and Store Multiple：非对齐数据采用多次访问方式。

One ELF Section per Function：每个函数设置一个 ELF 段。

Strict ANSI C：编译标准 ANSI C 格式的源文件。

Enum Container always int：枚举值用整型数表示。

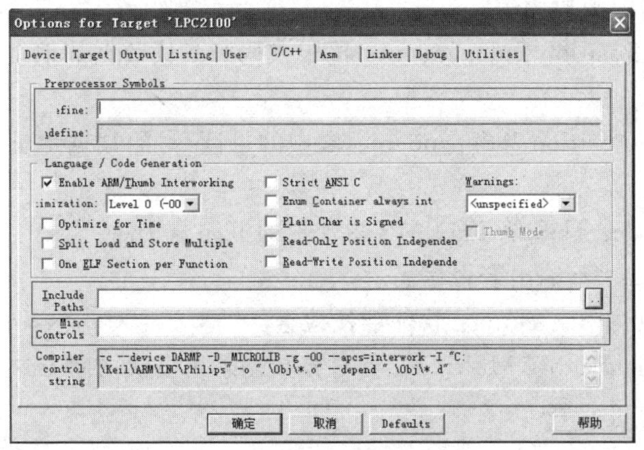

图 6-45　编译器属性配置界面

Plain Char is Signed：Plain Char 类型用有符号字符表示。

Read-Only Position Independent：段中代码和只读数据的地址在运行时候可以改变。

Read-Write Position Independent：段中的可读/写的数据地址在运行期间可以改变。

Warning：编译源文件时，警告信息输出提示选项。

3. 汇编选项设置

单击图标，打开 Option for Target 对话框的 Asm 选项卡，则弹出如图 6-46 所示的汇编属性配置界面。

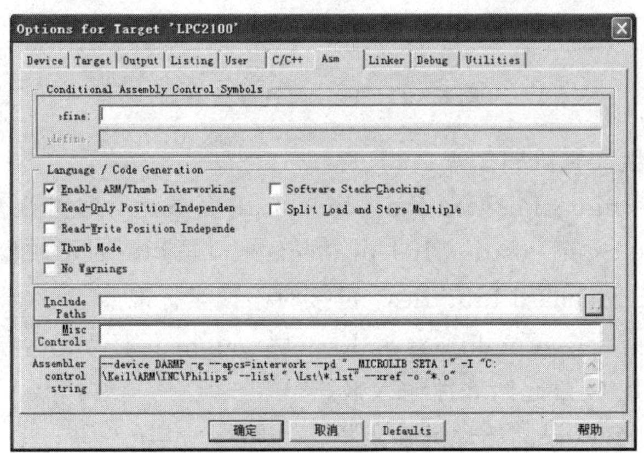

图 6-46　汇编属性配置界面

各个汇编选项说明如下：

Enable ARM/Thumb Interworking：生成 ARM/Thumb 指令集的目标代码，支

持两种指令之间的函数调用。

Read-Only Position Independent：段中代码和只读数据的地址在运行时候可以改变。

Read-Write Position Independent：段中的可读/写的数据地址在运行期间可以改变。

Thumb Mode：只编译 THUMB 指令集的汇编源文件。

No Warnings：不输出警告信息。

Software Stack-Checking：软件堆栈检查。

Split Load and Store Multiple：非对齐数据采用多次访问方式。

4. 链接选项设置

链接器/定位器用于将目标模块进行段合并，并对其定位生成程序，既可通过命令行方式使用链接器，也可在 μVision IDE 中使用链接器。单击图标，打开 Option for Target 对话框的 Linker 选项卡，则弹出如图 6－47 的链接属性配置界面。

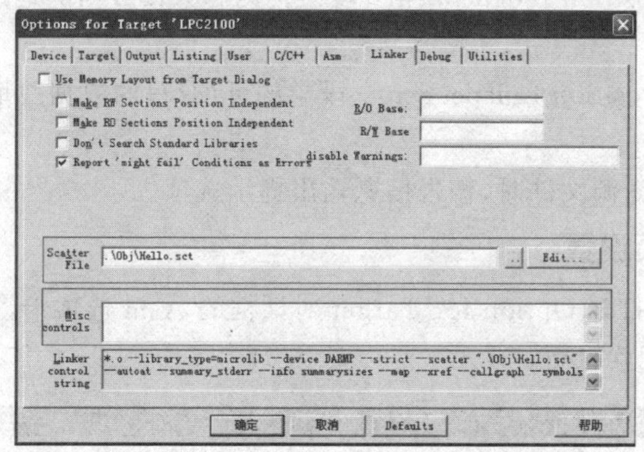

图 6－47　链接属性配置界面

各个链接选项配置说明如下：

Make RW Sections Position Independent：RW 段运行时可改变。

Make RO Sections Position Independent：RO 段运行时可改变。

Don't search Standard Libraries：链接时不搜索标准库。

Report'might fail' Conditions as Err：将'might fail'报告为错误提示输出。

R/O Base：R/O 段起始地址输入框。

R/W Base：R/W 段起始地址输入框。

5. 输出文件设置

在 Project→Option for Target 的 Output 选项卡中配置输出文件，如图 6－48 所示。

输出文件配置选项说明如下：

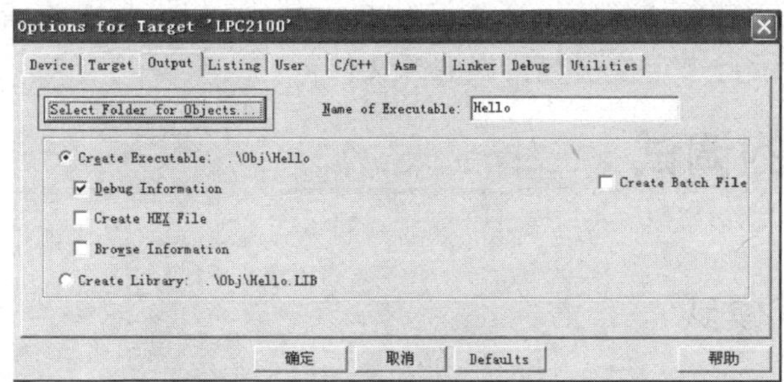

图 6-48 输出文件配置界面

Name of Executable：指定输出文件名。

Debug Information：允许时，在可执行文件内存储符号的调试信息。

Create HEX File：允许时，使用外部程序生成一个 HEX 文件进行 Flash 编程。

Big Endian：输出文件采用大端对齐方式。

Create Batch File：创建批文件。

6.4.5 编译链接工程

完成工程的设置后就可以对工程进行编译链接了，用户可以通过选择 Project→Build target 菜单项或工具条按钮，如图 6-49 所示。

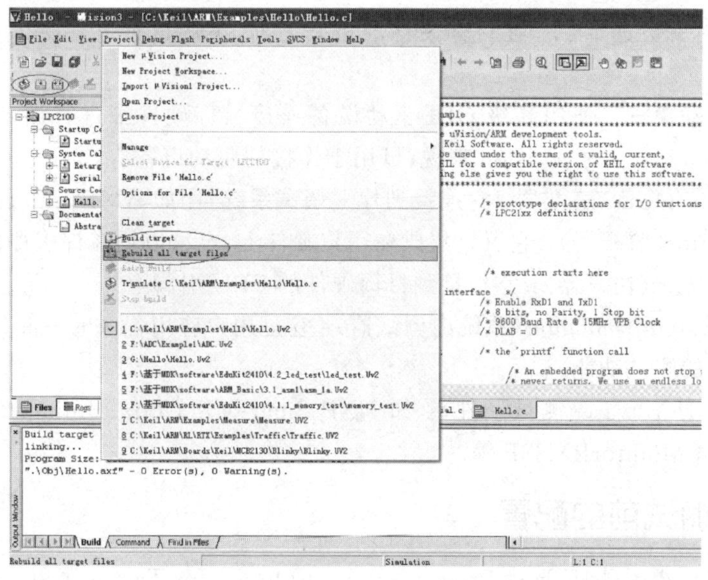

图 6-49 工程 Project 菜单和工具条

编译相应的文件或工程，同时将在输出窗的 Build 子窗口中输出有关信息。如果在编译链接过程中出现任何错误，包括源文件语法错误和其他错误时，编译链接操作立刻终止,并在输出窗的 Build 子窗口中提示错误;如果是语法错误,则用户可以通过双击错误提示行来定位引起错误的源文件行。

6.5 程序的调试

6.5.1 调试模式

μVision 调试器提供了两种调试模式,可以从 Project→Options for Target 菜单项的 Debug 页内选择操作模式,如图 6-50 所示。

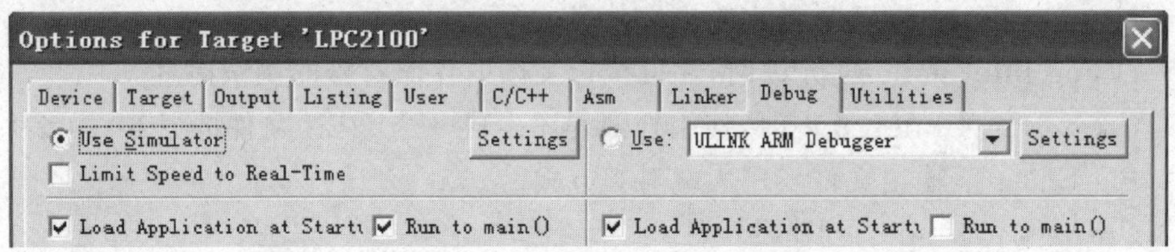

图 6-50 调试器的选择

软件仿真模式:在没有目标硬件情况下,可以使用仿真器(Simulator)将 μVision 调试器配置为软件仿真器。它可以仿真微控制器的许多特性,还可以仿真许多外围设备,包括串口、外部 I/O 口及时钟等。能仿真的外围设备在为目标程序选择 CPU 时就被选定了。在目标硬件准备好之前,可用这种方式测试和调试嵌入式应用程序。

GDI 驱动模式:使用高级 GDI 驱动设备连接目标硬件来进行调试,比如使用 ULINK Debugger。对 μVision 来说,可用于连接的驱动设备有:

- JTAG/OCDS 适配器:它连接到片上调试系统,比如 AMR Embedded ICE。
- Monitor(监视器):它可以集成在用户硬件上,也可以用在许多评估板上。
- Emulator(仿真器):它连接到目标硬件的 CPU 引脚上。
- In-System Debugger(系统内调试器):它是用户应用程序的一部分,可以提供基本的测试功能。
- Test Hardware(测试硬件):如 NXP SmartMX DBox、Infineon SmartCard ROM MonitorRM66P 等。

6.5.2 调试前的配置

使用仿真器调试时,选择 Project→Project-Option for Target 菜单项或者直接单击图标,打开 Option for Target 'Target 1'对话框的 Debug 选项卡,则弹出如图 6-51 所示的对话框,可进行调试配置。表 6-10 描述了调试对话框的选项。

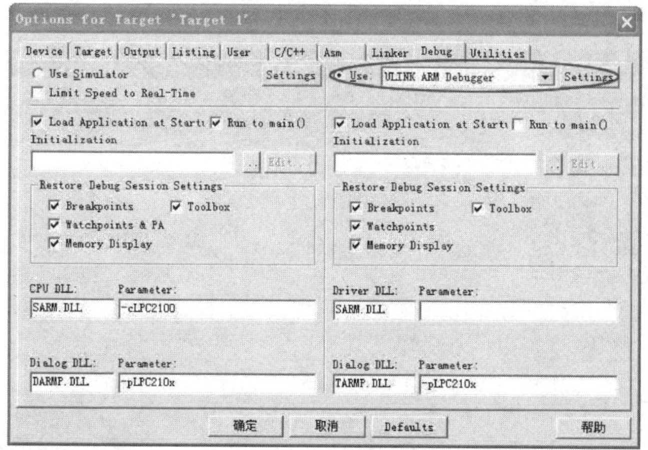

图 6-51　Debug 选项卡

表 6-10　调试对话框选项

对话框项	描　述
Use Simulator	选择 μVision 的软件仿真器作为调试工具
Use ULINK2 ARM7 Debugger	选择高级的 GDI 驱动器和调试硬件相连。Keil ULINK2 ARM7 调试器可以用带 USB-JTAG 接口的 Keil ULINK2 仿真器和目标板相连。同时，也有现存的第三方 μVision 驱动器
Settings	打开已选的高级 GDI 驱动器的配置对话框
Other dialog options	对软件仿真器和高级 GDI 会话可用
Load Application at Startup	选中该选项以后，在启动 μVision 调试器时自动加载目标应用程序
Go till main ()	当启动调试器时开始执行程序，直到 main()函数处停止
Initialization File	调试程序时作为命令行输入的指定文件
Breakpoints	从前一个调试会话中恢复断点设置
Toolbox	从前一个调试会话中恢复工具框按钮
Watchpoints & PA	从前一个调试会话中恢复观察点和性能分析仪的设置
Memory Display	从前一个调试会话中恢复内存显示设置
CPU DLL Driver DLL Parameter	配置内部 μVision 调试 DLL。这些设置来源于设备数据库。用户能修改 DLL 或 DLL 的参数

如果目标板已上电，并且与 ULINK USB-JTAG 仿真器连接上，单击图 6-51 中的 Settings 按钮，则弹出如图 6-52 所示的对话框，正常则可读取目标板芯片 ID 号。如果读不出 ID 号，则需要检查 ULINK USB-JTAG 仿真器与 PC 或目标板的连接是

否正确。

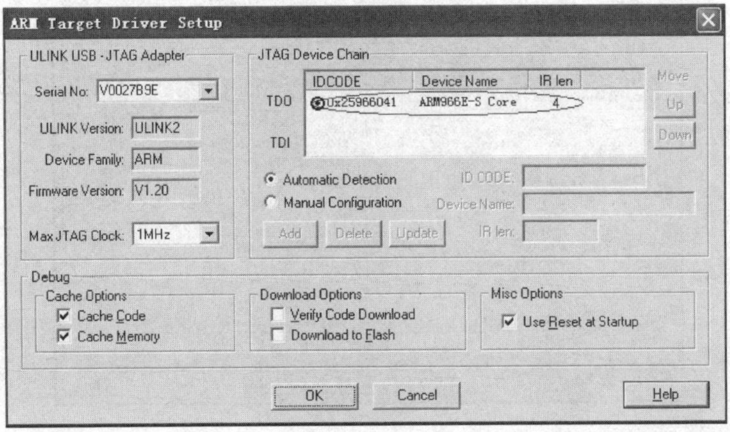

图 6-52 读取设备 ID

μVision 调试器提供了软件仿真和 GDI 驱动两种调试模式。采用 ULINK 仿真器调试时,首先将集成环境与 ULINK 仿真器连接,按照前面工程配置方法对要调试的工程进行配置后选择 Flash→Download 菜单项,则可将目标文件下载到目标系统的指定存储区中,文件下载后即可进行在线仿真调试。

6.5.3 调试器的使用

(1) 启动调试模式

通过 Debug→Start/Stop Debug Session 菜单项可以启动 μVision 的调试模式。根据 Options for Target→Debug 的设置,μVision 调试器会载入应用程序并执行启动代码。

μVision 可以保存编辑模式下的屏幕布局,并可在调试结束后将屏幕恢复为最近一次调试时的布局。若程序执行停止,则 μVision 会打开一个显示源文件的编辑窗口或显示 CPU 指令的反汇编窗口,下一条要执行的语句以黄色箭头指示。

在调试时,编辑模式下的许多特性仍然可用。例如,可以使用查找命令、修改程序中的错误,应用程序中的源代码也在同一个窗口中显示。但调试模式与编辑模式在如下的方面有所不同:

- 在调试模式下,调试菜单与调试命令(Debug Menu and Debug Commands)是可用的;在编辑模式,这些菜单与调试命令均不可用。
- 在调试模式下,工程结构或工具参数不能被修改,所有的编译命令均不可用;在编辑模式,这些命令均可用。

(2) 应用程序的执行

μVision 提供了如下几种执行应用程序的方式:

➢ 使用调试菜单调试命令 Debug Menu and Debug Commands。
➢ 使用快捷菜单中的 Run till Cursor line 命令，在编辑或反汇编窗口中的代码行上右击就可以打开此快捷菜单。
➢ 在 Output Window-Command 页中使用 Go、Ostep、Pstep、Tstep 命令。

(3) CPU 仿真

μVision 调试器仿真了 4 GB 的存储空间，这些空间可以被映射为可读的、可写的或可执行的访问。μVision 可以跟踪并报告非法的存储访问。除存储映射外，仿真器还对各种基于 ARM 微控制器的集成外设提供支持。在创建工程时，可对从设备库中选择的 CPU 片上外设进行配置。可以使用外设菜单来选择和显示片上的外设，也可以在此对话框改变外设特征。

6.5.4 调试窗口和对话框

1. 断点对话框

调试器可以控制目标程序的运行和停止，并反汇编正在调试的二进制代码，同时，可通过设置断点来控制程序的运行，辅助用户更快地调试目标程序。μVision IDE 的调试器可以在源程序、反汇编程序以及源程序汇编程序混合模式窗口中设置和删除断点。在 μVision 中设置断点的方式非常灵活，甚至可以在程序代码被编译前在源程序中设置断点。定义和修改断点的方式有如下几种：

使用文件工具栏，只要在编辑窗口或反汇编窗口中选中要插入断点的行，然后再单击工具栏上的按钮就可以定义或修改断点；

使用快捷菜单上的断点命令，在编辑窗口或反汇编窗口中右击即可打开快捷菜单；

在 Debug→Breakpoints 对话框中可以查看、定义、修改断点，这个对话框可以定义及访问不同属性的断点；

在 Output Window-Command 页中，使用 BreakSet、BreakKill、BreakList、BreakEnable、BreakDisable 命令对断点进行管理。

在断点对话框中可以查看及修改断点，如图 6-53 所示。可以在 Current Breakpoints 列表中通过复选框来快捷地 Disable 或 Enable 一个断点。可以在 Current Breakpoints 列表中双击来修改选定的断点。如图 6-53 所示，可以在断点对话框表达式的文本框中输入一个表达式来定义断点。

在 Command 文本框中可以为断点指定一条命令，程序执行到断点时将执行该命令，μVision 执行命令后会继续执行目标程序。在此指定的命令可以是 μVision 的调试命令或信号函数。μVision 中可以使用系统变量_break_来停止程序的执行。Count 的值用于指定断点触发前断点表达式为真的次数。

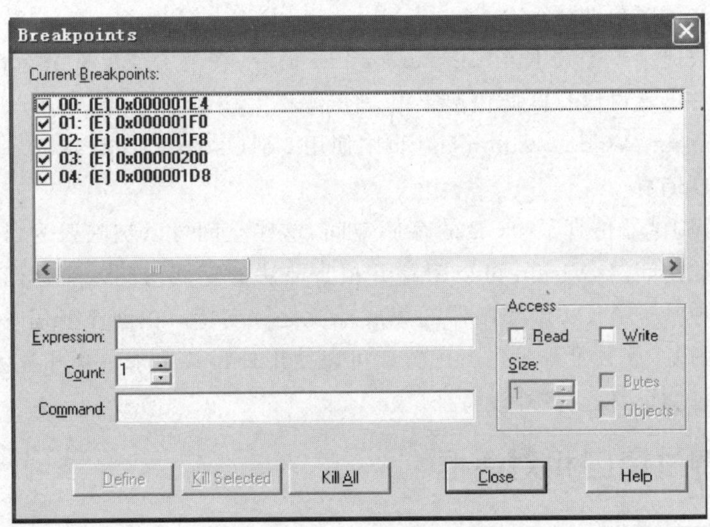

图 6-53　断点对话框

2. 反汇编窗口

反汇编窗口用于显示反汇编二进制代码后得到的汇编级代码,可以混合源代码显示,也可以混合二进制代码显示。反汇编窗口可以设置和清除汇编级别断点,并可按照 ARM 或 Thumb 格式的反汇编二进制代码。

如图 6-54 所示,反汇编窗口可用于将源程序和反汇编程序一起显示,也可以只显示反汇编程序。通过 Debug→View Trace Records 可以查看前面指令的执行记录。为了实现这一功能,需要要设置 Debug→Enable/Disable Trace Recording。

```
Disassembly
    18: int main (void)  {                /* execution starts here
    19:
    20:   /* initialize the serial interface    */
0x000001D4  E92D4010  STMDB      R13!,{R4,R14}
    21:   PINSEL0 = 0x00050000;            /* Enable RxD1 and TxD1
0x000001D8  E3A00805  MOV        R0,#0x00050000
0x000001DC  E59F102C  LDR        R1,[PC,#0x002C]
0x000001E0  E5810000  STR        R0,[R1]
    22:   U1LCR = 0x83;                    /* 8 bits, no Parity, 1 Stop bit
0x000001E4  E3A00083  MOV        R0,#0x00000083
0x000001E8  E2411907  SUB        R1,R1,#0x0001C000
0x000001EC  E5C1000C  STRB       R0,[R1,#0x000C]
    23:   U1DLL = 97;                      /* 9600 Baud Rate @ 15MHz VPB Clock
0x000001F0  E3A00061  MOV        R0,#0x00000061
```

图 6-54　源文件与反汇编指令交叉显示窗口

若选择反汇编窗口作为当前窗口,那么程序的执行是以 CPU 指令为单位,而不是以源程序中的行为单位。可以用工具条上的按钮或快捷菜单命令为选中的行来设置断点或对断点进行修改。还可以使用对话框 Debug→Inline Assembly 来修改

CPU 指令，它允许对调试的目标程序进行临时修改。

3. 寄存器窗口

Project Workspace - Regs 页中列出了 CPU 的所有寄存器，按模式排列共有 8 组，分别为 Current 模式寄存器组、User/System 模式寄存器组、Fast Interrupt 模式寄存器组、Interrupt 模式寄存器组、Supervisor 模式寄存器组、Abort 模式寄存器组、Undefined 模式寄存器组以及 Internal 模式寄存器组，如图 6－55 所示。每个寄存器组中又分别有相应的寄存器。在调试过程中，值发生变化的寄存器将会以蓝色显示。选中指定寄存器单击或按 F2 键便可以出现一个文本框，从而可以改变此寄存器的值。

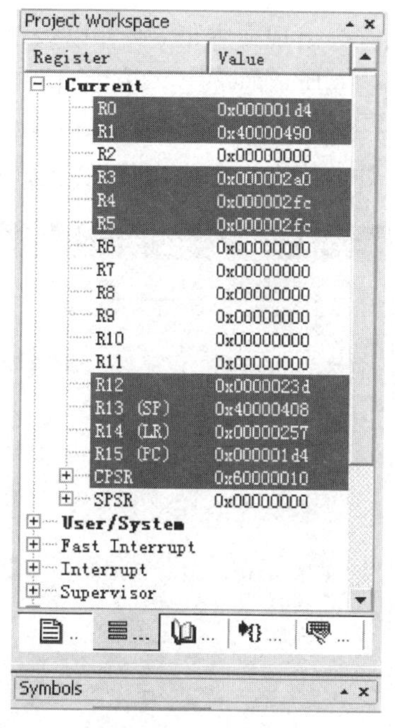

图 6－55　Regs 页

4. 内存窗口

通过内存窗口可以查看与显示存储情况，View-Memory Window 可以打开存储器窗口，如图 6－56 所示。μVision 可仿真 4 GB 的存储空间，这些空间可以通过 MAP 命令或 Debug -Memory Map 打开内存映射对话框来映射为可读的、可写的、可执行的。μVision 能够检查并报告非法的存储访问。

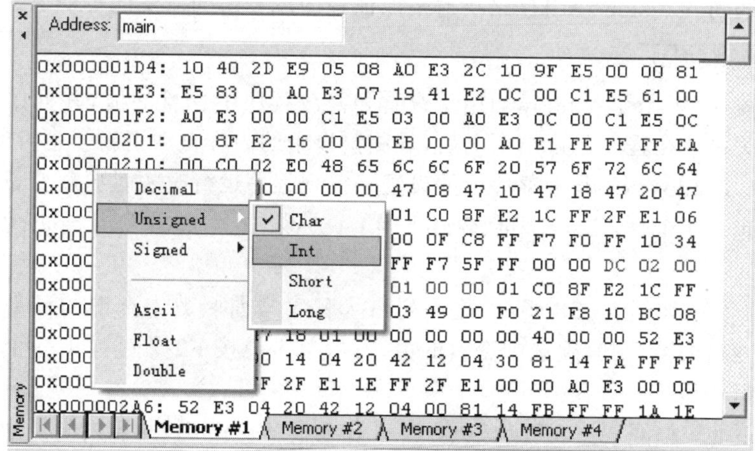

图 6－56　内存窗口

从图 6－56 中可看出,内存窗口有 4 个 Memory 页,分别为 Memory＃1、Memory＃2、Memory＃3、Memory＃4,即可同时显示 4 个指定存储区域的内容。在 Address 域内,输入地址即可显示相应地址中的内容。需要说明的是,它支持表达式输入,只要这个表达式代表了某个区域的地址即可,比如图 6－56 中的 main。双击指定位置会出现文本框,则可以改变相应地址处的值。在存储区内右击可以打开如图 6－56 所示的快捷菜单,在此可以选择输出格式。通过选择 View→Periodic Window Update 菜单项,可以在运行时实时更新此内存窗口中的值。在运行过程中,若某些地址处的值发生变化,则以红色显示。

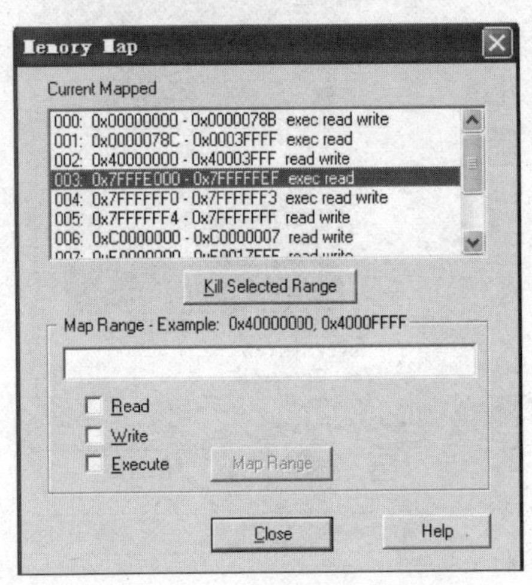

图 6－57 内存映射对话框

内存映射对话框可以用来设定哪些地址空间用于存储数据、哪些地址空间用于存储程序。也可以用 MAP 命令来完成上述工作。在载入目标应用时,μVision 自动对应用进行地址映射,一般不需要映射额外的地址空间,但被访问的地址空间没有被明确声明时就必须进行地址映射,如存储映射 I/O 空间。如图 6－57 所示,每一个存储空间均可指定为可读、可写、可执行,若在文本框内输入"MAP 0x0C000000, 0x0E000000 READ WRITE EXEC",此命令就是将 0x0C000000～0x0E000000 部分区域映射为可读的、可写的、可执行的。在目标程序运行期间,μVision 使用存储映射来保证程序没有访问非法的存储区。

5. 观测窗口

观测窗口(Watch Windows)用于查看和修改程序中变量的值,并列出了当前的函数调用关系。在程序运行结束之后,观测窗口中的内容自动更新。也可通过 View→Periodic Window Update 菜单项的设置来实现程序运行时实时更新变量的值。观测窗口共包含 4 个页:Locals 页、Watch ＃1 页、Watch ＃2 页、Call Stack 页,分别介绍如下:

Locals 页:如图 6－58 所示,此页列出了程序当前函数中全部的局部变量。要修改某个变量的值,则只须选中变量的值,然后单击或按 F2 即可弹出一个文本框来修改该变量的值。

Watch 页:如图 6－59 所示,观测窗口有 2 个 Watch 页,此页列出了用户指定的程序变量。有 3 种方式可以把程序变量加到 Watch 页中:

- 在 Watch 页中,选中＜type F2 to edit＞,然后按 F2,则出现一个文本框,在此输入要添加的变量名即可;用同样的方法,可以修改已存在的变量。

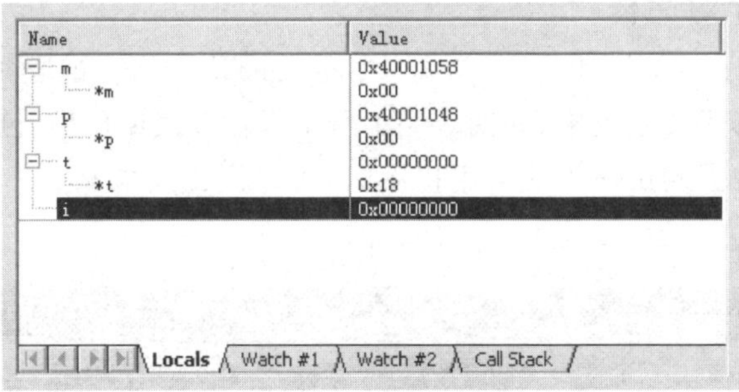

图 6-58　Watch 窗口之 Locals 页

➢ 在工作空间中，选中要添加到 Watch 页中的变量，右击会出现快捷菜单，在快捷菜单中选择 Add to Watch Window，即可把选定的变量添加到 Watch 页中。

➢ 在 Output Window 窗口的 Command 页中，用 WS(WatchSet)命令将所要添加的变量添入 Watch 页中。

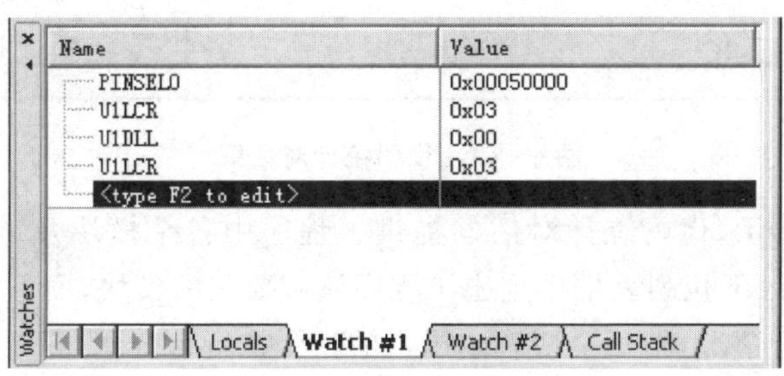

图 6-59　Watch 窗口之 Watch 页

若要修改某个变量的值，则只须选中变量的值，再单击或按 F2 即可出现一个文本框来修改该变量的值。若要删除变量，则只须选中变量，按 Delete 键或在 Output Window 窗口的 Command 页中用 WK(WatchKill)命令就可以删除变量。

Call Stack：如图 6-60 所示，此页显示了函数的调用关系。双击此页中的某行，则会在工作区中显示该行对应的调用函数以及相应的运行地址。

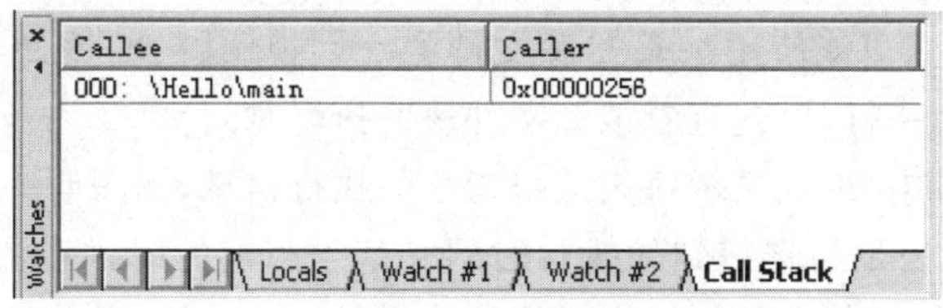

图 6-60　Watch 窗口之 Call Stack 页

6. 代码统计对话框

μVision 提供了一个统计代码(Code Coverage)执行情况的功能,这个功能以代码统计对话框的形式表示出来,如图 6-61 所示。在调试窗口中,已执行的代码行在左侧以绿色标出。当测试嵌入式应用程序时,可以用此功能来查看哪些程序还没有被执行。

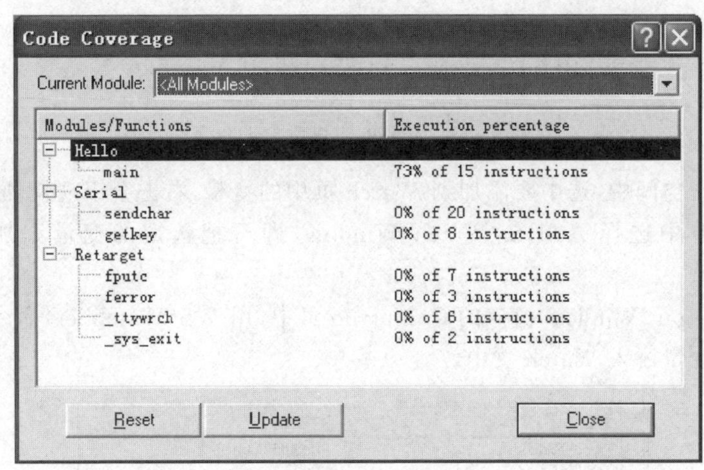

图 6-61　代码统计对话框

如图 6-61 所示,代码统计对话框提供了程序中各个模块及函数的执行情况。在 Current Module 下拉列表框中列出了程序所有要用的模块,而下面则显示了相应模块中指令的执行情况,即每个模块或函数的指令执行百分比,只要是执行了的部分均以绿色标出。在 Output Window-Command 页中可以用 COVERAGE 调试命令将此信息输出到输出窗口中。

7. 执行剖析器

μVision ARM 仿真器包含一个执行剖析器,它可以记录执行全部程序代码所需的时间。可以通过选中 Debug-Execution Profiling 来使能此功能。它具有两种显示方式:Call(显示执行次数)和 Time(显示执行时间)。将鼠标放在指定的入口处即可显示有关执行时间及次数的详细信息,如图 6-62 所示。

对于 C 源文件,可能使用编辑器源文件的大纲视图特性,用此特性可以将几行源文件代码收缩为一行,以此查看某源文件块的执行时间。

在反汇编窗口中,可以显示每条汇编指令的执行信息,如图 6-63 所示。

需要注意:执行剖析器得到的执行时间是基于当前的时钟设置,当代码以不同的时钟执行多次时,可能会得到一个错误的执行时间。另外,目前执行剖析器仅能用于 ARM 仿真器。

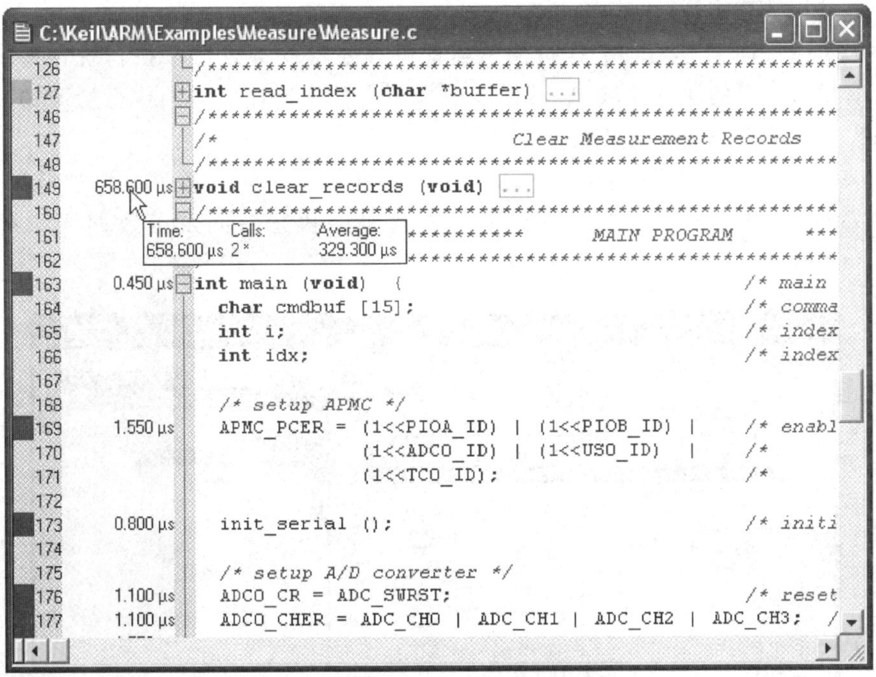

```
C:\Keil\ARM\Examples\Measure\Measure.c
126                    /*****************************************************
127                    int read_index (char *buffer) {...}
146                    /*****************************************************
147                    /*                     Clear Measurement Records
148                    /*****************************************************
149   658.600 µs       void clear_records (void) {...}
160                    /*****************************************************
161   Time:         Calls:   Average:   ***********      MAIN PROGRAM      ***
162   658.600 µs    2 *      329.300 µs *****************************************
163   0.450 µs         int main (void)  {                              /* main
164                      char cmdbuf [15];                             /* comma
165                      int i;                                        /* index
166                      int idx;                                      /* index
167
168                      /* setup APMC */
169   1.550 µs           APMC_PCER = (1<<PIOA_ID) | (1<<PIOB_ID) |     /* enabl
170                                  (1<<ADC0_ID) | (1<<US0_ID)  |     /*
171                                  (1<<TC0_ID);                      /*
172
173   0.800 µs           init_serial ();                               /* initi
174
175                      /* setup A/D converter */
176   1.100 µs           ADC0_CR = ADC_SWRST;                          /* reset
177   1.100 µs           ADC0_CHER = ADC_CH0 | ADC_CH1 | ADC_CH2 | ADC_CH3;   /
```

图 6-62　执行剖析器

```
Disassembly
      149: void clear_records (void) {
      150:   int idx;
      151:
2*0x010009C0  B500      PUSH      {LR}
      152:   startflag = 0;
Time:        Calls:   Average:
0.250 µs     2 *      0.125 µs       MOV       R2,#0x00
                                     LDR       R0,[PC,#0x0020]
2*0x010009C6  4909      LDR       R1,[PC,#0x0024]
2*0x010009C8  600A      STR       R2,[R1,#0x00]
      153:   sindex = savefirst = 0;
2*0x010009CA  2100      MOV       R1,#0x00
2*0x010009CC  6041      STR       R1,[R0,#0x04]
2*0x010009CE  2100      MOV       R1,#0x00
2*0x010009D0  6001      STR       R1,[R0,#0x00]
      154:   for (idx = 0; idx != SCNT; idx++)  {
2*0x010009D2  4A07      LDR       R2,[PC,#0x001C]
2*0x010009D4  21FF      MOV       R1,#0xFF
2*0x010009D6  4807      LDR       R0,[PC,#0x001C]
      155:     save_record[idx].time.hour = 0xff;
40*0x010009D8  1C13     ADD       R3,R2,#0
40*0x010009DA  7019     STRB      R1,[R3,#0x00]
      156:   }
40*0x010009DC  3214     ADD       R2,#0x14
40*0x010009DE  1C13     ADD       R3,R2,#0
```

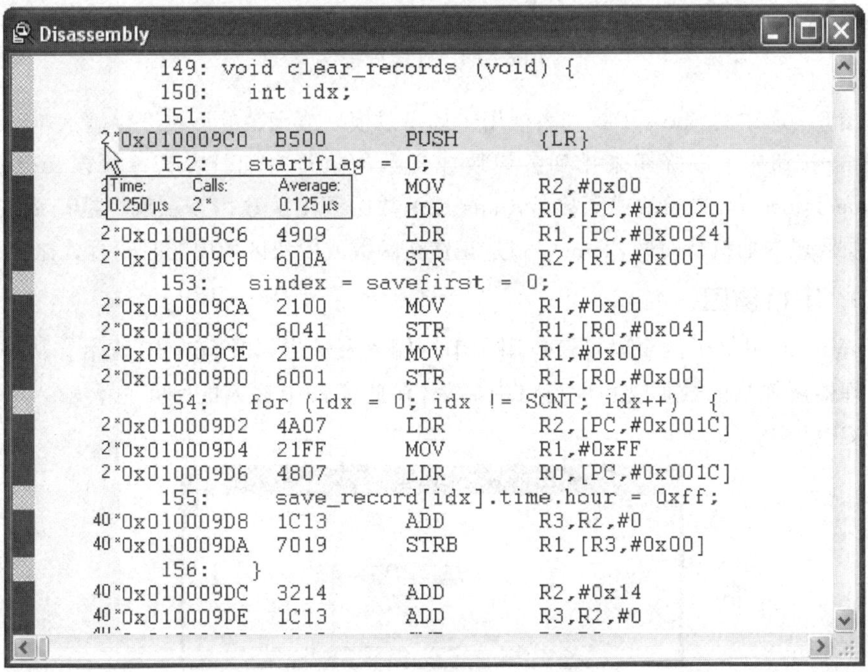

图 6-63　反汇编窗口

8. 性能分析仪

μVision ARM 仿真器的执行剖析器能够显示已知地址区域执行统计的信息。对没有调试信息的地址区域,显示列表中是不会显示这块区域的执行情况的,比如 ARM ADS/Real View 工具集的浮点库。

μVision 性能分析仪可用于显示整个模块的执行时间及各个模块被调用的次数。μVision 的仿真器可以记录整个程序代码的执行时间及函数调用情况,如图 6-64 所示。

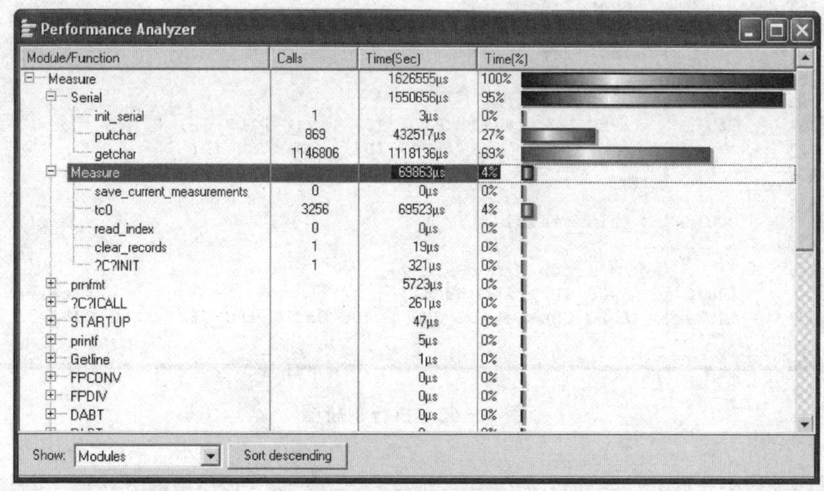

图 6-64 性能分析仪

图 6-64 中的 Show 下拉列表框用于选择以模块或函数的形式进行显示。Sort descending 按钮用于以降序来排列各模块或函数的执行时间。表头各项含义分别为:Module/Funcation 是模块或函数名,Calls 是函数的调用次数,Time(Sec)是花费在函数或模块区域内的执行时间,Time(%)是花费在函数或模块区域内的时间百分比。

9. 串行窗口

μVision 提供了两个串行窗口用于串行输入及输出,如图 6-65 所示。从被仿真的处理器所输出的数据会在此窗口中显示,在此窗口中输入的字符也会输入到被仿真的 CPU 中。

图 6-65 串行窗口

利用串行窗口，在不需要外部硬件的情况下也可以仿真 CPU 的 UART。在 Output Window-Command 页中使用 ASSIGN 命令也可以将串口输出指定为 PC 的 COM 口。

10. 工具箱

如图 6－66 所示，工具箱中包含用户可配置的按钮，单击工具箱上的按钮可以执行相关的调试命令或调试函数。工具箱按钮可以在任何时间执行，甚至是运行测试程序时。在 Output Window-Command 页中用 DEFINE BUTTON 命令可定义工具箱按钮，语法格式：

```
>DEFINE BUTTON "button_label", "command"
```

其中，button_label 是显示在工具箱按钮上的名字，command 是按下此按钮时要执行的命令。

下面的例子说明了如何使用命令来定义如图 6－66 所示的工具箱按钮。

```
>DEFINE BUTTON "Decimal Output", "radix=0x0A">DEFINE BUTTON "Hex Out-
put", "radix=0x10"
>DEFINE BUTTON "My Status Info", "MyStatus ()" /* call debug function */
>DEFINE BUTTON "Analog0..5V", "analog0 ()"     /* call signal function */
>DEFINE BUTTON "Show R15", "printf (\"R15=%04XH\\n\")"
```

11. 输出窗口调试命令对话框

通过在 Output Window － Command 页中键入命令，可以交互地使用 μVision 调试器。此窗口还能提供一般的调试输出信息，并允许键入用于查看或修改变量、寄存器的表达式，也可用于调用调试函数。图 6－67 为输出窗口命令对话框。

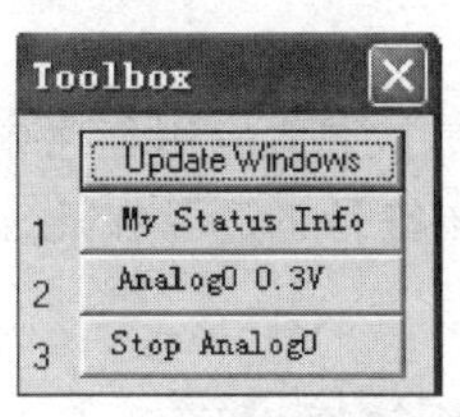

图 6－66　工具箱

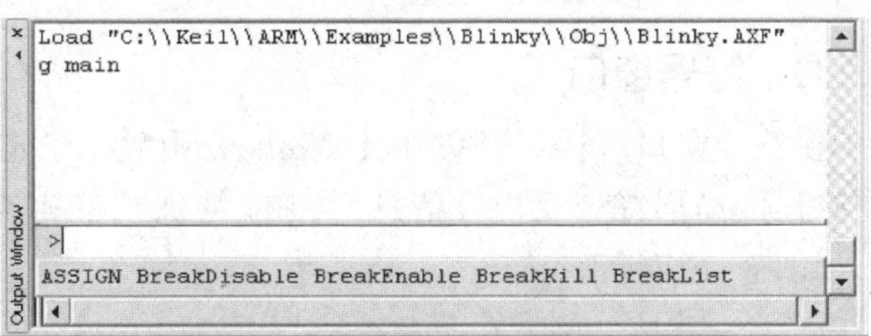

图 6－67　输出窗口命令对话框

调试命令：在调试窗口的“>”提示符后可以输入调试命令，仅用首字母来键入命令，比如 WatchSet 命令仅需要键入 WS。

还可以在命令窗口中显示和改变变量、寄存器和存储位置，例如，可以在命令提示符中输入如表 6－11 所列的文本命令。

表 6-11　利用命令修改变量及寄存器命令结果

命　令	结　果
R7 = 12	为寄存器 R7 分配值 12
CPSR	显示寄存器 CPSR 的值
time. hour	显示时间结构体的成员：小时
time. hour++	时间结构体的成员小时递增
index = 0	为 index 分配值 0

调试函数：还可以在命令提示符处输入调试函数来进行程序调试，例如：

ListInfo (2)

在命令键入处有语法生成器，可以帮助显示命令、选项以及参数。随着命令的键入，μVision 会自动减少所列出的命令以与所键入的字符相匹配，示例如图 6-68 所示。

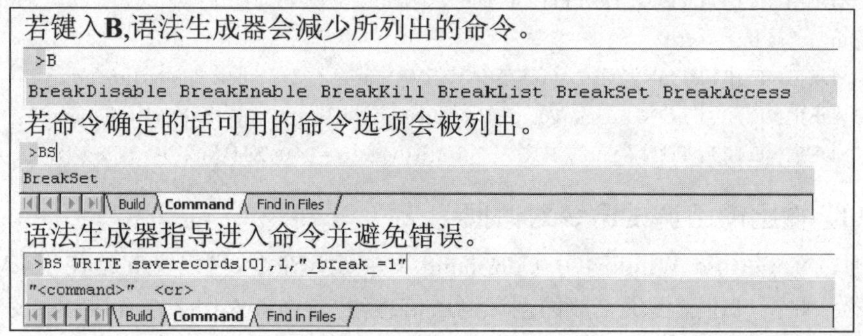

图 6-68　命令输入的语法提示

12. 符号窗口

在符号窗口 View - Symbol Window 中显示了定义在当前被载入应用程序中的公有符号、局部符号及行号信息。CPU 特殊功能寄存器 SFR 符号也显示在此窗口中，如图 6-69 所示。

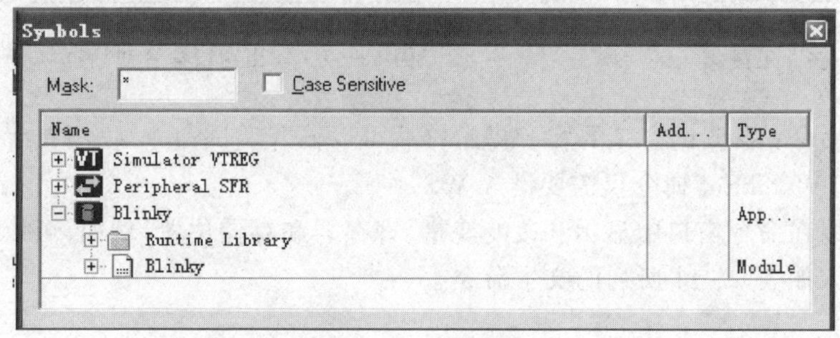

图 6-69　符号窗口

可以选择符号类型并用符号窗口中的选项过滤信息，如表 6－12 所列。

表 6－12　符号窗口各选项含义

命　令	结　果
Mode	选择 PUBLIC、LOCALS 或 LINE。公有 PUBLIC 符号的作用域是整个应用程序，局部 LOCALS 函数的作用被限制在一个模块或函数中，行 LINE 是与源文本中的行号信息相关的
Current Module	选择其信息应该被显示的源模块
Mask	指定一个通配字符串以用于匹配符号名。通配字符串由文字数字符及通配字符组成： ＃匹配一位数字（0～9） $匹配任意字符 *匹配 0 个或多个字符
Apply	应用 mask，并显示更新的符号列表

6.5.5　Flash 编程工具

μVision 集成了 Flash 编程工具，所有的相关配置将被保存在当前工程中。在菜单项 Project→Options→Utilities 下可配置当前工程所使用的 Flash 编程工具，开发人员既可使用外部的命令行驱动工具（通常由芯片销售商提供），也可使用 Keil ULINK USB-JTAG 适配器等工具。

用户可通过 Flash 菜单启动 Flash 编程器，若设置了 Project-Options-Utilities-Update Target before Debugging，则调试器启动之前 Falsh 编程器也将启动。

μVision 为 Flash 编程工具提供了一个命令接口，在 Project-Option for Target 对话框的 Utilities 页中可配置 Flash 编程器，通过菜单项 Flash-Configure Flash Tools 也可进入此对话框，如图 6－70 所示。一旦配置好了命令接口方式，就可以通过 Flash 菜单下载（Download）或擦除（Erase）目标板中 Flash 存储器的内容。

μVision 提供了两种 Flash 编程的方法：目标板驱动和外部工具。

（1）目标板驱动

μVision 提供了 3 种 Flash 编程驱动，分别为 ULINK ARM Debugger、ULINK Cortex－M3 Debugger 及 RDI Interface Driver。选择一个 Flash 编程驱动程序，单击右边的 Settings 按钮进行设置。最右边复选框决定是否在调试前更新目标板中 Flash 的内容。Init File 文本框中的初始化文件，包括总线的配置、附加程序的下载及发或调试函数。对大多数 Flash 芯片而言，μVision 的设备数据库已经提供了片上 Flash ROM 的正确配置，比如图 6－71 所示的 LPC2104 Flash。

（2）外部工具

使用第三方的基于命令行的 Flash 编程工具。通过命令行及参数调用下载工具，如图 6－72 所示使用的 LPC210x_ISP.EXE 在线编程器。使用键码序列（Key Se-

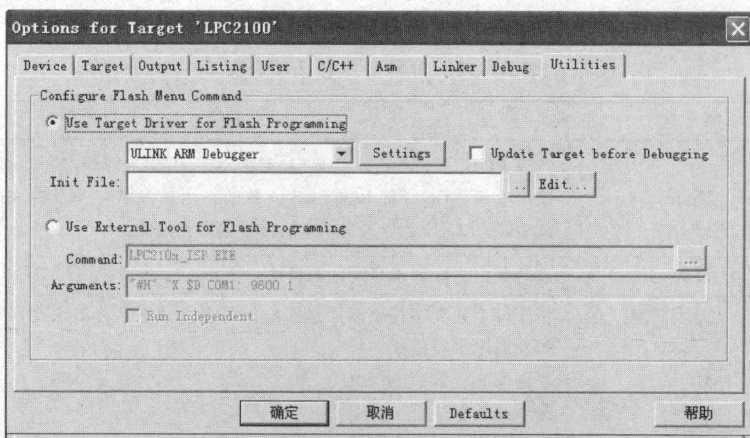

图 6-70 Flash 编程器的配置对话框

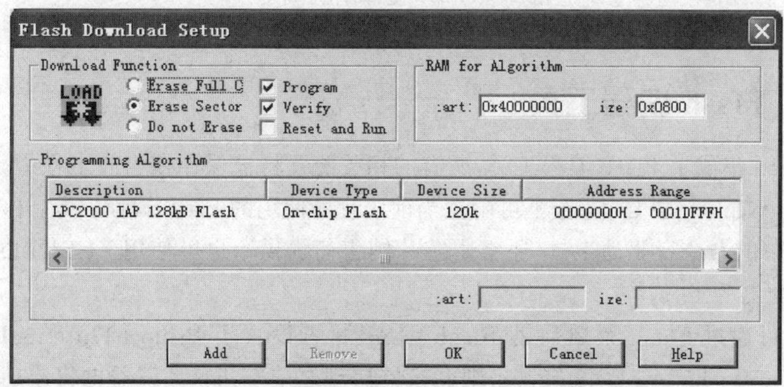

图 6-71 ULINK ARM Debugger 的 Flash 下载设置对话框

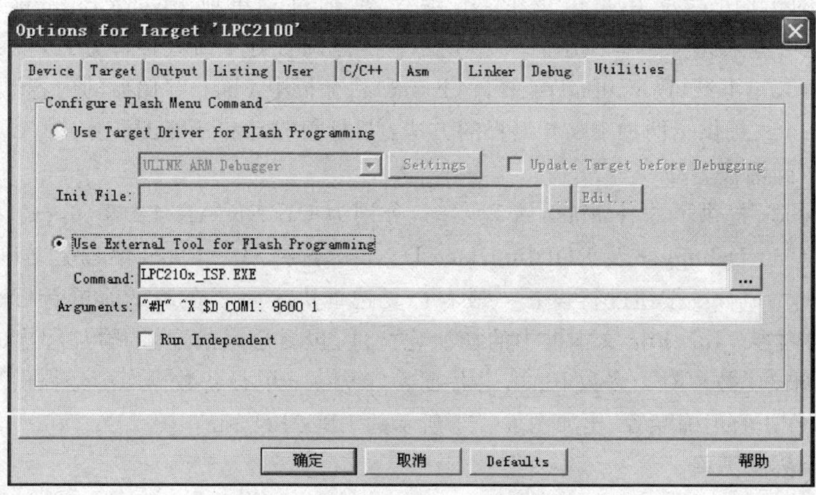

图 6-72 使用外部 Flash 编程工具

quences)指定输出文件名、设备名及 Flash 编程器的时钟频率等。Run Independent 复选框决定编程工具是否能独立运行。

6.5.6 调试命令和变量

μVision 支持大量命令,可以通过 Output Window-Command Line 键入命令。根据命令的功能,可以将这些命令分为如下几类:

1) 断点命令

断点命令允许创建和删除断点。当遇到一个特定指令时,可以使用断点停止程序执行或执行 μVision 命令或用户函数。断点命令如表 6-13 所列。

表 6-13 断点命令

命　令	描　述
BreakAccess	添加一个指定长度(地址域)的访问断点到断点列表
BreakDisable	使一个或多个断点不可用
BreakEnable	使能一个或多个断点
BreakKill	从断点列表中移除一个或多个断点
BreakList	列出当前断点
BreakSet	添加一个断点表达式到断点列表

2) 普通命令

普通命令可以执行一些混合的调试操作,如表 6-14 所列。

表 6-14 普通命令

命　令	描　述
ASSIGN	为串行窗口分配输入输出源
DEFINE	创建一个工具箱按钮
DIR	生成一个符号名目录
EXIT	退出 μVision 调试模式
INCLUDE	读取并执行命令文件中的命令
KILL	删除 μVision 调试函数和工具箱按钮
LOAD	载入目标模块和十六进制文件
LOG	为调试窗口生成日志文件,查询日志状态及关闭日志文件
MODE	为 PC 机的 COM 口设置波特率,奇偶位和停止位
RESET	重启 μVision,重设存储映射分配及重置预定义变量
SAVE	在 Intel HEX386 文件中保存一个存储域

续表 6-14

命 令	描 述
SCOPE	显示目标程序的模块和函数的地址分配
SET	为预定义变量设备字符串值
SIGNAL	显示信号函数的状态和移除有效信号函数
SLOG	为串行窗口生成日志文件、查询日志状态及关闭日志文件

3）存储器命令

存储器命令可以显示和改变存储器内容，如表 6-15 所列。

表 6-15 存储命令

命 令	描 述
ASM	汇编内嵌代码
DEFINE	定义可能在 μVision 中使用的符号
DISPLAY	显示存储器的内容
ENTER	把值键入到指定的存储域
EVALuate	求表达式的值并输出结果
MAP	为存储域指定访问参数
Unassemble	反汇编程序存储域
WatchSet	向观测窗口中添加一个观测变量
WatchKill	删除观测窗口中的所有观测变量

4）程序命令

程序命令可以执行目标程序并分析其性能，如表 6-16 所列。

表 6-16 程序命令

命 令	描 述
COVERAGE	显示代码统计信息
Go	启动程序执行
LogicAnalyze	初始化逻辑分析仪
PerformanceAnalyze	初始化内置的性能分析仪
Pstep	执行指令但不跳入过程或函数
Ostep	跳出当前函数
Tstep	跳过指令并跳入函数

5）系统变量

系统变量可供程序中任何位置的变量和其他表达式使用，用于获取一些特殊功能值。表 6－17 列出了允许使用的系统变量、数据类型和使用方法。

表 6－17　系统变量

变　量	类　型	描　述
$	unsigned long	表示当前程序计数器值。可以使用 $ 表达和修改程序计数器。例如，$ = 0x4000 可将当前程序计数器值设置为 0x4000
break	unsigned int	令目标程序中止运行。如果将_break_ 设置为一个非零值，μVision 将挂起目标程序的执行。在用户和信号函数中，使用该变量可挂起目标程序的执行
traps	unsigned int	若将_traps_ 设置为一个非零值，μVision 将现实 166 个硬件陷阱：未定义的操作码、被保护指令错、非法字操作访问、非法指令访问、堆栈上溢、堆栈下溢等
States	unsigned long	CPU 指令状态计数器的当前值；当目标程序开始执行时，该计数器从 0 开始每执行一条就加 1。注意：tates 是一个只读变量
Itrace	unsigned int	表示目标程序执行时是否记录跟踪过程。若 itrace 为 0，则不记录跟踪过程；若 itrace 是一个非 0 值，则记录跟踪过程
Radix	unsigned int	设置显示数据的进制，radix 可为 10 或 16，默认值为 16 用于 HEX 输出

6）外设备变量

根据工程所选择的 CPU，μVision 会自动定义一些符号。这些符号分为两类：外围寄存器（或 SFRs）和虚拟仿真寄存器（VTREGs）。在 Simulation Script Templates 下，调试函数 Debug Functions 可利用这些外围设备变量自动向外设输入信号。

外围寄存器（SFRs）

μVision 为外围寄存器定义了符号。外围寄存器符号的定义依赖于选择的微控制器。外围寄存器符号都具有相关的地址，可用于表达式中。

虚拟仿真寄存器（VTREGs）

虚拟仿真寄存器的存在使得模拟 CPU 的引脚进行输入和输出成为可能。VTREGs 不是公有符号，也不能常驻 CPU 的内存，它们可以用于表达式中，但其值及用法是依赖于 CPU 的。VTREGs 提供了一种输入来自被仿真硬件上的信号到 CPU 引脚的方法。可以使用 DIR VTREG 命令列出这些符号。表 6－18 描述了 VTREG 符号。VTREG 符号的可用性依赖于所选的 CPU。

表 6-18 VTREG 符号

VTREG	描 述
ADx	片上的一个模拟输入引脚，它的典型代表是 A/D 转换器输入。目标程序可以读取写入到 ADx VTREGs 中的值
DAx	片上的一个模拟输出引脚。这个值反映了 D/A 转换器的输出
xxVREF	相关引脚的电压输入
PORTx	片上端口的一组 I/O 引脚。例如，PORTA 代表了 PORTA 的所有引脚，这些寄存器可以仿真端口 I/O
SxIN	串行接口 x 的输入缓冲。可以向 SxIN 写入一个 8 位或 9 位的值，它们可以被目标程序读取。读取 SxIN 取决于什么时候输入缓冲准备好可以接收另外的字符。值 0xFFFF 意味着前面的值已被处理完，新的值可以写入了
SxOUT	串行接口 x 的输出缓冲。μVision 复制 8 位或 9 位的值到 SxOUT VTREG 中
SxTIME	定义串行端口 x 的波特率时序。当 SxTIME 为 1 时，μVision 使用编程的波特率来仿真串口的时序。当 SxTIME 为 0 时(默认值)，编程的波特率时序被忽略，串行传输时间是即时的
CLOCK	仿真的 CPU 的真实频率
XTAL	仿真的 CPU 的晶振频率，在 Options-Target dialog 下定义

注意：使用 VTREGs 来仿真外部输入和输出，包括与内部外设的接口，如中断和时钟。例如，若选中 PORT3(在 8051 设备上)的位 2，则 CPU 驱动仿真外部中断 0。

7) I/O 口

μVision 为每个 I/O 口定义了一个 VTREG，如 PORTA。注意，不要把每个端口(如 PIOA_OSR)的外围寄存器与这些 VTREGs 混淆了。外围寄存器可以在 CPU 存储空间内被访问，VTREGs 则代表了引脚上的信号。

使用 μVision 可以很容易地模拟来自外部硬件上的输入，若外部有一串脉冲到达端口引脚，则可以使用信号函数来模拟这些信号。例如，下面的信号函数以 1 000 Hz 的频率在端口 PORTA 的引脚 0 处输入一个方波：

```
signal void one_thou_hz (void)
{
    while (1) {                    /* repeat forever */
    PORTA |= 1;                    /* set PORTA bit 0 */
    swatch (0.0005);               /* delay for .0005 secs */
    PORTA &= ~1;                   /* clear PORTA bit 0 */
    swatch (0.0005);               /* delay for .0005 secs */
  }                                /* repeat */
```

```
}
```

下面的命令启动了这个函数：

```
one_thou_hz ()
```

仿真一个与输出端口引脚对应的外部硬件稍少一些困难，需要两步：

① 写一个 μVision 的用户或信号函数来执行希望的操作；

② 创建一个断点以调用该用户函数。

假如使用了输出引脚(PORTA 的位 0)来点亮或熄灭 LED，下面的信号函数使用 PORT2 VTREG 来检查 CPU 的输出，并在命令窗口显示信息。

```
signal void check_pA0 (void)
  {
    if (PORTA & 1))
    {                                          /* Test PORTA bit 0 */
      printf ("LED is ON\n"); }                 /* 1? LED is ON     */
      else { /* 0? LED is OFF */
      printf ("LED is OFF\n");
    }
}
```

现在必须为端口 1 的写操作添加一个断点。下面的命令行将为所有向 PORT2 的写操作添加一个断点：

```
BS WRITE PORT2, 1, "check_p20 ()"
```

现在，不论目标程序何时向端口 PORT2 写入，check_P20 函数都会打印出 LED 的当前状态。

8) 串行端口

片上的串行端口由 S0TIME、S0IN 和 S0OUT 控制。S0IN 和 S0OUT 代表了 CPU 上的串行输入和串行输出流。S0TIME 用于指定串行端口的时序是即时的(STIME = 0)还是与指定的波特率有关(SxTIME = 1)。当 S0TIME 为 1 时，串行窗口中显示的串行数据以指定的波特率被输出。当 S0TIME 为 0 时，串行窗口中显示的串行数据将被很快输出。

模拟串行输入就像模拟数字输入一样容易。假如有一个外部串行设备周期性(间隔 1 s)地输入指定的数据，则可以建一个信号函数来向 CPU 的串口中输入数据。

```
signal void serial_input (void)
{
    while (1)
    {                                  /* rcpeat forever */
      twatch (CLOCK);                  /* Delay for 1 second */
```

```
        S0IN = 'A';                         /* Send first character */
        twatch (CLOCK/900);                 /* Delay for 1 character time */
                                            /* 900 is good for 9600 baud */
        S0IN = 'B';                         /* Send next character */
        twatch (CLOCK/900);
        S0IN = 'C';                         /* Send final character */
    }                                       /* repeat */
}
```

当信号函数运行时,它延时 1 s,输入'A'、'B'和'C'到串行输入行且重复下去。

串行输出被仿真的方式与使用用户或信号函数及一个如上所述的写访问断点很相似。

6.5.7 调试函数简介

μVision 的另一个强大工具是调试函数,调试函数可用于:

- 扩展 μVision 调试器的性能。
- 产生外部中断。
- 把内存内容记录成文件。
- 周期性地更新模拟输入值。
- 向片上串口输入连续数据。

注意:不要将 μVision 调试函数与目标程序的函数混淆。μVision 调试函数是用来帮助调试应用程序的,可以通过函数编辑器或 μVision 命令行进入。

μVision 调试函数用一个 C 语言子集来编写,基本功能和受到的限制如下:

- 控制声明 if、else、while、do、switch、case、break、continue 和 goto 能在调试函数中使用,并且这些声明在 μVision 调试函数中操作使用与在 ANSI C 中相同。
- 局部变量的声明与在 ANSI C 中相同,在该调试函数中不能使用数组。

1. 建立函数

μVision 中有一个内建的函数编辑器,通过 Debug-Function Editor 来打开,如图 6-73 所示。打开函数编辑器时需要输入一个文件名或者打开一个由 Options for Target-Debug-Initialization File 指定的文件。该编辑器的用法与 μVision 编辑器相同,允许用户输入和编译调试函数。

当建立一个调试函数文件后,可用 INCLUDE 命令读取和处理该文本文件的内容。例如,如果在命令窗口输入下列命令,则 μVision 将完成对 MYFUNCS. INI 文件内容的读取和解释功能。

```
>INCLUDE MYFUNCS. INI
```

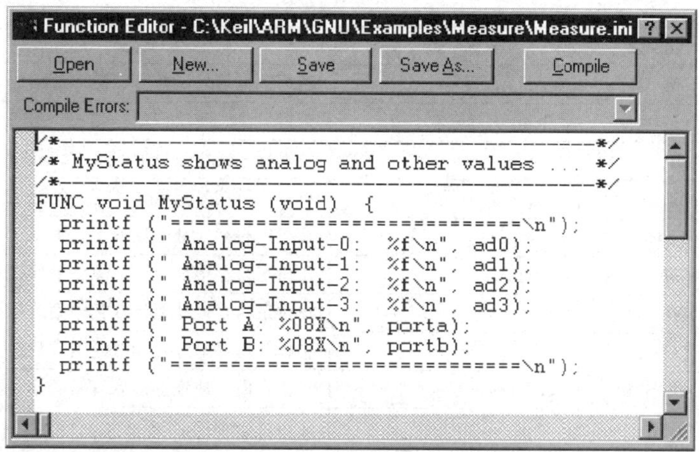

图 6－73　函数编辑器

MYFUNCS. INI 可能包含调试命令和函数定义，通过 Options for Target-Debug-Initialization File 可以进入该文件。每次打开 μVision 调试器时，MYFUNCS. INI 文件的内容将被执行。不需要的函数可以通过 KILL 来删除。

2. 调用函数

调用函数时需在命令窗口中输入函数名和所需参数。

例如，调用 printf 函数打印“Hello World”字符串，则需在命令窗口中输入如下内容：

```
>printf ("Hello World\n")
```

μVision 调试器将在输出窗口的命令栏中输出“Hello World”作为响应。

μVision 提高了一些可被调用的预定义调试函数，它们不能被重定义或者被删除。预定义函数用来帮助开发者定义用户和信号函数。表 6－19 列出了所有的 μVision 预定义调试函数。

表 6－19　预定义函数

返回值	名　字	参　数	描　述
Void	exec	("command_string")	执行调试命令
Double	getdbl	("prompt_string")	请求用户输入一个双精度浮点数据
Int	getint	("prompt_string")	请求用户输入一个整型数据
Long	getlong	("prompt_string")	请求用户输入一个长整型数据
Void	memset	(start_addr, value, len)	以常量填充内存
Void	printf	("string", ...)	输出函数
Int	rand	(int seed)	返回介于 0~32 767 之间的随即数

续表 6-19

返回值	名 字	参 数	描 述
Void	rwatch	(ulong address)	延迟执行信号函数直到读取地址成功
Void	swatch	(float seconds)	延迟一段时间执行信号函数
Void	twatch	(ulong states)	延迟一个指定数量的 CPU 状态执行信号函数
Void	wwatch	(ulong address)	延迟执行信号函数直到写访问地址发生
Uchar	_RBYTE	(address)	在指定内存地址上读取字符数据
Uint	_RWORD	(address)	在指定内存地址上读取短整型数据
Ulong	_RDWORD	(address)	在指定内存地址上读取长整型数据
Float	_RFLOAT	(address)	在指定内存地址上读取浮点数数据
Double	_RDOUBLE	(address)	在指定内存地址上读取双精度浮点数据
Int	_TaskRunning_	(ulong func_address)	检查特定任务函数是否是当前运行任务。仅对 RTX 内核所对应的 DLL 已知的情形有效
Double	_sleep_	(ulong milli_seconds)	延迟一段时间执行脚本
Void	_WBYTE	(address, uchar val)	在指定内存地址上写字符数据
Void	_WWORD	(address, uint val)	在指定内存地址上写短整型数据
Void	_WDWORD	(address, ulong val)	在指定内存地址上写长整型数据
Void	_WFLOAT	(address, float val)	在指定内存地址上写浮点数数据
Void	_WDOUBLE	(address, double val)	在指定内存地址上写双精度浮点数据
double	__acos	(double x)	计算反余弦
double	__asin	(double x)	计算反正弦
double	__atan	(double x)	计算反正切
double	__cos	(double x)	计算余弦
double	__exp	(double x)	计算指数函数
double	__log	(double x)	计算自然对数
double	__log10	(double x)	计算常用对数
Double	__sin	(double x)	计算正弦
Double	__sqrt	(double x)	计算平方根
Double	__tan	(double x)	计算正切

3. 用户函数

用户函数是指通过 μVision 调试器建立的,为用户使用的函数。有两种途径可以进入用户函数:

- 直接在函数编辑器中进入;
- 用 INCLUDE 命令加载一个包含一个或多个用户函数的文件。

用户函数的定义由关键字 FUNC 开始,格式如下:

```
FUNC return_type fname (parameter_list)
```

```
{
  statements
}
```

各项参数说明如下：

return_type：返回值类型，可以是 bit、char、float、int、long、uchar、uint、ulong、void。无返回值时使用 void。不加说明时，默认为 int 类型。

fname：函数名。

parameter_list：传递给函数的参数表，每个参数必须包括一个类型声明和一个名字。如果没有参数，则用 void 代替参数表。多个参数之间用逗号间隔。

Statements：函数体。

下面的用户函数显示几个 CPU 寄存器的内容。

```
FUNC void MyRegs (void)
{
  printf ("---------- MyRegs() ----------\n");
  printf (" R4 R8 R9 R10 R11 R12\n");
  printf (" %04X %04X %04X %04X %04X %04X\n", R4, R8, R9, R10, R11, R12);
  printf ("------------------------------\n");
}
```

在命令窗口中输入如下命令即调用该函数：

```
MyRegs()
```

调用后，MyRegs 函数显示寄存器中的内容如下：

```
---------- MyRegs() ----------
R4   R8   R9   R10  R11  R12
B02C 8000 0001 0000 0000 0000
------------------------------
```

4. 信号函数

当 μVision 模拟执行目标程序时，信号函数可以在后台实现信号输入、脉冲输入等重复操作。信号函数可用于模拟和测试串行 I/O、模拟 I/O、端口通信和其他一些重复发生的外部事件。

因为当 μVision 模拟目标程序时，信号函数是在后台执行的。因此，信号函数必须在某些地方调用 twatch 函数来延时，以便让 μVision 能运行目标程序。若信号函数从不调用 twatch，则 μVision 会报告错误。

信号函数的定义由关键字 SIGNAL 开始，格式如下：

```
SIGNAL void fname (parameter_list)
```

```
{
  statements
}
```

下面的例子表示一个信号函数每隔 1 000 000 个 CPU 周期将字符'A'传送至串行输入缓冲区一次。

```
SIGNAL void StuffS0in(void)
{
  While (1)
  {
    SOIN='A';
    twatch(1000000);
  }
}
```

调用这个函数时,在控制窗口输入如下命令:

```
StuffS0in()
```

调用时,StuffS0in 信号函数会将字符'A'的 ASCII 值传送至串行输入缓冲区,并延迟 1 000 000 个 CPU 周期,不断重复。

信号函数受到如下约束:

- 函数的返回值类型必须为 void。
- 函数最多只能有 8 个参数。
- 信号函数可以调用其他重定义函数和用户函数。
- 信号函数之间不能相互调用。
- 信号函数可以被用户函数调用。
- 信号函数必须调用 twatch 至少一次。如果信号函数从不调用 twatch,则目标程序将得不到时间执行。而且由于不能使用 Ctrl+C 中断信号函数,在这种情况下 μVision 将进入死循环。

6.5.8 调试脚本的使用

和其他集成开发环境一样,RealView MDK 中也使用了调试脚本。调试脚本除了可以初始化软/硬件的调试环境以外,还可以初始化 Flash 的烧写环境,甚至可以提供信号函数模拟片上外围设备。所以在使用 RealView MDK 调试和烧写的过程中,到处都有调试脚本的身影。下面将分 3 个方面介绍调试脚本的编写和使用。

1. 调试脚本在硬件仿真中的应用

RealView MDK 编译链接好的程序在硬件上运行之前,要求硬件具有合适的环境(比如时钟的配置、存储控制的配置等),一般这些工作是由启动代码完成的。在

RealView MDK 中,通过调试脚本使用 MDK 预先定义好的寄存器读/写命名设置硬件环境。这一工作在硬件调试之前是必须进行的。下面是一个初始化硬件环境的调试脚本函数:

```
FUNC void Setup (void)
{
    _WWORD(0xfffffd44 ,0x00008000);         //配置看门狗模式寄存器
    _WWORD(0xfffffd60 ,0x00320100);         //配置电压效验模式寄存器
    _WWORD(0xfffffc20 ,0x00000601);         //配置主晶振寄存器
    _WWORD(0xfffffc2c ,0x00191C05);         //配置锁相环寄存器
    _WWORD(0xfffffc30 ,0x00000007);         //配置主时钟寄存器
    _WWORD(0xfffffd08 ,0xa5000001);         //配置复位控制模式寄存器
    pc = 0x200000;                          //设置 PC 的值
}
```

2. 调试脚本在软件仿真调试中的应用

使用 RealView MDK 软件模拟器调试程序时,除了像硬件调试那样配置相关的寄存器以外,有时还必须使用信号函数模拟外设信号的输入/输出,甚至完全模拟一个外围设备。下面的程序将模拟一个外围设备向 ADC 接口输入方波信号:

```
signal void ADC4_Square (void)
{
    float volts;                  //峰值的电压
    float frequency;              //输出的始终频率,单位 Hz
    float offset;                 //偏移电压
    float duration;               //持续的时间,单位 s
    volts = 1.6;
    offset = 0.5;
    frequency = 2400;
    duration = 1000;
    while (duration > 0.0)
    {
        AD4 = volts + offset;
        swatch (0.5 / frequency);
        AD4 = offset; swatch (0.5 / frequency);
        duration -= 1.0 / frequency;
    }
}
```

3. 调试脚本在 Flash 下载中的应用

使用 RealView MDK 进行 Flash 下载时,目标板的硬件环境也需要配置,其配置方法和硬件调试的情况是一样的,在此不再赘述。下面调试脚本主要的内容是配

置 SDRAM 和初始化运行指针。

```
FUNC void Init (void)
{
  _WDWORD(0x4A000008, 0xFFFFFFFF);          //Disable All Interrupts
  _WDWORD(0x53000000, 0x00000000);          //Disable Watchdog Timer
        //Clock Setup
        //FCLK = 300 MHz, HCLK = 100 MHz, PCLK = 50 MHz
  _WDWORD(0x4C000000, 0x0FFF0FFF);          //LOCKTIME
  _WDWORD(0x4C000014, 0x0000000F);          //CLKDIVN
  _WDWORD(0x4C000004, 0x00043011);          //MPLLCON
  _WDWORD(0x4C000008, 0x00038021);          //UPLLCON
  _WDWORD(0x4C00000C, 0x001FFFF0);          //CLKCON
                                            //Memory Controller Setup for SDRAM
  _WDWORD(0x48000000, 0x22000000);          //BWSCON
  _WDWORD(0x4800001C, 0x00018005);          //BANKCON6
  _WDWORD(0x48000020, 0x00018005);          //BANKCON7
  _WDWORD(0x48000024, 0x008404F3);          //REFRESH
  _WDWORD(0x48000028, 0x00000032);          //BANKSIZE
  _WDWORD(0x4800002C, 0x00000020);          //MRSRB6
  _WDWORD(0x48000030, 0x00000020);          //MRSRB7
  _WDWORD(0x56000000, 0x000003FF);          //GPACON: Enable Address
                                            //lines for SDRAM
  _WDWORD(0x40000000, 0xEAFFFFFE);          //Load RAM addr 0 with
                                            //branch to itself
  CPSR = 0x000000D3;                        //Disable interrupts
  PC    = 0x40000000;                       //Position PC to start of RAM
  _WDWORD(0x53000000, 0x00000021);          //Enable Watchdog
  g, 0                                      //Wait for Watchdog to reset chip
  Init();                                   //Initialize memory
  LOAD Obj\Blinky.axf INCREMENTAL           //Download program
  PC = 0x30000000;                          //Setup for Running
  //g, main                                 //Goto Main
```

具体的寄存器地址以及初始化参数可查阅 S3C2410 用户指南。

6.5.9 调试信息和去除方法

RealView MDK 在默认配置下生成的 AXF 文件是带有调试信息,这些调试信息主要包含以下内容:

- 可以将源代码包括注释夹在反汇编代码中,并且可以随时切换到源代码中调试。

➢ 可以对程序中的函数调用情况进行跟踪(用 Watch & Call Stack Window 查看)。
➢ 对变量进行跟踪(用 Watch & Call Stack Window 查看)。

其实,这些调试信息在调试时是不必下载到 SRAM 中去的。真正下载到 SRAM 中的信息仅仅是可执行代码。去掉调试信息的可执行代码会大大减少。可以采用下面方法去掉 AXF 文件的调试信息:选择 Project→Option→Output 菜单项,在弹出的对话框中去掉 Debug Information 选项前面的对勾。单击"确定"之后,再重新编译链接即可看到生成的 axf 文件大小大大减少。实际上在调试时需要下载到 SRAM 中的代码就是这个文件的内容,对于那些调试信息是下载不到 SRAM 中的,这也就是能调试远大于 SRAM 容量的 axf 文件的原因。

如果不希望带调试信息,那么在目标文件和库中减少调试信息是非常有益的,可以减少目标文件和库的大小、加快了链接速度、减小最终镜像的代码。以下几种方法可用来减少每个源文件产生的调试信息:

➢ 避免在头文件中条件使用#define,链接器不能移除共用的调试部分,除非这些部分是完全一样的;
➢ 更改 C/C++源文件,以使#included 包含的所有头文件有相同的顺序;
➢ 将头文件信息分成几个小块,也就是尽量使用数量较多的小头文件而不使用较大的单一头文件,这有利于链接器能获取更多的通用块;
➢ 在程序中只包含那些必须要用到的头文件;
➢ 避免重复包含头文件,可使用编译器选项--remarks 来产生警告信息;
➢ 使用编译命令行选项--no_debug_macros 来从调试表中丢弃预处理宏定义。

6.5.10 映像文件转换器 fromELF

fromELF 实用程序将 ARM 链接器生成的可执行可链接格式(ELF)映像文件转换为适合于 ROM 工具和直接载入存储器的其他格式,还可以使用 fromELF 显示或打印指定的文本格式的各种信息,或生成包含该信息的文本文件。

fromELF 输出以下映像格式:纯二进制格式、Motorola 32 S 记录格式、Intel Hex -32 格式、面向字节(Verilog 存储器模型)十六进制。

fromELF 转换工具的语法格式如下:

fromelf [options] input_file

其中,[options]包括的选项及详细描述如表 6-20 所列。

在掌握了 fromELF 语法格式以后,下面将介绍使用 fromELF 将 *.axf 格式文件或 *.hex 格式文件转换成 *.bin 格式文件的方法:

① 新建一个工程,如 Axf_To_Bin.uv2;

② 打开 Options for Target'Axf_To_Bin'对话框,选择 User 选项卡;

③ 选中 Run User Programs After Build/Rebuild 框中的 Run #1 多选框,在后边的文本框中输入命令行:

C：\Keil\ARM\BIN31\fromelf. exe --bin -o . /output/Axf_To_Bin. bin . /output/Axf_To_Bin. axf

表 6 - 20　fromELF 工具的选项及描述表格

选　项	描　述	选　项	描　述
--help	显示帮助信息	--text	显示文本信息
--vsn	显示版本信息	-v	打印详细信息
--output file	输出文件(默认的输出为文本格式)	-a	打印数据地址(针对带调试信息的映象)
--nodebug	在生成的映象中不包含调试信息	-d	打印数据段的内容
--nolinkview	在生成的映象中不包含段的信息	-e	打印表达式表 print exception tables
--bin	生成 Plain Binary 格式的文件	-f	打印消除虚函数的信
--m32	生成 Motorola 32 位十六进制格式的文件	-g	打印调试表 print debug tables
--i32	生成 Intel 32 位十六进制格式的文件	-r	打印重定位信息
Intel	32	-t	打印字符串表
--base addr	设置 m32、i32 格式文件的基地址	-y	打印动态段的内容
		-z	打印代码和数据大小的信息

④ 重新编译文件，在. /output/文件夹下生成了 Axf_To_Bin. bin 文件。

经过上述 4 步的操作以后，就得到我们希望的 Axf_To_Bin. bin 格式的文件。

习题六

1. 使用 MDK 软件进行系统开发的步骤是什么？
2. 添加文件时 target 有哪几个选项，其含义分别是什么？
3. 段的属性有哪些，代码段的属性有何要求，为什么？
4. 映象文件的入口有何要求？

第7章

ARM 汇编语言程序实验

本章主要介绍了 ARM 汇编语言程序设计实验过程，总共分为 10 个实验，每个实验与具体硬件平台无关，全部可以通过软件模拟来实现。每个实验由实验目的、实验设备、实验预习要求、实验内容、实验步骤、思考题 6 个部分组成。通过本章的学习和操作，读者可以掌握 ARM 汇编语言程序设计的编辑、编译、链接、调试过程，在实际操作中巩固了全书的理论知识，为进一步进行嵌入式系统开发与设计打下坚实的基础。

7.1 ARM 汇编的上机过程

1. 实验目的

① MDK μVision 4 集成开发环境的使用方法。

② MDK μVision 4 集成开发环境的设置。

③ 汇编上机过程：编辑源程序、编译、链接、调试。

2. 实验设备

硬件：PC 机。

软件：MDK μVision 4 集成开发环境。

3. 实验预习要求

① 阅读 4.3 节内容。

② 参考 6.4 节有关内容。

4. 实验内容

① 建立一个新工程。

② 选择 CPU。

③ 添加启动代码。

④ 选择开发工具。

⑤ 建立汇编程序源文件。

⑥ 建立分散加载文件和调试脚本文件。

⑦ 将文件添加到工程中。

⑧ 设置编译链接控制选项。

⑨ 编译链接工程。

⑩ 调试工程。

5. 实验步骤

(1) 新建工程

首先建立文件夹并命名为 test,运行 MDK μVision4 集成开发环境,选择 Project→New→μVision Project 菜单项,则系统弹出一个对话框,按照图 7-1 所示输入相关内容。单击"保存"按钮,则创建一个新工程 test. uvproj。

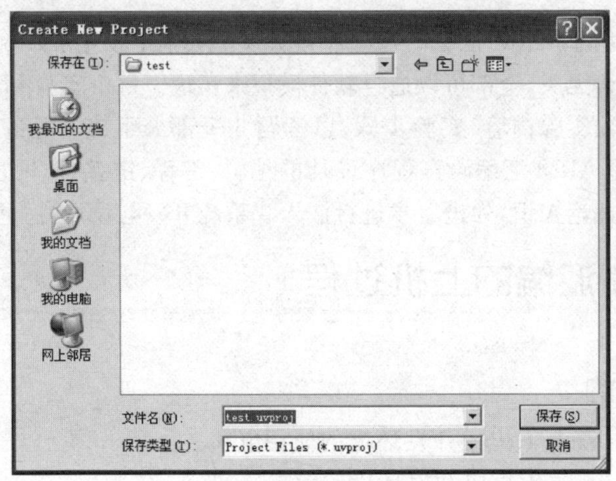

图 7-1　建立工程

(2) 为工程选择 CPU

新建工程后,要为工程选择 CPU,如图 7-2 所示,在此选择 SAMSUNG 的 S3C2410A。

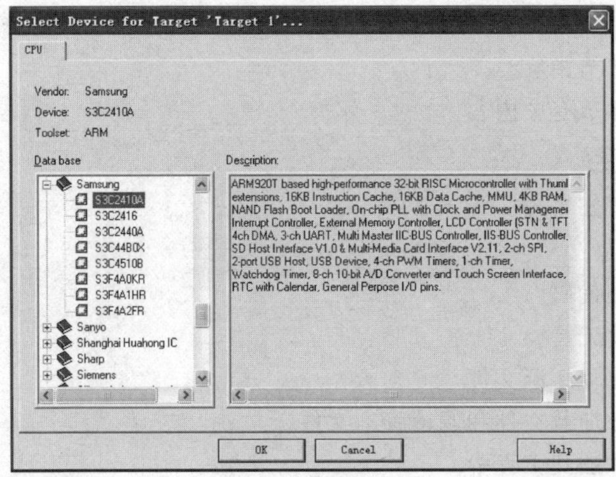

图 7-2　选择 CPU

(3) 添加启动代码

在图 7－2 中单击“确定”，则弹出一个对话框，问是否要添加启动代码，如图 7－3 所示。由于本实验是简单的汇编实验，因此不需要启动代码，选择“否”。

图 7－3　添加启动代码

(4) 选择开发工具

要为工程选择开发工具，在 Project→Manage→Components，Environment and Books -Folder/Extensions 对话框的 Folder/Extensions 选项卡内选择开发工具，如图 7－4 所示。

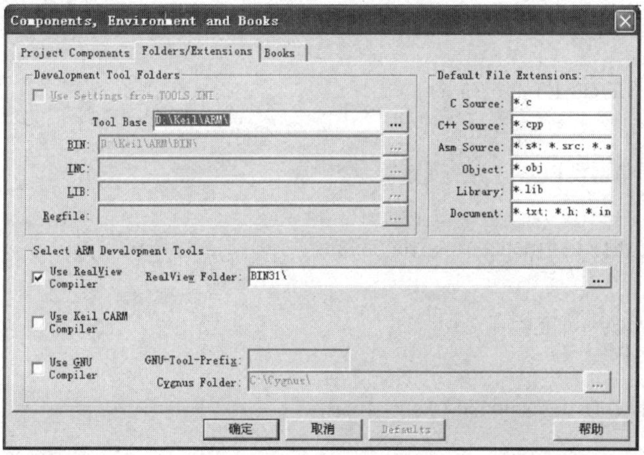

图 7－4　选择开发工具

从图中可以看到，有 3 个开发工具可选，在此选择 RealView Compiler。

(5) 建立汇编程序源文件

选择 File→New 菜单项，则系统弹出一个新的、没有标题的文本编辑窗，输入光标位于窗口中第一行，编辑输入并保存汇编程序源文件，命名为 test.s。

test.s 源程序：

```
addr    equ 0x31000100
        preserve8
        area reset,code,readonly
        entry
        arm
```

```
start   ldr r0,=addr
        mov r1,#10
        mov r2,#20
        add r1,r1,r2
        str r1,[r0]
        b start
        end
```

(6) 建立分散分散加载文件和调试脚本文件

依据和步骤(5)相同的方法,分别建立分散分散加载文件 test. sct 和调试脚本文件 DebugINRam. ini。

test. sct 分散加载文件:

```
LR_ROM1 0x30000000
{
    ER_ROM1 0x30000000 0x01000000
    {
        *.o (RESET, +First)
        *(InRoot$$Sections)
        .ANY (+RO)
    }
    RW_RAM1 0x31000000 0x01000000
    {
        .ANY (+RW +ZI)
    }
    RW_IRAM1 0x40000000 0x00001000
    {
        .ANY (+RW +ZI)
    }
}
```

DebugInRam. ini 源程序调试脚本文件:

```
FUNC void Setup (void)
{
    PC = 0x030000000;
}
map 0x00000000,0x00200000 read write exec
map 0x30000000,0x34000000 read write exec
Setup();
//g, main
```

(7) 将源文件添加到工程

在工程管理窗口中右击，则弹出一个快捷菜单，如图 7-5 所示。

在图 7-5 的快捷菜单中选择 Add Group 命令，建立工程文件组 source；选择 Add Files to 命令将汇编程序源文件 test.s 添加到来工程文件组 source，最后结果如图 7-6 所示。

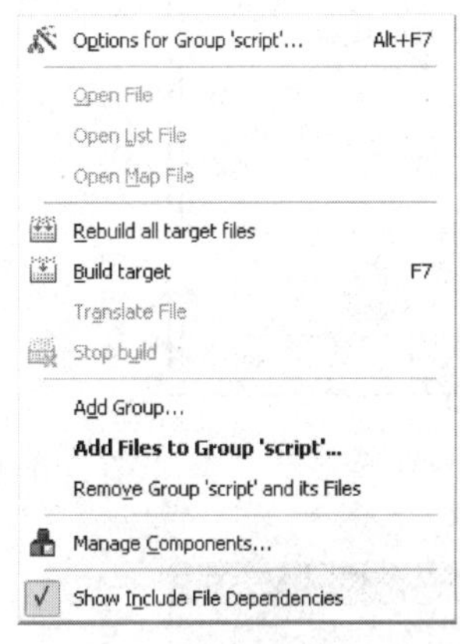

图 7-5 工程管理快捷菜单

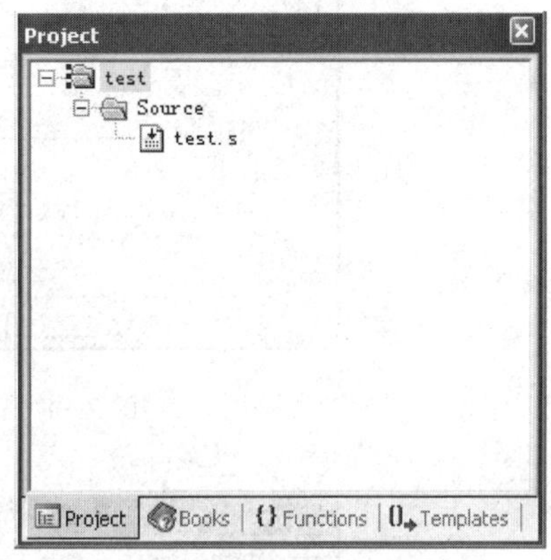

图 7-6 工程文件结构

(8) 设置编译连接控制选项

选择 Project→Option for Target 菜单项，则弹出工程设置对话框，如图 7-7 所示，对话框会因所选开发工具的不同而不同。

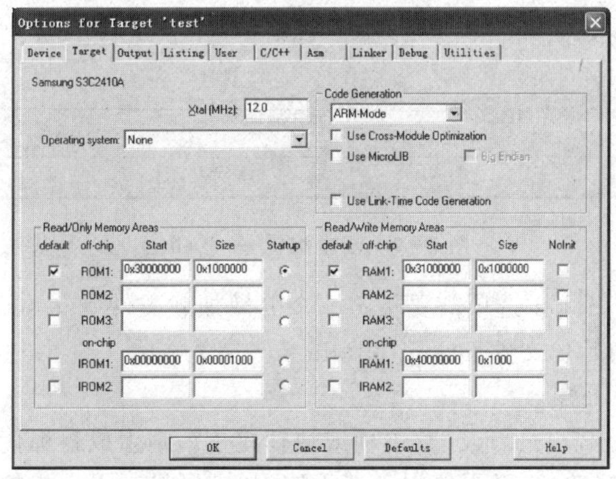

图 7-7 基本配置——Target

这里仅对 Target 选项、Linker 选项及 Debug 选项进行配置。Target 选项的配置如图 7-7 所示，Linker 选项的配置如图 7-8 所示，Debug 选项的配置如图 7-9 所示。

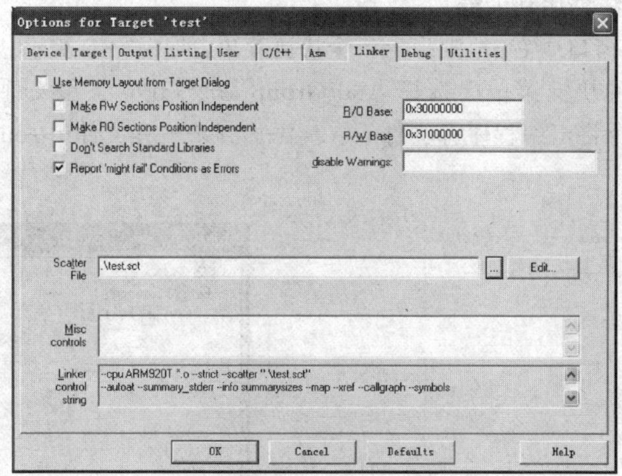

图 7－8　基本配置——Linker

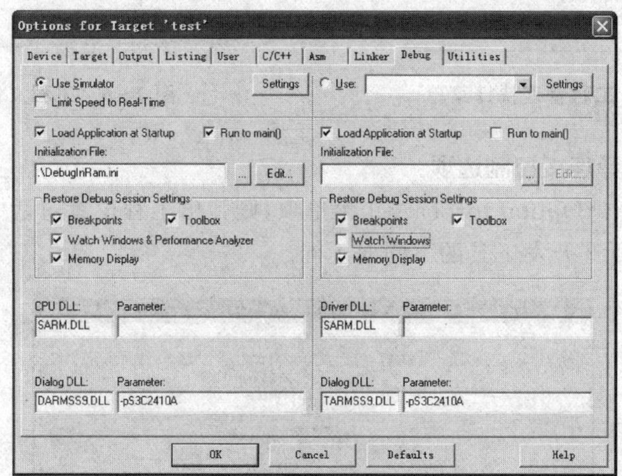

图 7－9　基本配置——Debug

需要注意，在 Linker 选项需要指定一个分散加载文件 test.sct，而在 Debug 选项内需要指定一个初始化文件 DebugINRam.ini。

(9) 编译链接工程

选择 Project→Build target 菜单项或快捷键 F7，则生成目标代码。在此过程中，若有错误，则进行修改，直至无错误。若无错误，则可进行下一步的调试。

(10) 调试工程

选择 Debug→Start/Stop Debug Session 菜单项或快捷键 Ctrl＋F5，即可进入调试模式。若没有目标硬件，则可以用 μVision 3 IDE 中的软件仿真器。确定后即可调试了，做如下调试工作：

➢ 打开 memory 窗口，单步执行，观察地址 0x31000100 中内容的变化；
➢ 单步执行，观察寄存器的变化；
➢ 结合实验内容和相关资料，观察程序运行，通过实验加深理解 ARM 指令的使用。

6. 思　考

① 分散加载文件的作用。
② 调试脚本文件的作用。
③ 如何修改程序加载的初始地址？
⑤ 如何将已编辑好的汇编源文件加入工程？

7.2 ARM 寻址方式

1. 实验目的

① 理解各种寻址方式。
② 巩固汇编上机过程：编辑源程序、编译、链接、调试。
③ 熟悉编辑界面的设置。

2. 实验设备

硬件：PC 机。
软件：MDK μVision 4 集成开发环境。

3. 实验预习要求

① 阅读 3.3 节内容。
② 参考 6.3 节有关内容。

4. 实验内容

① 建立一个新工程。
② 选择 CPU。
③ 添加启动代码。
④ 选择开发工具。
⑤ 建立汇编程序源文件。
⑥ 建立分散加载文件和调试脚本文件。
⑦ 将文件添加到工程中。
⑧ 设置编译链接控制选项。
⑨ 编译链接工程。
⑩ 调试工程。

5. 实验步骤

(1) 新建工程,选择 CPU,添加启动代码

首先建立文件夹命名为 test,运行 MDK μVision4 集成开发环境,选择 Project→New→μVision Project 菜单项,创建一个新工程 test. uvproj,选择 SAMSUNG 的 S3C2410A。由于本实验是简单的汇编实验,因此不需要添加启动代码。

(2) 建立汇编程序源文件

选择 File→New 菜单项,则系统弹出一个新的、没有标题的文本编辑窗,输入光标位于窗口中第一行,编辑输入并保存汇编程序源文件,命名为 test. s.

test. s 源程序:

```
        preserve8
        area reset,code,readonly
        entry
        code32
start   ldr r4,=0x31000100              ;存储器访问地址
        ldr r13,=0x31000200             ;堆栈初始地址
        mov r0,#15                      ;立即数寻址
        mov r2,#10
        mov r1,r0                       ;寄存器寻址
        add r0,r1,r2
        str r0,[r4]                     ;寄存器间接寻址
        ldr r3,[r4]
        mov r0,r1, lsl#1                ;寄存器移位寻址
        str r0,[r4,#4]                  ;基址变址寻址
        ldr r3,[r4,#4]!
        stmia  r4,{r0-r3}               ;多寄存器寻址
        ldmia  r4,{r5,r6,r7,r8}
        stmfd r13!,{r5,r6,r7,r8}        ;堆栈寻址
        ldmfd r13!,{r1-r4}
         b start                        ;相对寻址
         end
```

(3) 建立分散分散加载文件和调试脚本文件

分散加载文件 test. sct、调试脚本文件 DebugINRam. ini 和 7.1 节是完全相同的,相关建立步骤可参照 7.1 节的内容。

(4) 将文件添加到工程

可参照 7.1 节的内容和步骤,将汇编程序源文件、分散分散加载文件和调试脚本文件添加到工程。

(5) 设置编译连接控制选项

选择 Project→Option for Target 菜单项，则弹出工程设置对话框。仔细观察各选项的配置，图 7 - 10 是 Target 选项的配置，图 7 - 11 是 Linker 选项的配置，图 7 - 12 是 Debug 选项的配置。

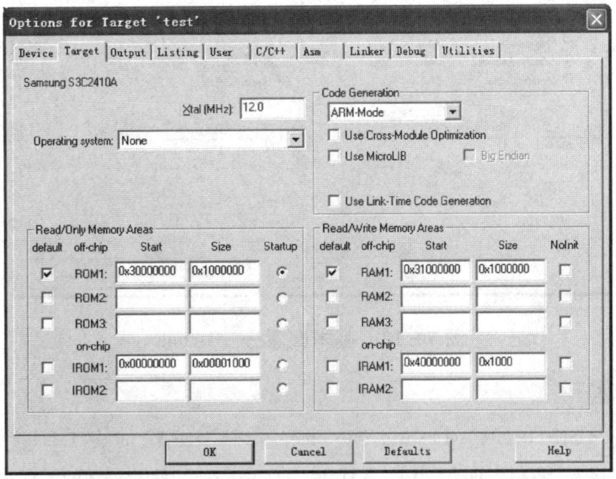

图 7 - 10　基本配置——Target

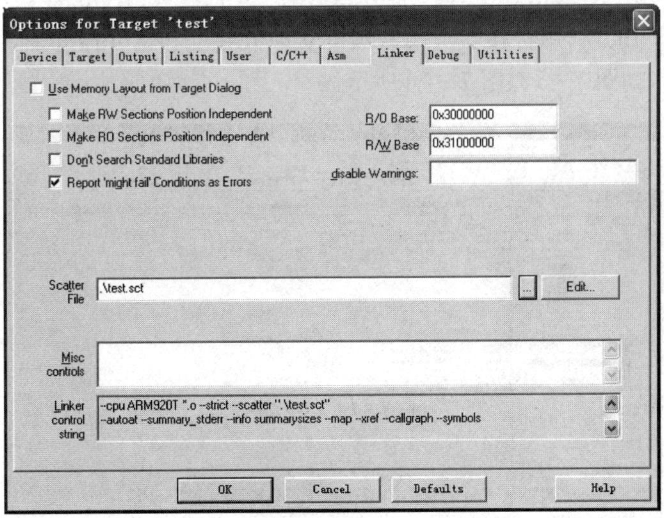

图 7 - 11　基本配置——Linker

(6) 编译链接工程

选择 Project→Build target 菜单项或快捷键 F7，生成目标代码。在此过程中，若有错误，则进行修改，直至无错误。若无错误，则可进行下一步的调试。

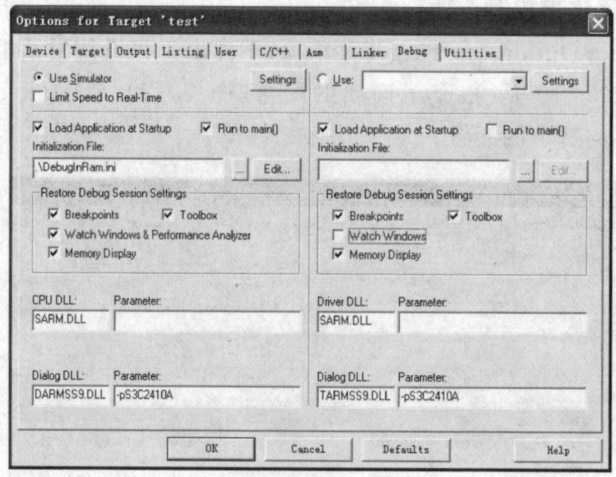

图 7-12　基本配置——Debug

(7) 调试工程

选择 Debug→Start/Stop Debug Session 菜单项或快捷键 Ctrl+F5,即可进入调试模式。若没有目标硬件,则可以用 MDK μVision 4 中的软件仿真器进行调试。

(8) 寄存器中的数据变化

选择 Views→Registers 菜单项打开寄存器,并选择 Current 寄存器。通过单步执行方式进行调试,利用寄存器观察器调试立即数寻址和寄存器寻址,注意观察寄存器中值的变化,如图 7-13、图 7-14 所示。

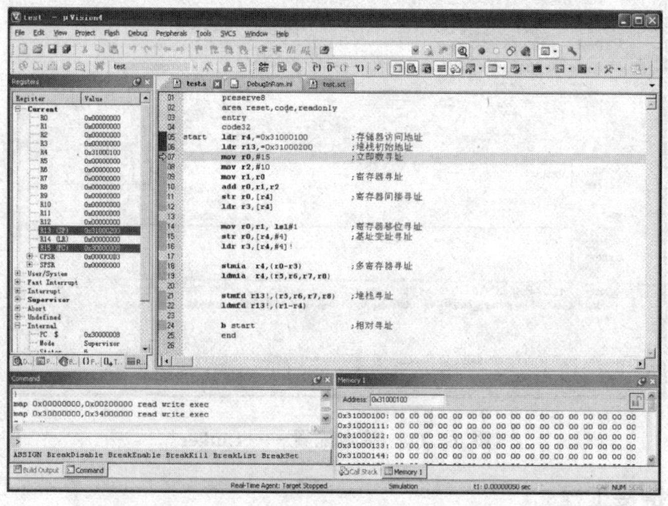

图 7-13　利用寄存器观察器调试

(9) 内存观察器的变化

选择 Views→Memory 打开内存观察器,并输入地址 0x31000100,调试寄存器间接寻址、基址变址寻址、多寄存器寻址,注意观察内存或寄存器中数据的变化,如图 7-15 所示。输入地址 0x310001D0 调试堆栈寻址,注意观察堆栈中数据的变化如图 7-16 所示。

6. 思　考

① 如何实现窗口的排列?

② 步骤(9)中为什么输入地址 0x310001D0 调试堆栈寻址,而不是输入 0x31000200?

③ 如何用调试器观察大端和小端存储格式的区别(参考 2.4.2 小节)?

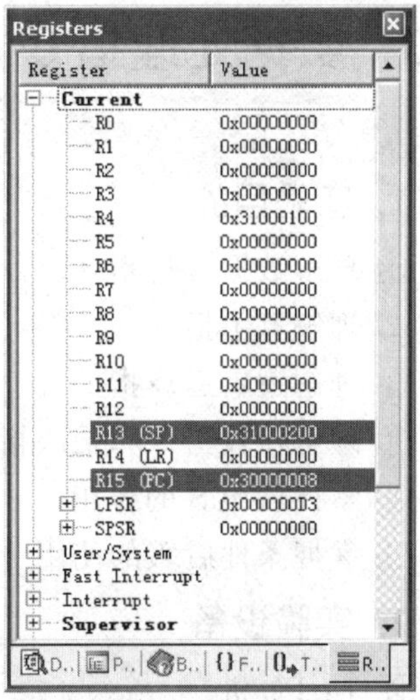

图 7-14　观察寄存器的变化

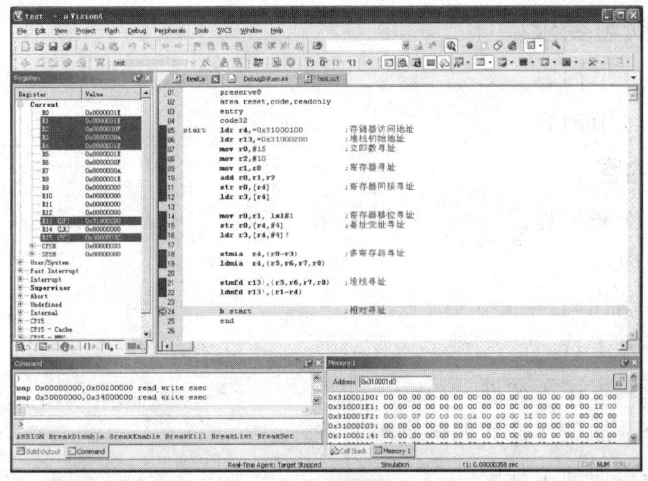

图 7-15　利用内存观察器调试

图 7-16　观察堆栈的变化

7.3 数据处理指令

1. 实验目的

① 理解数据传送指令。

② 理解算术指令。

③ 理解逻辑运算指令。

④ 理解比较指令和乘法指令。

⑤ 掌握后缀 S 的作用。

⑥ 掌握条件后缀的使用。

2. 实验设备

硬件：PC 机。

软件：MDK μVision 4 集成开发环境。

3. 实验预习要求

① 阅读 3.1 节内容。

② 阅读 3.4 节内容。

4. 实验内容

① 建立一个新工程。

② 选择 CPU。

③ 添加启动代码。

④ 选择开发工具。

⑤ 建立汇编程序源文件。

⑥ 建立分散加载文件和调试脚本文件。

⑦ 将文件添加到工程中。

⑧ 设置编译链接控制选项。

⑨ 编译链接工程。

⑩ 调试工程。

5. 实验步骤

1) 新建工程，选择 CPU，添加启动代码

首先建立文件夹并命名为 test，运行 MDK μVision4 集成开发环境，选择 Project→New→μVision Project 菜单项，创建一个新工程 test. uvproj，这里选择 SAMSUNG 的 S3C2410A。由于本实验是简单的汇编实验，因此不需要添加启动代码。

2) 建立汇编程序源文件

选择 File→New 菜单项，则系统弹出一个新的、没有标题的文本编辑窗，输入光

标位于窗口中第一行，编辑输入并保存汇编程序源文件，命名为 test. s.

test. s 源程序：

```
          preserve8
          area reset,code,readonly
          entry
          code32
start     mov     r0,#2                       ;将立即数送至 r0
          mov     r1,r0,lsl#2                 ;将 r0 左移 2 位后送至 r1
          mvn     r2,#0                       ;将立即数 0 取反送到 r2,r2=-1
          add     r2,r1,r0                    ;r2=r1+r0
          add     r2,r0,#0x40+0x20            ;第 2 操作数为数字常量表达式
          subs    r0,r2,r1                    ;r0=r2-r1,影响 CPSR
          rsb     r0,r1,#6                    ;r0=6-r1
          and     r0,r0,#0xf                  ;保留低 4 位,其余位清 0
          orr     r0,r0,#5
          eor     r0,r0,#0x1f
          bic     r0,r0,#0x10
          cmp     r0,#10                      ;比较指令,影响 CPSR
          addlt   r0,r0,#5                    ;条件执行
          mov     r1,#0x02
          mov     r2,#0x03
          mul     r0,r1,r2                    ;乘法指令
          b       start
          end
```

3）建立分散加载文件和调试脚本文件

分散加载文件 test. sct、调试脚本文件 DebugINRam. ini 和 7. 1 节是完全相同的，相关建立步骤可参照 7. 1 节的内容。

4）将文件添加到工程

可参照 7. 1 节的内容和步骤，将汇编程序源文件、分散加载文件和调试脚本文件添加到工程。

5）设置编译连接控制选项

选择 Project→Option for Target 菜单项，设置编译链接控制选项。

6）编译链接工程

选择 Project→Build target 菜单项或快捷键 F7，生成目标代码。在此过程中，若有错误，则进行修改，直至无错误。若无错误，则可进行下一步的调试。

7）调试工程

选择 Debug→Start/Stop Debug Session 菜单项或快捷键 Ctrl+F5，即可进入调试模式。若没有目标硬件，则可以用 MDK μVision 4 中的软件仿真器进行调试。

8) 寄存器的数值变化

选择 Views→Registers 菜单项打开寄存器，并选择 Current 寄存器。通过单步执行方式进行调试，利用寄存器观察器调试 SUBS 指令时注意观察 CPSR 发生的变化，如图 7-17、图 7-18 所示。

图 7-17　后缀指令的执行

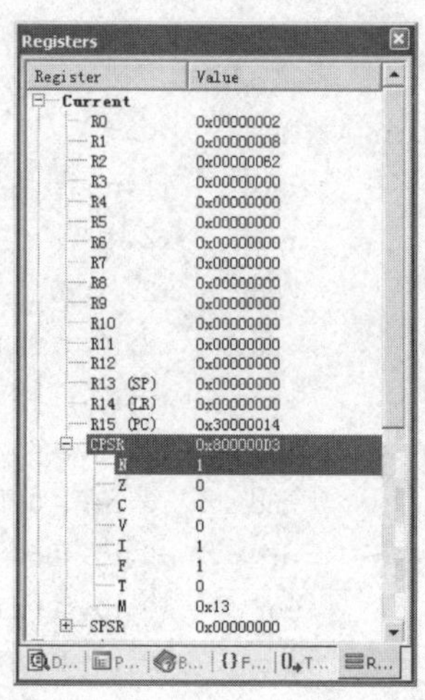

图 7-18　后缀指令执行时 CPSR 的变化

9) CPSR 中的变化

使用寄存器观察器，运用单步执行方式调试程序，调试到 CMP 指令时注意观察 CPSR 发生的变化以及 ADDLT 指令的条件执行，如图 7-19、图 7-20 所示。

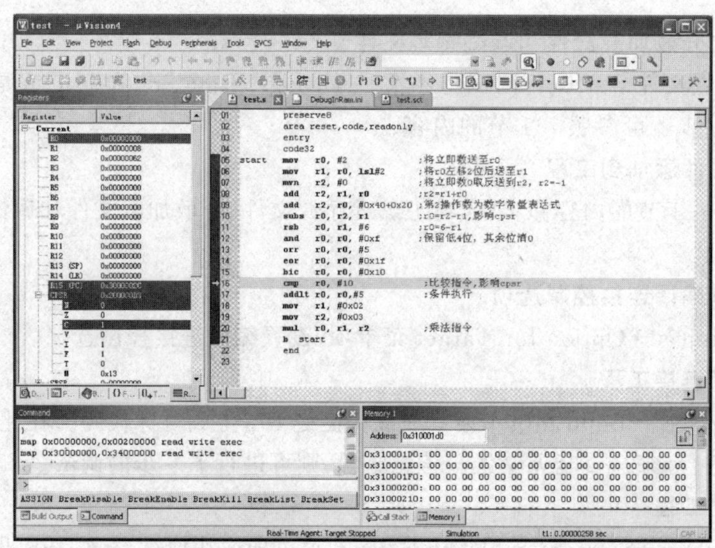

图 7-19　指令的条件执行

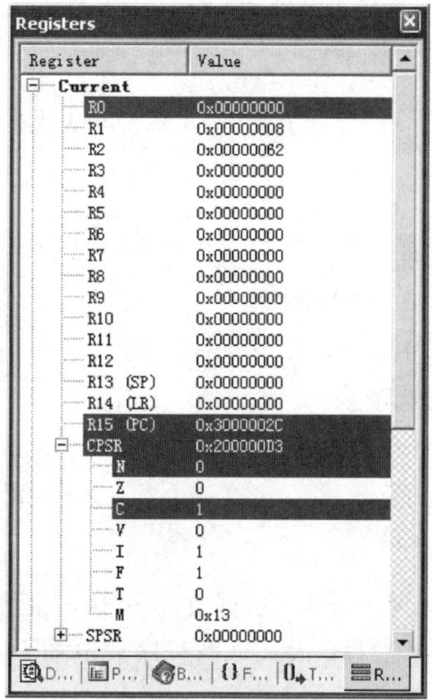

图 7-20 指令条件执行时 CPSR 的变化

6. 思 考

① 如何利用条件标志做出简单的分支执行？

② 重新设计程序，通过指令说明后缀 S 和条件执行的区别？

③ 如何实现将一个无符号数除以 4 的操作，设计指令说明？

⑤ 如何实现 128 位数据加法，设计指令序列说明？

7.4 数据加载与存储指令

1. 实验目的

① 掌握数据单寄存器数据加载与存储指令的使用。

② 掌握数据多寄存器数据加载与存储指令的使用。

③ 掌握 ARM 堆栈操作。

2. 实验设备

硬件：PC 机。

软件：MDK μVision 4 集成开发环境。

3. 实验预习要求

阅读 3.5 节内容。

4. 实验内容

① 建立一个新工程。

② 选择 CPU。

③ 添加启动代码。

④ 选择开发工具。

⑤ 建立汇编程序源文件。

⑥ 建立分散加载文件和调试脚本文件。

⑦ 将文件添加到工程中。

⑧ 设置编译链接控制选项。

⑨ 编译链接工程。

⑩ 调试工程。

5. 实验步骤

① 启动 MDK μVision 4 开发环境，建立工程 test，汇编源程序文件为 test.s，添加到工程项目中。编译链接工程。test.s 源程序清单如下：

test.s 源程序：

```
        preserve8
        area reset,code,readonly
        entry
        code32
start   ldr r1,=0x31000200              ;存储器访问地址
        mov r10,r1
        mov r2,#4                       ;单寄存器操作
        mov r0,#1                       ;寄存器寻址
        str r0,[r1]
        mov r0,#2
        str r0,[r1,r2]                  ;前索引
        mov r0,#3
        add r1,r1,#4
        str r0,[r1,r2]!                 ;自动索引，地址回写
        mov r0,#4
        add r1,r1,#4
        str r0,[r1],r2                  ;后索引，地址回写
        mov r0,#5                       ;寄存器加立即数寻址
        sub r1,r1,#4
        str r0,[r1,#4]                  ;前索引，注意 r1 的值有无变化
        mov r0,#6
        add r1,r1,#4
```

```
str r0,[r1,#4]!              ;自动索引,地址回写
mov r0,#7
str r0,[r1],#4               ;后索引,地址回写
mov r0,#8                    ;寄存器移位寻址
sub r1,r1,#8
str r0,[r1,r2,lsl #1]        ;前索引
mov r0,#9
add r1,r1,#4
str r0,[r1,r2,lsl #1]!       ;自动索引,地址回写
mov r0,#10
add r1,r1,#4
str r0,[r1],r2,lsl #1        ;后索引
ldr r0,start                 ;使用标号寻址
mov r0,r10                   ;多寄存器操作
mov r1,#6
mov r2,#7
mov r3,#8
mov r4,#9
stmia r0!,{r1-r4}
ldmdb r0!,{r5-r8}
add r5,r5,#2
add r6,r6,#2
add r7,r7,#2
add r8,r8,#2
stmib r0!,{r5,r6,r7,r8}
ldmda r0!,{r1-r4}
                             ;堆栈操作
mov sp,r0                    ;建栈
stmfd sp!,{r3-r5,r7}         ;入栈
ldmfd sp!,{r1-r4}            ;出栈
b start
end
```

② 使用寄存器观察器和内存观察器,运用单步执行方式调试程序,注意前索引方式地址的变化,如调试“STR R0,[R1]”时注意 R1 的值,如图 7-21 所示。

③ 使用寄存器观察器和内存观察器,运用单步执行方式调试程序,注意自动索引方式地址的变化,如调试“STR R0,[R1,R2]!”时注意 R1 的值,如图 7-22 所示。

④ 使用寄存器观察器和内存观察器,运用单步执行方式调试程序,注意自动索引方式地址的变化,如调试“STR R0,[R1],R2”时注意 R1 的值,如图 7-23 所示。

图 7-21　前索引

图 7-22　自动索引

图 7-23　后索引

⑤ 使用寄存器观察器和反汇编观察器，运用单步执行方式调试程序，注意标号地址的使用，如调试“LDR R0,START”时注意 R0 的值，如图 7－24 所示。

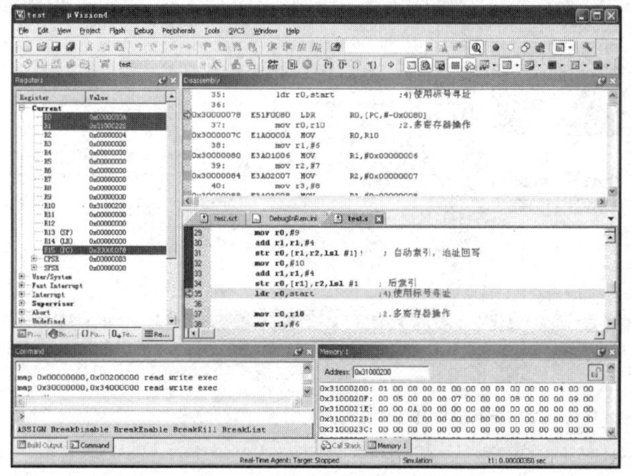

图 7－24　标号地址

⑥ 使用寄存器观察器和内存观察器，运用单步执行方式调试多寄存器操作，如图 7－25 所示。

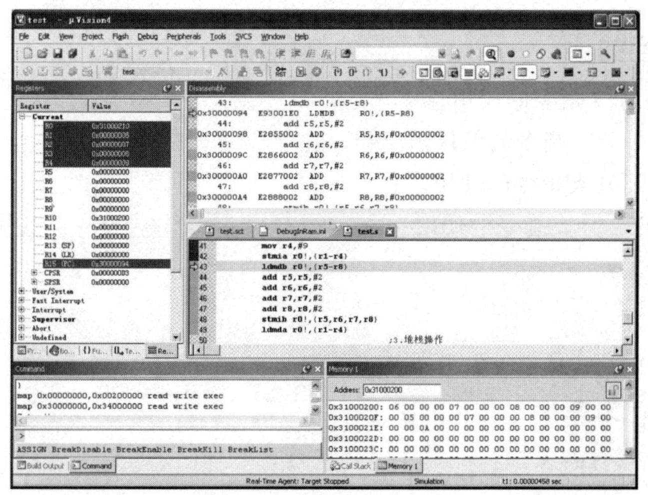

图 7－25　多寄存器操作

⑦ 使用寄存器观察器和内存观察器，运用单步执行方式调试堆栈操作，如图 7－26 所示。

6. 思　考

设计并调试交换指令。

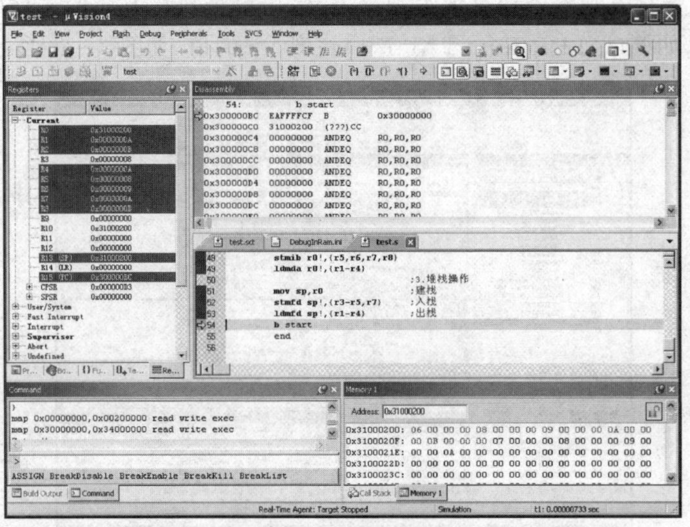

图 7-26 堆栈操作

7.5 ARM 分支指令

1. 实验目的

① 掌握 B 分支指令的使用。

② 掌握 BL 分支指令的使用。

③ 掌握 BX 分支指令的使用。

④ 掌握 BLX 分支指令的使用。

2. 实验设备

硬件：PC 机。

软件：MDK μVision 4 集成开发环境。

3. 实验预习要求

① 阅读 3.6 节内容。

② 阅读 3.10 节内容。

③ 阅读 6.5 节关于 Debug Rel Settings 的内容。

④ 阅读 6.6 节关于调试工具使用的内容。

4. 实验内容

① 建立一个新工程。

② 选择 CPU。

③ 添加启动代码。

④ 选择开发工具。

⑤ 建立汇编程序源文件。

⑥ 建立分散加载文件和调试脚本文件。

⑦ 将程序源文件添加到工程中。

⑧ 设置编译链接控制选项。

⑨ 编译链接工程。

⑩ 调试工程。

5. 实验步骤

① 启动 MDK μVision 4 开发环境，建立工程 test，分别编辑汇编源程序文件为 test1. s、test2. s 和 test3. s，源程序清单如下：

test1. s 源程序：

```
            preserve8
          area reset,code,readonly
          entry
          code32
          mov r1,#1
backword  sub r1,r1,#1
          cmp r1,#0
          beq forward
          sub r1,r2,#3
          sub r1,r1,#1
forward   add r1,r2,#4
          add r2,r3,#2
          b backword
          end
```

test2. s 源程序：

```
          preserve8
          area reset,code,readonly
          entry
          code32
start     mov r0, #0                      ; 设置参数
          mov r1, #3
          mov r2, #2
          bl   arithfunc                  ; 调用子程序

arithfunc                                 ; 子程序
          add r0,r1,r2
```

```
        mov pc,lr                        ; 返回
        end
```

test3. s 源程序：

```
        preserve8
        area reset,code,readonly
        entry
        code32
arm1    adr r0,thumb1+1
        mov lr,pc                        ;设置返回地址
        bx r0                            ;跳转并实现状态转换
        add r1,r2,#2                     ;返回地址处
        b arm1
        code16
thumb1  add r1,r3,#1
        add r0,r0,#08
        bx lr                            ;从 lr 中取出返回地址跳转,并实现状态转换
        end
```

② 将 test1. s 加入工程,编译并链接程序,使用寄存器观察器,运用单步执行方式调试程序 test1. s 验证 B 指令,如图 7-27 所示。

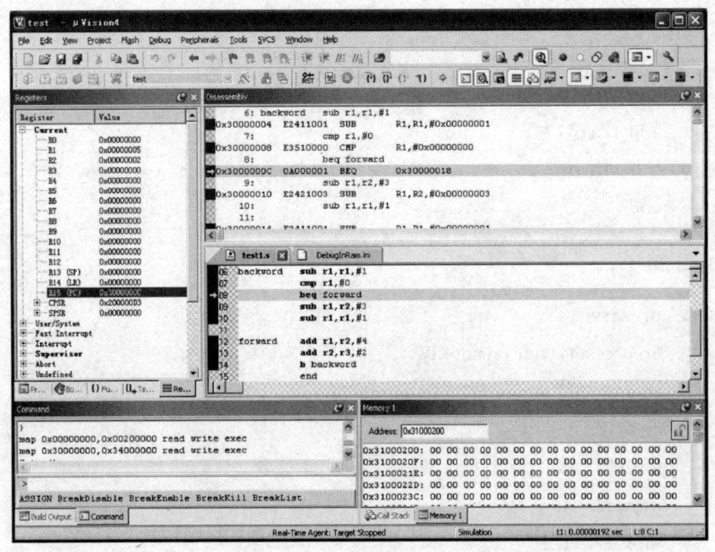

图 7-27　B 分支指令

③ 将 test1. s 从工程去除,并将 test2. s 加入工程,编译并链接程序,使用寄存器观察器,运用单步执行方式调试程序 test2. s 验证 BL 指令,如图 7-28 所示。

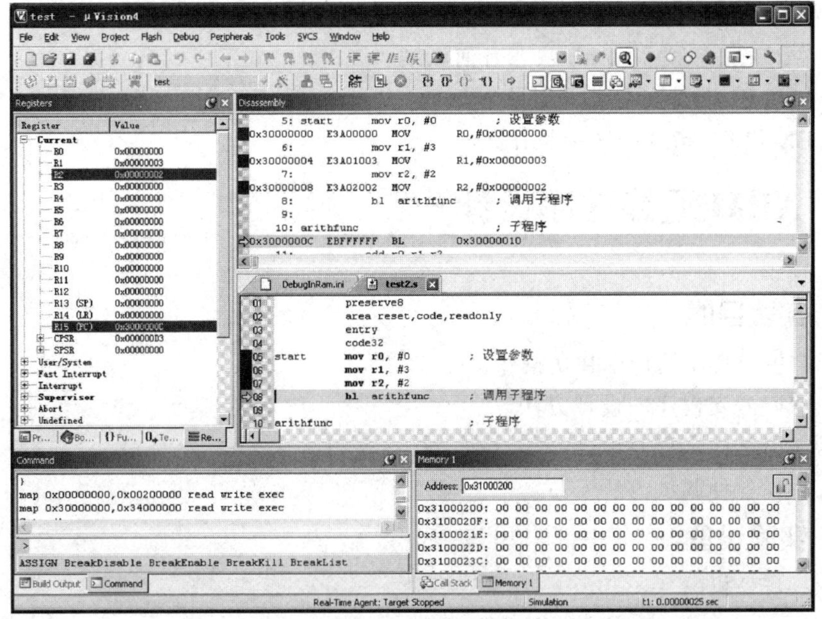

图 7-28 BL 指令

④ 将 test2. s 从工程去除，再将 test3. s 加入工程，编译并链接程序，使用寄存器观察器，运用单步执行方式调试程序 test3. s 验证 BX 指令；同时，运用反汇编观察器观察 ARM 状态和 Thumb 状态下的指令密度，如图 7-29 所示。

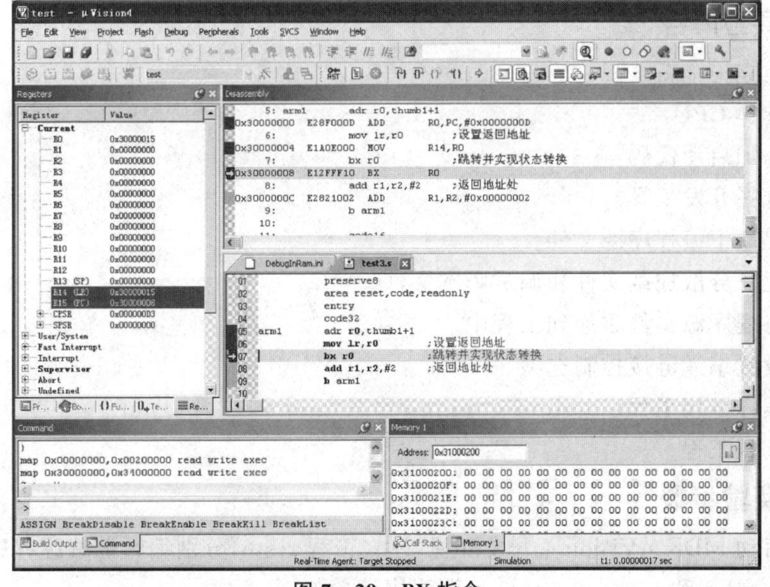

图 7-29 BX 指令

6. 思　考

① ARM 状态和 Thumb 状态有何区别?

② B 和 BL 指令的区别是什么?

③ BX 和 BL 指令的区别是什么?

7.6 ARM 汇编程序设计一

1. 实验目的

① 掌握 ARM 伪指令和伪操作。

② 掌握分支程序的设计方法。

③ 掌握结构化程序设计。

④ 掌握各种调试方法。

2. 实验设备

硬件:PC 机。

软件:MDK μVision 4 集成开发环境。

3. 实验预习要求

① 阅读 3.9 节内容。

② 阅读 4.4 节内容。

③ 阅读 6.6 节关于调试工具使用的内容。

4. 实验内容

① 建立一个新工程。

② 选择 CPU。

③ 添加启动代码。

④ 选择开发工具。

⑤ 建立汇编程序源文件。

⑥ 建立分散加载文件和调试脚本文件。

⑦ 将程序源文件添加到工程中。

⑧ 设置编译链接控制选项。

⑨ 编译链接工程。

⑩ 调试工程。

5. 实验步骤

① 启动 MDK μVision 4 开发环境,建立工程 test6,分别编辑汇编源程序文件为 test1.s、test2.s 和 test3.s。test1.s 源程序清单如下:

test1.s 源程序:

```
        preserve8
        area reset,code,readonly
        entry
        code32
        mov r0,#1
        b start
data1   dcb "strin"                  ;造成地址不对齐
        align 4                      ;使后续指令 4 字节对齐
start
        bl    func1
        bl    func2
        b     start
func1
        ldr   r0, =start
        ldr   r1, =darea +12
        ldr   r2, =darea + 400
        mov   pc,lr                  ;返回
        ltorg                        ;子程序结束,声明文字池
func2   ldr   r3, =darea +60
        ldr   r4, =darea +6004
        mov   pc, lr
darea   space   4000
        end
```

② 编译并链接程序 test1.s,在程序 test1.s 中主要综合了伪指令 LDR 的使用、数据定义伪操作 DCB、SPACE。使用寄存器观察器,同时将程序反汇编格式显示出来,运用单步执行方式调试程序 test1.s,如图 7-30 所示。

③ test2.s 程序说明了多分支结构程序设计的一种方法。将 test2.s 加入项目,编译并链接程序,使用寄存器观察器,运用单步执行方式调试程序。

test2.s 源程序清单如下:

```
            preserve8
            area reset,code,readonly
            entry
            code32
start       cmp r0,#8
            addlt pc,pc,r0,lsl#2
            b method_d
            b method_0
            b method_1
```

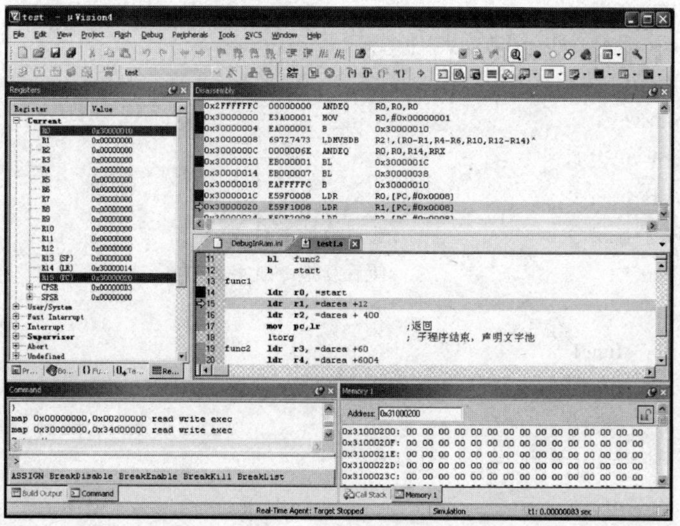

图 7-30　test1.s 的调试过程

```
        b method_2
        b method_3
        b method_4
        b method_5
        b method_6
        b method_7
method_0
        mov r0,#1          ;这里添加实现 method_0 的代码
        b   end0
method_1
       mov r0,#2          ;这里添加实现 method_1 的代码
       b   end0
method_2
       mov r0,#3          ;这里添加实现 method_2 的代码
       b   end0
method_3
       mov r0,#4          ;这里添加实现 method_3 的代码
       b   end0
method_4
       mov r0,#5          ;这里添加实现 method_4 的代码
       b   end0
method_5
       mov r0,#6          ;这里添加实现 method_5 的代码
```

```
        b   end0
method_6
        mov r0,#7       ;这里添加实现 method_6 的代码
        b   end0
method_7
        mov r0,#8       ;这里添加实现 method_7 的代码
        b   end0
method_d
        mov r0,#0
end0
        b start
        end
```

④ test3.s 程序说明了 C 语言程序设计的基本结构所对应的汇编语言程序段，将 test3.s 加入项目。编译并链接程序，使用寄存器观察器，运用单步执行方式调试程序。test6_3.s 源程序清单如下：

```
            preserve8
            area reset,code,readonly
            entry
            code32
start       ;if(x>y) z=100;
             ;else z=50;
             ;x->r0,y->r1,z->r2
             mov r0,#76
             mov r1,#243
             cmp r0,r1
             movhi r2,#100
             movls r2,#50
             ;for(i=0;i<10;i++)
             ;{
             ; x++;
             ;}
             ;x->r0,i->r2
            mov r0,#0
for_l1      cmp r2,#10
             bhs for_end
             add r0,r0,#1
             add r2,r2,#1
             b for_l1
```

```
for_end      nop
              ;while(x<=y)
              ;{
              ;x*=2;
              ;}
              ;x->r0,y->r1

              mov r0,#1
              mov r1,#20
              b while_l2
while_l1     mov r0,r0,lsl #1

while_l2     cmp r0,r1
              bls while_l1
while_end     nop
              ;do
              ;{
              ;x--;
              ;}while(x>0);
              ;x->r0
              mov r0,#5
dowhile_l1   add r0,r0,#-1
dowhile_l2   movs r0,r0
              bne dowhile_l1
dowhile_end   nop
              ;switch(key&0x0f)
              ;{ case 0:
              ;  case 2:
              ;  case 3: x=key+y;
              ;          break;
              ;  case 5: x=key-y;
              ;          break;
              ;  case 7: x=key*y;
              ;          break;
              ;  default:x=168;
              ;          break;
              ;}
              ;x->r0,y->r2
              mov r1,#3;
```

```
                mov r2,#2;
switch          and r2,r2,#0x0f
case_0          cmp r2,#0
case_2          cmpne r2,#2
case_3          cmpne r2,#3
                bne case_5
                add r0,r2,r1
                b switch_end
case_5          cmp r2,#5
                bne case_7
                sub r0,r2,r1
                b switch_end
case_7          cmp r2,#7
                bne default
                mul r0,r2,r1
                b switch_end
default         mov r0,#168
switch_end      nop
halt            b halt
                end
```

6. 思　考

使用 ARM 汇编指令结构化程序编程，如何在 for 和 while 结构中实现 break 和 continue?

7.7 ARM 汇编程序设计二

1. 实验目的

① 掌握循环程序设计方法。

② 理解子程序的概念。

2. 实验设备

硬件：PC 机。

软件：MDK μVision 4 集成开发环境。

3. 实验预习要求

① 阅读 4.4 节内容。

② 阅读 6.6 节关于调试工具使用的内容。

4. 实验内容

① 建立一个新工程。

② 选择 CPU。

③ 添加启动代码。

④ 选择开发工具。

⑤ 建立汇编程序源文件。

⑥ 建立分散加载文件和调试脚本文件。

⑦ 将程序源文件添加到工程中。

⑧ 设置编译链接控制选项。

⑨ 编译链接工程。

⑩ 调试工程。

5. 实验步骤

① 启动 MDK μVision 4 开发环境,建立工程 test7,编辑汇编源程序文件 test1. s,设置直接添加到项目中。源程序清单如下:

```
        preserve8
        area reset,code,readonly
        entry
        code32
start   ldr r1,=data1
        ldr r2,=data2
        ldr r3,=sum
        mov r0,#0
loop    ldr r4,[r1],#04
        ldr r5,[r2],#04
        adds r4,r4,r5
        add r0,r0,#1
        str r4,[r3],#04
        bne loop
        b start
         area reset, data, readwrite
data1   dcd 2,5,0,3,-4,5,0,10,9
data2   dcd 3,5,4,-2,0,8,3,-10,5
sum      dcd 0,0,0,0,0,0,0,0,0
         end
```

② 程序 test1. s 实现了两个数组 DATA1 和 DATA2 相加,结果存入 SUM 中,直到结果为 0 时结束。编译并链接程序,对程序进行调试。调试时可以使用内存观

察器观测内存的变化值,如图 7-31 所示。

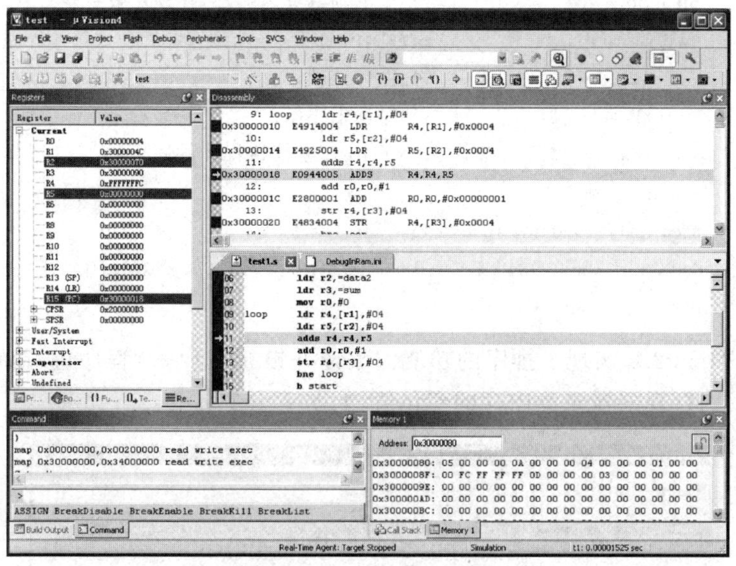

图 7-31 程序 test1.s 调试

③ 编辑汇编源程序文件 test2.s,设置直接添加到项目中。源程序清单如下:

```
n      equ 10
       preserve8
       area reset,code,readonly
       entry
       code32
start   ldr r0,=buf                ;指向数组的首地址
        mov r1,#0                  ;外循环计数器
        mov r2,#0                  ;内循环计数器
loopi   add r3,r0,r1,lsl #2        ;外循环首地址放入 r3
        mov r4,r3                  ;内循环首地址放入 r4
        add r2,r1,#1               ;内循环计数器初值
        mov r5,r4                  ;内循环下一地址初值
        ldr r6,[r4]                ;取内循环第一个值 r4
loopj   add r5,r5,#4               ;内循环下一地址值
        ldr r7,[r5]                ;取出下一地址值 r7
        cmp r6,r7                  ;比较
        blt next                   ;小则取下一个
        swp r7,r6,[r5]             ;大则交换,最小值 r6
        mov r6,r7
next    add r2,r2,#1               ;内循环计数
```

```
        cmp r2,#n                 ;循环中止条件
        blt loopj                 ;小于 n 则继续内循环,实现比较一轮
        swp r7,r6,[r3]            ;否则,内循环一轮结束,将最小数存入外循环首地址处
        add r1,r1,#1              ;外循环计数
        cmp r1,#n-1               ;外循环中止条件
        blt loopi                 ;小于 n-1 继续执行外循环
        b start
        area test7_2, data, readwrite
buf     dcd 0x0ff,0x00,0x40,0x10,0x90,0x20,0x80,0x30,0x50,0x70
        end
```

④ 程序 test2.s 实现了排序的功能。编译并链接程序,对程序进行调试。调试时可以使用内存观察器观测内存的变化值,如图 7-32 所示。

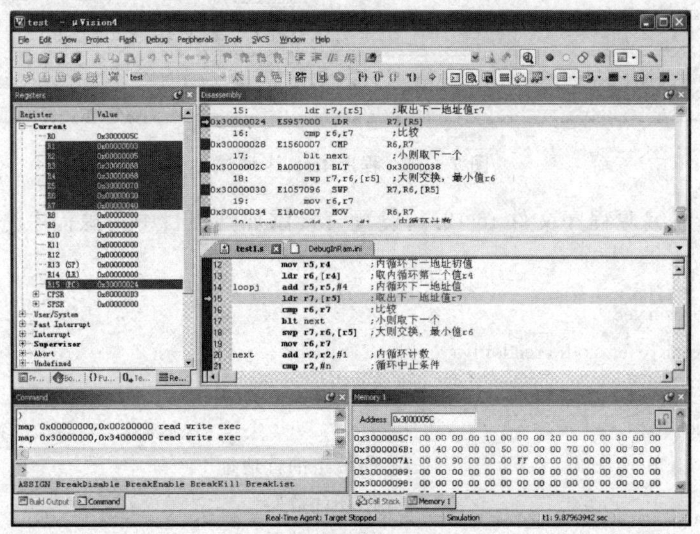

图 7-32　程序 test2.s 调试

6. 思　考

① 调试配套资料的 test7 文件夹中关于字符串复制的程序。

② 调试配套资料的 test7 文件夹中关于子程序调用的程序。

③ 调试配套资料的 test7 文件夹中关于字复制的程序。

7.8 工作模式的切换

1. 实验目的

① 理解各种工作模式。

② 掌握工作模式切换程序的设计方法。

2. 实验设备

硬件：PC 机。

软件：MDK μVision 4 集成开发环境。

3. 实验预习要求

阅读 4.5 节和 4.7 节内容。

4. 实验内容

① 建立一个新工程。

② 选择 CPU。

③ 添加启动代码。

④ 选择开发工具。

⑤ 建立汇编程序源文件。

⑥ 建立分散加载文件和调试脚本文件。

⑦ 将程序源文件添加到工程中。

⑧ 设置编译链接控制选项。

⑨ 编译链接工程。

⑩ 调试工程。

5. 实验步骤

① 启动 MDK μVision 4 开发环境，建立工程 test，编辑汇编源程序文件为 test.s，添加到工程项目中。源程序清单如下：

Test.s 源程序：

```
usr_stack_legth equ 64
svc_stack_legth equ 32
fiq_stack_legth equ 16
irq_stack_legth equ 64
abt_stack_legth equ 16
und_stack_legth equ 16
            preserve8
            area reset,code,readonly
            entry
            code32
start       mov r0,#0
            mov r1,#1
            mov r2,#2
            mov r3,#3
            mov r4,#4
            mov r5,#5
```

```
            mov r6,#6
            mov r7,#7
            mov r8,#8
            mov r9,#9
            mov r10,#10
            mov r11,#11
            mov r12,#12
            bl initstack                ;初始化各模式下的堆栈指针
                                        ;打开 irq 中断(将 cpsr 寄存器的 i 位清 0)
            mrs r0,cpsr                 ;r0<--cpsr
            bic r0,r0,#0x80
            msr cpsr_cxsf,r0            ;cpsr<--r0
                                        ;切换到用户模式
            msr cpsr_c,#0xd0
            mrs r0,cpsr
                                        ;切换到管理模式
            msr cpsr_c,#0xdf
            mrs r0,cpsr
halt        b halt
initstack   mov r0,lr                   ;r0<--lr,因为各种模式下 r0 是相同的
                                        ;设置管理模式堆栈
            msr cpsr_c,#0xd3            ;110   10011   cpsr[4:0]
            ldr sp,stacksvc
                                        ;设置中断模式堆栈          ;110   10010
            msr cpsr_c,#0xd2
            ldr sp,stackirq
                                        ;设置快速中断模式堆栈      ;110   10001
            msr cpsr_c,#0xd1
            ldr sp,stackfiq
            stmfd sp!,{r0}              ;r0 入栈,观察栈中数据的变化
            nop
                                        ;设置中止模式堆栈          ;110   10111
            msr cpsr_c,#0xd7
            ldr sp,stackabt
                                        ;设置未定义模式堆栈        ;110   11011
            msr cpsr_c,#0xdb
            ldr sp,stackund
                                        ;设置系统模式堆栈          ;110   11111
            msr cpsr_c,#0xdf
```

```
            ldr sp,stackusr
            mov pc,r0
stackusr     dcd   usrstackspace+(usr_stack_legth-1)*4
stacksvc     dcd   svcstackspace+(svc_stack_legth-1)*4
stackirq     dcd   irqstackspace+(irq_stack_legth-1)*4
stackfiq     dcd   fiqstackspace+(fiq_stack_legth-1)*4
stackabt     dcd   abtstackspace+(abt_stack_legth-1)*4
stackund     dcd   undstackspace+(und_stack_legth-1)*4

            area reset,data,noinit,align=2
usrstackspace space usr_stack_legth*4
svcstackspace space svc_stack_legth*4
irqstackspace space irq_stack_legth*4
fiqstackspace space fiq_stack_legth*4
abtstackspace space abt_stack_legth*4
undstackspace space und_stack_legth*4
             end
```

② 编译并链接程序,使用寄存器观察器,运用单步执行方式调试程序 test.s,验证工作模式的切换,注意观察 CPSR 寄存器中的变化,如图 7-33 所示。

图 7-33 工作模式切换

③ 随着程序调试过程中在模式间的切换,使用寄存器观察器切换到不同的工作模式下观察 SP 的变化情况,如图 7-34 所示,说明了 IRQ 模式下 SP 的设置情况。

④ 可以重新修改程序编译调试,在不同模式下对堆栈进行操作,使用内存观察

图 7-34　设置 IRQ 模式下的 SP

器观察不同的工作模式下 SP 的位置、堆栈入栈操作后栈中数据的变化情况以及 SP 指针值的变化情况,如图 7-35 所示,说明了 FIQ 模式下进栈操作的情况。

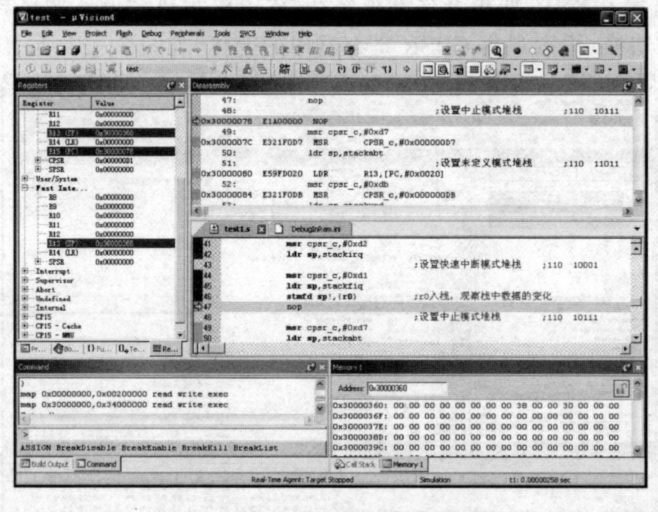

图 7-35　FIR 模式下的入栈操作

6. 思　考

① 修改程序观察不同模式下入栈操作,并画出各模式内存分布的结构图。

② 比较工作状态和工作模式的切换,工作状态的切换有几种方法,编程调试说明?

7.9 ARM 汇编和 C 语言混合编程

1. 实验目的

① 掌握汇编程序访问 C 程序变量的方法。

② 掌握汇编程序调用 C 程序的方法。

③ 掌握 C 程序调用汇编程序。

2. 实验设备

硬件：PC 机。

软件：MDK μVision 4 集成开发环境。

3. 实验预习要求

① 阅读 4.8 节内容。

② 阅读 6.6 节内容。

4. 实验内容

① 建立一个新工程。

② 选择 CPU。

③ 添加启动代码。

④ 选择开发工具。

⑤ 建立汇编程序源文件。

⑥ 建立分散加载文件和调试脚本文件。

⑦ 将程序源文件添加到工程中。

⑧ 设置编译链接控制选项。

⑨ 编译链接工程。

⑩ 调试工程。

5. 实验步骤

① MDK μVision 4 开发环境，建立工程 test，编辑汇编源程序文件 test1.s，将源程序文件添加到工程项目中。汇编程序访问 C 源程序变量的程序清单如下：

Test1.s 源程序：

```
preserve8
area reset,code,readonly
entry
    code32
    export armcode
    import globvar
```

```
         import main
         b main
armcode  ldr r1,=globvar
         ldr r0,[r1]
         add r0,r0,#2
         str r0,[r1]
         mov pc,lr
         end
```

Test2.c 源程序:

```
#include<stdio.h>
int globvar;
extern armcode(void);
int main()
{
    globvar=3;
    armcode();
    return 0;
}
```

② 编译并链接程序,使用寄存器观察器和内存观察器,运用单步执行方式调试程序 test1.s 和 test2.c,验证 ARM 汇编程序对 C 语言变量的访问,如图 7-36 和图 7-37 所示。

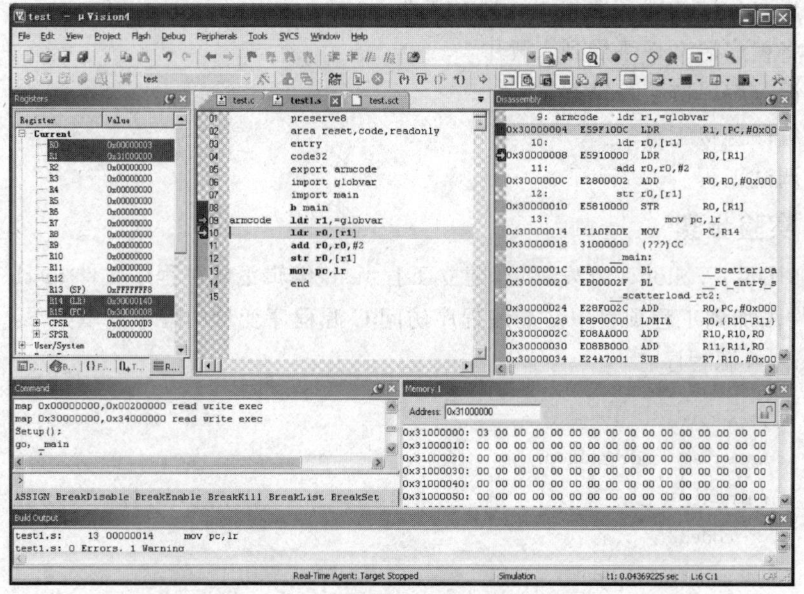

图 7-36 汇编程序访问 C 程序变量

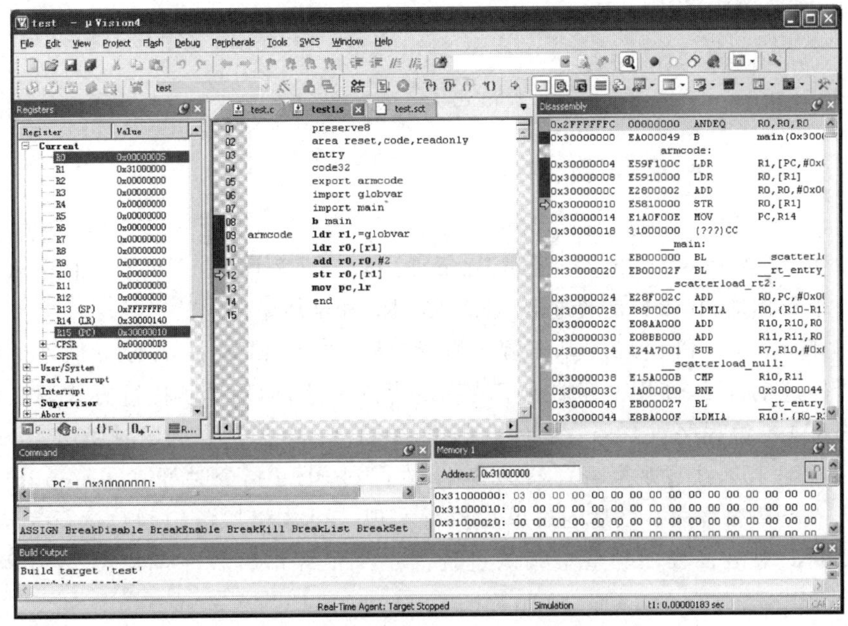

图 7-37 汇编程序修改 C 程序变量

③ 汇编程序调用 C 程序的程序清单如下：

Test3.s 源程序：

```
preserve8
area reset,code,readonly
entry
code32
export reset;arm_add
import g
ldr sp,=0x31000100
str lr,[sp,#-4]!
mov r0,#1
mov r1,#2
mov r2,#3
mov r3,#4
mov r4,#5
str r4,[sp,#-4]!
bl g                    ;调用 c 语言程序
add sp,sp,#4
; ldr pc,[sp],#4
end
```

Test4. c 源程序：

```
#include<stdio.h>
int g(int a,int b,int c,int d,int e)
{
    return a+b+c+d+e;
}
```

说明：汇编程序 test9_2. s 通过 BL g 调用 C 语言程序 test9_2_c. c 中的 g()函数实现 5 个数相加，其参数是通过 R0、R1、R2、R3 和堆栈来传递的。

④ 将 test1. s 和 test2. c 从工程中删除，然后将 test3. s 和 test4. c 加入工程，重新编译并链接程序，使用寄存器观察器和内存观察器，运用单步执行方式调试程序，验证 ARM 汇编程序对 C 语言程序的调用，如图 7－38 所示。调试时使用 step 方式(单步执行 F10)，注意观察寄存器的变化，执行到 BL g 指令时可通过 step in 方式，单步进入 C 语言程序。然后通过单步执行实现 5 个数相加，g()函数运行完毕后程序又回到汇编语言程序。整个调试过程演示了汇编语言程序调用 C 语言程序的过程。

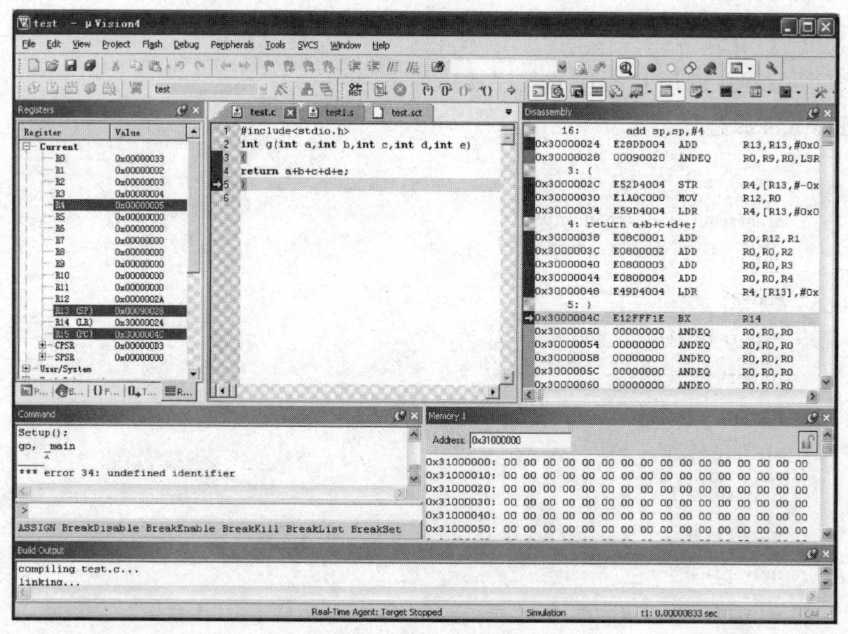

图 7－38　汇编程序调用 C 程序

⑤ C 程序调用 ARM 汇编程序的程序清单如下：

Test5. s 源程序：

```
preserve8
area reset,code,readonly
```

```
        entry
        code32
        import main
        export strcopy
        ldr sp,=0x31000100
        b main
strcopy
        ; r0 指向目标串
        ; r1 指向源串
        ldrb    r2,[r1],#1          ;从源串读取一个字节并更新地址
        strb    r2,[r0],#1          ;存入目标串并更新地址
        cmp     r2, #0              ;检查终止条件 r2 是否为 0
        bne     strcopy             ;不为 0 继续复制
        mov     pc,lr               ;返回
        end
```

Test6.c 源程序:

```
#include <stdio.h>
extern void strcopy(char *d, char *s);
int main()
{       char *srcstr = "First string - source";
        char dststr[] = "Second string - destination";
        strcopy(dststr,srcstr);
        return 0;
}
```

说明:C 语言程序 test6.c 实现了将源字符串 srcstr 复制到目标字符串 dststr 中,其中字符串复制函数 strcopy 是由汇编程序实现的,该段汇编程序在 test5.s 中,此例演示了 C 语言程序调用汇编程序的过程。

⑥ 将 test3.s 和 test4.c 从工程中删除,然后将 test5.s 和 test6.c 加入工程,重新编译并链接程序,也可以在程序中设置断点单步执行程序达到调试的目标,如图 7-39 所示。

6. 思　考

① 调试并理解配套资料的 test9 子文件夹中关于 ARM 和 C 综合编程的例子。

② 调试并理解配套资料的 test9 子文件夹中关于数据类型转换的例子。

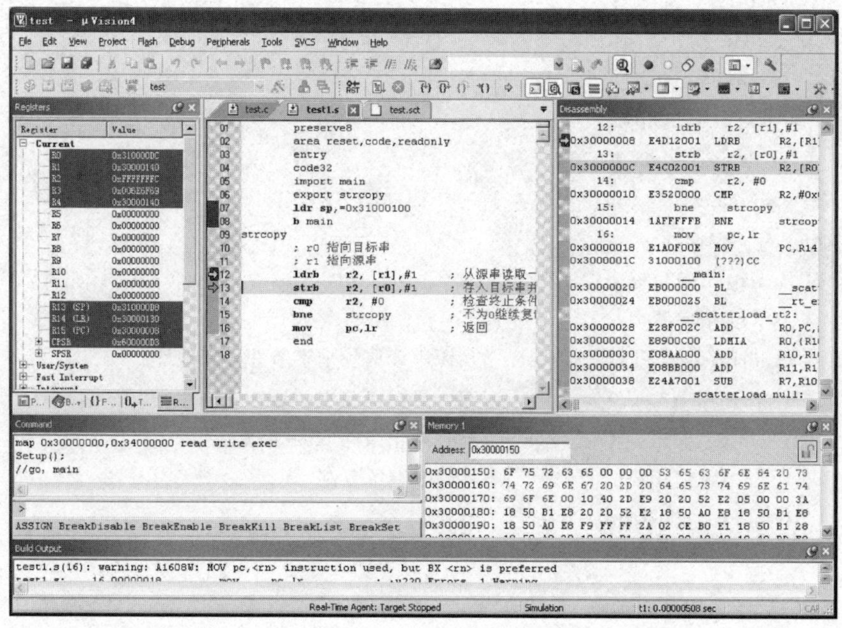

图 7-39 C 语言程序调用汇编程序

7.10 异常中断编程

1. 实验目的

① 掌握 SWI 程序的基本结构。

② 掌握从应用程序中调用 SWI 异常中断的基本方法。

2. 实验设备

硬件：PC 机。

软件：MDK μVision 4 集成开发环境。

3. 实验预习要求

① 阅读 5.4 节内容。

② 阅读 6.6 节内容

4. 实验内容

① 建立一个新工程。

② 选择 CPU。

③ 添加启动代码。

④ 选择开发工具。

⑤ 建立汇编程序源文件。

⑥ 建立分散加载文件和调试脚本文件。

⑦ 将程序源文件添加到工程中。

⑧ 设置编译链接控制选项。

⑨ 编译链接工程。

⑩ 调试工程。

5. 实验步骤

① 启动 MDK μVision 4 开发环境,建立工程 test10,分别将源程序 main.c、ahandle.s、chandle.c、swi.h 加入工程,程序清单如 5.4.2 小节例 5.7 所示。程序的调用关系如图 7-40 所示。调试时可以根据该图判断程序的走向,在合适的地方设置断点进行观察。

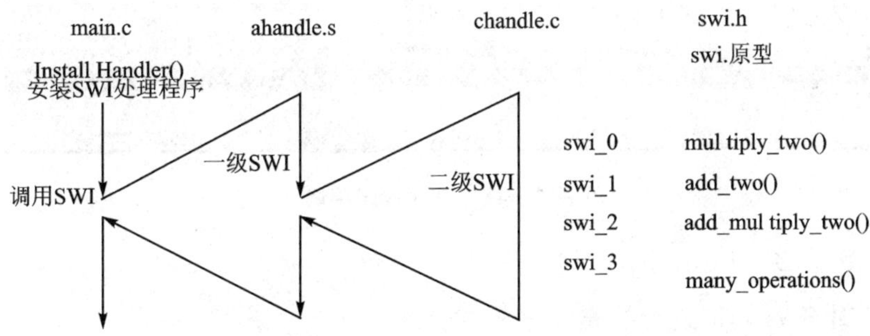

图 7-40 test10 程序调用关系

② 调试中用到的调试方法:

ⓐ 多窗口同列:同时打开相关程序,调试时可以很方便地在各个程序中间切换。

ⓑ 寄存器观察器:可以跟踪每条指令的处理过程、判断程序的执行顺序。

ⓒ 变量查看器:可以跟踪到变量在程序执行过程中的变化。

ⓓ 内存查看器:可以方便地查看内存地址中的数据,也将其中的数据修改为用户自定义的数据,从而更好地增强调试人员对结果的判断。

ⓔ 断点设置:灵活设置断点,调试人员能更好地把握程序执行的流程。

ⓕ 反汇编工具:能够将 C 语言程序反汇编为汇编程序,使调试人员很方便地知道语句所对应的汇编程序段。

当然,该项目的调试还用到了其他一些工具,综合运用上述工具对程序进行调试,输出结果如图 7-41 所示。通过以上过程,读者能很好地理解 SWI 程序的基本结构,在此基础上用户也可以编写自己的 SWI 应用。

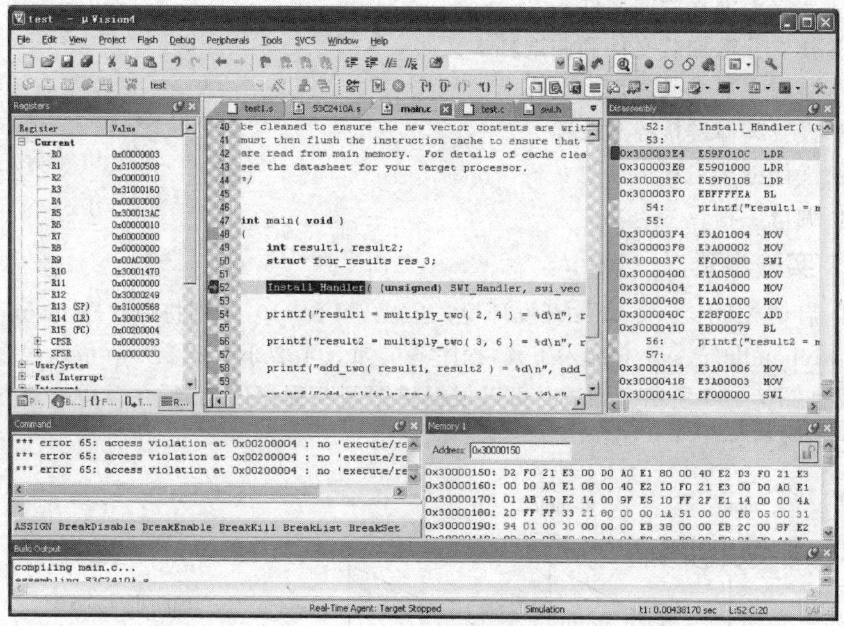

图 7-41 SWI 程序调试

6. 思 考

如何对 SWI 功能进行扩充？

参考文献

[1] ARM公司. ARM7TDMI Technical Reference Manual. 2002.

[2] 三星公司. S3C2410A. PDF. 2002.

[3] Andrew N. Sloss Dominic Symes Chris Wright. ARM嵌入式系统开发——软件设计与优化[M]. 沈建华,译. 北京:北京航空航天大学出版社,2005.

[4] 唐塑飞. 计算机组成原理[M]. 北京:高等教育出版社,1999.

[5] 周明德. 微型计算机系统原理及应用[M]. 北京:清华大学出版社,1998.

[6] 何立民. 单片机高级教程——应用与设计[M]. 北京:北京航空航天大学出版社,2000.

[7] 杜春雷. ARM体系结构与编程[M]. 北京:清华大学出版社,2003.

[8] 彭楚武. 微机原理与接口技术[M]. 湖南:湖南大学出版社,2004.

[9] 李驹光. ARM应用系统开发详解——基于S3C4510B的系统设计[M]. 北京:清华大学出版社, 2005.

[10] 周立功. ARM嵌入式系统基础教程[M]. 北京:北京航空航天大学出版社,2005.

[11] 赵星寒. 从51到ARM——32位嵌入式系统入门[M]. 北京:北京航空航天大学出版社,2005.

[12] 贾智平. 嵌入式系统原理与接口技术[M]. 北京:清华大学出版社,2005.

[13] 田泽. 嵌入式系统开发与应用[M]. 北京:北京航空航天大学出版社,2005.

[14] 张崳. 32位嵌入式系统硬件设计与调试[M]. 北京:机械工业出版社,2006.

[15] 魏洪兴. 嵌入式系统设计师教程[M]. 北京:清华大学出版社,2006.